"十三五"高职高专规划教材·精品系列

Linux 操作系统管理与应用

侯 宇 唐孝国 主 编

贺 妍 郭俊亮 何邦财 副主编

中国铁道出版社有限公司

CHINA RAILWAY PUBLISHING HOUSE CO., LTD.

内 容 简 介

本书以 CentOS 6.3 版本为例,利用 VMware 虚拟机软件环境安装 Linux 操作系统。内容分上下两篇,上篇为 Linux 操作系统基础(项目一～项目七),下篇为 Linux 网络服务器配置与管理(项目八～项目十七)。

本书讲解详细,内容通俗易懂,既有基础知识的讲解,又有切合实际的案例分析,通过详细的过程步骤和效果展现,很好地帮助学生理解和消化所学知识。

本书适合作为高职高专院校计算机专业教材,也可作为 Linux 爱好者的自学入门教材。

图书在版编目(CIP)数据

Linux 操作系统管理与应用/侯宇,唐孝国主编 . —北京:
中国铁道出版社有限公司,2019.8(2020.12 重印)
"十三五"高职高专规划教材·精品系列
ISBN 978-7-113-25945-7

Ⅰ.①L… Ⅱ.①侯…②唐… Ⅲ.①Linux 操作系统-高等
职业教育-教材 Ⅳ.①TP316.89

中国版本图书馆 CIP 数据核字(2019)第 161355 号

书　　名:Linux 操作系统管理与应用	
作　　者:侯　宇　唐孝国	

策　　划:李志国	编辑部电话:(010)83527746
责任编辑:张文静　包　宁	
封面设计:刘　颖	
责任校对:张玉华	
责任印制:樊启鹏	

出版发行:中国铁道出版社有限公司(100054,北京市西城区右安门西街 8 号)
网　　址:http://www.tdpress.com/51eds/
印　　刷:国铁印务有限公司
版　　次:2019 年 8 月第 1 版　2020 年 12 月第 2 次印刷
开　　本:787 mm×1 092 mm　1/16　印张:25　字数:615 千
书　　号:ISBN 978-7-113-25945-7
定　　价:65.00 元

Linux 是一款功能强大的类 UNIX 操作系统,具有开源、免费、安全、稳定、移植性好等诸多优点,网络功能十分强大,是服务器部署的首选系统,全球 95% 以上的中大型网站用的都是 Linux 操作系统。

随着信息技术的快速发展,人类已经由移动互联网时代快速进入物联网时代。物物相连,必然会产生海量的数据,有效地存储、分析和利用这些数据,将推动云计算、大数据技术乃至人工智能的快速发展,而这些技术的处理框架主要搭建在 Linux 操作系统之上。一定程度上讲,学好 Linux 操作系统是进一步学习这些高新前沿知识的关键基础。再者,随着网络技术的快速发展,服务器的普及已成现实,因而学习 Linux 服务器配置与管理变得越来越有必要。

本书以 CentOS 6.3 版本为例,利用 VMware 虚拟机软件环境安装 Linux 操作系统。全书内容分上下两篇:上篇为 Linux 操作系统基础,主要包含 Linux 操作系统的安装与启动、Linux 常用命令的使用、vim 编辑器的操作、用户和用户组的管理、网络的配置与管理、远程登录的配置与管理和 Linux 系统的管理等内容;下篇为 Linux 网络服务器配置与管理,主要包含软件包的安装与管理、Samba 服务器的配置与管理、DHCP 服务器的配置与管理、DNS 服务器的配置与管理、Postfix 服务器的配置与管理、FTP 服务器的配置与管理、MySQL 服务器的配置与管理、Web 服务器的配置与管理、NFS 服务器的配置与管理以及防火墙的配置与管理等内容。

本书内容讲解详细,通俗易懂,既有基础知识的讲解,又有切合实际的案例分析,通过详细的过程步骤和效果体现,很好地帮助学生感性理解和消化所学知识,非常适合高职高专院校学生的学习特点和要求,也可作为 Linux 爱好者的自学入门教材。

在学时安排上,建议计算机网络技术专业开设两个学期,共 144 学时。其他如大数据技术与应用、云计算技术与应用、计算机应用技术等专业可开设一个学期,72 学时,主要学习

Linux 操作系统基础篇即可,Linux 网络服务器配置与管理篇作为学生自学提高内容。

本书由侯宇、唐孝国任主编,贺妍、郭俊亮、何邦财任副主编。具体编写分工如下:钟娅编写项目一;贺妍编写项目二;郭俊亮编写项目三;刘洋、王艳兰编写项目四、五、六;何邦财编写项目七;杨青、瞿小淦编写项目八、九;魏秋彦、张翔编写项目十、十一、十二;唐孝国编写项目十三、十四;侯宇编写项目十五、十六、十七。全书由唐孝国统稿。

本书编写过程中参考了互联网上公布的相关资料,在此向相关作者表示感谢。其他参考文献在书末列出。这里要特别感谢兄弟连教育的沈超先生和李明先生,编者对 Linux 知识的理解和灵感很多都来自于他们。

由于作者水平有限,书中难免存在疏漏和不足之处,恳请读者批评指正,我们将虚心接受,以期修正更新。

编　者

2019 年 5 月

目 录

Linux 操作系统基础

- Linux 操作系统的安装与启动
- Linux 常用命令的使用
- vim 编辑器的操作
- 用户和用户组的管理
- 网络的配置与管理
- 远程登录的配置与管理
- Linux 系统的管理

Linux操作系统的安装与启动

项目导读

要学习 Linux，首先得明白 Linux 是什么，Linux 的发展史、主要特点、主要应用领域以及主要版本，了解这些才会有学习 Linux 的动力和兴趣。本书以 CentOS 6.3 版本作为讲解对象，本项目将介绍利用虚拟机安装 CentOS 6.3 的详细过程，讲解 Linux 常见的启动与退出命令。

项目要点

➢ 认识 Linux

➢ 搭建 Linux 环境

➢ 启动与退出 Linux

➢ 了解 Linux 文件结构

►►► 任务一 认 识 Linux

一、Linux 的发展史

目前，主流的服务器操作系统主要有三种，分别是诞生于 20 世纪 60 年代末的 UNIX、诞生于 20 世纪 80 年代中期的 Windows 和诞生于 20 世纪 90 年代初的 Linux。这三种操作系统又分两大阵营，一边是基于微软 Windows NT 的操作系统，一边是由 UNIX 衍生下来的操作系统。Linux、Mac OS X、Android、iOS、Chrome OS 甚至路由器上的固件，这些操作系统如出一族，都是基于最初的 UNIX 系统开发出来的，统称 UNIX-like（类 UNIX）操作系统。Linux 和 UNIX 有着非同寻常的渊源，所以，要了解 Linux 的发展史，还得从 UNIX 说起。

UNIX 操作系统由肯·汤普森（Ken Thompson）和丹尼斯·里奇（Dennis Ritchie）发明。最初来源于 1965 年由 AT&T 贝尔实验室、通用电气公司（GE）与麻省理工学院（MIT）合作开发的 Multics（Multiplexed Information and Computing Service）计划，该计划的

目标是开发一种交互式、具有多道程序处理能力的分时操作系统，以取代当时广泛使用的批处理操作系统，由于该计划追求的目标太过庞大复杂，最终由于进度过慢而终止。尽管该计划并未真正成功，但是在 1970 年却诞生了 UNIX 操作系统的第一个版本，之所以取名为 UNIX，是以肯·汤普森为首的贝尔实验室研究人员为了吸取 Multics 计划大而繁的经验教训，特取名 Uni 以作"小而巧"之意，它包含的哲学思想是专注于一件事去创造小而精的工具，并将它们做到完美，该设计理念一直影响至今。

UNIX 系统的第一个版本使用汇编语言编写，1971—1972 年，丹尼斯·里奇发明了 C 语言，这是一种适合编写系统软件的高级语言，到了 1973 年，肯·汤普森使用 C 语言重写了 UNIX 的第三版内核，这不但提升了 UNIX 系统的可移植性，同时也提高了系统软件的开发效率，可以说 C 语言的诞生是 UNIX 发展过程中的一个重要里程碑。

20 世纪 70 年代初，计算机界还有一项伟大的发明——TCP/IP 协议，美国国防部把 TCP/IP 协议与 UNIX 系统、C 语言捆绑在一起，由 AT&T 发行给美国各个大学非商业性许可证，这为 UNIX 系统、C 语言、TCP/IP 协议的发展拉开了序幕，它们分别在操作系统、汇编语言、网络协议三个领域影响至今。肯·汤普森和丹尼斯·里奇也因在计算机领域做出的杰出贡献，于 1983 年获得了计算机科学的最高奖——图灵奖。

由于早期的 UNIX 开放源代码，因而全世界的 UNIX 爱好者都可以通过 Internet 免费获得并任意修改其源代码，这使得 UNIX 发展很快，经过 40 多年的发展，UNIX 可谓子孙繁多，但可归结为两个分支，BSD 和 System V，其他变种基本上都是由这两个变种演变而来的。

BSD 分支有一个用于教学的 UNIX-like 操作系统 MINI，Linux 就是赫尔辛基大学的 Linus Torvalds 受 MINI 启发开发出来的，而且还遵循 GNU（又称革奴计划，目标是要重现当年软件界合作互助的团结精神，创建一套完全自由的操作系统）规范，所以，如今的 Linux 确切来说又叫 GNU/Linux，由 Linux 内核和很多 GNU 工具组成，是一款开源的自由软件操作系统。随着越来越多的开发人员加入 Linux 的开发，每个人都根据自己的兴趣和灵感对其代码进行修改，这让 Linux 吸取了无数程序员的精华，变得越来越完善，很快推出了许多不同的版本，比较常用的有 Red Hat、CentOS、Ubuntu、Debian、Suse 等。

总结起来，Linux 之所以受到广大计算机爱好者的喜爱，主要原因有两个：一是它属于开源软件，用户不用支付任何费用就可以获得它和它的源代码，并且可以根据自己的需要对源代码进行修改，且完全不用担心系统里会不会藏有什么猫腻；二是它既具有 UNIX 的全部功能，而且弥补了 UNIX 对硬件的配套性要求高这一缺陷，比方说大多数 UNIX 系统（如 AIX、HP-UX 等）都是无法安装在 x86 服务器和个人计算上的，而 Linux 可以运行在各种硬件平台上。如果要用一句话来简单总结 Linux 和 UNIX 的关系，那就是：Linux 是 UNIX 最优秀的传承者。

二、Linux 的主要特点

Linux 之所以这么受欢迎，得益于它具备很多不可比拟的优势。

1. 具有大量的可用软件

Linux 系统上有着大量的可用软件，且绝大多数都是免费的，比如非常有名的 Apache、Samba、PHP、MySQL 等，用来搭建服务器，构架成本低廉，这也是 Linux 被众多企业青睐的重要原因之一。

2. 具有良好的可移植性

Linux 有着良好的可移植性，支持几乎所有的 CPU 平台。可以把 Linux 放入 U 盘、光盘等存储介质中，也可以在嵌入式领域广泛应用。

3. 具有优良的稳定性和安全性

首先，因为 Linux 开放源代码，全世界的程序员都能够看得到，所以它是藏不住猫腻的，就算有什么缺陷和漏洞，很快就会被发现和完善，从而造就了 Linux 具有其他操作系统无法比拟的稳定性和安全性。其次，令 Windows 非常头疼的 .exe 病毒文件，Linux 都是不认的，这也是 Linux 更安全稳定的一个重要原因。再次，Linux 系统一切皆文件，可以非常方便地设置每一个人对每一个文件的权限控制，这是 Linux 更安全稳定的另一个重要原因。

4. 支持几乎所有的网络协议和开发语言

现如今主流的语言如 PHP、Java、C++ 等，都是基于 C 语言衍生出来的，所有的网络协议又都与 TCP/IP 有关。UNIX 系统是与 C 语言、TPC/IP 协议一同发展起来的，而 Linux 又是 UNIX 的一种，所以 Linux 不管是对各种主流的语言，还是各种网络协议，都能够做到很好的支持。

5. 支持多用户同时操作、多任务同时运行

Linux 支持多用户同时操作、多任务同时运行，共享系统各种资源，且各个用户、各个程序之间互不干扰。这些特性使 Linux 很适合作为网络操作系统使用。

6. 支持命令行和图形界面两种操作界面

Linux 同时支持命令行和图形界面两种操作界面，用户可根据实际需要选择不同的界面。对于硬件配置高，运算能力强的设备，图形界面直观、简洁、易于操作，适合普通用户使用。而对于运算能力有限，配置较低的嵌入式系统，或者作为服务器的场合，一般都采用命令行界面，因为命令行界面相比于图形界面能够节省出更多的系统性能用于任务处理。

7. 完全兼容 POSIX 1.0 标准

对 POSIX 1.0 标准的良好兼容，使得用户可以在 Linux 下通过相应的模拟器运行常见的 DOS、Windows 程序，这为用户从 Windows 转到 Linux 奠定了基础。这消除了许多用户在考虑使用 Linux 时，总是担忧以前在 Windows 下常见的程序还能否正常运行的疑虑。

三、Linux 的应用领域

Linux 在我们平时的生活中似乎很少看到，那么它到底应用在哪些领域呢？

1. 网站服务器

访问国际知名的 Netcraft 网站 "http：//www.netcraft.com"，在 "What's that site running?" 地址栏中输入你想了解的网站地址，这里以百度为例，如图 1-1 所示。

单击箭头图标即可查询到网站的信息，结果如图 1-2 所示。

从查询结果可以看出，百度网站使用的 OS 就是 Linux，照此方法，大家可以自己做实验继续查看一些常见的知名网站。事实上，全球 95% 以上的大型网站，如 Google、QQ、新浪、网易等，使用的操作系统都是 Linux。

图 1-1　Netcraft 网站

Netblock owner	IP address	OS	Web server	Last seen
Baidu USA LLC 20883 Stevens Creek BLVD Cupertino CA US 95014	104.193.88.123	Linux	bfe/1.0.8.18	28-Jan-2019
Baidu USA LLC 20883 Stevens Creek BLVD Cupertino CA US 95014	104.193.88.77	Linux	bfe/1.0.8.18	28-Jan-2019
Baidu USA LLC 20883 Stevens Creek BLVD Cupertino CA US 95014	104.193.88.123	Linux	bfe/1.0.8.18	27-Jan-2019
Baidu USA LLC 20883 Stevens Creek BLVD Cupertino CA US 95014	104.193.88.77	Linux	bfe/1.0.8.18	26-Jan-2019
Baidu USA LLC 20883 Stevens Creek BLVD Cupertino CA US 95014	104.193.88.123	Linux	bfe/1.0.8.18	25-Jan-2019
Baidu USA LLC 20883 Stevens Creek BLVD Cupertino CA US 95014	104.193.88.77	Linux	bfe/1.0.8.18	22-Jan-2019
Baidu USA LLC 20883 Stevens Creek BLVD Cupertino CA US 95014	104.193.88.123	Linux	bfe/1.0.8.18	21-Jan-2019
Baidu USA LLC 20883 Stevens Creek BLVD Cupertino CA US 95014	104.193.88.77	Linux	bfe/1.0.8.18	21-Jan-2019
Baidu USA LLC 20883 Stevens Creek BLVD Cupertino CA US 95014	104.193.88.123	Linux	bfe/1.0.8.18	21-Jan-2019
Baidu USA LLC 20883 Stevens Creek BLVD Cupertino CA US 95014	104.193.88.77	Linux	bfe/1.0.8.18	20-Jan-2019

图 1-2　百度 Netcraft 搜索截图

为什么这么多大型网站都采用 Linux 而不采用 UNIX 或 Windows 呢？其中一个重要原因就是 Linux 构架成本较低，因为另两个都是商业软件，需要付费；另一个重要原因就是出于安全性、稳定性和性能等方面的综合考虑。

2. 电影工业

早在 1998 年，电影巨作《泰坦尼克号》中豪华巨轮与冰山相撞导致巨轮最终沉没的场面就是在 Linux 操作系统中完成制作的，电影特效处理公司每天都有上百台 Linux 在协同处理各种数据。

曾几何时，整个电影产业几乎全靠 SGI 图形工作站支撑，而 SGI 的操作系统 Irix 就是 UNIX 的一种。然而，自从 1997 年开始，娱乐业巨擘迪士尼宣布全面采用 Linux，这标志着 SGI 时代逐步走向没落，取而代之的是 Linux 的崛起，并逐步全面占领了好莱坞。

3. 嵌入式应用

嵌入式系统是以应用为中心，以计算机技术为基础，并且软硬件可定制，适用于各种应用场合，对功能、可靠性、成本、体积、功耗有着严格要求的专用计算机系统。嵌入式系统几乎涵盖了生活中的所有电器设备，嵌入式设备一般包括三个层次的内容：

（1）硬件，包括 CPU（如 ARM）、存储（如 Flash）、I/O（显示模块、通信模块、视音频模块、I/O 控制电路等）。

（2）系统级软件，主要是操作系统，即 OS，以及 I/O 软件如 LCD、蓝牙、Wi-Fi、CDMA、声音等子系统。

（3）应用软件，如基于 Linux 的应用开发，基于 Android 的应用开发，基于 iOS 的应用开发等。

相信大家对安卓（Android）系统都不陌生吧，在如今的智能手机操作系统上，安卓系统有着很高的占有率，主要应用于便携式设备如智能手机和平板电脑。事实上，安卓是基于 Linux 的开源系统。因此，不管是从智能手机到智能机器人，还是从大型网站到太空站，Linux 都是操作系统的主角，在世界 500 台超级计算机中，超过九成用的都是 Linux 操作系统。可以这么说，Linux 的发展撼动了整个科技界，动摇了微软的世界霸主地位，并为科技界贡献了一种软件制造的新方式。

4. 云计算和大数据技术领域

随着物联网时代的到来，物物相连，必然会产生大量的数据，大量的数据要有效地存储、分析和处理，就需要用到现如今最主流的云计算技术和大数据技术。而云计算和大数据的处理框架都是搭建在 Linux 操作系统中的。自 2016 年首个国家大数据（贵州）综合试验区获批以来，全国已批准成立八大国家大数据综合试验区，已经搭建起了中国大数据发展实践的"立体骨架"。所以，学好 Linux 的重要性、必要性和紧迫性已经是不言而喻。

当然不可否认的是，Linux 在办公应用和游戏娱乐方面的软件相比 Windows 系统还匮乏很多，所以，我们平时打游戏、看电影用的主要还是 Windows 个人机，至于 Linux，它主要擅长的是服务器领域，而放到以前，服务器运维工作是属于极少数网络高端人才才能从事的工作，所以 Linux 的学习并未普及。但是，随着信息技术的飞速发展，我们已经从移动互联网时代快速地进入了物联网时代，大量的数据推动了云计算、大数据、人工智能等高精尖技术的快速发展，服务器的普及已从必然变成现实，所以，是到了把 Linux 放到和 Windows 同等地位甚至更高地位的时候了。

四、Linux 的常见发行版市

对于初学者来说，起初都容易被 Linux 的众多发行版本搞懵，下面详细介绍 Linux 操作系统常见的版本及各自的特点。

首先要建立一个概念，Linus Torvalds 开发的 Linux 只是一个内核。内核指的是提供设备驱动、文件系统、进程管理、网络通信等功能的系统软件，它只是操作系统的核心，并不代表一套完整的操作系统。下面要介绍的 Red Hat、CentOS、Ubuntu 等确切地说也只是操作系统的发行版本，这些发行版本是由一些组织或厂商将 Linux 内核与各种软件和文档包装起来，并提供系统安装界面和系统配置、设定与管理工具形成的。但是，各个发行版本使用的是同一个 Linux 内核，好处是每个发行版本在内核层是不存在兼容性问题的，之所以有不一样的感觉，原因是各发行版本的最外层（由发行商整合开发的应用）不一样。

Linux 的发行版本众多，总体来说可分为两类：一类是由商业公司维护的发行版本，简单来说就是要付费的，最著名的有 Red Hat；一类是由社区组织维护的发行版本，一般是免费的，以 Debian 为代表。各个发行版本很难说哪一款更好，都有各自的特点和优势。

1. Red Hat Linux

Red Hat Linux 是培训、学习、应用、知名度最高的 Linux 发行版本，由 Red Hat（红帽公司）发行。Red Hat 公司起源于 1994 年，是目前世界上最资深的 Linux 厂商，主要产品包括 RHEL（Red Hat Enterprise Linux，收费的企业版本）和 CentOS（RHEL 的社区克隆版本，免费版本）、Fedora Core（Red Hat 桌面版，免费版本）。Red Hat Linux 是公共环境中表现最佳的服务器版本，它拥有自己的公司，用户可以免费使用，付费后可以享受一套完整的服务，这个版本的 Linux 一般使用最新的内核，还拥有一套非常完善的主体软件包。可以说 Red Hat 是当前使用最广泛的 Linux 发行版本，在服务器和桌面应用中都工作得很好。唯一的缺陷是带有一些不标准的内核补丁，这使得它难以按照用户的需求进行定制。

2. CentOS Linux

CentOS（Community Enterprise Operating System）是知名的 Linux 发行版本之一，它由 RHEL（Red Hat Enterprise Linux）的源代码编译而成，而且是可以自由使用的。由于出自同样的源代码，且每个版本的 CentOS 都会获得 10 年的支持，还会定期更新，更重要的是 CentOS 还在 RHEL 的基础上修正了不少已知的 bug，相对于其他的 Linux 发行版本，其稳定性更值得信赖，所以，对于稳定性要求高、低维护、安全、高重复性的服务器常以 CentOS 替代商业版的 RHEL。鉴于其各种操作使用与 RHEL 完全兼容，具备完全免费使用的优点，而且是一个非常成熟稳定的版本，本书选择目前在实际生产服务器领域广泛使用的 CentOS 6.3 版本为例进行讲解。

3. Debian Linux

Debian Project 诞生于 1993 年 8 月 13 日，由 Ian Murdock 创建的自由软件合作组织发行，它的目标是提供一个稳定容错的 Linux 版本，因此 Debian 最大的特点是以其稳定性著称。它还有一个优点是文档和资料较多，尤其是以英文为主，带来的问题是在国内的占有率不高，因为上手太难。

4. Ubuntu Linux

Ubuntu 源于 Debian，是一款以桌面应用为主的 Linux 操作系统，包含了 Debian 强大的软件包管理工具，可以很容易地安装或删除应用程序。Ubuntu 的最初目标是为一般的用户提供一个最新的、同时又相当稳定的，主要由自由软件构建而成的操作系统，因而具备非常庞大的社区力量，可以非常方便地从社区获得帮助。

5. SuSE Linux

SuSE 是由德国的 SuSE Linux AG 公司发布的 Linux 版本，1994 年发行了第一版，早期只有商业版，2004 年被 Novell 公司收购后，成立了 OpenSUSE 社区，推出了自己的社区版本 OpenSUSE。SuSE Linux 在欧洲较为流行，它可以非常方便地实现与 Windows 的交互，硬件检测非常优秀，拥有友好的安装界面和图形管理工具，对于终端用户和管理员来说使用非常方便。

6. Gentoo Linux

Gentoo 最初由 Daniel Robbins（FreeBSD 的开发者之一）创建，首个稳定版本发布于 2002 年，是 Linux 世界最年轻的发行版本，正因如此，它可以吸取之前所有发行版本的优点。Gentoo 是所有 Linux 发行版本里安装最复杂的，因为它仍采用源码包编译安装操作系统，但是，一旦安装成功，它也是最便于管理的版本，而且在同等硬件环境下运行速度最快。可以说，自 Gentoo 1.0 面世，给 Linux 世界带来了巨大的惊喜，其高度的自定制性以及快速、设计干净而有弹性的优点，很快吸引了大量用户和开发者投入 Gentoo Linux 的怀抱。

五、UNIX/Linux 系统结构

UNIX/Linux 系统可以抽象为 3 个层次，底层是 UNIX/Linux 操作系统，即内核（Kernel）；中间层是 Shell 层，即命令解释层；最外层是应用层。

1. 内核层

内核层是 UNIX/Linux 系统的核心和基础，它直接附着在硬件平台上，控制和管理系统内各种硬件资源和软件资源，有效组织进程的运行，从而扩展硬件的功能，提高资源的利用效率，为用户提供方便、高效、安全、可靠的应用环境。

2. Shell 层

Shell 层是用户与 Linux 直接交互的界面，相当于命令解释器。利用系统提供的丰富的命令，用户可以在命令提示符下输入命令行，由 Shell 解释执行并输出相应的结果或相关信息。

3. 应用层

应用层提供基于 X Window 协议的图形环境，现在大多数 UNIX 系统上都可以运行 CDE（Common Desktop Environment，通用桌面环境）的用户界面，Linux 系统上广泛应用的是 Gnome。

请大家注意，和 Windows 的图形环境不同，UNIX/Linux 与 X Window 没有必然的捆绑关系，也就是说，UNIX/Linux 可以安装 X Window，也可以不安装，同样可以利用命令行完成 100% 的功能，而且还可以节约大量的系统资源，所以，作为实际的生产服务器部署，Linux 一般是不安装或者不启用图形环境的，本书讲解就是基于命令行的，大家在刚开始学习时可能会不太适应，但一定要克服，习惯就好了。

▶▶▶ 任务二　搭建 Linux 环境

一、安装虚拟机软件

本书讲解的 Linux 操作系统是通过先在宿主机（安装 Windows 操作系统的真实机）中安装虚拟机软件，然后在安装好的虚拟机软件中创建虚拟计算机来安装 Linux 操作系统的。下面首先介绍在宿主机中安装虚拟机软件。

在网上下载虚拟机软件 VMware-workstation-full-14.1.0-7370693.exe，本书以 14.x 版本为例。注意，32 位系统只支持 10.x 以下版本。双击开始安装，出现图 1-3 所示的"欢迎使用 VMware Workstation Pro 安装向导"界面。

单击"下一步"按钮，进入图 1-4 所示的"最终用户许可协议"界面，勾选"我接受许可协议中的条款"复选框。

单击"下一步"按钮，进入图 1-5 所示的"自定义安装"界面，保持默认设置。

单击"下一步"按钮，进入图 1-6 所示的"用户体验设置"界面，保持默认设置。

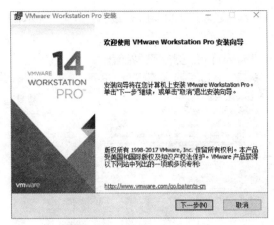

图 1-3　VMware 安装向导

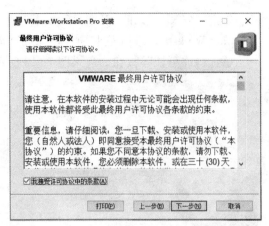

图 1-4　最终用户许可协议

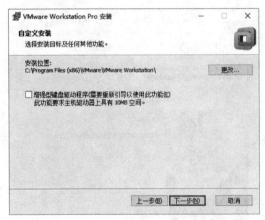

图 1-5　自定义安装设置

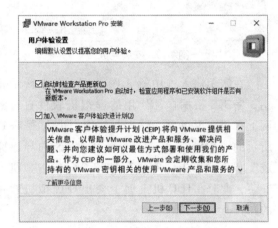

图 1-6　用户体验设置

单击"下一步"按钮，进入图 1-7 所示的"快捷方式"界面，保持默认设置。

单击"下一步"按钮，进入图 1-8 所示的"已准备好安装 VMware Workstation Pro"界面。

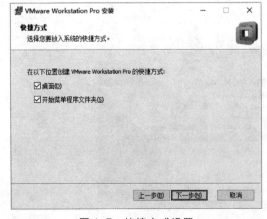

图 1-7　快捷方式设置

图 1-8　安装准备就绪

单击"安装"按钮，开始显示安装进度条，当进度达到100%时，进入图1-9所示的"VMware Workstation Pro 安装向导已完成"界面。

单击"许可证"按钮，进入图1-10所示的"输入许可证密钥"界面。

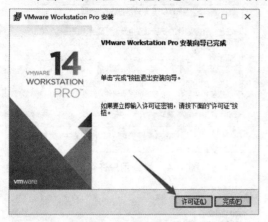

图1-9　安装完成

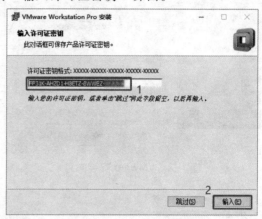

图1-10　输入许可证密钥

在密钥输入框中输入图1-10框中所示密钥，密钥要根据自己使用的虚拟机软件自行到网上查找，再单击"输入"按钮，进入图1-11所示的"VMware Workstation Pro 安装向导已完成"界面，单击"完成"按钮，完成虚拟机的安装，此时在计算机桌面上会出现虚拟机软件的图标。

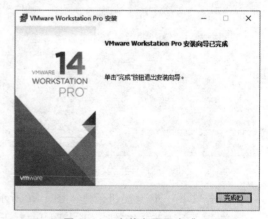

图1-11　安装向导已完成

二、创建虚拟机

VMware 安装完成后，双击桌面软件图标，进入软件主界面，如图1-12所示。

单击"创建新的虚拟机"按钮，进入"欢迎使用新建虚拟机向导"界面，如图1-13所示。

图1-12　VMware 软件主界面

选择"典型"方式，单击"下一步"按钮，进入"安装客户机操作系统"界面，选择安装来源，如图 1-14 所示。

图 1-13 新建虚拟机向导

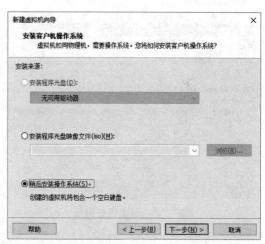

图 1-14 安装来源设置

选中"稍后安装操作系统"单选按钮，单击"下一步"按钮，进入"选择客户机操作系统"界面，如图 1-15 所示。

客户机操作系统类型选择"Linux"，版本选择"CentOS 6"，单击"下一步"按钮，进入"命名虚拟机"界面，如图 1-16 所示。

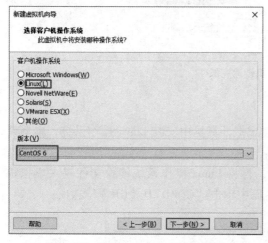

图 1-15 选择客户机操作系统类型

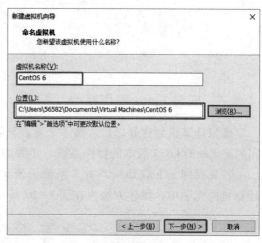

图 1-16 虚拟机命名及保存位置设置

虚拟机名称自己定义，位置选择一个大一点的分区，要求至少要有 20 GB 以上的空闲容量，再单击"下一步"按钮，进入"指定磁盘容量"界面，如图 1-17 所示。

最大磁盘大小（GB）保持默认的 20 GB 即可，其他保持默认，单击"下一步"按钮，进入"已准备好创建虚拟机"界面，如图 1-18 所示。

该界面显示新创建的虚拟机计算机的内存大小、硬盘大小和位置等信息，单击"完成"按钮进入图 1-19 所示界面，在"我的计算机"栏目下将显示刚才新创建的虚拟机"CentOS 6"，在右侧主页右边显示此虚拟机的详细信息，至此已成功完成一台新虚拟机的创建。

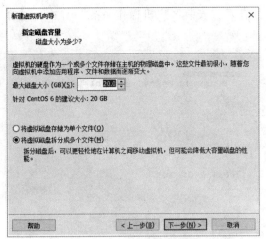
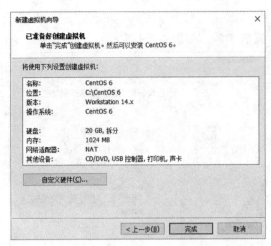

图 1-17　指定磁盘容量　　　　　　　　图 1-18　虚拟机创建准备就绪

图 1-19　虚拟机创建完成

三、安装 Linux 操作系统

虚拟计算机创建好以后，接下来要在该新建虚拟计算机中安装 Linux 操作系统，本书使用的是 CentOS 6.3 版本的操作系统。步骤如下：

首先在网上下载 CentOS 6.3 系统镜像文件，再将 Linux 操作系统镜像文件置入虚拟机计算机的光驱中。操作方法为在图 1-20 所示界面中单击"CD/DVD（IDE）"选项。

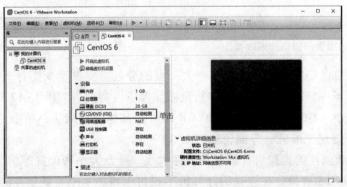

图 1-20　在光盘中添加镜像

单击后将进入"虚拟机设置"界面，如图 1-21 所示。

图 1-21　选择系统镜像文件

选中"使用 ISO 镜像文件"单选按钮，此时"浏览"按钮将被激活，单击"浏览"按钮选中 Linux 系统镜像所在的路径，注意勾选右上角"启动时连接"复选框。单击"确定"按钮，进入图 1-22 所示界面，此时将鼠标移到"CD/DVD（IDE）"选项上，会显示"正在使用文件…"，指明系统镜像的文件路径，代表系统镜像已被成功置入虚拟计算机的光驱。

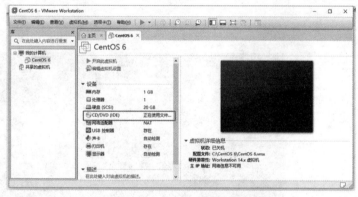

图 1-22　查看系统镜像文件是否成功置入光驱

至此，一切准备工作已经就绪，接下来正式开始安装 Linux 操作系统，如图 1-23 所示，单击"开启此虚拟机"按钮，相当于开启了虚拟计算机的电源，此后将开始安装 Linux 操作系统。

图 1-23　开启虚拟机

注意，对于某些品牌的计算机，如联想、戴尔等，初次安装可能会报图 1-24 所示的错误，即提示 Intel VT-x 处于禁用状态。Intel VT-x，英文全称为 Virtualization Technology，即虚拟化技术，英特尔处理器内更出色的虚拟化支持 Intel VT-x 有助于提高基于软件的虚拟化解决方案的灵活性与稳定性，换句话说是在单 CPU 上支持多系统的技术。对大家来讲，只需明白这个报错代表虚拟化技术没有开启。解决方法为重启系统，进入 BIOS，浏览主菜单，找到 Intel Virtualization Technology 选项，默认值是 Disabled，按【Enter】键进入，将其选择

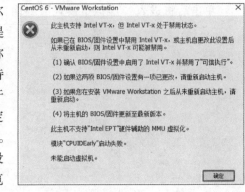

图 1-24　"Intel VT-x 处于禁用状态"报错信息

为 Enabled，按【F10】键保存退出 BIOS，重启系统，再次进入 VMware，即可正常安装。当然，不同的机型具体的字段位置及名称可能有差别，但肯定有一个项是和开启虚拟化技术相关的，找到它将它开启即可。

正常启动虚拟机电源后，会出现图 1-25 所示欢迎进入安装向导界面。

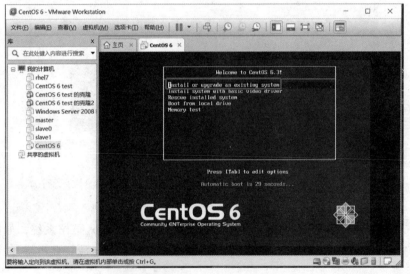

图 1-25　欢迎进入安装向导

将鼠标在虚拟机内单击，默认选择第一项，按【Enter】键，进入图 1-26 所示界面。注意鼠标的位置切换，左下角有提示语句，它指明如何设置鼠标的控制范围，要将输入定向到该虚拟机，得将鼠标在虚拟机内部单击或者按【Ctrl + G】组合键，此时鼠标是不能控制宿主机的，若要回到宿主机，要按【Ctrl + Alt】组合键退出。

图 1-26 是询问是否要检查安装介质的完整性，这是为了避免因安装来源不明造成损失或者因镜像文件有问题而导致后期无法顺利安装，相当于有问题提前发现，防止后续安装做无用功，但如果是靠谱的操作系统镜像，一般直接选择 Skip，跳过扫描，因为检测要花费较长的时间。此处选择 Skip，按【Enter】键，进入图 1-27 所示界面。

图 1-26　检测安装介质

图 1-27　硬件检测提示

按【Enter】键，进入图 1-28 所示界面。

单击 Next 按钮，进入图 1-29 所示选择安装系统默认语言界面。

图 1-28　安装开始

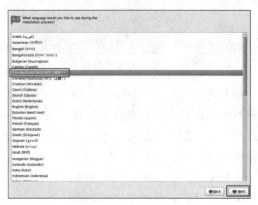

图 1-29　语言设置

根据需要自行选择语言，一般初学者建议选择"中文（简体）"，但要注意，如果是真正的服务器都是选择默认的"English（English）"。之后单击 Next 按钮，进入图 1-30 所示的键盘布局界面。

选择默认的"美国英语式"，单击"下一步"按钮，进入图 1-31 所示的存储设备选择界面。

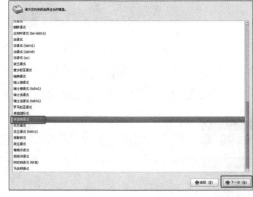

图 1-30　键盘布局

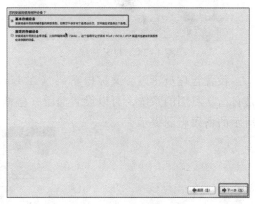

图 1-31　存储设备选择

选择"基本存储设备"，单击"下一步"按钮，会弹出一个存储设备警告框，警告安装操作会导致存储设备中的数据丢失，如图1-32所示。

单击"是，忽略所有数据"按钮，进入图1-33所示主机名配置界面。

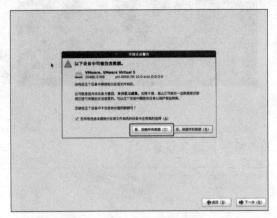

图1-32　存储设备警告　　　　　　　　　　　　图1-33　主机名配置界面

默认主机名是"localhost. localdomain"，可以自行更改，也可不更改。在此界面中还可进行网络配置，也可在安装完成后通过ifconfig、setup等命令或者修改网络配置文件等方式进行网络配置，一般是安装完成后再进行网络配置，因此，此界面可直接单击"下一步"按钮，进入图1-34所示的时区选择界面。

如果在中国，则直接保持默认的"亚洲/上海"即可，系统时间默认是"系统时间使用UTC时间"，此处建议不勾选。单击"下一步"按钮，进入图1-35所示的设置管理员密码界面。

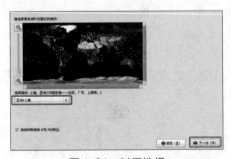

图1-34　时区选择　　　　　　　　　　　　　图1-35　设置管理员密码

设置管理员密码，又称根密码（在Linux系统中管理员为root，翻译为根用户），如果是自己学习用的系统，可以设置简单一些的密码，这里设置为123456，但是会出现图1-36所示的密码脆弱提示。

图1-36　根密码脆弱提示

因为你是root用户，可单击"无论如何都使用"按钮，该简单密码依然会生效。但是如果是真正的服务器，则密码设置必须严格对待，得符合密码原则，即遵守"复杂性""时效性""易记忆性"三条基本原则，而且要定期更换，防止密码被黑客破解而造成无法估量的损失。单击"下一步"按钮，进入图1-37所示的操作系统分区类型选择界面。

图1-37　选择分区类型

Linux安装程序提供了5种分区方式，解释如下。

① 使用所有空间：占用整个硬盘安装Linux系统，会导致原有硬盘数据全部丢失。

② 替换现有Linux系统：只删除原有的Linux分区，而不会影响其他的系统分区。

③ 缩小现有系统：缩小现有的系统，产生剩余空间，用来安装Linux分区。

④ 使用剩余空间：使用剩余空间安装Linux系统。如果想让Windows和Linux双系统并存，就需要删除一个Windows分区，变为"未分配空间"。

⑤ 创建自定义布局：手工指定Linux分区结构。

如果是用作真正的服务器，必须使用"创建自定义布局"，因为要根据特定的需求对分区及大小进行明确的划分，此内容待入门后在文件系统管理项目中有详细介绍，此处不做叙述。如果是初学者，这里建议选择"替换现有Linux系统"方式，单击"下一步"按钮，进入图1-38所示的将存储配置写入磁盘界面。

图1-38　存储配置写入磁盘

单击"将修改写入磁盘"按钮，进入图1-39所示软件包选择界面。

图1-39　软件包选择

这里共有 8 种选择方式，解释如下。

➢ Desktop：桌面，即图形化界面，实际应用中，Linux 都是用的命令行界面，因为命令行界面相对于图形化界面能更好地发挥计算机的性能。

➢ Minimal Desktop：最小化桌面，图形化界面，很多基本的软件都没有。

➢ Minimal：最小化，默认选项，命令行界面，没有安装基本的软件。

➢ Basic Server：基本服务器，命令行界面，且基本的软件包已安装。

➢ Database Server：数据库服务器。

➢ Web Server：网页服务器。

➢ Virtual Host：虚拟主机。

➢ Software Development Workstation：软件开发工作站。

本书选择 Basic Server 方式安装，单击"下一步"按钮，进入安装界面。安装程序开始后，会花费一段时间，如图 1-40 所示。

大约 6min 后，具体时间由计算机的性能决定，安装完成，出现图 1-41 所示界面。

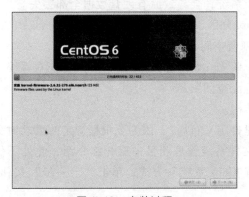

图 1-40　安装过程

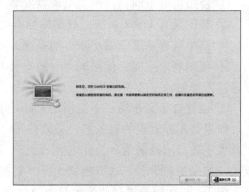

图 1-41　安装完成

安装完成后，单击"重新引导"按钮重新启动系统即可进入 Linux 系统的登录界面，如图 1-42 所示。

此时只要输入用户名：root，按【Enter】键，再输入密码：123456，按【Enter】键，即可登录 Linux 操作系统，出现命令提示符，如图 1-43 所示，#号后面有闪动的光标，代表 root 用户登录成功，至此，Linux 操作系统安装全部完成。注意，这里的密码输入是没有任何显示的，任何字符都代表密码符，所以一旦密码输入错误，再用退格键删除也是不可能正确的，因为此时退格符也将作为密码符输入。如果密码输入错误，就直接按【Enter】键，会提示重新输入用户名，再输入密码，如果没有输入错误，自然会登录成功。

图 1-42　登录界面

图 1-43　root 用户登录成功

Linux 操作系统管理与应用

▶▶▶ 任务三　启动与退出 Linux

一、启动 Linux

因为 Linux 是安装在虚拟计算机中的，和正常使用计算机一样，每次启动 Linux 操作系统其实就是启动安装了 Linux 操作系统的虚拟计算机。启动方法是，先打开虚拟机软件 VMware，出现图 1-44 所示界面。

图 1-44　虚拟机软件界面

选择要开启的虚拟计算机，这里以选择启动虚拟计算机 MASTER（注意这里的MASTER 为虚拟计算机名）为例，选中，再单击"开启此虚拟机"按钮，则 MASTER 将启动，正常启动过程大概 1min 左右，具体根据自己真实机的配置来定。启动完成后将出现图 1-45 界面。

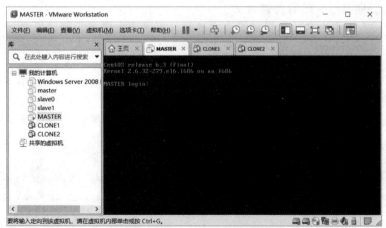

图 1-45　Linux 登录界面

输入用户名 root，密码 123456 即可登录，注意，这里的"MASTER login"代表主机名为 MASTER，它和虚拟计算机名不是同一个东西。修改主机名的方法主要有两种：一种是在安装时将默认的 localhost.localdomain 改成 MASTER；另一种方法是修改一个网络配置文件/etc/sysconfig/network 里的 HOSTNAME 字段的值，后续学习会有详细介绍。登录成功后的界面如图 1-46 所示。

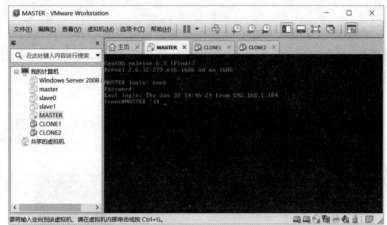

图 1-46　Linux 成功登录界面

解释一下初始的两条显示信息的含义。

"Last login：Thu Jan 31 14：46：24 from 192.168.1.104"表示最后一次登录这台 Linux 服务器的计算机的 IP 地址及登录时间，这里的 192.168.1.104 是一台远程登录的计算机。如果该 Linux 是初次安装启动是不会出现这条语句的，下面重点解释一下第二条语句的含义：

```
[root@ MASTER ~] #
```

［］：这是提示符的分隔符号，没有特殊含义。

root：表示当前登录 Linux 的用户名。

@：这是分隔符号，没有特殊含义。

MASTER：表示主机名，如果在安装系统时没有改变主机名，则这里会显示默认完整主机名"localhost.localdomain"的简写主机名 localhost。

～：代表当前用户的家目录，每个用户登录总会有一个初始登录位置，一般为用户的家目录，root 用户的家目录是/root，其他用户的家目录是/home/×× （其中××为登录的用户名）。如果切换位置，这里的"～"会变为用户当前所处位置路径信息的最后一个目录，下面尝试用 cd 命令改变一下位置，用 pwd 命令查看一下当前所在位置，命令及结果如下：

```
[root@ MASTER ~] # pwd          //pwd命令查看当前所在位置
/root
[root@ MASTER ~] # cd /usr/local   //cd命令切换位置到/usr/local目录下
[root@ MASTER local] # pwd       //改变位置后，原来的"～"号变成了local
/usr/local
```

#：命令提示符，这个符号非常重要，Linux 就是用这个符号来标识登录用户的权限等级的。如果是超级用户 root，提示符是#，如果是普通用户，提示符就是 $ 。下面做一个切

换用户的实验，命令及结果如下：

```
[root@ MASTER ~] # whoami          //查看当前的登录用户
root                               //当前登录用户为超级用户 root，所以命令提示符为#
[root@ MASTER ~] # su - zhangsan   //su 为切换用户的命令
[zhangsan@ MASTER ~] $ whoami
Zhangsan                           //当前登录用户为普通用户 zhangsan，所以命令
                                     提示符为 $
```

闪动光标：命令的输入位置，注意它与#号之间是有一个空格的。

大家可能还不清楚什么是超级用户，什么是普通用户，这也是困扰初学者的一个问题。在 Linux 系统中，登录用户分为 root 用户和非 root 用户（又称普通用户），root 用户具有高于非 root 用户的超级权限，很多命令往往只能在 root 用户下才能执行，在非 root 用户下执行就会提示 "Failed to issue method call：Access denied"。为了学习需要，本书后面除非特殊实验需要，否则默认操作全部在 root 用户下进行。

二、退出与重启 Linux

常见的 Linux 关机与重启命令如下：

1. shutdown 命令

```
[root@ MASTER ~] # shutdown -h now
#现在关机
[root@ MASTER ~] # shutdown -h 05：30
#指定时间关机
[root@ MASTER ~] # shutdown -r now
#现在重启
[root@ MASTER ~] # shutdown -r 05：30
#指定时间重启
```

这是最安全的关机与重启命令，因为使用该命令在关机和重启之前会正确终止所有的进程及服务。

2. init 命令

```
[root@ MASTER ~] # init 0
#关机，即调用系统的 0 级别
[root@ MASTER ~] # init 6
#重启，即调用系统的 6 级别
```

Linux 系统默认有 7 个运行级别，级别号和功能如下：

➢ 0 级别：关机。
➢ 1 级别：单用户模式，可以想象为 Windows 的安全模式，主要用于系统修复。
➢ 2 级别：不完全的命令行模式，不含 NFS 服务。
➢ 3 级别：完全的命令行模式，就是标准字符界面。
➢ 4 级别：系统保留。
➢ 5 级别：图形界面模式。
➢ 6 级别：重启。

控制系统运行级别的配置文件为/etc/inittab，现在大家肯定还不会编辑文件，只需要看得懂就行，后面会详细介绍 vi 编辑器的使用。

```
[root@ MASTER ~] # vi /etc/inittab
#省略部分输出
#  0 - halt (Do NOT set initdefault to this)
#  1 - Single user mode
#  2 - Multiuser, without NFS (The same as 3, if you do not have networking)
#  3 - Full multiuser mode
#  4 - unused
#  5 - X11
#  6 - reboot (Do NOT set initdefault to this)
N 3
```

"N 3"中的 N 代表进入这个级别前，上一个级别是什么，3 代表当前级别。这里的 N 就是 None 的意思，表示系统是开机直接进入 3 运行级别的，没有经过其他级别过渡。如果是从图形界面切换到命令行界面，再查看运行级别，会如下显示：

```
[root@ MASTER ~] # runlevel
5 3
```

手动改变当前运行级别的命令为：

```
[root@ MASTER ~] # init 5
#进入图形界面，当然前提是已经安装了图形界面才可以
```

请大家注意，正常情况下，系统默认运行级别只能是 3 或者 5，因为其他的级别要么是关机重启，要么就是保留或单用户，都不能作为系统默认运行级别。

3. reboot 命令

```
[root@ MASTER ~] # reboot
#重启
```

在现在的系统中，reboot 命令也是安全的，而且不需要加入过多的选项。

```
id: 3: initdefault:      //这里用于设置系统的默认运行级别
```

在 Linux 系统中可以用 runlevel 命令查看系统的运行级别，命令如下：

```
[root@ MASTER ~] # runlevel
```

4. halt 和 poweroff 命令

```
[root@ MASTER ~] # halt
#关机
[root@ MASTER ~] # poweroff
#关机
```

这两个都是关机命令。

5. Logout 命令

```
[root@ MASTER ~] # logout
#注销
```

使用该命令，会直接退回到输入用户名和密码的登录界面。

➤➤➤ 任务四　了解 Linux 文件结构

计算机一个非常重要的作用就是管理文件。对于 Windows，我们已经比较熟悉它的文件管理结构，最上层是"计算机"或者"我的电脑"，进去之后分"C 盘""D 盘""E 盘"等，再往下走是文件夹或者文件，文件夹中又有嵌套的文件夹或文件，总之，Windows 是以树形目录结构组织和管理文件的。那么 Linux 的文件结构又是怎样的呢？

Linux 文件系统同样是采用树形目录结构来组织管理文件的，所有的文件采取分级分层的方式组织在一起，形成一个树形的层次结构。

在 Linux 操作系统文件目录结构中，最上层叫根（用"/"表示），相当于 Windows 系统中"我的电脑"，也就是说，Linux 系统中所有的文件、目录、设备（注意 Linux 一切皆文件，哪怕是设备也是对应为文件来操作的）都是建立在根目录之下的。与 Windows 不同的是，根目录下面不是只有几个盘，而是有十几个目录，且每个目录存放什么文件是有一定要求和规定的，简单地说，根目录下的有些目录是只能用于存放特定类型文件的，且有些目录是不能随便操作的。那么，Linux 系统的根目录下到底有哪些目录呢？这些目录主要用来放置哪一类型的文件以及有哪些特别的要求呢？

若要查看哪一级目录下有哪些文件，可在命令模式下的命令提示符下使用 ls 命令查看，命令及输出结果如下：

```
[root@ MASTER ~] # ls /
#查看根目录下有哪些文件
 bin  boot  dev  etc  home  lib  lost+found  media  mnt  opt  proc  root  sbin
 selinux  srv  tmp  usr  var
```

CentOS 6.3 采用标准 Linux 目录结构，从根目录（/）开始的每个目录都有其特定的用途，用于存放某些特定类型的文件。下面对根目录及其包含的主要目录的功能做进一步说明：

/bin：代表根（/）下面的 bin 目录，bin 是二进制（binary）的英文缩写，该目录主要用于存放 Linux 的常用命令。

/boot：代表根（/）下面的 boot 目录，用于存放 Linux 内核及引导系统程序所需要的文件，一般情况下，GRUB 或 LILO 系统引导管理器也位于此目录下。

/dev：代表根（/）下面的 dev 目录，dev 是设备（device）的英文缩写，该目录包含了 Linux 系统中所有的外围设备，但并不存放外围设备的驱动程序，实际上是一个访问外围设备的接口，因为对 Linux 来讲，一切皆文件，也就是说访问外围设备也是通过访问相应的目录及文件来实现的。

/etc：代表根（/）下面的 etc 目录，这是 Linux 系统中最重要的目录之一，存放了系统管理的各种配置文件和子目录，如网络配置文件、各种服务的配置文件、设备配置信息和用户设置信息等都在该目录下。

/home：代表根（/）下面的 home 目录，该目录用于存放普通用户的主目录，也就是说，每新建一个普通用户，都会自动在/home 目录下生成一个与用户名同名的目录，例如，新建一个普通用户 zhangsan，在/home 下就会自动生成一个 zhangsan 目录，作为 zhangsan 用户登录的默认主目录。

/lib：代表根（/）下面的 lib 目录，lib 是库（library）的英文缩写，该目录用来存放系统动态链接共享库，几乎所有的应用程序都会用到该目录下的共享库，因此，千万不要轻易对该目录进行操作，一旦发生问题，将导致系统崩溃。

/lost + found：代表根（/）下面的 lost + found 目录，在 ext2 或 ext3 文件系统中，系统意外崩溃或意外关机时，产生的碎片文件会放在这里，系统启动过程中 fsck 工具会检查这里，并对损坏的文件系统进行修复。

/mnt：代表根（/）下面的 mnt 目录，该目录一般用来存放挂载存储设备的挂载目录，如用户一般在其下建立 cdrom 目录，用来挂载光盘。

/media：代表根（/）下面的 media 目录，有些 Linux 的发行版本使用该目录挂载 USB 接口的移动硬盘（如 U 盘）。

/opt：代表根（/）下面的 opt 目录，该目录用于存放那些可选的程序。

/proc：代表根（/）下面的 proc 目录，该目录主要用于获取一些系统信息。

/root：代表根（/）下面的 root 目录，Linux 超级用户 root 的主目录，也就是用 root 用户登录时所处的初始位置。就好像 Windows 系统启动后默认是在桌面一样，任何一个用户登录 Linux 总会处在系统中的某个位置，root 用户登录会在/root 目录下，其他普通用户 ×× 登录会在/home/ ×× 目录下。可以用 pwd 命令查看用户当前所处的位置，命令如下：

```
[root@ MASTER ~ ] # pwd
/root
```

/sbin：代表根（/）下面的 sbin 目录，该目录用来存放系统管理的系统管理程序，也就是说，这里面的命令只有 root 用户才能执行，普通用户是没有权限执行该目录下的命令的。Linux 中类似这样的目录还有/usr/sbin、/usr/local/sbin 等，总之，凡是 sbin 目录中包含的命令只有 root 用户才能执行。

/selinux：代表根（/）下面的 selinux 目录，该目录用来存放 selinux 的相关配置文件，selinux 是 "Security Enhanced Linux" 的缩写，即安全强化的 Linux，该机制可以使 Linux 更加安全。

/srv：代表根（/）下面的 srv 目录，服务启动后，所需访问的数据目录，例如，www 服务启动读取的网页数据就可以放在/srv/www 中。

/tmp：代表根（/）下面的 tmp 目录，该目录用来存放临时文件，/var/tmp 目录和该目录相似，初学者做文件的操作实验建议都在该目录下进行，因为这里面的操作不会威胁到系统安全。

/usr：代表根（/）下面的 usr 目录，usr 是 "Universal Software Resource" 的缩写，类似于 Windows 中的 Program Files，这是 Linux 系统中占有硬盘空间最大的目录，用户的很多应用程序和文件都存放在该目录下。

/usr/local：代表根（/）下面的 usr 目录下的 local 目录，该目录主要用于存放那些手动安装的软件。

/usr/share：代表根（/）下面的 usr 目录下的 share 目录，系统共用的文件存放地，比如/usr/share/fonts 是字体目录，/usr/share/doc 和/usr/share/man 是帮助文件目录。

/var：代表根（/）下面的 var 目录，var 是 variable 的英文缩写，中文的意思为"变动"，主要用于存放经常变动的内容，如/var/log 是存放系统日志的目录，/var/www 是定义 Apache服务器站点存放目录，/var/lib 用来存放一些库文件，如 MySQL。

▶▶▶ 小　　结

本项目学习 Linux 的安装与启动。首先介绍了 Linux 的产生与发展史，还包括 Linux 的主要特点、Linux 的主要应用领域、Linux 常见的发行版本以及 UNIX/Linux 系统结构；其次介绍了如何安装虚拟机软件 VMware，以及如何创建虚拟计算机安装 Linux 操作系统；此外还介绍了 Linux 系统常见的启动与退出命令；最后介绍了 Linux 的文件结构，大家要类比 Windows 的树形文件结构来理解 Linux 的文件结构。该项目作为 Linux 的入门知识，主要作用是提升学习兴趣和学习动力，因为要学好 Linux，首先得明白 Linux 是什么，学习它有什么用，正所谓兴趣才是最好的老师。在学习 Linux 的过程中，大家要时刻记得它的本质是另一类操作系统，在对知识的学习和理解上要时刻注意类比我们熟悉的 Windows 操作系统。

▶▶▶ 习　　题

一、判断题

1. Linux 可以不安装图形界面，光靠命令行界面就可以完成100%的功能。　　（　　）

2. 理论上，只要宿主机的性能足够强，可以在宿主机上利用虚拟机软件安装多个不同的操作系统。　　　　　　　　　　　　　　　　　　　　　　　　　　　　　　（　　）

3. UNIX 是在 Linux 的基础上发展而来的。　　　　　　　　　　　　　　　　（　　）

4. /bin 和/sbin 目录下存放的是 root 用户和普通用户执行的命令。　　　　　（　　）

5. 执行命令"init 0"实现的效果是重启。　　　　　　　　　　　　　　　　　（　　）

二、填空题

1. 当前最主流的三类操作系统是_____、_____和_____。

2. Linux 系统结构包含_____、_____和_____三层。

3. 该项目中用到的虚拟机软件的名称为_____。

4. Linux 登录成功后，命令提示符前面的显示为"［root@ MASTER　~］#"，其中"root"代表_____，"MASTER"代表_____，"~"代表_____，"#"代表_____。

5. _____网站能非常方便地扫描到目标网站的 OS 信息。

6. Linux 系统中的注销命令是_____。

7. 要想知道当前的运行级别，可执行的命令是_____。

8. 在 Linux 操作系统文件目录结构中，最上层叫_____，用符号_____表示，相当于 Windows 系统中的"计算机"。

9. 每新建一个普通用户，都会自动在_____目录下生成一个与用户名同名的家目录。

10. root 用户的家目录是_____。

三、选择题

1. Linux 最早是由计算机爱好者（　　）发明的。
   A. Rob Pick 　　B. Linux Sarwar 　　C. Linus Torvalds 　　D. Richard Petersen

2. 下列软件中（　　）是自由软件。
   A. Windows XP 　　B. UNIX 　　C. Linux 　　D. Windows 2000

3. 下列不是操作系统的是（　　）。
   A. CentOS Linux 　　B. Windows 10 　　C. Google Android 　　D. Microsoft Office

4. 以下关于虚拟机软件的说法错误的是（　　）。
   A. 虚拟机的硬件配置可以修改
   B. 可以用虚拟机安装多个不同的操作系统
   C. 虚拟机安装多个操作系统后，可以实现宿主机启动时从启动列表中选择进入哪个系统
   D. 本机的 Windows 可以与虚拟机的 Linux 进行网络连接

5. Linux 的管理员用户是（　　）
   A. Administrator 　　B. superman 　　C. root 　　D. Angelababy

6. 用户 lisi 登录后，默认所处的初始位置是（　　）
   A. / 　　B. /root 　　C. /lisi 　　D. /home/lisi

四、简答题

1. 简述 Linux 和 UNIX 的关系。

2. Linux 的主要特点有哪些？

3. 当前主流的 Linux 操作系统版本有哪些？

4. 简述 CentOS 版本和 RHEL 版本的关系。

5. 简述 Linux 的主要应用领域。

6. 常见的关机命令有哪些？常见的重启命令有哪些？

五、操作题

1. 在宿主机中安装 VMware 软件。

2. 在虚拟机软件中创建一台虚拟计算机，内存分配 1 GB，硬盘分配 20 GB，并在其中安装 CentOS 6.3 操作系统。

3. 在虚拟机软件中再创建一台虚拟机，任意安装一个你知道的操作系统。

4. 系统安装完成后，体验常见的重启和关机命令。

Linux常用命令的使用

项目导读

Linux 操作系统分命令行界面和图形界面，作为服务器使用的 Linux，一般是不安装图形界面的，因为图形界面不但没有太多实际意义，而且还会占用一定的系统资源，影响系统性能，所以，实际的生产服务器中，Linux 安装的都是命令行界面，本书的所有操作也全部是在命令行界面完成的。所谓命令行界面，就是要求用命令操作来实现 Linux 所有的功能，因此，学习 Linux 的第一步就是要掌握常见的基本命令。

项目要点

➢ 认识 Shell
➢ 掌握文件管理命令
➢ 掌握权限管理命令
➢ 掌握压缩和解压缩命令
➢ 掌握搜索和帮助命令

▶▶▶ 任务一 认 识 Shell

一、什么是 Shell

Shell 的本意是"壳"，它是紧紧包裹在 Linux 内核外面的一个壳程序，是 Linux 的命令解释器，用户让操作系统做的所有任务，都是通过 Shell 与系统内核的交互来完成的。简单地说，平时用户所说的 Shell 就是 Linux 系统提供给用户的使用界面，用户登录 Linux 操作系统的命令行界面就是 Linux 的 Shell，它为用户提供了输入命令和参数并可以得到命令执行结果的环境。工作过程为：Shell 接收用户输入的命令，并把用户的命令从类似 abcd 的 ASCII 码解释为类似 0101 的计算机能够读懂的机器语言，然后把命令提交到系统内核处理，当内核处理完毕后，再把处理结果通过 Shell 返回给用户。

Shell 的版本有很多，如 Bourne Shell、C Shell、Bash、ksh、tcsh 等，它们各有特点。这里重点说一下 Bourne Shell，发明者是 Steven Bourne，它是最重要的 Shell 版本，从 1979 年

开始，UNIX 使用的 Shell 就是 Bourne Shell，Bourne Shell 的主文件名为 sh，开发人员便以 sh 作为 Bourne Shell 的主要识别名称。Shell 按照语法主要分为两大类，Bourne 和 C，这两种语法彼此不兼容。Bourne 家族主要包括 sh、ksh、Bash、psh、zsh 等 Shell，C 家族主要包括 csh、tcsh 等 Shell。其中 Bash 和 zsh 在不同程度上支持 csh 的语法。

在 Linux 中，用户（root 用户和普通用户）Shell 主要是 Bash Shell，但在启动脚本、编辑等很多工作中仍然使用 Bourne Shell。Bash Shell 于 1988 年发布，是 GNU 计划的重要工具之一，也是 GNU 系统中的标准 Shell。Bash 与 sh 兼容，许多早期开发出来的 Bourne Shell 程序仍可以在 Bash 中运行，如今的 Linux 基本上都以 Bash 作为用户的基本 Shell。不过，在 Linux 中除了可以支持 Bash，还可以支持很多其他的 Shell，用户可以通过/etc/shells 文件查询 Linux 支持哪些 Shell。命令及查询结果如下：

```
[root@ MASTER ~] # vi /etc/shells

/bin/sh
/bin/bash
/sbin/nologin
/bin/tcsh
/bin/csh
```

可以看到，该 Linux 支持 sh、bash、nologin、tcsh 和 csh 等 Shell，其中/sbin/nologin 表示系统用户（伪用户）登录的 Shell，这种用户是不能登录系统的，关于用户的内容在后面会有详细介绍。

二、shell 命令的基本格式

Bash 的内容非常多，包括 Bash 操作环境的构建、输入/输出重定向、管道符、变量的设置和使用，还包括 Shell 编程（简单理解就是把系列命令编写成一个脚本来执行），通过 Shell 编程可以帮助用户管理员更加有效地进行系统维护与管理，该部分知识属于 Linux 学习较为高深的知识，本项目不涉及 Shell 编程，只讲解 Shell 中常见的操作命令。

Linux 命令多如繁星，这是令初学者最为头疼的地方，往往容易浅尝辄止、望而却步。但是对于纯命令行界面，全部操作都得靠命令来实现，所以，尽管再不适应，学好 Linux 的常见命令的确是学习 Linux 的必经之路。当然，大家也不必过于担心，对于 Linux 命令，不需要死记硬背，刚开始学习时只需要熟悉命令的语法结构，了解选项和参数的基本含义，需要的时候能够想到有这样一条命令并快速地查询到即可，用多了自然就熟能生巧了。

学习 Linux 命令，首先必须理解和掌握命令的基本格式，简单地说，你起码得知道正确的命令格式长啥样，比方说，很多人学了好长一段时间，输入命令时在命令、选项、参数之间空格都不加，结果报错了竟然还完全意识不到问题所在，这说明对 Linux 的命令结构还没有最起码的认识。Linux 的命令结构如下：

```
[root@ MASTER ~] # 命令 [选项] [参数]
```

命令格式中的 [ ] 代表可选项，即可有可无，也就是说有些命令是不需要选项和参数也能执行的。下面就以 Linux 中最常见的 ls 命令来解释命令的格式。

```
[root@ MASTER ~]# ls
anaconda-ks.cfg  install.log  install.log.syslog
```

Linux 操作系统管理与应用

1. 选项的作用

ls 之后不加选项和参数也能执行，不过只能执行最基本的功能，即显示当前目录下的文件名。那么选项到底有哪些作用？

简单来说，选项能够使命令实现更为丰富的功能，而且同一个命令可能会有很多个不同的选项。这里，先来介绍"-l"选项，命令如下：

```
[root@ MASTER ~]# ls -l
总用量 44
-rw-------.1 root root 1370 12 月 4 04:59 anaconda-ks.cfg
-rw-r--r--.1 root root 24772 12 月 4 04:59 install.log
-rw-r--r--.1 root root 7690 12 月 4 04:58 install.log.syslog
```

从结果来看，显示的内容明显增多了。这是因为加的"-l"选项是长格式（long list）显示的意思，也就是显示文件的详细信息。

Linux 的选项又分为短格式（-l）和长格式（--all）两种，短格式选项是英文的缩写，一般用一个减号。而长格式选项是英文完整单词，一般用两个减号来调用，例如：

```
[root@ MASTER ~]# ls --all
.   anaconda-ks.cfg  .bash_logout   .bashrc   install.log        .lesshst        .tcshrc
..  .bash_history    .bash_profile  .cshrc    install.log.syslog .mysql_history  .viminfo
```

该命令和"ls -a"的效果是一样的，作用是显示该目录下的全部文件。这些以"."开头的文件称为隐藏文件，也就是说在 Linux 中，隐藏文件是以"."开头的，隐藏文件不用"-a"选项是看不到的。

一般情况下，短格式选项是长格式选项的缩写，也就是一个短格式选项会有对应的长格式选项。当然也有例外，比如 ls 命令的短格式选项"-l"就没有对应的长格式选项。

2. 参数的作用

参数是命令的操作对象，一般为文件、目录、用户和进程等，例如：

```
[root@ MASTER ~]# ls -l install.log
-rw-r--r--. 1 root root 24772 12 月  4 04:59 install.log
```

为什么一开始 ls 命令不加参数也可以执行呢？这是因为有默认参数。命令一般都需要加入参数，用于指定命令操作的对象，如果可以省略参数，则一般都有默认参数。ls 不加参数表示默认位置为当前所在的位置。

总结一下：命令的选项用于调整命令的功能，命令的参数用来指定命令的操作对象，且命令与选项、选项与参数之间都是有空格的，这一点一定要注意。

➤➤➤ 任务二　掌握文件管理命令

Linux 中的命令有上万条之多，为了便于学习和记忆，下面把命令进行简单分类，首先来学习文件管理命令。在 Linux 系统中，通常所说的文件包含文件和目录，就像 Windows 系统中分文件和文件夹一样。

一、目录操作命令

1. ls 命令

1) 命令功能

ls 是最常见的目录操作命令，主要作用是显示目录下的内容。

2) 命令格式

```
[root@ MASTER ~]# ls [选项] [参数]
常用选项：
    -a:显示所有文件
    -d:显示目录本身的信息,而不是目录下的文件信息
    -l:长格式显示
    -h:人性化显示,按照人们习惯的单位显示文件大小
    -i:显示文件的 i 节点号
```

学习命令，主要的难点就在于学习命令的选项，但是每个命令的选项非常多，比如 ls 命令就支持几十个选项，一般情况下没必要掌握每个选项，只需要学会最为常用的选项即可满足日常操作的需要。

3) 常见用法

例 1："-a" 选项

-a 选项中的 a 是 all 的意思，也就是显示包括隐藏文件在内的所有文件，在 Linux 中以"."开头的文件是隐藏文件，只有通过"-a"选项才能查看到。

```
[root@ MASTER ~]# ls -a
.  anaconda-ks.cfg .bash_logout .bashrc install.log      .lesshst      .tcshrc
.. .bash_history   .bash_profile .cshrc install.log.syslog .mysql_history .viminfo
```

例 2："-l" 选项

```
[root@ MASTER ~]# ls -l
总用量 44
-rw-------.1     root    root    1370    12 月  4 04:59   anaconda-ks.cfg
-rw-r--r--.1    root    root    24772   12 月  4 04:59   install.log
-rw-r--r--.1    root    root    7690    12 月  4 04:58   install.log.syslog
#权限 引用计数   所有者   所属组    大小     文件修改时间      文件名
```

"-l" 选项用于长格式显示文件的详细信息，下面详细介绍这 7 列的含义：

第一列：共有 10 位符号，第一位表示文件类型，后 9 位表示文件的权限。Linux 中的常见文件类型有三种，"-"表示文件，"d"表示目录，"l"表示软连接。权限对 Linux 来讲是非常重要的知识，关于权限管理的知识后续会有专门介绍。

第二列：引用计数。文件的引用计数代表该文件的硬链接个数，而目录的引用数代表该目录下有多少个一级子目录。

第三列：所有者，即这个文件属于哪个用户。默认所有者是文件的建立用户。

第四列：所属组。默认所属组是文件建立用户的有效组，一般情况下就是建立用户的所在组。

第五列：大小。默认单位是字节。

第六列：文件修改时间。文件状态修改或者文件数据修改都会更改这个时间，注意这个时间不是文件的创建时间。

第七列：文件名。

关于所有者和所属组再补充一点说明：在 Linux 系统中，一般认为任何人与任意一个文件之间只存在三种关系，要么是其所有者，要么是其所属组，要么是其他人的关系。

例 3："-d"选项

如果我们不是想看某个目录下的文件的信息，而是想看该目录本身的详细信息，则使用"-d"选项，例如：

```
[root@ MASTER ~]# ls -l /root
总用量 44
-rw-------.1 root root  1370 12 月   4 04:59 anaconda-ks.cfg
-rw-r--r--.1 root root 24772 12 月   4 04:59 install.log
-rw-r--r--.1 root root  7690 12 月   4 04:58 install.log.syslog
```

这个命令会显示/root 目录下的文件内容，而不会显示这个目录本身的详细信息。如果我们想看/root 目录本身的信息，得加"-d"选项。

```
[root@ MASTER ~]# ls -ld /root
dr-xr-x---.2 root root 4096 2 月   1 12:17 /root
```

例 4："-h"选项

"ls -l"显示的文件大小单位是字节，但是人们更习惯千字节用 KB 来显示，兆字节用 MB 来显示，"-h"选项的功能就是使文件大小用人们习惯的单位来显示，例如：

```
[root@ MASTER ~]# ls -lh
总用量 44K
-rw-------.1  root  root  1.4K  12 月   4 04:59  anaconda-ks.cfg
-rw-r--r--.1  root  root   25K  12 月   4 04:59  install.log
-rw-r--r--.1  root  root  7.6K  12 月   4 04:58  install.log.syslog
```

例 5："-i"选项

每个文件都有一个被称作 inode（i 节点）的隐藏属性，可以看成系统搜索这个文件的 ID，从理论上来说，每个文件的 inode 号是不一样的，当然也有例外，如文件的硬链接，关于链接后面会有详细介绍。"-i"选项的功能就是用来查看文件的 inode 号的，例如：

```
[root@ MASTER ~]# ls -i
913935 anaconda-ks.cfg  913923 install.log  913924 install.log.syslog
```

2. cd 命令

1）命令功能

cd 命令用来切换所在的目录。对于 Linux 初学者，很容易困扰自己的一个问题就是不清楚自己所处的位置，反过来说，我们学习 Linux 时，我们要时刻知道我们在哪一级目录里，要执行什么操作得切换到哪一级目录中去，因为很多操作都需要到特定的位置去执行。

2）命令格式

```
[root@ MASTER ~]# cd [目录名]
```

cd 命令是一个非常简单的命令，不需要掌握什么选项。

3）常见用法

例 1：基本用法

cd 命令切换目录只需要在命令后加目录名即可，例如：

```
[root@ MASTER ~]# cd/usr/local
[root@ MASTER local]#
```

通过该命令，进入到了/usr/local 目录，通过命令提示符，可以清楚地看到当前所处的目录已经被切换（从 ~ 变成了 local）。

例 2：简化用法

cd 命令可以识别一些特殊的符号，用于快速切换所在目录，最常见的两个符号用法如下：

```
[root@ MASTER local]# cd ~
[root@ MASTER ~]#
```

从结果可以看出，~ 号代表用户家目录，不管你现在身处哪一级目录使用该命令都可以直接回到用户的家目录，或者 cd 后面不加任何东西直接按【Enter】键也可实现同样的效果。

```
[root@ MASTER ~]# cd /usr/local/src
[root@ MASTER src]# cd ..
[root@ MASTER local]#
```

从这个例子可以看出，"cd .." 是返回到上一层目录。在 Linux 中，用 "." 代表本级目录，用 ".." 代表上级目录。

4）绝对路径和相对路径

cd 命令本身并不难，但是关于路径，有两个非常重要的概念，绝对路径和相对路径，这也是初学者经常出错的地方。

在 Linux 的路径中，之所以有绝对路径，是因为 Linux 有最高目录，也就是根目录，所以任何一个目录都可以从 "/" 出发，一级套一级找到它，这就是绝对路径的概念，例如：

```
[root@ MASTER ~]# cd /usr/local/src
[root@ MASTER src]# cd /etc/rc.d/init.d/
[root@ MASTER init.d]#
```

这种切换路径的方法用的是绝对路径，虽然写法麻烦一点，但是绝不会出错，建议初学者切换路径和指定操作目录时都使用绝对路径，因为不容易出错。

所谓相对路径，其实就是要有一个参照物，而参照物不是别的，就是当前所在的目录。例如：

```
[root@ MASTER ~]# cd /
#先切换到根目录
[root@ MASTER /]# ls
#查看根目录下有哪些目录
```

```
bin  boot  cgroup  dev  etc  home  lib  lost+found  media  misc  mnt  net  opt
proc  root  sbin  selinux  share  SHAREproject  srv  sys  tmp  usr  var
[root@ MASTER /]# cd usr
```
#用相对路径切换到/usr 目录,因为当前所在目录为根目录,而其下面有 usr 目录,所以可以用相对路径的方法进入其下面的子目录
```
[root@ MASTER usr]# ls
```
#查看/usr/目录下有哪些文件
```
bin  etc  games  include  lib  libexec  local  sbin  share  src  tmp
[root@ MASTER usr]# cd local
```
#因为当前位置下面有 local 子目录,所以可以利用相对路径直接进入
```
[root@ MASTER local]# ls
```
#查看/usr/local/目录下有哪些文件
```
bin  etc  games  include  lib  libexec  sbin  share  src
[root@ MASTER local]# cd local
-bash: cd: local: 没有那个文件或目录
```

最后一步报错,是因为/usr/local/目录下面没有 local 目录。那么怎样用相对路径切换到其他路径里去呢?总的原则就是从当前的路径出发,利用".."逐步退回到路径的交叉路口,而且这个交叉路口总会存在的,因为最多也就退到根目录,这是所有路径的总出发点。例如:

```
[root@ MASTER ~]# cd ../usr/local/src
[root@ MASTER src]# pwd
/usr/local/src
```

因为出发点在/root/目录下,所以先用".."返回上一级,即根目录,再从根目录出发,可以利用绝对路径切换到任何想去的目录,对于绝对路径和相对路径,这下大家应该都明白了吧。

3. mkdir 命令

1)命令功能

mkdir 命令是用来创建目录的,英文原意是 make directories。就相当于 Windows 操作系统中创建一个文件夹一样。

2)命令格式

```
[root@ MASTER ~]# mkdir [选项] 目录名
选项:
    -p:递归创建所需目录
```

3)常见用法

例 1:建立一个空目录

```
[root@ MASTER ~]# ls
anaconda-ks.cfg  install.log  install.log.syslog
[root@ MASTER ~]# mkdir guizhou    //在当前目录下创建名称为 guizhou 的目录
[root@ MASTER ~]# ls
anaconda-ks.cfg  guizhou  install.log  install.log.syslog
```

创建了一个名称为 guizhou 的目录，注意，在目录名前面没有指定路径信息，说明创建的目录就放在当前位置。如果要在指定地方创建一个目录，只需在目录名前加上路径信息即可，一般用绝对路径指定，这样不易出错。例如，在/tmp 目录下创建一个名称为 tongren 的目录，命令如下：

```
[root@ MASTER ~]# ls /tmp
u3   yum.log
[root@ MASTER ~]# mkdir /tmp/tongren
#在/tmp 下创建名称为 tongren 的目录
[root@ MASTER ~]# ls /tmp
tongren   u3   yum.log
```

这样就在指定的位置创建了一个目录，参照此方法，可以在任何地方创建想要的目录。

例 2：递归创建目录

递归创建目录是什么意思？首先来看一个例子：

```
[root@ MASTER ~]# mkdir chuandong/trzy/xxgc
mkdir: 无法创建目录"chuandong/trzy/xxgc": 没有那个文件或目录
```

这个例子是想实现在当前位置下创建名称为 chuandong 的目录，然后在 chuandong 目录下创建子目录 trzy，再在 trzy 目录下创建子目录 xxgc，这种创建目录的方式就叫递归创建，但结果报错了，因为 chuandong 这个目录本来是不存在的，Linux 认为不能在不存在的目录下再创建子目录。那么到底能否实现这样的递归创建呢？答案是可以的，得加上一个"-p"选项，命令如下：

```
[root@ MASTER ~]# mkdir -p chuandong/trzy/xxgc
[root@ MASTER ~]# ls
anaconda-ks.cfg chuandong guizhou install.log install.log.syslog
[root@ MASTER ~]# ls chuandong
trzy
[root@ MASTER ~]# ls chuandong/trzy/
xxgc
```

这样就不报错了，而且实现了最初的目的，这就是选项的魅力，可以这么说，学习命令主要就是掌握其核心的几个选项。

4．rmdir 命令

1）命令功能

既然能够创建目录，那么必然就有删除目录的命令，rmdir 命令的作用就是删除目录，不过该命令有一个局限，即只能删除空目录，所以实际操作中，该命令使用并不多，后面会学习一个更有效的命令，当然也要知道这个命令。

2）命令格式

```
[root@ MASTER ~]# rmdir [选项] 目录名
选项：
    -p:递归删除目录
```

3）常见用法

```
[root@ MASTER ~]# ls
anaconda-ks.cfg  chuandong  guizhou  install.log  install.log.syslog
[root@ MASTER ~]# rmdir guizhou      //删除 guizhou 这个目录
[root@ MASTER ~]# ls
anaconda-ks.cfg  chuandong  install.log  install.log.syslog
```

如果要递归删除呢，加上"-p"选项即可，例如：

```
[root@ MASTER ~]# rmdir -p chuandong/trzy/xxgc
[root@ MASTER ~]# ls
anaconda-ks.cfg  install.log  install.log.syslog
```

这样刚才创建的"chuandong/trzy/xxgc"三级目录就一次性都被删除了。下面再建立一个非空目录，验证该命令能否删除，命令如下：

```
[root@ MASTER ~]# mkdir test
[root@ MASTER ~]# touch test/1.txt      //在测试目录中建立一个文件
[root@ MASTER ~]# rmdir test
rmdir: 删除 "test" 失败：目录非空
```

对于非空目录，该命令就不能删除了，所以该命令是比较"谨慎"的，简单知道即可。

5．tree 命令

1）命令功能

tree 命令的功能是用树形结构显示目录下的文件。

2）命令格式

```
[root@ MASTER ~]# tree 目录
```

3）常见用法

tree 命令非常简单，用法也比较单一，就是用树形结构显示各级子目录。例如：

```
[root@ MASTER ~]# tree /etc
...省略部分内容...
├── yum
│   ├── pluginconf.d
│   │   ├── fastestmirror.conf
│   │   └── security.conf
│   ├── protected.d
│   ├── vars
│   └── version-groups.conf
├── yum.conf
└── yum.repos.d
    ├── CentOS-Base.repo
    ├── CentOS-Debuginfo.repo
    ├── CentOS-Media.repo
    └── CentOS-Vault.repo
241 directories, 1567 files
```

注意，有些版本 tree 命令默认是没有安装的，使用时如提示"-bash：tree：command not

found"，则表示没有安装。手动安装非常简单，执行如下命令即可：

```
[root@ MASTER ~]# yum -y install tree
```

现在大家可能还不懂软件安装的命令，现在执行也不一定会成功，等后面学完软件安装部分再回来做实验就很简单了。

二、文件操作命令

该部分只讲解文件的创建、信息和内容查看等命令，关于对文件的编辑等内容，"vi 编辑器"一章会进行详细介绍。

1. touch 命令

1）命令功能

touch 命令的意思是触摸，如果文件不存在，则会建立空文件，所以简单来讲，touch可以认为是创建文件的命令。但如果文件本身已经存在，则 touch 命令会修改文件的时间戳（包括访问时间、数据修改时间和状态修改时间）。

2）命令格式

```
[root@ MASTER ~]# touch [选项] 文件名或目录名
选项：
   -a:只修改文件的访问时间(Access Time)
   -c:如果文件不存在,则不建立新文件
   -d:把文件的时间改为指定的时间
   -m:只修改文件的数据修改时间(Modify Time)
```

Linux 中的每个文件都有三个时间信息，即访问时间（Access Time）、数据修改时间（Modify Time）和状态修改时间（Change Time）。这三个时间可以通过 stat 命令查看，注意一个常识，对于文件来讲，访问时间改变和数据修改时间改变都必然导致状态修改时间的改变。还有一点须注意：在 Linux 中，文件没有创建时间。

3）常见用法

```
[root@ MASTER ~]# ls
anaconda-ks.cfg install.log install.log.syslog test
[root@ MASTER ~]# touch 1.txt     //建立名为1.txt 的空文件
[root@ MASTER ~]# ls
1.txt anaconda-ks.cfg install.log install.log.syslog test
[root@ MASTER ~]# touch test
#如果文件已经存在,这里也不会报错,只会修改文件的访问时间
[root@ MASTER ~]# ls
1.txt anaconda-ks.cfg install.log install.log.syslog test
```

2. stat 命令

1）命令功能

stat 命令是查看文件详细信息的命令，包括文件的三个时间信息。

2）命令格式

```
[root@ MASTER ~]# stat [选项] 文件名或目录名
选项：
   -f:查看文件所在的文件系统信息,而不是查看文件的信息
```

3）常见用法

例 1：查看文件详细信息

```
[root@ MASTER ~]# stat install.log.syslog
  File: "install.log.syslog"
  #文件名
  Size: 7690        Blocks: 16        IO Block: 4096        普通文件
  #文件大小        占用的 block 数    块大小                文件类型
Device: fd00h/64768d  Inode: 913924      Links: 1
#i 节点号                                链接数
Access: (0644/-rw-r--r--)  Uid: (    0/    root)  Gid: (    0/    root)
#权限                      所有者              所属组
Access: 2019-02-18 01:00:16.604339321 +0800
#访问时间
Modify: 2018-12-04 04:58:27.402580367 +0800
#数据修改时间
Change: 2018-12-04 04:59:21.866728109 +0800
#状态修改时间
```

例 2：查看文件系统信息

```
[root@ MASTER ~]# stat -f install.log.syslog
  File: "install.log.syslog"
    ID: b3765ffde9a87cfe Namelen: 255      Type: ext2/ext3
Block size: 4096      Fundamental block size: 4096
Blocks: Total: 4525535    Free: 3324541    Available: 3094653
Inodes: Total: 1150560    Free: 1067881
```

　　如果使用"-f"选项，查看的不再是文件的信息，而是查看这个文件所在的文件系统的信息。

例 3：三种时间的含义

先查看一下当前系统时间，命令如下：

```
[root@ MASTER ~]# date
2019 年 02 月 18 日 星期一 12:02:00 CST
```

查看一下 1.txt 文件的三种时间，命令如下：

```
[root@ MASTER ~]# ls
1.txt  2.txt  anaconda-ks.cfg  install.log  install.log.syslog  test
[root@ MASTER ~]# stat 1.txt
  File: "1.txt"
  Size: 0          Blocks: 0        IO Block: 4096    普通空文件
Device: fd00h/64768d  Inode: 913940      Links: 1
Access: (0644/-rw-r--r--)  Uid: (    0/    root)  Gid: (    0/    root)
Access: 2019-02-18 03:00:04.010393407 +0800
Modify: 2019-02-18 03:00:04.010393407 +0800
Change: 2019-02-18 03:00:04.010393407 +0800
```

可以看到，文件的三种时间和当前时间是有差别的。

下面用 cat 命令读取这个文件，看看三个时间各有什么变化，命令如下：

```
[root@ MASTER ~]# cat 1.txt
[root@ MASTER ~]# stat 1.txt
  File: "1.txt"
  Size: 0          Blocks: 0          IO Block: 4096   普通空文件
Device: fd00h/64768d  Inode: 913940       Links: 1
Access: (0644/-rw-r--r--)  Uid: (    0/    root)  Gid: (    0/    root)
Access: 2019-02-18 12:12:41.698923663 +0800
Modify: 2019-02-18 03:00:04.010393407 +0800
Change: 2019-02-18 03:00:04.010393407 +0800
```

发现如果用 cat 命令读取文件，则文件的访问时间（Access Time）变成了 cat 命令的执行时间，其他两个时间没有变化。

下面再向 1.txt 文件中写入一点内容，再看看三个时间会发生什么变化，命令如下：

```
[root@ MASTER ~]# echo "1234" >1.txt
#向文件 1.txt 中追加内容"1234"
[root@ MASTER ~]# stat 1.txt
  File: "1.txt"
  Size: 5          Blocks: 8          IO Block: 4096   普通文件
Device: fd00h/64768d  Inode: 913940       Links: 1
Access: (0644/-rw-r--r--)  Uid: (    0/    root)  Gid: (    0/    root)
Access: 2019-02-18 12:12:41.698923663 +0800
Modify: 2019-02-18 12:16:30.631330642 +0800
Change: 2019-02-18 12:16:30.631330642 +0800
```

发现如果向文件中写入数据，则数据修改时间（Modify Time）和状态修改时间（Change Time）都会发生改变，变成了 echo 命令的执行时间。

下面再改变文件的所有者，而不修改文件的数据，看三个时间会发生什么变化，命令如下：

```
[root@ MASTER ~]# chown zhangsan 1.txt
#改变 1.txt 的所有者为 zhangsan 用户,原来为 root 用户
[root@ MASTER ~]# stat 1.txt
  File: "1.txt"
  Size: 5          Blocks: 8          IO Block: 4096   普通文件
Device: fd00h/64768d  Inode: 913940       Links: 1
Access: (0644/-rw-r--r--)  Uid: (  509/zhangsan)  Gid: (    0/    root)
Access: 2019-02-18 12:12:41.698923663 +0800
Modify: 2019-02-18 12:16:30.631330642 +0800
Change: 2019-02-18 12:26:35.950177316 +0800
```

发现改变了文件的所有者，相当于改变了文件的状态，则只有状态修改时间（Change Time）发生了改变，变成了 chown 命令的执行时间。

最后再用 touch 命令触摸一下这个文件，看看三个时间会发生什么变化，命令如下：

```
[root@ MASTER ~]# touch 1.txt
[root@ MASTER ~]# stat 1.txt
  File: "1.txt"
  Size: 5              Blocks: 8        IO Block: 4096    普通文件
Device: fd00h/64768d  Inode: 913940    Links: 1
Access: (0644/-rw-r--r--)  Uid: (  509/zhangsan)  Gid: (    0/    root)
Access: 2019-02-18 12:29:36.166966098 +0800
Modify: 2019-02-18 12:29:36.166966098 +0800
Change: 2019-02-18 12:29:36.166966098 +0800
```

发现用 touch 命令触摸一下，则文件的三个时间信息都会发生改变，这就是 touch 命令对于文件时间的改变作用。希望通过这样详细的对比，大家能够进一步理解文件的三个时间信息的含义以及 touch 命令和 stat 命令的作用。

3. cat 命令

1）命令功能

cat 命令用来查看文件的内容，并将内容打印输出到标准输出。

2）命令格式

```
[root@ MASTER ~]# cat [选项] 文件名
选项：
    -n:显示行号
```

3）常见用法

cat 命令非常简单，就是直接查看文件的内容，不论文件内容有多少，都会一次性显示。不足的是当文件非常大时文件开头的内容就看不到了，所以 cat 命令只适合查看不太大的文件。对于大文件的查看，后面会学习到更有效的命令和方法。

```
[root@ MASTER ~]# cat -n anaconda-ks.cfg
#使用"-n"选项,会显示行号
     1  # Kickstart file automatically generated by anaconda.
     2
     3  #version=DEVEL
     4  install
     5  cdrom
     6  lang zh_CN.UTF-8
     7  keyboard us
     8  network --onboot no --device eth0 --bootproto dhcp --noipv6
...省略部分内容...
```

4. more 命令

1）命令功能

more 命令也是用来查看文件内容的，而且它可以分屏显示文件的内容，可以弥补 cat 命令的局限性。

2）命令格式

```
[root@ MASTER ~]# more 文件名
```

3）常见用法

more 命令非常简单，没有什么选项，查看一个文件后打开一个交互界面，常用的交互命令如下：

① 回车键：向下滚动一行。

② 空格键：向下翻页。

③ b：向上翻页。

④ q：退出。

```
[root@ MASTER ~]# more anaconda-ks.cfg
# Kickstart file automatically generated by anaconda.

#version=DEVEL
install
cdrom
lang zh_CN.UTF-8
...省略部分内容...
--More--(78% )
```

这就是交互界面，可以用交互命令继续向后查看后面的内容。

5. less 命令

1）命令功能

less 命令和 more 命令类似，区别是 more 是分屏显示命令，而 less 是分行显示命令。

2）命令格式

```
[root@ MASTER ~]# less 文件名
```

3）常见用法

less 命令的使用和 more 一样简单，但是比 more 更常用，它通过上下箭头进行内容的分行查看，利用【PgUp】和【PgDn】键进行内容的上下翻页查看。

6. head 命令

1）命令功能

head 是用来显示文件开头内容的命令，默认是显示前 10 行内容。

2）命令格式

```
[root@ MASTER ~]# head [选项] 文件名
选项：
    -n 数值:从第一行开始,指定显示的行数
```

3）常见用法

```
[root@ MASTER ~]# head anaconda-ks.cfg
# Kickstart file automatically generated by anaconda.

#version = DEVEL
install
cdrom
lang zh_CN.UTF-8
```

```
keyboard us
network --onboot no --device eth0 --bootproto dhcp --noipv6
rootpw --iscrypted ......
firewall --service = ssh
```

head 命令默认是显示前 10 行，注意空行也算一行。如果要指定行数，要使用选项 "-n 数值"。例如：

```
[root@ MASTER ~]# head -n 5 anaconda-ks.cfg
# Kickstart file automatically generated by anaconda.

#version = DEVEL
install
cdrom
```

这里指定显示前 5 行的内容。

7. tail 命令

1）命令功能

既然有显示文件开头内容的命令，就必然有显示文件结尾的命令。tail 命令的功能是显示文件结尾的内容，默认也是 10 行。

2）命令格式

```
[root@ MASTER ~]# tail [选项] 文件名
选项：
    -n 数值：从最后一行开始向前数，指定显示的行数
```

3）常见用法

```
[root@ MASTER ~]# tail anaconda-ks.cfg
@ server-platform
@ server-policy
pax
oddjob
sgpio
certmonger
pam_krb5
krb5-workstation
perl-DBD-SQLite
% end
```

发现 tail 命令默认显示文件末尾的 10 行。如果要指定行数，需要使用选项 "-n 数值"。例如：

```
[root@ MASTER ~]# tail -n 4 anaconda-ks.cfg
pam_krb5
krb5-workstation
perl-DBD-SQLite
% end
```

这里指定显示文件末尾的 4 行。

8．ln 命令

1）命令功能

ln 命令用来在文件之间建立链接。

2）命令格式

```
[root@ MASTER ~]# ln [选项] 源文件 目标文件
选项：
    -s：建立软链接文件。如果不加"-s"选项，默认是建立硬链接文件
    -f：强制。如果目标文件已经存在，则删除目标文件后再建立链接文件
```

3）常见用法

例1： 创建硬链接

```
[root@ MASTER ~]# touch test1
#建立测试源文件 test1
[root@ MASTER ~]# ln /root/test1 /tmp/test-hard
#给源文件/root/test1 建立硬链接文件/tmp/test-hard
[root@ MASTER ~]# ls -li /root/test1 /tmp/test-hard
913998 -rw-r--r-- 2 root root 0 2 月  18 14:28 /root/test1
913998 -rw-r--r-- 2 root root 0 2 月  18 14:28 /tmp/test-hard
#查看两个文件的详细信息
```

发现硬链接文件与源文件具有相同的 inode 号。在 Linux 中，inode 相当于每个文件的 ID，不同文件应该是不一样的，在查找文件时，一般是先查找文件的inode号，才能读取到文件的内容。因为硬链接和源文件具有相同的 inode 号，所以不论修改原文件还是修改硬链接文件，另一个文件中的数据也会同步发生改变，例如：

```
[root@ MASTER ~]# echo "1111" > >/root/test1
#向源文件中写入数据"1111"
[root@ MASTER ~]# cat /root/test1
1111
[root@ MASTER ~]# cat /tmp/test-hard
1111
```

实验证明修改了源文件数据，硬链接文件的数据会同步发生改变。

```
[root@ MASTER ~]# echo "2222" > >/tmp/test-hard
[root@ MASTER ~]# cat /tmp/test-hard
1111
2222
[root@ MASTER ~]# cat /root/test1
1111
2222
```

改变硬链接文件的数据，源文件中的数据同样会同步更新。这是硬链接文件最主要的特点，同时请大家注意，硬链接不能链接目录。事实上，硬链接并不常用，仅了解其主要特点即可。

例 2：创建软链接

软链接又称符号链接，相比硬链接来讲，软链接明显常用多了。为了说明其特点，下面先来创建一个软链接。

```
[root@ MASTER ~]# touch test2
#建立测试源文件
[root@ MASTER ~]# ln -s /root/test2 /tmp/test-soft
#建立软链接文件
[root@ MASTER ~]# ls -li /root/test2 /tmp/test-soft
913999 -rw-r--r-- 1 root root  0 2 月  18 14:42 /root/test2
418888 lrwxrwxrwx 1 root root 11 2 月  18 14:43 /tmp/test-soft -> /root/test2
#查看两个文件的详细信息
```

注意：软链接的源文件必须写成绝对路径，否则会报错，无法正常使用。

软链接的标志非常明显，首先，在权限位的第一位为"l"，代表这是一个软链接文件；其次，在文件的后面会通过"->"符号显示出源文件的完整名称。

实际上，软链接相当于 Windows 系统中的快捷方式。而快捷方式就是对一些位置放得比较深的文件建立一个快捷访问方式，对于 Linux 来讲一样存在这个问题，比如说系统的自启动文件 rc.local，有些系统版本是放在/etc/目录中，而有些系统版本却将其放置在/etc/rc.d/目录中，那么，为了照顾管理员的使用习惯，一般会对这两个文件建立软链接，不论你习惯操作哪个文件，结果都是一样的。验证如下：

```
[root@ MASTER ~]# ls -li /etc/rc.local /etc/rc.d/rc.local
132316 -rwxrwxr-- 1 root root 302 12 月 31 16:12 /etc/rc.d/rc.local
131078 lrwxrwxrwx. 1 root root  13 12 月  4 04:55 /etc/rc.local -> rc.d/rc.local
```

发现/etc/rc.local 与/etc/rc.d/rc.local 文件是软链接的关系，因而实际访问时随便访问一个都是一样的。

此外，还发现软链接文件与源文件的 inode 号是不一样的，只是软链接文件的 block（数据块）中没有实际数据，而是源文件的 inode 号，正如前面所说的，软链接文件实际上只是一个快捷方式，访问软链接文件，实际上访问的还是源文件。所以有一点就很好理解了，删除软链接文件，源文件不会受到影响，但若删除源文件，软链接文件将找不到实际的数据从而显示文件不存在。另外，和硬链接一样，不管是修改源文件还是修改软链接文件，另一个文件中的数据都会发生改变。这些就是软链接文件的主要特点，试验验证如下：

```
[root@ MASTER ~]# echo "3333" > >/root/test2
#向源文件中写入数据"3333"
[root@ MASTER ~]# cat /root/test2
3333
[root@ MASTER ~]# cat /tmp/test-soft
3333
[root@ MASTER ~]# echo "4444" > >/tmp/test-soft
#向软链接文件中写入数据"4444"
[root@ MASTER ~]# cat /tmp/test-soft
```

```
3333
4444
[root@ MASTER ~]# cat /root/test2
3333
4444
```

试验证明，不管是修改源文件，还是修改软链接文件，另一个文件的数据都会同步发生改变。

```
[root@ MASTER ~]# rm -rf /root/test2
#删除源文件
[root@ MASTER ~]# cat /tmp/test-soft
cat: /tmp/test-soft: 没有那个文件或目录
```

结果证明，若把源文件删除，则软链接文件将无法访问。

最后注意一点，软链接文件是可以链接目录的，例如：

```
[root@ MASTER ~]# mkdir test3
#创建一个新目录
[root@ MASTER ~]# ln -s /root/test3 /tmp/
#对目录创建软链接
[root@ MASTER ~]# ls -ld /tmp/test3
lrwxrwxrwx 1 root root 11 2 月  18 15:38 /tmp/test3 -> /root/test3
#软链接可以链接目录
```

三、目录和文件都能操作的命令

1. rm 命令

1）命令功能

rm 是强大的删除命令，不仅可以删除文件，还可以删除目录。

2）命令格式

```
[root@ MASTER ~]# rm [选项] 文件或目录
选项：
    -f:强制删除(force)
    -i:交互删除,在删除之前会询问用户是否确认删除,该选项为默认选项
    -r:删除目录,也可递归删除
```

3）常见用法

例 1：基本用法

rm 命令如果什么都不加，则只能删除文件，且默认是带"-i"选项的，也就是在删除一个文件之前会先询问是否删除，其实这是 Linux 中的别名在起作用。

```
[root@ MASTER ~]# ls
1.txt 2.txt anaconda-ks.cfg install.log install.log.syslog test test1 test3
[root@ MASTER ~]# rm 1.txt
rm:是否删除普通文件 "1.txt"? y
```

发现在删除普通文件 1. txt 之前默认会询问是否删除，相当于执行了"-i"选项。这是

Linux 出于安全考虑，对于删除、复制、剪切等敏感操作默认都设置成询问状态。在 Linux 中，使用 alias 命令可以查看系统中已经设置好的别名，命令如下：

```
[root@ MASTER ~]# alias
alias cp = 'cp -i'
alias l. = 'ls -d .* --color = auto'
alias ll = 'ls -l --color = auto'
alias ls = 'ls --color = auto'
alias mv = 'mv -i'
alias rm = 'rm -i'
alias which = 'alias |/usr/bin/which --tty-only --read-alias --show-dot --show-tilde'
```

从结果可以看出，执行删除（rm）、复制（cp）和剪切（mv）命令时实际上都是默认带 "-i" 选项的，也就是说都会带询问功能。

例 2：删除目录

如果要删除目录，则需要使用 "-r" 选项。例如：

```
[root@ MASTER ~]# mkdir -p /guizhou/tongren/trzy
#递归创建测试目录

[root@ MASTER ~]# rm /guizhou/
rm: 无法删除"/guizhou/"：是一个目录
#如果不加"-r"选项,则会报错

[root@ MASTER ~]# rm -r /guizhou/
rm:是否进入目录"/guizhou"? y
rm:是否进入目录"/guizhou/tongren"? y
rm:是否删除目录 "/guizhou/tongren/trzy"? y
rm:是否删除目录 "/guizhou/tongren"? y
rm:是否删除目录 "/guizhou"? y
```

发现删除递归目录时会不停地询问是否进入下一级子目录，再反过来询问是否删除各级子目录。试想，如果要删除一个子目录和子文件很多的递归目录，那这个询问与确认操作是非常烦琐的，所以，下面介绍最为常见的应用——强制删除。

例 3：强制删除

```
[root@ MASTER ~]# mkdir -p /guizhou/tongren/trzy
#重新建立测试目录
[root@ MASTER ~]# rm -rf /guizhou/
#强制一次性全部删除,将不再做任何询问
```

加入了 "-f" 选项，变成强制删除，但是需要注意以下两点：

① 数据强制删除之后除非依赖第三方工具，一般无法再恢复，就算利用工具也很难百分之百恢复，所以使用 "-f" 选项时一定要慎重。

② 虽然 "-rf" 选项是用来删除目录的，但是用来删除文件也不会报错，所以，为了使用方便，一般不论是删除文件还是删除目录，都会直接使用 "-rf" 选项。也就是说实际操作中最常用的删除命令就是 "rm -rf 文件名或者目录名"，完全可以代替之前介绍的 rmdir 命令。

2. cp 命令

1) 命令功能

cp 命令用于复制文件和目录。

2) 命令格式

```
[root@ MASTER ~]# cp [选项] 源文件 目标文件
选项：
    -i：询问，如果目标文件存在，则会询问是否覆盖，这也是默认选项
    -r：递归复制，用于复制目录
    -p：复制后目标文件保留源文件的属性(包括所有者、所属组、权限和时间)
    -d：如果源文件为软链接(对硬链接无效)，则复制出的目标文件也为软链接
    -a：相当于-dpr 选项的集合
    -l：把目标文件建立为源文件的硬链接文件，而不是复制源文件
    -s：把目标文件建立为源文件的软链接文件，而不是复制源文件
```

3) 常见用法

例1： 基本用法

cp 命令既可以复制文件，也可以复制目录，只是复制目录时要加 "-r" 选项。先来看复制文件的例子：

```
[root@ MASTER ~]# touch test
#建立测试源文件
[root@ MASTER ~]# cp test /tmp/
#将源文件复制到/tmp/目录下
```

如果复制的同时需要修改名称，命令如下：

```
[root@ MASTER ~]# cp test /tmp/my_test
#将源文件复制到/tmp/目录下，且重命名为 my_test
```

如果复制的目标位置已经存在同名的文件，则会提示是否覆盖，因为 cp 命令默认执行是带 "-i" 选项的，这也是别名在起作用。

```
[root@ MASTER ~]# cp test /tmp/
cp：是否覆盖"/tmp/test"? y
#目标位置已经存在 test 文件，所以再次复制同名文件会提示是否将其覆盖
```

下面再看复制目录的例子：

```
[root@ MASTER ~]# mkdir music
#建立测试目录
[root@ MASTER ~]# cp /root/music /tmp
cp：略过目录"/root/music"
#如果不加"-r"选项，不会正确执行
[root@ MASTER ~]# cp -r /root/music /tmp
#将目录同名复制到/tmp/目录下
[root@ MASTER ~]# cp -r /root/music /tmp/my_music
#将目录复制到/tmp/目录下，并重命名为 my_music
```

例 2： 保留源文件属性复制

在执行复制命令后，目标文件的时间会变成复制命令的执行时间，而不是源文件的时间，要想目标文件的属性（包括所有者、所属组、权限和时间）和源文件完全一致，得加上"-p"选项。这个是很有必要的，比如在执行数据备份、日志备份等操作时，这些文件的时间可能是一个非常重要的参数。

```
[root@ MASTER ~]# cp -p /var/lib/mlocate/mlocate.db /tmp/mlocate.db1
#复制时使用"-p"选项
[root@ MASTER ~]# ll /var/lib/mlocate/mlocate.db /tmp/mlocate.db1
-rw-r----- 1 root slocate 1456768 12 月  4 05:11 /tmp/mlocate.db1
-rw-r-----. 1 root slocate 1456768 12 月  4 05:11 /var/lib/mlocate/mlocate.db
#源文件和目标文件的所有属性都保持一致,包括时间

[root@ MASTER ~]# cp /var/lib/mlocate/mlocate.db /tmp/mlocate.db2
#复制时不使用"-p"选项
[root@ MASTER ~]# ll /var/lib/mlocate/mlocate.db /tmp/mlocate.db2
-rw-r----- 1 root root    1456768 2 月  19 04:29 /tmp/mlocate.db2
-rw-r-----. 1 root slocate 1456768 12 月  4 05:11 /var/lib/mlocate/mlocate.db
#不加"-p"选项,目标文件和源文件的属性不一致
```

前面已经介绍了，"-a"选项相当于"-dpr"选项的集合，实际使用中，一般使用"-a"选项代替"-dpr"选项更为方便。

3. mv 命令

1）命令功能

mv 是剪切的命令，用来移动文件或重命名。

2）命令格式

```
[root@ MASTER ~]# mv [选项] 源文件 目标文件
选项：
    -i:交互移动,如果目标文件已经存在,则询问用户是否覆盖,这也是默认选项
    -f:强制覆盖,如果目标文件已经存在,则不询问,直接强制覆盖
    -n:如果目标文件已经存在,则不会覆盖移动,且不会询问用户
    -v:显示移动的详细过程
```

3）常见用法

例 1： 移动文件或目录

```
[root@ MASTER ~]# touch test
#建立测试文件
[root@ MASTER ~]# mkdir music
#建立测试目录
[root@ MASTER ~]# ls
anaconda-ks.cfg  install.log  install.log.syslog  music  test
#查看一下两个测试文件已经存在
[root@ MASTER ~]# mv test /tmp
#移动文件
[root@ MASTER ~]# mv music /tmp
```

```
#移动目录
[root@ MASTER ~]# ls
anaconda-ks.cfg  install.log  install.log.syslog
#两个文件不见了,这是因为移动操作类似剪切,源文件会被删除
```

如果移动的目标位置已经存在同名的文件,则同样会提示是否被覆盖,因为 mv 命令默认执行也是带 "-i" 选项的,这也是别名在起作用。例如:

```
[root@ MASTER ~]# touch test
#再次建立同名的测试文件
[root@ MASTER ~]# mv test /tmp
mv:是否覆盖"/tmp/test"? y
#因为/tmp/目录下已经存在 test 文件,所以会提示是否覆盖,如需要则输入 y,否则输入 n
```

例 2:强制移动

上个例子已经说明,如果目标目录下已经存在同名文件,则会提示是否覆盖,需要手工确认。如果移动的同名文件比较多又必须覆盖时,不可能逐个去手工确认,这时就需要用到 "-f" 选项,它的功能是强制移动,这样就不需要用户手工确认了。例如:

```
[root@ MASTER ~]# touch test
#再次建立同名的测试文件
[root@ MASTER ~]# mv -f test /tmp/
#这次移动同名文件没有再提示是否覆盖,是因为用了"-f"选项,它会强制覆盖
```

例 3:不覆盖移动

既然可以强制覆盖移动,那如果是不需要覆盖的移动该如何操作?比如想移动上千个文件,但是对于同名文件不能覆盖,这时就需要用到 "-n" 选项。例如:

```
[root@ MASTER ~]# ls /tmp/*ls
/tmp/wangls  /tmp/zhangls
#在/tmp/目录下已经存在 wangls 和 zhangls 文件
[root@ MASTER ~]# mv -vn zhangls wangls hels /tmp
"hels" ->"/tmp/hels"
#再向/tmp/目录下移动同名文件,因为加入了"-n"选项,所以看到只移动了 hels 文件,同名的
zhangls 和 wangls 两个文件没有再移动
```

例子中的 "-v" 选项用于显示移动过程,如果想知道移动过程中到底有哪些文件进行了移动,可加上 "-v" 选项查看详细的移动信息。

例 4:重命名

如果源文件和目标文件在同一个目录中,就相当于重命名操作。例如:

```
[root@ MASTER ~]# ls
anaconda-ks.cfg  install.log  install.log.syslog  wangls  **zhangls**
[root@ MASTER ~]# mv zhangls zhangsan
#把 zhangls 重命名为 zhangsan
[root@ MASTER ~]# ls
anaconda-ks.cfg  install.log  install.log.syslog  wangls  **zhangsan**
```

▶▶▶ 任务三　掌握权限管理命令

一、权限介绍

1. 权限的重要性

至此，已经学习完文件管理命令，相信大家对 Linux 命令的学习已经有了基本感觉，对于权限管理命令，学习方法是一样的，无非就是掌握每个命令的功能、命令格式以及常见用法。但是对于权限，难点并不是命令本身，而是要理解为什么需要权限，以及权限对于 Linux 服务器来讲到底有着怎样的重要性。可以说，权限是服务器配置的灵魂问题之一，因为服务器最看重的就是安全稳定，而严谨的权限定义就是为安全服务的。

人们经常使用的 Windows 实际上只是个人计算机，而使用个人计算机的用户主要是自己，或者是家人和好友，所以，一般都是使用默认的管理员身份登录的。因为管理员拥有最高权限，导致我们已经习惯了计算机中没有权限等级的概念，也无须不同的用户，其实这是个见怪不怪的不正常现象，对于个人计算机也是感觉不到问题的。但对于服务器是肯定不行的，因为服务器存储的数据都是非常重要的资源，而且数据量越大，价值越高，比如游戏公司，它的核心价值就是服务器集群中存储的数据资源，一旦这些数据丢失或破坏，轻则造成重大损失，重则导致破产。而服务器的维护也不是由一两个人，而是一个团队在维护的，这必然要求对用户有严格的分级，对权限有严格的设定，否则，如果每个人都能对服务器的数据随便进行操作，那安全稳定性从何谈起呢。所以，在服务器上，绝对不是所有用户都具有 root 权限的，而需要根据不同的岗位级别，合理分配用户等级和权限。

2. 文件的所有者、所属组和其他人

前面在讲解 ls 命令时，简单解释过所有者和所属组，例如：

```
[root@ MASTER ~]# ls -l install.log.syslog
-rw-r--r--. 1 root root 7690 12 月  4 04:58 install.log.syslog
```

结果的第三列就是文件的所有者，为 root 用户，第四列就是文件的所属组，为 root 组。一般来讲，文件的所有者默认就是这个文件的建立者，而系统中绝大多数系统文件都是由 root 建立的，所以绝大多数文件的所有者都是 root。

接下来解释所属组，首先介绍一下用户组的概念。顾名思义，用户组就是一堆用户的集合，为什么要有用户组这个概念呢，举个简单的例子，有 100 个用户，要使这 100 个用户对同一个文件具有相同的权限，一种做法是逐一设定每个用户对该文件的权限，这样做显然太烦琐，而另一种做法就是将这 100 个用户建成一个组，只需设定这个组与该文件的权限，则组中的每个用户都会拥有其所在组对该文件的权限。很显然，给一个用户组分配权限更方便，这就是用户组存在的主要意义。

其实，Linux 认为每个文件与用户主要存在三种关系，即要么是所有者、要么是所属组，要么是其他人，就是为了更方便地分配权限。举个例子，我有一台计算机，我自己当然是其所有者，可以对它进行任何操作，而我的亲朋可以加入一个组，给这个组分配的权

限是可以用我的计算机，但不能修改里面的东西，而不认识的就是其他人，他们当然是不可以碰我的计算机。

3. 权限的含义

ls 命令长格式显示文件信息时，第一列不计后面的"."，共有 10 位，第一位代表文件的类型，后九位表示文件的权限，例如：

```
[root@ MASTER ~]# ls -l install.log.syslog
-rw-r--r--. 1 root root 7690 12 月  4 04:58 install.log.syslog
```

下面详细介绍这 10 位（-rw-r--r--）符号的含义：

第 1 位（这里为"-"）：代表文件的类型。在 Windows 中，文件的类型是用扩展名来区分的，Linux 却是用权限位的第一位来表示的。Linux 中常见的文件类型如下：

➢ "-"：普通文件。
➢ "d"：目录文件。Linux 中一切皆文件，所以目录也是文件的一种。
➢ "l"：软链接文件。
➢ "b"：块设备文件。这是一种特殊的设备文件，存储设备都是这种文件。
➢ "c"：字符设备文件。这也是一种特殊的设备文件，输入设备都是这种文件，如鼠标、键盘等。

最常见的是前面的三种文件类型。

第 2~4 位（这里为"rw-"）：代表文件所有者对文件拥有的权限。三种权限按顺序分别为 r、w 和 x，其中：

➢ r：代表 read，是读取权限。
➢ w：代表 write，是写权限。
➢ x：代表 execute，是执行权限。

如果有字母，则代表拥有字母对应的权限，如果是"-"，代表没有对应的权限。如这里是"rw-"，表示所有者 root 用户对该文件拥有读写权限，而没有执行权限。

第 5~7 位（这里为"r--"）：代表文件所属组对文件拥有的权限。这里为"r--"代表文件所属组 root 组中除 root 用户以外的其他用户对文件只拥有读权限，而没有写权限和执行权限。

第 8~10 位（这里为"r--"）：代表其他人对文件拥有的权限。这里为"r--"代表其他人对文件只拥有读权限，而没有写权限和执行权限。

第 11 位：最后那个"."是 CentOS 6 以上的系统中才出现的，它表示该文件受SELinux 的安全规则管理，SELinux 简单来理解就是一种使 Linux 更加安全的机制，这个现在仅了解一下即可。

二、基本权限命令

修改文件基本权限的命令为 chmod。这里之所以强调基本权限，是因为在 Linux 中还有与其相对应的特殊权限（如 suid、sgid、sbit 等），特殊权限作为自学提升内容，本书不做阐述。

1. 命令格式

```
[root@ MASTER ~]# chmod [选项] 权限模式 文件名
选项:
    -R:递归设置权限,也就是给子目录中的所有文件设定权限
```

2. 权限模式

chmod 命令的权限模式的格式为 "[用户身份] [赋予方式] [权限]",具体解释如下:

1) 用户身份

u:代表文件所有者(user)。

g:代表文件所属组(group)。

o:代表其他人(other)。

a:代表全部身份(all)。

2) 赋予方式

+:加入权限。

-:减去权限。

=:设置权限。

3) 权限

r:读取权限(read)。

w:写权限(write)。

x:执行权限(execute)。

这样讲还是有点抽象,下面举几个简单的例子。

例1:添加权限

```
[root@ MASTER ~]# touch test
#建立测试文件
[root@ MASTER ~]# ls -l test
-rw-r--r-- 1 root root 0 2 月   19 10:16 test
#这个文件的权限为:所有者具备读写权限,所属组具有只读权限,其他人具有只读权限
[root@ MASTER ~]# chmod u + x test
#给所有者添加执行权限
[root@ MASTER ~]# ls -l test
-rwxr--r-- 1 root root 0 2 月   19 10:16 test
#权限添加成功
```

例2:给多个身份同时添加权限

```
[root@ MASTER ~]# chmod g + w,o + w test
#为所属组添加写权限,为其他人添加写权限,不同身份之间用","隔开
[root@ MASTER ~]# ls -l test
-rwxrw-rw- 1 root root 0 2 月   19 10:16 test
#权限添加成功
```

例3:减少权限

```
[root@ MASTER ~]# chmod u-x,g-w,o-w test
#为所有者减去执行权限,为所属组减去写权限,为其他人减去写权限
[root@ MASTER ~]# ls -l test
-rw-r--r-- 1 root root 0 2 月  19 10:16 test
#减去权限成功
```

例4：用"="号设置权限

用"+"和"-"设置权限是比较麻烦的，因为首先得知道文件的原始权限是什么，而用"="号可以直接按照自己的需求一步设置到位。

```
[root@ MASTER ~]# chmod u=rwx,g=rw,o=rw test
#为所有者赋予读写执行权限,为所属组赋予读写权限,为其他人赋予读写权限
[root@ MASTER ~]# ls -l test
-rwxrw-rw- 1 root root 0 2 月  19 10:16 test
#权限赋予成功
```

使用"="号赋予权限的好处是不需要知道原始权限，但是在指令输入上依然不够简洁，实际运用中，一般是用更简洁的权限模式来赋予权限，即接下来要介绍的数字权限。

3．数字权限

数字权限是最简单易懂的权限赋予方式，也是实际操作中最常用的方式，但是前提是要熟记读、写、执行三种权限对应的权限权值。

➤ r（读权限）：对应权限权值为4。

➤ w（写权限）：对应权限权值为2。

➤ x（执行权限）：对应权限权值为1。

怎么理解呢，举个例子：

```
[root@ MASTER ~]# touch test1
#建立测试文件
[root@ MASTER ~]# ls -l test1
-rw-r--r-- 1 root root 0 2 月  19 10:44 test1
#test1 文件的权限为 644(所有者:r+w=4+2=6,所属组:r=4,其他人:r=4)
[root@ MASTER ~]# chmod 755 test1
#赋予文件 test1 的权限为 755(所有者:7=4+2+1=rwx,所属组:5=4+1=r-x,其他人:5=4+1=r-x)
[root@ MASTER ~]# ls -l test1
-rwxr-xr-x 1 root root 0 2 月  19 10:44 test1
#权限赋予成功
```

由上述例子可见，数字权限的赋予方式更加简单，但是需要用户对读、写、执行权限对应的权值非常熟悉。

一般来讲，文件的权限是有一定的规律性，不会杂乱无章的，按照正常逻辑，所有者的权限总要大于所属组和其他人的权限，常见的几种权限如下：

644：这是文件的基本权限，代表所有者拥有读、写权限，所属组和其他人拥有只读权限。

755：这是文件的执行权限和目录的基本权限，代表所有者拥有读、写和执行权限，而所属组和其他人拥有读权限和执行权限。

777：这是最大权限。在实际生产服务器中，要尽量避免给文件或目录赋予这样的权限，因为这在一定程度上会造成安全隐患。

三、基本权限的含义

上面介绍了权限的种类以及赋予方式，但拥有这些权限到底意味着什么？这看似简单的问题，但对于初学者来说并不像表面上那么容易理解，因为读、写和执行权限对于文件和目录的作用是不同的，这是权限部分的重点内容，也是难点内容，下面分别来介绍：

1. 权限对文件的作用

r（读）：对文件拥有读权限，代表可以读取文件中的数据。也就是说可以对文件执行 cat、more、less、head、tail 等文件查看命令。

w（写）：对文件拥有写权限，代表可以修改文件中的数据。也就是说可以对文件执行 vim、echo 等修改文件数据的命令。这里要特别注意一点：对文件拥有写权限，并不代表能删除该文件，因为能否对文件执行删除操作取决于其上级目录是否具有写权限。这一点对初学者来说是比较难理解的，它涉及文件在文件系统中是如何存储等内容。事实上每个文件在文件系统中分两部分进行存储，一小部分叫 inode，用于存储文件的相关属性信息（具体包括文件的 inode 号、文件的权限、文件的所有者和所属组、文件大小、文件的时间信息以及文件数据真正保存的 block 编号），即可得知去哪里可以找到文件的内容；另一部分叫 block，也就是文件数据存储的地方。而文件的文件名信息是存储在上级目录的 block 中的，所以要删除文件，得上级目录拥有写权限，这一部分内容初次看会比较深奥，大家先简单了解记住这个常识即可，慢慢地自然就理解了。

x（执行）：对文件拥有执行权限，代表文件可以运行。但在 Linux 中，文件最终能否正确执行取决于两方面，一是得拥有执行权限，二是里面的语言代码要编写正确。对文件来讲，执行权限是其最高权限，所以新建一个文件的默认权限一般为 644，是没有执行权限的。

2. 权限对目录的作用

r（读）：对目录有读权限，代表可以查看目录下的内容，也就是说可以对目录执行 ls 命令，查看目录下有哪些子文件和子目录。注意：对目录来讲，如果只赋予只读权限，实际上是不可以使用的，是没有实际意义的权限，后面的实验会证明这一点。

w（写）：对目录有写权限，代表可以修改目录下的数据，就是说可以在目录下执行 touch、rm、cp、mv 等增加、删除、复制和移动命令。对目录来说，写权限是最高权限，所以新建一个目录的默认权限一般是 755，所属组和其他人默认是没有写权限的，就是这个道理。

x（执行）：目录是不能执行的，对目录有执行权限，代表可以进入目录，也就是说可以对目录执行 cd 命令，进入目录。

为了更直观形象地理解权限对于目录和文件的作用，下面做一个系统试验，试验前先补充几点知识：

（1）不能用 root 用户来做试验，因为对 Linux 来讲，root 为超级用户，就算没有任何权限，root 用户依然可以执行全部的操作。

（2）既然做试验要用到普通用户，首先得建立一个普通用户，这部分知识后面会有详细介绍，这里大家只需照着命令操作即可。添加用户命令为"useradd 用户名"，更改用户密码命令为"passwd 用户名"，再输入两次密码确认即可。

（3）因为只有 root 用户才能修改文件的权限，所以实验中会在 root 用户和普通用户中来回切换，切换用户的命令为"su - 用户名"，由普通用户切换回 root 用户可以执行"exit"命令。大家要时刻注意每条命令执行时的用户身份，并明白其中的原因。

（4）该试验的基本思路为先将测试文件和测试目录的权限设为最低，再逐渐放大权限，用普通用户来验证不同的权限对于文件和目录体现出来的实际效果。

```
#第一步:建立普通用户 hels,设置密码 123
[root@ MASTER ~]# useradd hels
[root@ MASTER ~]# passwd hels
更改用户 hels 的密码
新的密码:123
无效的密码: WAY 过短
无效的密码: 过于简单
重新输入新的密码:123
passwd:所有的身份验证令牌已经成功更新。

#第二步:由 root 用户建立测试目录和测试文件
[root@ MASTER ~]# cd /home/hels
#先要进入 hels 用户的家目录,在这里建立测试文件,因为普通用户无法进入 root 的家目录中,所以
测试文件绝不能建立在 /home/root 目录下
[root@ MASTER hels]# mkdir movie
#建立测试目录
[root@ MASTER hels]# touch movie/1.txt
#建立测试文件

[root@ MASTER hels]# chmod 750 movie/
#修改测试目录的权限为 750,因为普通用户 hels 对于该文件来讲是"其他人"的关系,所以只要修改
其他人对应的权限即可,所有者和所属组不动
[root@ MASTER hels]# chmod 640 movie/1.txt
#同样的道理,修改测试文件的权限为 640,也只要修改其他人对应的权限即可

#第三步:切换为普通用户 hels 测试权限
[root@ MASTER hels]# su - hels
#切换为普通用户 hels
[hels@ MASTER ~]$ ls -l
总用量 4
drwxr-x--- 2 root root 4096 2月  19 13:51 movie
#当前所处位置为普通用户的家目录,可以看到刚才新建的测试目录 movie
[hels@ MASTER ~]$ ls movie/
ls: 无法打开目录 movie/: 权限不够
#由于 hels 用户对 movie 目录没有读权限,所以不能看到该目录下的内容
[hels@ MASTER ~]$ cd movie/
-bash: cd: movie/: 权限不够
#由于 hels 用户对 movie 目录没有执行权限,所以不能进入到该目录中

#第四步:切换回 root 用户给 movie 目录赋予读权限
```

```
[hels@ MASTER ~] $ exit
logout
#exit命令可以快速切换回root用户
[root@ MASTER hels]# chmod 754 movie/
#赋予其他人对目录的读权限

#第五步:切换为普通用户hels测试权限
[root@ MASTER hels]# su - hels
#切换为hels用户
[hels@ MASTER ~] $ ls movie/
ls:无法访问movie/1.txt:权限不够
1.txt
#对目录拥有只读权限,虽然可以查看到目录下的内容,但依然报错"权限不够"
[hels@ MASTER ~] $ ls -l movie/
ls:无法访问movie/1.txt:权限不够
总用量0
-????????? ? ? ? ?                ? 1.txt
#查看目录下的详细信息,由于权限还是不够,所以只能看到文件名,而其他信息都不能正常查看
[hels@ MASTER ~] $ cd movie/
-bash: cd: movie/: 权限不够
#由于对目录没有执行权限,所以肯定是进不了目录的
#这一步额外证明了一点,对于目录来讲,如果只赋予只读权限,实际上是无法正常使用的权限,是没有
任何意义的

#第六步:切换回root用户给movie目录赋予读和执行权限
[hels@ MASTER ~] $ exit
logout
[root@ MASTER hels]# chmod 755 movie/
#赋予其他人对目录的权限为5,即有读和执行权限

#第七步:切换为hels用户测试权限
[root@ MASTER hels]# su - hels
[hels@ MASTER ~] $ ls -l movie/
总用量0
-rw-r----- 1 root root 0 2月   19 13:51 1.txt
#由于对movie目录拥有了读权限和执行权限,可以正常查看目录下的内容
[hels@ MASTER ~] $ cd movie/
[hels@ MASTER movie] $
#由于对movie目录拥有了执行权限,可以正常进入目录

#第八步:现在开始测试文件的权限
[hels@ MASTER movie] $ cat 1.txtcat: 1.txt: 权限不够
#由于对文件1.txt没有读权限,所以不能查看里面的内容
[hels@ MASTER movie] $ echo "1234" > >1.txt
-bash: 1.txt: 权限不够
#由于对文件1.txt没有写权限,所以不能修改里面的内容

#第九步:切换回root用户给1.txt文件赋予读权限
[hels@ MASTER movie] $ exitlogout
[root@ MASTER hels]# chmod 644 movie/1.txt
```

#赋予其他人对文件 1.txt 拥有 4 权限,即读权限

#第十步:切换为 hels 用户测试文件权限
```
[root@ MASTER hels]# su - hels
[hels@ MASTER ~] $ cd movie/
[hels@ MASTER movie] $ cat 1.txt
```
#现在没有报错,代表可以正常查看文件的内容,没有东西是因为本身是空文件
```
[hels@ MASTER movie] $ echo "1234" > >1.txt
-bash: 1.txt: 权限不够
```
#由于对文件没有写权限,依然不能修改里面的内容

#第十一步:切换回 root 用户给文件 1.txt 赋予写权限
```
[hels@ MASTER movie] $ exit
logout
[root@ MASTER hels]# chmod 646 movie/1.txt
```
#赋予其他人对文件拥有 6 权限,即读和写权限,注意这里出现了其他人的权限还大于所属组的权限,仅为试验需要,实际中不会出现这种情况

第十二步:切换为 hels 用户验证文件权限
```
[root@ MASTER hels]# su - hels
[hels@ MASTER ~] $ cd movie/
[hels@ MASTER movie] $ echo "1234" > >1.txt
```
#往文件 1.txt 中写入内容"1234",没有报错,说明可以正常写入
```
[hels@ MASTER movie] $ cat 1.txt
1234
```
#由于对文件有读权限,可以正常查看到刚刚写入的内容
```
[hels@ MASTER movie] $ rm -rf 1.txt
rm: 无法删除"1.txt": 权限不够
```
#其他人对文件拥有写权限,但却不能删除文件,原因是其上级目录 movie 还未赋予写权限

#第十三步:切换回 root 用户给 movie 目录赋予写权限
```
[hels@ MASTER movie] $ exit
logout
[root@ MASTER hels]# chmod 757 movie/
```
#给其他人赋予 movie 目录 7 权限,即读、写和执行权限。注意,这里仅为试验需要,实际生产服务器中给其他人赋予 7 权限是非常不安全的

第十四步:切换为 hels 用户验证文件权限
```
[root@ MASTER hels]# su - hels
[hels@ MASTER ~] $ cd movie/
[hels@ MASTER movie] $ rm -rf 1.txt
```
#因为对上级目录 movie 拥有写权限,所以可以正常删除文件本身
```
[hels@ MASTER movie] $ touch 2.txt
```
#因为对上级目录 movie 拥有写权限,所以可以正常创建文件
```
[hels@ MASTER movie] $ mv 2.txt 222.txt
```
#因为对上级目录 movie 拥有写权限,所以可以正常对文件进行重命名操作

　　这个试验有点长,但并不复杂,麻烦的是用户之间的来回切换,它可以帮助大家系统地理解读、写、执行权限对于文件和目录的作用,建议大家认真体验,并做到深刻理解。

四、所有者和所属组命令

1. chown 命令

1）命令功能

chown 是用来修改文件和目录的所有者和所属组的命令。

2）命令格式

```
[root@ MASTER ~]# chown [选项] 所有者:所属组 文件或目录
选项：
    -R:递归设置
```

3）常见用法

例1：修改文件的所有者

什么时候需要修改文件所有者呢？比方说某个普通用户需要对某个文件拥有最高权限时，一种做法是将文件的其他人权限设置成最高权限，但这样做是极其不安全的，因为不止该用户对该文件拥有最高权限，每个陌生人都对该文件拥有最高权限，都可以对文件进行随意操作，想想都可怕。那么这时候最好的做法就是修改文件的所有者，即将文件的所有者改成该普通用户，因为一般来讲所有者对文件都拥有最高权限，这样即满足了该用户的要求，又能保证其他人不能随意操作该文件。例如：

```
[root@ MASTER ~]# touch test
#由 root 用户建立测试文件 test
[root@ MASTER ~]# ls -l test
-rw-r--r-- 1 root root 0 2 月  19 15:25 test
#文件的所有者是 root 用户,普通用户对这个文件相当于其他人,只有只读权限
[root@ MASTER ~]# chown hels test
#更改文件的所有者为 hels 用户
[root@ MASTER ~]# ls -l test
-rw-r--r-- 1 hels root 0 2 月  19 15:25 test
#这样 hels 变成了该文件的所有者,从而对该文件拥有读写权限
```

例2：修改文件的所属组

chown 命令不仅可以修改文件的所有者，还可以修改文件的所属组。例如：

```
[root@ MASTER ~]# chown zhangsan:zhangsan test
#同时修改文件的所有者和所属组,中间用":"隔开,也可以用"."代替。
[root@ MASTER ~]# ls -l test
-rw-r--r-- 1 zhangsan zhangsan 0 2 月  19 15:25 test
#文件的所有者和所属组都发生了改变
```

前面已经讲过，用户组的好处就是为了更方便地调整用户对文件和目录的权限。如何将用户添加入用户组，后面会有专门内容进行详细介绍。

例3：普通用户修改权限

前面已经讲过，超级用户可以修改任何文件的权限，那么普通用户能否修改文件权限呢，答案是肯定的，只是普通用户只能修改所有者为本人的文件的权限。例如：

```
[root@ MASTER ~]# cd /home/hels
#进入到普通用户的家目录
[root@ MASTER hels]# touch test
#建立测试文件 test
[root@ MASTER hels]# ls -l test
-rw-r--r-- 1 root root 0 2 月   19 15:43 test
#测试文件的所有者为 root 用户
[root@ MASTER hels]# su - hels
#切换为普通用户 hels
[hels@ MASTER ~]$ chmod 755 test
chmod: 更改"test" 的权限: 不允许的操作
#普通用户 hels 更改文件 test 的权限没成功,因为 hels 不是文件的所有者
[hels@ MASTER ~]$ exit
logout
#返回到 root 用户
[root@ MASTER hels]# chown hels test
#更改文件所有者为 hels
[root@ MASTER hels]# su - hels
#切换为普通用户 hels
[hels@ MASTER ~]$ chmod 755 test
#更改文件的权限为 755,执行成功
[hels@ MASTER ~]$ ls -l test
-rwxr-xr-x 1 hels root 0 2 月   19 15:43 test
#因为文件的所有者已变成 hels 用户,所以能成功修改自己文件的权限
```

2. chgrp 命令

1) 命令功能

chgrp 是用来修改文件和目录的所属组的命令。

2) 命令格式

```
[root@ MASTER ~]# chgrp 所属组 文件或目录
```

3) 常见用法

chgrp 命令比较简单,就是用于单独修改文件或者目录的所属组。例如:

```
[root@ MASTER ~]# touch test1
#建立测试文件
[root@ MASTER ~]# ls -l test1
-rw-r--r-- 1 root root 0 2 月   19 15:51 test1
#查看文件 test1 的所属组为 root 组
[root@ MASTER ~]# chgrp hels test1
#更改文件的所属组为 hels 组
[root@ MASTER ~]# ls -l test1
-rw-r--r-- 1 root hels 0 2 月   19 15:51 test1
#所属组修改成功
```

这里大家可能会有一点疑问,hels 不是一个用户吗,怎么又成一个组了呢?这是 Linux 和 Windows 的一个区别,对于 Windows,新建的用户都属于 users 这个组,但 Linux 中,每新建一个用户,都会自动地同时生成一个与用户名同名的组,又称用户的初始组,这一点

大家先记住即可，后面学到用户与用户组管理内容时自然就明白了。

五、umask 默认权限

大家有没有思考过一个问题，为什么 Linux 中新建一个文件的默认权限都是 644，新建一个目录的默认权限又都是 755，而不是其他的什么权限呢？这就是由 umask 默认权限决定的。首先学习如何查看 umask 默认权限的值，命令如下：

```
[root@ MASTER ~]# umask
0022
#umask 的值是用八进制数值来显示的
[root@ MASTER ~]# umask -S
u = rwx,g = rx,o = rx
#用字母来表示文件和目录的初始权限
```

查看的 umask 权限值为 "0022"，一共有 4 位，其中第一位 "0" 代表文件的特殊权限（如 SetUid、SetGID、Sticky BIT 等），特殊权限本书不做深入讨论，后三位 "022" 是真正的 umask 默认权限。

1. umask 默认权限的计算方法

在学习 umask 默认权限的计算方法之前，我们要先了解新建文件和目录的默认最大权限。通过前面对权限的学习可知，对文件来讲执行权限为最高权限，因为执行权限对文件来讲是比较危险的，赋予前需要慎重考虑，所以对文件来讲其默认的最高权限是没有执行权限的，最多只能为 666，即都具备读写权限。对于目录来讲，执行权限仅仅代表能够进入目录，是没有什么危险的，所以新建目录的默认最高权限是 777。

接下来介绍 umask 默认权限与新建文件及目录的默认权限的关系。计算方法是先将文件和目录的默认最高权限变为字母，对于文件是 666，换算成字母就是 "-rw-rw-rw-"，而目录是 777，换算成字母就是 "drwxrwxrwx"。再将 umask 默认权限值也换算成字母，以 022 为例，换算成字母就是 "-----w--w-"。最后再将两个字母相减，对于文件来说，就是（-rw-rw-rw-）-（-----w--w-）=（-rw-r--r--），即 644；对于目录来说，就是（drwxrwxrwx）-（-----w--w-）=（drwxr-xr-x），即为 755。

这里面容易犯的一个错误理解就是用数字直接相减，如对于文件来讲，666 减去 022 刚好是 644，而对于目录来讲，777 减去 022 也刚好等于 755，这是不对的，下面举个例子大家就明白了。

```
[root@ MASTER ~]# umask 033
#将 umask 默认权限修改为 033
[root@ MASTER ~]# umask
0033
#umask 值确认修改成功
[root@ MASTER ~]# touch test3
#新建测试文件
[root@ MASTER ~]# ls -l test3
-rw-r--r-- 1 root root 0 2 月  19 17:08 test3
#发现新建的测试文件的默认权限还是 644
```

看到了吧，如果按那种错误理解，新建文件的默认权限应该变为 666 减去 033，应该等于 633 才对，事实证明显然不是如此。实际上应该为(-rw-rw-rw-)-(-----wx-wx)=(-rw-r--r--)，即还是 644。

所以，对于 umask 的计算方法理解起来是有点别扭，但大家记住这种处理规则即可。在 Linux 中，对于 umask 的值，一般也是不会变动的，大家能理解 umask 默认权限的含义即可。

2. umask 默认权限的修改方法

修改 umask 默认权限最简单的方法是直接用命令修改。例如：

```
[root@ MASTER ~]# umask 033
#将 umask 默认权限修改为 033
```

但是这样的修改只是临时生效的，一旦重启或者重新登录就会失效。如果要使其永久生效，需要修改对应的配置文件/etc/profile。例如：

```
[root@ MASTER ~]# vi /etc/profile
...省略部分内容...
if [ $UID -gt 199 ] && [ "`id-gn`" = "`id-un`" ]; then
        umask 002
#如果 UID 大于 199(普通用户),则使用此 umask 值
else
        umask 022
#否则,即如果 UID 小于 199(超级用户),则使用此 umask 值
fi
...省略部分内容...
```

这是一个脚本文件，大家目前可能还看不懂，只需大致了解这几行语句的含义即可，也就是说，若要使 umask 的值修改永久生效，就要打开这个文件，根据用户的类型修改这里相应的值。

六、ACL 权限

在前面介绍基本权限时，讲到用户和文件的关系只有三种，所有者、所属组和其他人，每种用户拥有读（r）、写（w）和执行（x）三种权限。但是实际工作中，仅有这三种权限是不够的，下面再介绍一种非常典型的 ACL（Access Control List，访问控制列表）权限。

在 Linux 中，ACL 用于设定特定用户对特定文件的权限。举个例子：我担任某个班级的一门课程，资源放在/resource 目录下，我是该目录的所有者，必然拥有 rwx 权限，该班级的所有同学都加入一个组 class 作为目录所属组，也需要赋予 rwx 权限，班级以外的其他人赋予 0 权限，但是现在来了一个想旁听的同学 stu1，我希望他可以使用该目录的学习资料，但是又不能修改里面的东西，也就是说需要赋予它 r-x 权限。这该怎么办呢，现有的所有者、所属组和其他人三种角色都不适合他，这时候就需要用 ACL 权限来解决。要使用 ACL 权限，首先得开启该权限，在 CentOS 6.x 系统中，ACL 权限默认是开启的。

1. ACL 权限管理命令

```
#查看 ACL 权限
[root@ MASTER ~]# getfacl 文件名

#设定 ACL 权限
[root@ MASTER ~]# setfacl [选项] 文件名
选项:
    -m:设定 ACL 权限。如果是给予用户 ACL 权限,则使用"u:用户名:权限"的格式赋予;如果是给予
组 ACL 权限,则使用"g:组名:权限"的格式赋予
    -x:删除指定的 ACL 权限
    -b:删除所有的 ACL 权限
    -d:设定默认 ACL 权限。只对目录生效,指目录中新建立的文件拥有此默认权限
    -k:删除默认 ACL 权限
    -R:递归设定 ACL 权限。指设定的 ACL 权限会对目录下的所有子文件生效
```

2. 给用户和组添加 ACL 权限

围绕刚才的实例,下面通过 ACL 权限来实现它。假设 class 组中有学员 zhangsan 和 lisi。
具体操作命令如下:

```
[root@ MASTER ~]# groupadd class
[root@ MASTER ~]# useradd stu1
#添加用户 stu1 和用户组 class
[root@ MASTER ~]# mkdir /resource
#建立资源目录
[root@ MASTER ~]# chown root:class /resource/
#改变资源目录的所有者为 root,所属组为 class
[root@ MASTER ~]# chmod 770 /resource/
#更改资源目录所有者的权限为 rwx,所属组的权限为 rwx,其他人的权限为 0
[root@ MASTER ~]# ls -ld /resource/
drwxrwx--- 2 root class 4096 3 月    2 00:49 /resource/
#验证所有者、所属组和对应权限设置成功
[root@ MASTER ~]# setfacl -m u:stu1:rx /resource/
#给资源目录针对 stu1 用户赋予 ACL 权限
[root@ MASTER ~]# ls -ld /resource/
drwxrwx--- + 2 root class 4096 3 月    2 00:49 /resource/
#再次查看该目录的属性时,发现权限位最后多了一个" + "号,这是该目录拥有 ACL 权限的标志
[root@ MASTER ~]# getfacl /resource/
#查看资源目录的 ACL 权限
getfacl: Removing leading '/' from absolute path names
# file: resource/
# owner: root
# group: class
user::rwx
user:stu1:r-x          //用户 stu1 对该目录具有 r-x 权限(ACL 权限)
group::rwx
mask::rwx
other::---
```

如何对一个用户组赋予针对目录的 ACL 权限?

```
[root@ MASTER ~]# setfacl -m g:group1:rx /resource/
#为 group1 用户组设置针对该目录的 ACL 权限(r-x)
[root@ MASTER ~]# getfacl /resource/
getfacl: Removing leading '/' from absolute path names
# file: resource/
# owner: root
# group: class
user::rwx
user:stu1:r-x          //用户 stu1 对该目录拥有 ACL 权限(r-x)
group::rwx
group:group1:r-x       //用户组 group1 对该目录拥有 ACL 权限(r-x)
mask::rwx
other::---
```

这里须注意一个问题，给用户单独设置针对文件的 ACL 权限时，实际获得的权限是设置的权限和 mask 权限做"逻辑与"运算得到的。mask 权限在 Linux 中又称最大有效权限，一般情况下，mask 权限默认为 rwx，是不做修改的，你设置 ACL 权限为多少，与 rwx 做"逻辑与"运算后值是不变的，相当于实际获得权限就是 ACL 权限本身。

3. 默认 ACL 权限和递归 ACL 权限

什么是默认 ACL 权限？下面先来看一个实验。刚才已经给/resource 目录设定了 ACL 权限，现在在该目录中新建一个文件和目录，看新建的文件和目录是否拥有 ACL 权限。命令如下：

```
[root@ MASTER ~]# cd /resource/
[root@ MASTER resource]# touch 1.txt
[root@ MASTER resource]# mkdir test
[root@ MASTER resource]# ls -l
总用量 4
-rw-r--r-- 1 root root    0 3 月   2 01:13 1.txt
drwxr-xr-x 2 root root 4096 3 月   2 01:13 test
#这两个文件的权限后面没有"＋"号,表示没有继承 ACL 权限
```

试想一下，如果以后每次添加进去的学习文件都得单独设置 ACL 权限，肯定是比较麻烦的，这时需要用到"默认 ACL 权限"，也就是说，如果给该目录设定 ACL 权限时，使用"默认 ACL 权限"设定，则该目录中所有以后新建的文件都会继承父目录的 ACL 权限。设置命令如下：

```
[root@ MASTER ~]# setfacl -m d:u:stu1:rx /resource/
#使用"d:u:用户名:权限"格式设定默认 ACL 权限
[root@ MASTER ~]# getfacl /resource/
getfacl: Removing leading '/' from absolute path names
# file: resource/
# owner: root
# group: class
user::rwx
user:stu1:r-x
group::rwx
```

```
group:group1:r-x
mask::rwx
other::---
default:user::rwx
default:user:stu1:r-x
default:group::rwx
default:mask::rwx
default:other::---
#此时在最后会多出四行 default 字段

[root@ MASTER ~]# cd /resource/
[root@ MASTER resource]# touch 2.txt
[root@ MASTER resource]# mkdir test2
#再次新建测试文件和测试目录
[root@ MASTER resource]# ls -l
总用量 8
-rw-r--r--     1  root   root    0  3 月   2 01:13 1.txt
-rw-rw----+ 1  root   root    0  3 月   2 01:21 2.txt
drwxr-xr-x  2  root   root 4096  3 月   2 01:13 test
drwxrwx---+ 2  root   root 4096  3 月   2 01:21 test2
#新建的 2.txt 文件和 test2 目录继承了父目录的 ACL 权限
```

注意到，之前建立的 1.txt 文件和 test 目录还是没有 ACL 权限，说明"默认 ACL 权限"只对新建立的文件生效。如何让该目录下的所有文件和目录都拥有 ACL 权限呢？这就要用到"递归 ACL"权限。设置命令如下：

```
[root@ MASTER resource]# setfacl -m u:stu1:rx -R /resource/
#利用"-R"选项实现递归设置
[root@ MASTER resource]# ls -l
总用量 8
-rw-r-xr--+ 1 root root      0 3 月    2 01:13 1.txt
-rw-rwx---+ 1 root root      0 3 月    2 01:21 2.txt
drwxr-xr-x + 2 root root 4096 3 月    2 01:13 test
drwxrwx---+ 2 root root 4096 3 月    2 01:21 test2
#此时,文件 1.txt 和 test 目录都具有了 ACL 权限
```

4. 删除 ACL 权限

删除 ACL 权限的命令如下：

```
[root@ MASTER ~]# setfacl -x u:stu1 /resource/
#"-x"选项删除指定用户的 ACL 权限
[root@ MASTER ~]# getfacl /resource/
getfacl: Removing leading '/' from absolute path names
# file: resource/
# owner: root
# group: class
user::rwx
group::rwx
group:group1:r-x                    //用户组的 ACL 权限还在
```

```
mask::rwx
other::---
default:user::rwx                          //默认 ACL 权限还在
default:user:stu1:r-x
default:group::rwx
default:mask::rwx
default:other::---

[root@ MASTER ~]# setfacl -b /resource/
#"-b"选项删除文件的所有 ACL 权限
[root@ MASTER ~]# getfacl /resource/
getfacl: Removing leading '/' from absolute path names
# file: resource/
# owner: root
# group: class
user::rwx
group::rwx
other::---
#该资源目录的所有 ACL 权限都被删除
```

七、系统命令 sudo 权限

1．什么是 sudo 权限

Linux 中很多命令是只有 root 用户才具有操作权限的，但是如果什么活都要 root 用户来做，root 用户也会过于劳累，因此，对于有些操作，完全可以授权给普通用户协助完成。要实现这样的要求，现在最流行的工具就是 sudo，该工具在 Linux 中默认是安装好的。需要注意的是，sudo 的操作对象只能是系统命令，通俗来讲，使用 sudo 命令就是把本来只能由超级用户 root 执行的命令赋给普通用户来执行。

2．sudo 用法

sudo 命令的使用方法是通过编辑配置文件/etc/sudoers 进行授权，但是打开该配置文件的命令不是 vi，而是 visudo 命令。命令格式如下：

```
[root@ MASTER ~]# visudo
...省略部分输出...
root     ALL = (ALL)        ALL
# % wheel          ALL = (ALL)        ALL
#该配置文件中有这样两行,相当于给用户提示了格式模板
...省略部分内容...
```

下面解释一下格式模板中各个字段的内容：

```
root     ALL = (ALL)        ALL
#用户名      被管理主机的 IP 地址 =(可使用的身份)      授权的命令(绝对路径)
# % wheel          ALL = (ALL)        ALL
#% 组名      被管理主机的 IP 地址 =(可使用的身份)      授权的命令(绝对路径)
```

其中：用户名表示要授予的普通用户的账户；被管理主机的 IP 地址表示要授予 sudo 权限的普通用户能操作哪些服务器，all 表示可操作所有的服务器；可使用的身份表示把被授权的

用户切换成什么身份使用，默认是 all，该字段一般省略不写；授权的命令表示把什么命令给该普通用户执行，默认是 all 代表可以执行所有命令，当然这是肯定不行的，还有就是命令一定要写成绝对路径。

3. sudo 应用举例

授权 zhangsan 用户可以重启服务器，授权操作如下：

```
[root@ MASTER ~]# visudo
...省略部分内容...
root     ALL = (ALL)        ALL
#在该行下面添加如下行
zhangsan  192.168.1.112 =   /sbin/shutdown -r now
...省略部分内容...
```

如果是指定组名，一定要在组名前面加"%"，授权多个命令用","隔开。若 zhangsan 用户要查看自己被赋予了什么 sudo 权限，可以用"sudo -l"命令查看。

```
[root@ MASTER ~]# su - zhangsan
[zhangsan@ MASTER ~] $ sudo -l
...省略部分内容...
[sudo] password for zhangsan: 123
...省略部分内容...
User zhangsan may run the following commands on this host:
    (root) /sbin/shutdown -r now
    #可以看到 zhangsan 用户拥有了"shutdown -r now"命令的权限
```

这里需要输入 zhangsan 用户的密码，是为了验证操作服务器的是 zhangsan 本人。如果 zhangsan 用户要使用该 sudo 授权命令，命令格式如下：

```
[zhangsan@ MASTER ~] $ sudo /sbin/shutdown -r now
```

这样，本来必须由 root 完成的操作，zhangsan 用户也可以完成了，这就是 sudo 权限。

➤➤➤ 任务四　掌握压缩和解压缩命令

一、压缩文件介绍

在 Windows 中，文件的压缩与解压缩操作是非常常见的操作，比如有大量的文件需要进行复制和传送，一般都会将其先进行打包压缩操作。Windows 中常见的压缩包格式是".zip"和".rar"。Linux 中也是一样的，经常需要对压缩包文件进行解压缩或者将相关文件进行打包压缩，Linux 中常见的压缩包格式类型有".zip"".gz"".bz2"".tar"".tar.gz"".tar.bz2"等，下面逐一介绍这些常见的压缩格式。

这里需要强调的是，之前介绍过 Linux 中不是通过扩展名区分文件类型的，那压缩文件为什么就有明显的扩展名呢？这主要是为了给用户标明文件的压缩格式，因为不同类型的压缩文件对应的解压缩方法是不同的，所以，只有正确的标明压缩文件类型，才能采用正确的解压缩命令。也就是说，给压缩文件标识扩展名，并不是系统必需的，而是为了方便管理员区分压缩文件的类型，便于后续的解压缩操作。

二、".zip"格式

".zip"是 Windows 中最常见的压缩格式，Linux 也可以正确识别这种格式的压缩文件，实现了和 Windows 通用压缩文件的目的。

1. ".zip"格式的压缩命令

1）命令名称

".zip"格式的压缩命令就是 zip。

2）命令功能

将文件或目录压缩成".zip"格式。

3）命令格式

```
[root@ MASTER ~]# zip [选项] 压缩包名 源文件或源目录
选项：
    -r:压缩目录
```

注意：zip 压缩命令需要手动指定压缩之后的压缩包名，还要标识扩展名，方便日后正确地解压缩。

4）常见用法

例1：压缩文件

```
[root@ MASTER ~]# ls
anaconda-ks.cfg  install.log  install.log.syslog
[root@ MASTER ~]# zip install.log.zip install.log
  adding: install.log (deflated 72％)
#将文件 install.log 压缩成 install.log.zip
[root@ MASTER ~]# ls -l
总用量 52
-rw-------. 1 root  root   1370  2 月  18  11:58 anaconda-ks.cfg
-rw-r--r--. 1 root  root  24772 12 月   4  04:59 install.log
-rw-r--r--. 1 root  root   7690 12 月   4  04:58 install.log.syslog
-rw-r--r--  1 root  root   7041  2 月  19  19:06 install.log.zip
#压缩文件生成
```

例2：同时压缩多个文件

```
[root@ MASTER ~]# zip test.zip anaconda-ks.cfg install.log install.log.syslog
  adding: anaconda-ks.cfg (deflated 39％)
  adding: install.log (deflated 72％)
  adding: install.log.syslog (deflated 85％)
#将 anaconda-ks.cfg、install.log、install.log.syslog 三个文件压缩成 test.zip 文件
[root@ MASTER ~]# ls -l
总用量 64
```

```
-rw-------.  1 root   root    1370  2 月  18  11:58 anaconda-ks.cfg
-rw-r--r--.  1 root   root   24772 12 月   4  04:59 install.log
-rw-r--r--.  1 root   root    7690 12 月   4  04:58 install.log.syslog
-rw-r--r--   1 root   root    7041  2 月  19  19:06 install.log.zip
-rw-r--r--   1 root   root    9355  2 月  19  19:10 test.zip
#压缩文件生成
```

例 3：压缩目录

```
[root@ MASTER ~]# mkdir test
#建立测试目录
[root@ MASTER ~]# zip -r test.zip test
  adding: test/ (stored 0% )
[root@ MASTER ~]# ls
anaconda-ks.cfg  install.log  install.log.syslog  test  test.zip
#压缩文件生成
```

2. ".zip" 格式的解压缩命令

1）命令名称

".zip" 格式的解压缩命令是 unzip。

2）命令功能

unzip 命令的功能是用于提取 ".zip" 格式压缩文件中的文件。

3）命令格式

```
[root@ MASTER ~]# unzip [选项] 压缩包名
选项：
    -d:指定解压缩位置
```

注意：不论是文件压缩包，还是目录压缩包，都可以直接解压缩。

4）常见用法

例 1：直接解压缩

```
[root@ MASTER ~]# ls
anaconda-ks.cfg  install.log  install.log.syslog  test.zip
[root@ MASTER ~]# unzip test.zip
Archive:  test.zip
  creating: test/
#直接解压缩
[root@ MASTER ~]# ls
anaconda-ks.cfg  install.log  install.log.syslog  test  test.zip
#在该目录下得到了同名的解压缩文件
```

例 2：手动指定解压缩位置

```
[root@ MASTER ~]# ls /tmp
yum.log
[root@ MASTER ~]# unzip -d /tmp test.zip
Archive:  test.zip
```

```
    creating: /tmp/test/
#将 test.zip 压缩文件解压到/tmp/目录下
[root@ MASTER ~]# ls /tmp
test  yum.log
#指定位置解压缩成功
```

三、".gz"格式

1. ".gz"格式的压缩命令

1）命令名称

".gz"格式是 Linux 最常用的压缩格式，压缩命令为 gzip。

2）命令功能

gzip 命令用于将文件或目录压缩成".gz"格式的压缩文件。

3）命令格式

```
[root@ MASTER ~]# gzip [选项] 源文件
选项：
    -r:压缩目录
    -d:解压缩
    -c:将压缩数据输出到标准输出中,可以用于保留源文件
    -v:显示压缩文件的信息
    -数字:用于指定压缩等级,-1 为最低压缩等级,压缩比最差,最高压缩等级为-9,默认为压缩等级为-6
```

4）常见用法

例1：基本压缩

gzip 命令非常简单，甚至不需要指定压缩之后的压缩包名，只需要指定源文件名即可。例如：

```
[root@ MASTER ~]# ls
anaconda-ks.cfg  install.log  install.log.syslog
[root@ MASTER ~]# gzip anaconda-ks.cfg
#利用 gzip 命令对 anaconda-ks.cfg 文件进行压缩
[root@ MASTER ~]# ls
anaconda-ks.cfg.gz  install.log  install.log.syslog
#得到压缩文件,源文件不见了
```

例2：保留源文件压缩

从例1可以看出，使用 gzip 命令压缩文件时，源文件会消失，只剩下压缩后的文件。那么要使压缩时源文件不丢失，该如何操作？命令如下：

```
[root@ MASTER ~]# ls
anaconda-ks.cfg  install.log  install.log.syslog
[root@ MASTER ~]# gzip -c anaconda-ks.cfg > anaconda-ks.cfg.gz
#采用"-c"选项,可保留源文件,但是为了不让压缩数据输出到屏幕上,需要使用重定向将压缩数据定向
到压缩文件中。操作时比较别扭,但必须如此
[root@ MASTER ~]# ls
anaconda-ks.cfg  anaconda-ks.cfg.gz  install.log  install.log.syslog
#压缩文件生成,且源文件依然存在
```

例 3：压缩目录

直接举例说明。

```
[root@ MASTER ~]# mkdir test
#建立测试目录
[root@ MASTER ~]# touch test/1.txt
[root@ MASTER ~]# touch test/2.txt
[root@ MASTER ~]# touch test/3.txt
#在测试目录下建立三个文件
[root@ MASTER ~]# gzip -r test/
#执行 gzip 压缩命令对目录 test 进行压缩
[root@ MASTER ~]# ls
anaconda-ks.cfg  anaconda-ks.cfg.gz  install.log  install.log.syslog  test
#压缩命令没有报错,但并没有看到压缩文件生成
[root@ MASTER ~]# ls test/
1.txt.gz 2.txt.gz 3.txt.gz
#事实上,gzip 命令只是把目录下面的子文件分别进行了压缩
```

从本例可以看出，gzip 命令只会压缩文件，并不能对目录进行打包，这一点要特别注意，所以在 Linux 中就出现了打包和压缩两个概念，即在 Linux 中最常见的压缩文件的格式都是先经过打包再压缩的，也就是后面即将要学到的"*.tar.gz*"和"*.tar.bz2*"格式。

2. "*.gz*"格式的解压缩命令

1）命令名称

"*.gz*"格式的解压缩命令有两个，一个是 gunzip 命令，另一个是"gzip -d"命令，下面重点介绍 gunzip 命令。

2）命令功能

gunzip 命令用于解压缩"*.gz*"格式的压缩文件。

3）命令格式

```
[root@ MASTER ~]# gunzip 压缩包
```

4）常见用法

例 1：直接解压缩文件

```
[root@ MASTER ~]# ls
anaconda-ks.cfg.gz  install.log  install.log.syslog  test
[root@ MASTER ~]# gunzip anaconda-ks.cfg.gz
#直接解压缩
[root@ MASTER ~]# ls
anaconda-ks.cfg  install.log  install.log.syslog  test
#文件解压缩成功
```

例 2：解压缩目录

```
[root@ MASTER ~]# ls
anaconda-ks.cfg  install.log  install.log.syslog  test
#这里的 test 是刚刚压缩好的目录
[root@ MASTER ~]# ls test/
1.txt.gz 2.txt.gz 3.txt.gz
```

```
[root@ MASTER ~]# gunzip -r test/
#直接解压缩目录,要加上"-r"选项
[root@ MASTER ~]# ls test/
1.txt  2.txt  3.txt
#目录解压缩成功
```

3．查看".gz"格式压缩的文本文件的内容

如果压缩的是一个纯文本文件,能否在不进行解压缩的情况下直接查看文件的内容呢,这就要用到 zcat 命令。

```
[root@ MASTER ~]# touch 1.txt
#建立测试文件
[root@ MASTER ~]# echo "123456789" > 1.txt
#往测试文件中写入内容"123456789"
[root@ MASTER ~]# gzip 1.txt
#对文件 1.txt 进行压缩
[root@ MASTER ~]# ls
1.txt.gz  anaconda-ks.cfg  install.log  install.log.syslog  test
#压缩文件 1.txt.gz 生成
[root@ MASTER ~]# zcat 1.txt.gz
123456789
#在不经过解压缩的情况下直接用 zcat 命令查看".gz"格式压缩文件的内容
```

四、".bz2"格式

".bz2"格式是 Linux 的另一种压缩格式,相比于".gz"格式算法更先进、压缩比更好,但是".gz"格式的压缩时间更快。

1．".bz2"格式的压缩命令

1)命令名称

".bz2"格式的压缩命令是 bzip2。

2)命令功能

bzip2 命令用于将文件压缩成".bz2"格式的压缩文件,注意该命令不能压缩目录。

3)命令格式

```
[root@ MASTER ~]# bzip2 [选项] 源文件
选项:
    -k:压缩时,保留源文件
    -d:解压缩
    -v:显示压缩的详细信息
    -数字:这个参数和 gzip 命令的作用一样,用于指定压缩等级,-1 压缩等级最低,压缩比最差,-9 压
缩比最高
```

注意：bzip2 命令没有"-r"选项,即该命令既不会打包,也不支持压缩目录。

4）常见用法

例1：基本压缩命令

```
[root@ MASTER ~]# ls
anaconda-ks.cfg  install.log  install.log.syslog
[root@ MASTER ~]# bzip2 anaconda-ks.cfg
#命令后面直接跟源文件即可
[root@ MASTER ~]# ls
anaconda-ks.cfg.bz2  install.log  install.log.syslog
#成功生成".bz2"格式的压缩文件
```

注意：bzip2 命令如不加任何选项直接压缩，依然会删除源文件。

例2：压缩的同时保留源文件

bizp2 命令压缩文件时要想保留源文件，需要加入"-k"选项，但用法比 gzip 命令简洁，不要使用重定向。命令如下：

```
[root@ MASTER ~]# ls
anaconda-ks.cfg  install.log  install.log.syslog
[root@ MASTER ~]# bzip2 -k anaconda-ks.cfg
#加上"-k"选项压缩文件
[root@ MASTER ~]# ls
anaconda-ks.cfg  anaconda-ks.cfg.bz2  install.log  install.log.syslog
#生成压缩文件的同时源文件得到保留
```

2. ".bz2"格式的解压缩命令

1）命令名称

".bz2"格式的解压缩命令有两个，一个是 bunzip2 命令，另一个是"bzip2 -d"命令，下面重点介绍 bunzip2 命令。

2）命令功能

bunzip2 命令用于对".bz2"格式的压缩文件进行解压缩。

3）命令格式

```
[root@ MASTER ~]# bzip2 [选项] 源文件
选项：
    -k:解压缩时,保留源文件
```

4）常见用法

例1：直接解压缩

```
[root@ MASTER ~]# ls
anaconda-ks.cfg.bz2  install.log  install.log.syslog
[root@ MASTER ~]# bunzip2 anaconda-ks.cfg.bz2
#直接解压缩
[root@ MASTER ~]# ls
anaconda-ks.cfg  install.log  install.log.syslog
#解压缩成功,但源文件被删除了
```

例 2: 保留源文件的解压缩

```
[root@ MASTER ~]# ls
anaconda-ks.cfg.bz2  install.log  install.log.syslog
[root@ MASTER ~]# bunzip2 -k anaconda-ks.cfg.bz2
#加入"-k"选项进行解压缩
[root@ MASTER ~]# ls
anaconda-ks.cfg  anaconda-ks.cfg.bz2  install.log  install.log.syslog
#解压缩成功,且源压缩文件得到保留
```

例 3: 用"bzip2 -d 压缩包"命令进行解压缩

```
[root@ MASTER ~]# ls
anaconda-ks.cfg.bz2  install.log  install.log.syslog
[root@ MASTER ~]# bzip2 -d anaconda-ks.cfg.bz2
#用"bzip2 -d"命令实现解压缩
[root@ MASTER ~]# ls
anaconda-ks.cfg  install.log  install.log.syslog
#解压缩成功,这也是不保留源文件的
```

3. 查看".bz2"格式压缩的文本文件内容

和".gz"格式一样,".bz2"格式压缩的纯文本文件也可以在不解压的情况下直接查看,使用命令为 bzcat,命令如下:

```
[root@ MASTER ~]# touch 2.txt
#建立测试文件
[root@ MASTER ~]# echo "123456789" > 2.txt
#向测试文件 2.txt 中写入数据"123456789"
[root@ MASTER ~]# bzip2 2.txt
#压缩文件
[root@ MASTER ~]# ls
2.txt.bz2  anaconda-ks.cfg  install.log  install.log.syslog
#压缩成功
[root@ MASTER ~]# bzcat 2.txt.bz2
123456789
#在不解压的情况下直接查看压缩文本文件的内容
```

五、".tar"格式

通过前面的学习,发现 gzip 命令和 bzip2 命令对于目录都有很大的局限,gzip 命令只支持压缩,不支持打包,bzip2 命令打包和压缩都不支持,所以,在 Linux 中,打包和压缩是区别对待的,如果想把多个文件或目录打包到一个文件中,要使用专门的打包命令 tar,压缩时再配合 gzip 命令和 bzip2 命令。

1. ".tar"格式的打包命令

1）命令名称

".tar"格式的打包命令是 tar。

2）命令功能

tar 命令是用来打包和解包的。

3）命令格式

```
[root@ MASTER ~]# tar [选项] 源文件或目录
选项：
    -c:打包
    -f:指定压缩包的文件名
    -v:显示打包文件过程
```

4）常见用法

例1：打包文件

```
[root@ MASTER ~]# ls
anaconda-ks.cfg  install.log  install.log.syslog
[root@ MASTER ~]# tar -cvf ana.tar anaconda-ks.cfg
anaconda-ks.cfg
#将文件 anaconda-ks.cfg 打包成 ana.tar
[root@ MASTER ~]# ls
anaconda-ks.cfg  ana.tar  install.log  install.log.syslog
#打包成功
```

注意："-cvf" 选项是打包命令的习惯组合。另外，打包时一定要指定打包之后的文件名，且一定要加上扩展名 ".tar"。

例2：打包目录

```
[root@ MASTER ~]# mkdir test
[root@ MASTER ~]# touch test/1.txt
[root@ MASTER ~]# touch test/2.txt
[root@ MASTER ~]# touch test/3.txt
#建立测试目录,并在测试目录中新建三个文件
[root@ MASTER ~]# tar -cvf test.tar test/
test/
test/3.txt
test/1.txt
test/2.txt
#将 test 目录打包成 test.tar
[root@ MASTER ~]# ls
anaconda-ks.cfg  ana.tar  install.log  install.log.syslog  test  test.tar
#打包成功
```

例3：打包多个文件或目录

```
[root@ MASTER ~]# ls
anaconda-ks.cfg  ana.tar  install.log  install.log.syslog  test  test.tar
[root@ MASTER ~]# tar -cvf my.tar anaconda-ks.cfg install.log install.log.syslog test
anaconda-ks.cfg
install.log
install.log.syslog
test/
```

```
test/3.txt
test/1.txt
test/2.txt
#将 anaconda-ks.cfg、install.log、install.log.syslog 等三个文件和目录 test 打包成 my.tar
[root@ MASTER ~]# ls
anaconda-ks.cfg ana.tar install.log  install.log.syslog  my.tar  test  test.tar
#打包成功
```

注意： 打包多个文件或目录时，文件和目录之间用空格隔开。

例 4： 打包压缩目录

所谓打包压缩目录，其实就是先打包，后压缩。打包就是 tar 命令，压缩一般用 gzip 或者 bzip2 命令。例如：

```
[root@ MASTER ~]# ls
anaconda-ks.cfg ana.tar install.log  install.log.syslog  my.tar  test  test.tar
[root@ MASTER ~]# ls -ld test test.tar
drwxr-xr-x 2 root root  4096 2 月  19 22:53 test
-rw-r--r-- 1 root root 10240 2 月  19 22:53 test.tar
#之前已经把 test 目录打包成 test.tar 文件
[root@ MASTER ~]# gzip test.tar
#利用 gzip 命令对 test.tar 文件进行压缩
[root@ MASTER ~]# ls
anaconda-ks.cfg ana.tar install.log  install.log.syslog  my.tar  test  test.tar.gz
#成功对打包文件 test.tar 进行了压缩,生成了 test.tar.gz 文件
[root@ MASTER ~]# gzip -d test.tar.gz
#对 test.tar.gz 文件进行解压缩
[root@ MASTER ~]# ls
anaconda-ks.cfg ana.tar install.log  install.log.syslog  my.tar  test  test.tar
#解压后,test.tar.gz 文件又变成了 test.tar 文件
[root@ MASTER ~]# bzip2 test.tar
#再利用 bzip2 命令对 test.tar 文件进行压缩
[root@ MASTER ~]# ls
anaconda-ks.cfg ana.tar install.log  install.log.syslog  my.tar  test  test.tar.bz2
#成功对打包文件 test.tar 进行了压缩,生成了 test.tar.bz2 文件
```

2."**.tar**" 格式的解打包命令

1）命令名称

".tar" 格式的解打包命令依然是 tar，只是选项有一点区别，就是把 "-cvf" 改成 "-xvf"。

2）命令格式

```
[root@ MASTER ~]# tar [选项] 压缩包
选项:
  -x:解打包
  -f:指定压缩包的文件名
  -v:显示打包文件过程
  -C 目录:指定解打包位置
  -t:测试,就是不解打包,只是查看包中有哪些文件
```

3）常见用法

例1： 正常解打包

```
[root@ MASTER ~]# ls
ana.tar  install.log  install.log.syslog  my.tar  test  test.tar.bz2
[root@ MASTER ~]# tar -xvf ana.tar
anaconda-ks.cfg
#直接使用解打包命令对 ana.tar 包进行解打包
[root@ MASTER ~]# ls
anaconda-ks.cfg  ana.tar  install.log  install.log.syslog  my.tar  test
test.tar.bz2
#解打包成功,文件被解压到当前目录下,原来的包依然存在
```

例2： 指定解压位置的解打包

```
[root@ MASTER ~]# ls /tmp
yum.log
[root@ MASTER ~]# ls
anaconda-ks.cfg ana.tar install.log install.log.syslog my.tar test test.tar.bz2
[root@ MASTER ~]# tar -xvf my.tar -C /tmp
anaconda-ks.cfg
install.log
install.log.syslog
test/
test/3.txt
test/1.txt
test/2.txt
#将 my.tar 包解打包到/tmp/目录下
[root@ MASTER ~]# ls /tmp
anaconda-ks.cfg install.log install.log.syslog test yum.log
#解打包到指定位置成功
```

例3： 只查看包中文件的解打包

有时不想真正完成解包，而只想查看包中到底包含哪些文件，这时使用"-tvf"组合选项即可。例如：

```
[root@ MASTER ~]# ls
anaconda-ks.cfg ana.tar install.log install.log.syslog my.tar test test.tar
[root@ MASTER ~]# tar -tvf my.tar
-rw-r--r-- root/root      137 0 2019-02-19 19:48 anaconda-ks.cfg
-rw-r--r-- root/root     2477 2 2018-12-04 04:59 install.log
-rw-r--r-- root/root      769 0 2018-12-04 04:58 install.log.syslog
drwxr-xr-x root/root        0 2019-02-19 22:53 test/
-rw-r--r-- root/root        0 2019-02-19 22:53 test/3.txt
-rw-r--r-- root/root        0 2019-02-19 22:53 test/1.txt
-rw-r--r-- root/root        0 2019-02-19 22:53 test/2.txt
#不真正解包,而只是用长格式显示my.tar包中包含文件的详细信息
```

六、".tar.gz" 格式和 ".tar.bz2" 格式

学到现在，大家可能会觉得压缩命令太复杂了，还得先打包，再压缩，事实上，前面介绍的所有压缩与解压缩知识都是为本部分内容做铺垫的，实际使用中，就是用 tar 命令同时实现打包和压缩以及解打包和解压缩的，只需在选项上再动一下手脚即可。而前面分开讲那么详细，是为了使大家彻底掌握 Linux 中常见的压缩文件类型、对应的压缩与解压缩命令以及打包和压缩在概念上的区别。

1. 命令格式

```
[root@ MASTER ~]# tar [选项] 压缩包 源文件或目录
选项：
    -z:针对".tar.gz"格式的压缩和解压缩
    -j:针对".tar.bz2"格式的压缩和解压缩
    -cvf:用于打包压缩
    -xvf:用于解打包解压缩
```

简而言之，对于打包压缩，最常用的两种选项组合为 "-zcvf" 和 "-jcvf"，对于解打包解压缩，最常用的两种选项组合为 "-zxvf" 和 "-jxvf"。

2. 常见用法

例1： 压缩与解压缩 ".tar.gz" 格式

```
#压缩
[root@ MASTER ~]# ls
anaconda-ks.cfg ana.tar install.log install.log.syslog my.tar test test.tar
[root@ MASTER ~]# tar -zcvf tmp.tar.gz /tmp/
tar: 从成员名中删除开头的"/"
/tmp/
/tmp/yum.log
/tmp/.ICE-unix/
/tmp/test/
/tmp/test/3.txt
/tmp/test/1.txt
/tmp/test/2.txt
#将/tmp/目录打包压缩成tmp.tar.gz文件
[root@ MASTER ~]# ls
anaconda-ks.cfg ana.tar install.log install.log.syslog my.tar test test.tar
tmp.tar.gz
#打包压缩成功,压缩文件位于当前目录下

#解压缩
[root@ MASTER ~]# ls
anaconda-ks.cfg install.log install.log.syslog tmp.tar.gz
[root@ MASTER ~]# tar -zxvf tmp.tar.gz
tmp/
tmp/yum.log
tmp/.ICE-unix/
tmp/test/
```

```
tmp/test/3.txt
tmp/test/1.txt
tmp/test/2.txt
#对 tmp.tar.gz 压缩文件进行解打包解压缩
[root@ MASTER ~]# ls
anaconda-ks.cfg  install.log  install.log.syslog  tmp  tmp.tar.gz
#解打包解压缩成功
```

注意：如果要指定解压位置，还是使用"-C"选项，如果只是想查看包中包含哪些文件，就将"-x"选项改为"-t"选项。

例 2：压缩与解压缩".tar.bz2"格式

".tar.bz2"格式和".tar.gz"格式的唯一区别就是将压缩与解压缩命令中的"-z"选项变为"-j"选项，其他的都一样。例如：

```
#打包压缩
[root@ MASTER ~]# ls
anaconda-ks.cfg  install.log  install.log.syslog  tmp.tar.gz
[root@ MASTER ~]# tar -jcvf tmp.tar.bz2 /tmp/
tar：从成员名中删除开头的"/"
/tmp/
/tmp/yum.log
/tmp/.ICE-unix/
/tmp/test/
/tmp/test/3.txt
/tmp/test/1.txt
/tmp/test/2.txt
将/tmp/目录打包压缩成 tmp.tar.bz2 文件
[root@ MASTER ~]# ls
anaconda-ks.cfg  install.log  install.log.syslog  tmp.tar.bz2  tmp.tar.gz
#打包压缩成功,压缩文件位于当前目录下

#解打包解压缩
[root@ MASTER ~]# tar -jxvf tmp.tar.bz2
tmp/
tmp/yum.log
tmp/.ICE-unix/
tmp/test/
tmp/test/3.txt
tmp/test/1.txt
tmp/test/2.txt
#对 tmp.tar.bz2 压缩文件进行解打包解压缩
[root@ MASTER ~]# ls
anaconda-ks.cfg  install.log  install.log.syslog  tmp  tmp.tar.bz2  tmp.tar.gz
#解打包解压缩成功
```

实际使用中，Linux 最常用的压缩方式是".tar.gz"格式和".tar.bz2"格式，这是必须掌握的两种压缩格式。很多从网上下载的文件就是这样的格式，大家一定要能够识别这两种压缩文件，并能够熟练正确地执行解压缩操作。

➤➤➤ 任务五　掌握搜索和帮助命令

一、搜索命令

Linux 拥有强大的搜索功能，但是对于服务器来讲，如果搜索的范围过大、搜索的内容过多，会给系统造成巨大的压力，所以在服务器访问的高峰期间最好不要执行搜索命令。

1．whereis 命令

1）命令功能

whereis 是搜索系统命令的命令，也就是说该命令只能搜索系统命令，而不能搜索普通文件。

2）命令格式

```
[root@ MASTER ~]# whereis [选项] 命令
选项：
    -b:只查找二进制命令
    -m:只查找帮助文档
```

3）常见用法

例 1：不带选项搜索

```
[root@ MASTER ~]# whereis ls
ls: /bin/ls /usr/share/man/man1p/ls.1p.gz /usr/share/man/man1/ls.1.gz
```

whereis 命令如果不带任何选项，既可以看到二进制命令的位置，又可以看到帮助文档的位置。

例 2：带选项的搜索

```
[root@ MASTER ~]# whereis -b ls
ls: /bin/ls
#带上"-b"选项,只查看二进制命令的位置
[root@ MASTER ~]# whereis -m ls
ls: /usr/share/man/man1p/ls.1p.gz /usr/share/man/man1/ls.1.gz
#带上"-m"选项,只查看帮助文档的位置
```

2．which 命令

1）命令功能

which 也是搜索系统命令的命令。它和 whereis 命令的区别是：whereis 命令可以查找到二进制命令的位置和帮助文档的位置，而 which 命令查找的是二进制命令的位置和别名命令，当然前提是所查找的系统命令存在别名命令。

2）命令格式

```
[root@ MASTER ~]# which 命令
```

3）常见用法

```
[root@ MASTER ~]# which ls
alias ls = 'ls --color = auto'
    /bin/ls
```
#查看到 ls 命令的位置和别名(alias),别名就好比我们都有一个小名或曾用名。在执行 ls 命令时,文件和目录是区分颜色显示的,就是因为 ls 命令还有另一个名字"ls --color = auto",这就是区分颜色显示的意思
```
[root@ MASTER ~]# which cp
alias cp = 'cp -i'
  /bin/cp
```
#查看到 cp 命令的位置和别名,这就是为什么之前学习 cp 命令时不加"-i"选项也会询问,因为它本来就还有另一个别名"cp -i"
```
[root@ MASTER ~]# which mv
alias mv = 'mv -i'
    /bin/mv
```
#查看到 mv 命令的位置和别名,这就是为什么之前学习 mv 命令时不加"-i"选项也会询问,因为它本来就还有另一个别名"mv -i"
```
[root@ MASTER ~]# which rm
alias rm = 'rm -i'
  /bin/rm
```
#查看到 rm 命令的位置和别名,这就是为什么之前学习 rm 命令时不加"-i"选项也会询问,因为它本来就还有另一个别名"rm -i"

3. locate 命令

1）命令功能

whereis 命令和 which 命令都只能搜索系统命令,locate 是既可以按照文件名来搜索普通文件,也可以搜索系统命令（因为命令也是文件）的命令,好处是搜索速度非常快,局限是只能按照文件名来搜索文件,不支持更细的搜索条件（如权限、大小、修改时间等）。

2）命令格式

```
[root@ MASTER ~]# locate [选项] 文件名
选项:
    -i:忽略大小写
```

3）常见用法

```
#搜索文件
[root@ MASTER ~]# locate install.log
/root/install.log
/root/install.log.syslog
#搜索文件名包含 install.log 的文件

#搜索系统命令
[root@ MASTER ~]# locate touch
/bin/touch
/lib/modules/2.6.32-279.el6.i686/kernel/drivers/input/touchscreen
/lib/modules/2.6.32-279.el6.i686/kernel/drivers/input/mouse/appletouch.ko
...省略部分输出...
#搜索文件名包含 touch 的文件
```

4．find 命令

1）命令功能

find 是 Linux 中最强大的搜索命令，它不仅可以按文件名来搜索文件，还可以按照权限、大小、时间、inode 号等更细的条件来搜索文件。但是它和 locate 的区别是：locate 是在数据库中搜索文件，所以速度更快，而 find 是直接在硬盘中搜索，会消耗较大的系统资源，因此，绝不能在服务器运行高峰执行大范围的搜索任务。

2）命令格式

```
[root@ MASTER ~]# find 搜索路径 [选项] 搜索内容
```

find 命令的烦琐在于它的选项，下面分情况讲解。

3）常见用法

例 1： 按照文件名搜索

```
选项：
    -name:按照文件名搜索
    -iname:按照文件名搜索,不区分文件名大小写
    -inum:按照 inode 号搜索
```

这是 find 最常见的用法，例如：

```
[root@ MASTER ~]# find / -name yum.log
/var/log/yum.log
/root/tmp/yum.log
/tmp/yum.log
#在/目录下查找文件名为 yum.log 的文件
```

但是 find 有一个小局限须注意，只有搜索的文件名和搜索内容完全一致才能被找到，例如：

```
[root@ MASTER ~]# touch yum.log.bak
#新建一个测试文件 yum.log.bak
[root@ MASTER ~]# find / -name yum.log
/var/log/yum.log
/root/tmp/yum.log
/tmp/yum.log
#可见,虽然测试文件包含 yum.log,但是因为与搜索内容不完全一致,所以不会被找到
```

该实验证明，find 命令是完全匹配型，必须和搜索关键字完全一致才会被列出。这样一来，搜索要不要区分大小写就很容易理解了，如果待搜索的文件名称与搜索内容一致，只是其中有部分字母大小写不一致，那么用 "-name" 选项时是不会列出的，而用 "-iname" 选项时才会被列出。例如：

```
[root@ MASTER ~]# touch test
[root@ MASTER ~]# touch TEST
#建立两个测试文件
[root@ MASTER ~]# find . -name test
./test
```

```
#严格按内容搜索,区分大小
[root@ MASTER ~]# find . -iname test
./TEST
./test
#搜索时不区分大小写,所以 TEST 也符合条件
```

例子中的"."代表当前目录"/root/"。

通过前面的学习,已经知道 Linux 中每个文件都有一个 inode 号,所以搜索文件也可以用其 inode 号搜索。例如:

```
[root@ MASTER ~]# ls -i
913935 anaconda-ks.cfg 913923 install.log 913924 install.log.syslog  913936
test  913939 TEST
#查看当前目录下所有文件的 inode 号
[root@ MASTER ~]# find . -inum 913936
./test
#查找 inode 号为 913936 对应的文件
```

结合前面硬链接知识的学习,可以得出:按照 inode 号搜索文件,可以作为区分硬链接文件的重要手段,因为硬链接文件有一个重要的特点就是与源文件具有相同的 inode 号。比如要确定一个文件是否有硬链接,可以先查询到该文件的 inode 号,再利用 find 命令查询该inode 号,看是否有多个文件,如果有,则列出的文件与该文件肯定为硬链接关系。例如:

```
[root@ MASTER ~]# ln /root/test /tmp/test-hard
#建立测试的硬链接
[root@ MASTER ~]# ls -i test
913936 test
#查看 test 文件的 inode 号
[root@ MASTER ~]# find / -inum 913936
/root/test
/tmp/test-hard
#在/目录下查找 inode 号为 913936 的文件
```

这样一来,可得出/tmp/test-hard 文件与/root/test 文件是硬链接关系。

例 2:按照文件大小来搜索

```
选项:
    -size [ +-]大小:按照指定大小搜索文件
```

按照文件大小搜索文件,则命令格式中的搜索内容就是一个数值。选项中的"+"号代表搜索比指定大小还要大的文件,"-"号代表搜索比指定大小还要小的文件。例如:

```
[root@ MASTER ~]# ls -lh
总用量 44K
-rw-r--r-- 1 root root 1.4K   2 月   19 19:48 anaconda-ks.cfg
-rw-r--r--. 1 root root 25K  12 月    4 04:59 install.log
-rw-r--r--. 1 root root 7.6K 12 月    4 04:58 install.log.syslog
#查看当前目录下文件的大小
[root@ MASTER ~]# find . -size 25k
```

```
./install.log
#查找当前目录下大小刚好为 25k 的文件
[root@ MASTER ~]# find . -size +10k
./install.log
./.bash_history
#查找当前目录下大小大于 10k 的文件
[root@ MASTER ~]# find . -size -5k
.
./.lesshst
./.viminfo
./anaconda-ks.cfg
./.bashrc
./.cshrc
./.tcshrc
./.bash_profile
./.bash_logout
./.mysql_history
#查找当前目录下大小小于 5k 的文件
```

该例中出现了很多以 "." 开头的文件为隐藏文件。还要注意一点，find 命令按照文件大小来搜索文件，一定要跟上单位，Byte 用 "c" 表示，KB 用 "k" 表示，MB 用 "M" 表示，GB 用 "G" 表示。

例 3：按照修改时间搜索

通过前面的学习知道文件有三个时间信息：访问时间（atime）、数据修改时间（mtime）和状态修改时间（ctime），下面介绍按照时间来搜索文件。

```
选项：
    -atime [ + -]时间:按照文件访问时间搜索
    -mtime [ + -]时间:按照文件数据修改时间搜索
    -ctime [ + -]时间:按照文件状态修改时间搜索
```

三个时间信息的含义在前面学习 touch 命令时已经详细介绍过，这里只讲解一下 "[+ -] 时间" 的含义。例如：

-5：代表距当前时刻 5 天以内修改的文件。

5：代表距当前时刻满 5 天不足 6 天以内修改的文件。

+5：代表距当前时刻满 6 天以前修改的文件。

下面举个例子，查找当前目录下 5 天以内访问、数据修改和状态修改的文件。

```
[root@ MASTER ~]# find . -atime -5
.
./.lesshst
./anaconda-ks.cfg
./.bashrc
./install.log
./install.log.syslog
./.bash_history
```

```
./.bash_profile
./.bash_logout

[root@ MASTER ~]# find . -mtime -5
.
./anaconda-ks.cfg
./.bash_history

[root@ MASTER ~]# find . -ctime -5
.
./anaconda-ks.cfg
./.bash_history
```

　　find 还可以按权限搜索、按所有者和所属组搜索、按文件类型搜索，一般来讲学会这三种情况已经能够满足搜索文件的需求，所以其他搜索方式不再赘述，下面简单介绍各选项名称及含义，方便日后看到 find 搜索命令时能够看懂。

➢　按照权限搜索的选项

```
选项：
    -perm 权限模式：查找文件权限刚好等于"权限模式"的文件
    -perm -权限模式：查找文件权限全部包含"权限模式"的文件
    -perm +权限模式：查找文件权限包含"权限模式"的任意一个权限的文件
```

➢　按照所有者和所属组搜索

```
选项：
    -uid 用户 ID：按照用户 ID 查找所有者是指定 ID 的文件
    -gid 组 ID：按照用户组 ID 查找所属组是指定 ID 的文件
    -user 用户名：按照用户名查找所有者是指定用户的文件
    -group 组名：按照组名查找所属组是指定用户组的文件
    -nouser：查找没有所有者的文件(用于查找垃圾文件)
```

➢　按照文件类型搜索

```
选项：
    -type d：查找目录
    -type f：查找普通文件
    -type l：查找软链接文件
```

　　另外，在执行搜索命令时，有时会用到逻辑运算符，有时还会结合"-exec"使用，这两种情况的命令对于初学者来说比较复杂，下面解释一下这两种应用。

（1）逻辑运算符

　　find 命令也支持逻辑运算符选项，常见的逻辑运算符有逻辑与、逻辑或和逻辑非。

　　命令格式：

```
[root@ MASTER ~]# find 搜索路径 [选项] 搜索内容
选项：
-a：and 逻辑与。
    -o：or 逻辑或
    -not：not 逻辑非
```

①-a：and 逻辑与。

逻辑与（-a）代表两个条件都成立时，find 搜索的结果才成立。例如：

```
[root@ MASTER ~]# find . -size -5k -a -type d
#搜索当前目录下大小小于5KB,且文件类型为目录的文件

[root@ MASTER ~]# find . -mtime -5 -a -perm 755
#搜索当前目录下5天以内修改过,且权限为755的文件
```

②-o：or 逻辑或。

逻辑或（-o）代表两个条件只要有一个成立，find 命令就可以找到结果。例如：

```
[root@ MASTER ~]# find . -name test -o -name TEST
#搜索当前目录下文件名为 test 或者文件名为 TEST 的文件
```

③-not：not 逻辑非。

逻辑非（-not），也就是取反的意思。例如：

```
[root@ MASTER ~]# find . -not -name test
#搜索当前目录下除文件名为 test 以外的文件
```

（2）"-exec"或"-ok"选项

常见的命令用法如下：

```
[root@ MASTER ~]# find 搜索路径 [选项] 搜索内容 -exec 命令2 {} \;
```

重点解释一下该类命令各部分的含义，其中"{}"和"\ ;"是标准格式，是必须要这样输入的。这类命令关键是要理解"-exec"选项的功能，它表示将前面 find 命令查找的结果继续作为命令2的操作对象来执行。例如：

```
[root@ MASTER ~]# find . -size +20k -exec ls -l {} \;
-rw-r--r--. 1 root root 24772 12 月  4 04:59 ./install.log
#该命令的含义为在当前目录下查找大于20k的文件,并将其以长格式显示
```

"-ok"与"-exec"的作用基本相同，区别是：用"-exec"选项，命令2会直接处理；而用"-ok"选项的话，在执行命令2之前会先询问用户是否确定要这样处理，经用户确认后再执行，相当于多了一道交互操作，减少误操作的概率，所以对于移动覆盖和删除等敏感操作，为保险起见一般用"-ok"选项。例如：

```
[root@ MASTER ~]# find . -size +20k -ok rm -rf {} \;
< rm .... ./install.log > ? n
#该命令的含义为在当前目录下查找大于20k的文件,并将其删除
```

显然，类似删除操作一定要谨慎，用"-ok"选项在删除前会再询问，当然这里要输入 n，代表不同意删除，误删除这样的系统文件会导致系统崩溃。

希望通过这些知识的介绍大家以后能够看得懂类似的命令，并能够发散思维，在这个基础上琢磨一些更复杂的命令，因为 Linux 命令有千万条，不可能介绍得完，大家在学习常见命令时要有意识地培养自学命令的能力，再复杂的命令都是由简单命令组合而成的。

二、帮助命令

Linux 自带的帮助命令为用户提供了最准确、最可靠的资料。但是对于大多数 Linux 初

学者来说，一般会感觉帮助命令没什么用，事实上也确实很少去用，一方面对于一般的学习者很难接触到那些疑难问题，另一方面帮助文件全是英文，使用起来不方便。但是可以肯定的是，要想成为 Linux 高手，帮助命令是必须要用好的，所以下面学习基本的帮助命令，以备不时之需。

1. man 命令

1）命令功能

man 是 Linux 中最常见、最主要的帮助命令，用于显示联机帮助手册。

2）命令格式

```
[root@ MASTER ~]# man [选项] 命令
选项：
    -f:查看命令拥有哪个级别的帮助
    -k:查看和命令相关的所有帮助
```

3）常见用法

例1：基本用法

man 命令的使用非常简单，但学习 man 的重点不是命令如何使用，而是如何能够查询到有用的帮助信息。例如：

```
[root@ MASTER ~]# man ls

LS(1)                          User Commands                          LS(1)

NAME
        ls - list directory contents

SYNOPSIS
        ls [OPTION]... [FILE]...
#命令的格式
DESCRIPTION
        List  information  about  the  FILEs (the  current  directory by default).  Sort
        entries alphabetically if none of -cftuvSUX nor --sort.

        Mandatory arguments to long options are mandatory for short options too.

        -a, --all
                do not ignore entries starting with .

        -A, --almost-all
                do not list implied . and ..

        --author
                with -l, print the author of each file

        -b, --escape
                print octal escapes for nongraphic characters

      --block-size = SIZE
                use SIZE-byte blocks.   See SIZE format below
#选项的详细作用
:
```

这是查看 ls 命令的帮助信息，结果很长，但查询一个命令的帮助信息最核心的内容是：命令的格式和选项的详细作用，也就是例子中的 SYNOPSIS 和 DESCRIPTION 部分内容。

其次，进入的是一个长文本浏览界面（请注意最后面是一个"："号），还需要掌握 man 命令浏览帮助信息常用的快捷键（功能键）：

➢ 上箭头：向上移动一行。

➢ 下箭头：向下移动一行。

➢ PgUp：向上翻一页。

➢ PgDn：向下翻一页。

➢ g：移动到第一页。

➢ G：移动到最后一页。

➢ q：退出。

➢ /字符串：从当前页向下搜索字符串。

➢ ？字符串：从当前页向上搜索字符串。

➢ n：当搜索字符串时，可以使用 n 键找到下一个字符串。

➢ N：当搜索字符串时，使用 N 键反向查询字符串。例如，当使用"/字符串"方式搜索时，正常按 n 是往下查找下一个，但若按 N 键，则是往上查找。

例 2：man 命令的帮助级别

在例 1 中，执行"man ls"命令后，其结果第一行中，ls 后面跟了个"（1）"，如下所示：

```
[root@ MASTER ~]# man ls
LS(1)                        User Commands                        LS(1)
```

这里的"（1）"标识该命令的帮助级别。帮助级别的种类及含义如下：

➢ 级别 1：代表普通用户可以执行的系统命令和可执行文件的帮助。

➢ 级别 2：代表内核可以调用的函数和工具的帮助。

➢ 级别 3：代表 C 语言函数的帮助。

➢ 级别 4：代表设备和特殊文件的帮助。

➢ 级别 5：代表配置文件的帮助。

➢ 级别 6：代表游戏的帮助。

➢ 级别 7：代表杂项的帮助。

➢ 级别 8：代表超级用户可执行的系统命令的帮助。

➢ 级别 9：代表内核的帮助。

为了更好地说明，下面举一个只有超级用户才能执行的命令的例子：

```
[root@ MASTER ~]# man useradd
USERADD(8)                                                  USERADD(8)
```

useradd 命令的功能是添加用户，只有超级用户 root 才能执行，其帮助级别就是 8。

如果想直接知道一个命令拥有什么级别的帮助，可以用"-f"选项查看。例如：

```
[root@ MASTER ~]# man -f ls
ls                        (1)  - list directory contents
#查看 ls 命令拥有哪个级别的帮助
[root@ MASTER ~]# man -f useradd
useradd                   (8)  - create a new user or update default new user information
#查看 useradd 命令拥有哪个级别的帮助
```

下面再举一个复杂的命令的帮助级别的例子：

```
[root@ MASTER ~]# man -f passwd
passwd                    (1)  - update user's authentication tokens
#passwd 命令的帮助
passwd                    (5)  - password file
#passwd 配置文件的帮助
passwd [sslpasswd]   (1ssl)  - compute password hashes
#这个是 SSL 的 passwd 的帮助,和 passwd 命令无太大关系
```

如果知道一个命令有不同级别的帮助，那么也可以直接指定要查看哪个级别的帮助，例如：

```
#查看 passwd 命令的帮助
[root@ MASTER ~]# man 1 passwd
PASSWD(1)                        User utilities                        PASSWD(1)
...省略部分内容...

#查看 passwd 配置文件的帮助
[root@ MASTER ~]# man 5 passwd
PASSWD(5)                  Linux Programmer's Manual                   PASSWD(5)
...省略部分内容...
```

2．info 命令

1）命令功能

info 命令也可以获取命令的帮助。和 man 命令的区别是：info 命令的帮助信息是一套完整的资料，每个命令的帮助信息只是其中的一个章节，拥有章节编号。

2）命令格式

```
[root@ MASTER ~]# info 命令
```

3）常见用法

```
[root@ MASTER ~]# info ls

File: coreutils.info,  Node: ls invocation,  Next: dir invocation,  Up: Directory
listing
```

10.1 'ls': List directory contents
```
==================================
#ls 命令的帮助只是整个 info 帮助信息中的第 10.1 节
The 'ls' program lists information about files (of any type, including directories).
Options and file arguments can be intermixed arbitrarily, as usual.
...省略部分内容...
```

```
Also see * note Common options::.

*  Menu:

*  Which files are listed::
#前面带"*"号代表该行下面包含子页面
*  What information is listed::
*  Sorting the output::
*  Details about version sort::
*  General output formatting::
*  Formatting file timestamps::
*  Formatting the file names::
...省略部分内容...
```

info 命令同样查到的是一个长文档界面，需要依靠快捷键（功能键）操作浏览帮助文档，常见的快捷键及功能如下：

➢ 上箭头：向上移动一行。

➢ 下箭头：向下移动一行。

➢ PgUp：向上翻一页。

➢ PgDn：向下翻一页。

➢ Tab：在有"*"号的节点间切换。

➢ 回车：进入有"*"号的子页面查看。

➢ u：进入上一层信息（与回车是相反的操作）。

➢ n：进入下一小节信息（相当于在同一级之间切换，如现在是 10.1，按 n 键会跳到 10.2，但如果现在是 10.1.1 呢，那按 n 键会跳到 10.1.2）。

➢ p：进入上一小节信息（与 n 是相反操作）。

➢ q：退出 info 信息。

3．help 命令

1）命令功能

help 命令不是很常用，只能显示 Shell 内置命令的帮助。

2）命令格式

```
[root@ MASTER ~]# help 内置命令
```

3）常见用法

什么是内置命令？什么是外置命令？简单来说，内部命令是在系统启动时就调入内存的命令，是常驻内存的，所以执行效率高；而外部命令是系统的软件功能，用户需要时才从硬盘中读入内存。Linux 中内置命令是很少的，绝大多数都是外置命令。那么，如何知道 Linux 中哪些命令是内置命令呢？方法是用 man 命令随便查看一个内置命令（很巧合的是 help 本身就是内置命令），则帮助信息会显示 Linux 中所有的内置命令。命令如下：

```
[root@ MASTER ~]# man help
BASH_BUILTINS(1)                                        BASH_BUILTINS(1)

NAME
```

```
bash, :, ., ., [, alias, bg, bind, break, builtin, caller, cd, command, compgen, com-
plete, compopt, continue, declare, dirs, disown, echo, enable, eval, exec, exit, ex-
port, false, fc, fg, getopts, hash, help, history, jobs, kill, let, local,  logout,
mapfile,  popd, printf, pushd, pwd, read, readonly, return, set, shift, shopt,
source, suspend, test, times, trap, true, type, typeset, ulimit, umask, unalias, un-
set, wait - bash built-in commands, see bash(1)
...省略部分内容...
```

上述加粗的内容就是 Linux 中所有的内置命令，了解一下即可。反过来说，若用 help 命令去查看外部命令，结果是会报错的。例如：

```
[root@ MASTER ~]# help ls
-bash: help: no help topics match 'ls'.  Try 'help help' or 'man -k ls' or 'info ls'.
```

➤➤➤ 小　结

本项目学习 Linux 中常见的基本命令。主要学习了文件管理命令、权限管理命令、压缩和解压缩命令以及搜索和帮助命令，此外，常见的关机与重启命令已在项目一中学习，常见的网络管理命令会在后面的网络配置项目中介绍。作为初学者，学习 Linux 命令最重要的是要熟悉命令的基本格式，至于每一个命令，重点是学会其基本功能以及重要选项的扩展功能。对于命令的学习，不需要死记硬背，只需在使用时能够想到有这样一个命令即可，书就是最好的查询工具，操作多了自然就熟能生巧了。另外，学习命令要注重发散思维，每学一个较为复杂的命令，就要试着学会去理解这一类型的命令。对于帮助命令，虽然刚开始学习时会感觉用处不大，但是要想成为 Linux 高手，必须养成使用帮助命令的习惯，因为帮助命令是最全最准确的查询工具。

➤➤➤ 习　题

一、判断题

1. 使用 mkdir 命令递归创建目录，要使用"-p"选项。

2. rmdir 命令可以删除任何目录。

3. head 是用来显示文件开头的命令，默认是显示前 5 行内容。

4. 软链接文件与源文件具有相同的 inode 号。

5. 若把源文件删除，软链接文件将无法访问。

6. 对一个文件拥有了写权限，就可以对其执行删除操作。

7. sudo 的操作对象是系统命令，通俗来讲，就是把本来只能由超级用户 root 执行的命令赋予普通用户来执行。

8. 使用 bzip2 命令压缩目录，要加上"-r"选项。

9. 对压缩文件加上扩展名是 Linux 系统强行规定的。

10. 使用 tar 命令可以对多个文件或目录进行打包，文件和目录之间用空格隔开。

11. whereis 即可搜索系统命令，也可搜索普通文件。

12. 使用 gzip 命令可以压缩二进制文件和目录。

二、填空题

1. Linux 中的隐藏文件是以_____开头的。

2. 一个文件的权限为 644，代表所有者对其拥有_____权限，所属组对其拥有_____权限，其他人对其拥有_____权限。

3. 在 Linux 中，用"."代表_____目录，用".."代表_____目录。

4. 在 Linux 中，文件有三个时间信息，分别是_____、数据修改时间和_____。

5. 要使用 rm 命令一次性不带提醒地删除一个嵌套了多级子目录的目录，要加入_____选项。

6. Linux 中，若 umask = 022，则新建文件的默认权限是_____，新建目录的默认权限是_____。

7. Linux 中，文件的最高权限是_____，目录的最高权限是_____。

8. 在执行 cp 复制命令时，要想目标文件的属性（包括所有者、所属组、权限和时间）和源文件完全一致，得加上_____选项。

9. 如果 umask 的值为 033，则新建一个文件的默认权限是_____。

10. 使用 tar 命令可以对文件或目录同时进行打包和压缩，压缩成后缀为".tar.gz"的压缩文件需加入_____选项；压缩成后缀为".tar.bz2"的压缩文件需加入_____选项。

三、选择题

1. ls 命令要用最合适的单位长格式显示文件大小，应该加入（　　）选项。

    A. -l   B. -d   C. -h   D. -lh

2. 如果不想看某个目录下的文件的信息，而想看该目录本身的详细信息，则使用（　　）选项。

    A. -lh   B. -ld   C. -l   D. -d

3. 下列关于软链接文件的说法错误的是（　　）。

    A. 软链接文件类型用字母"l"表示

    B. 软链接文件和源文件具有相同的 inode 号

    C. 软链接文件的默认权限皆为 777

    D. 软链接可以链接目录

4. 运行一个脚本，用户不需要下列（　　）权限。

    A. 脚本 r 权限   B. 脚本 w 权限

    B. 脚本 x 权限   D. 脚本所在目录的 r 和 x 权限

5. 若一个文件的权限为"rw-rwxr--"，那么此文件所属组中的用户对它有（　　）操作权限。

    A. 读、写   B. 读、写、执行   C. 读   D. 读、执行

6. 为修改文件 test 的权限，使其文件所有者拥有读、写和执行权限，所属组和其他人

拥有读和执行权限，下列命令正确的是（　　　）。

    A．chmod 755 test   B．chmod 644 test

    C．chmod 575 test   D．chmod 557 test

7．在 Linux 系统中，用户对目录拥有"x"权限，表示可以执行（　　　）操作。

    A．列出目录中的内容   B．执行目录中的命令

    C．进入目录   D．在目录中创建或删除文件

8．以下关于目录的说法错误的是（　　　）。

    A．mv 不仅可以移动文件，还可以重命名

    B．ls -i 可以查看文件的 i 节点

    C．rm -rf 可以删除目录

    D．ln -s 可以创建硬链接

9．下列命令可以改变文件所属组的是（　　　）。

    A．chown   B．touch   C．chmod   D．umask

10．以 .bz2 为扩展名的压缩包需要使用（　　　）命令解压缩。

    A．tar -zxf   B．gunzip   C．unzip   D．bunzip2

四、简答题

1．什么是 Shell，它的主要功能是什么？

2．常见的 Shell 版本有哪些？CentOS 6.3 默认用的是哪个版本？

3．Shell 命令的基本格式是怎样的？简述每部分的含义。

4．什么是绝对路径？什么是相对路径？

5．简述读、写和执行权限对文件和目录各意味着什么。

6．简述 umask 权限的概念及其作用。

7．简述 ACL 权限的概念及其作用。

8．简述 sudo 权限的概念及其作用。

五、操作题

1．在/tmp 目录下创建一个文件 1.txt，在/root 目录下创建一个目录 test，将/tmp 目录下 1.txt 复制到/root/目录下。

2．将第一题中/tmp 目录下的文件 1.txt 重命名为 111.txt。

3．在/root 目录下创建一个文件 2.txt，并为其在/tmp 目录下创建一个软链接文件 2-soft.txt。

4．在/root 下创建目录 test1，并修改其所有者、所属组为 zhangsan 用户，修改其权限为 777。

5．体验各种压缩和解压缩命令。

vim编辑器的操作

项目导读

Linux 中一切皆文件，而要处理文件，必须用到编辑器。所有 Linux 发行版本默认的首选文本编辑器都是 vim，它是一个基于文本界面的编辑工具，早期版本称为 vi，vim（Vi improved）是 vi 的增强版。服务器的配置主要就是体现为对相关文件的编辑工作，因此，能否熟练使用 vim 处理文档是学好 Linux 操作系统的关键所在。

项目要点

➢ 认识 vim 工作模式

➢ 熟悉 vim 基本操作

➢ 掌握 vim 高级技巧

▶▶▶ 任务一 认识 vim 工作模式

使用 vim 编辑器，最主要的是要弄清楚 vim 的三种工作模式，并能够熟练转换。三种工作模式分别为：命令模式、输入模式和编辑模式，具体解释如下。

1. 命令模式

使用 vim 命令打开一个文件，默认的初始模式为命令模式。所谓命令模式，就是只能通过命令进行编辑操作。常见的命令操作有：

（1）利用 k、j、h、l 命令上下左右移动光标，当然在实际的光标移动操作中，一般使用四个方向键进行操作。

（2）对文本文件的内容进行删除、复制、粘贴和替换等操作。

2. 输入模式

所谓输入模式就是能够输入各种内容的状态，文本是否处于输入模式的一个重要标志就是在文本的左下角会有一个 "-- INSERT --" 标志，如图 3-1 所示。

反过来说，如果没有该标志，那肯定不是处于输入模式。使用 vim 命令打开一个文件时默认是处于命令模式的，这时是不能够输入内容的，要进入输入模式，得通过执行相应的命令来切换，常见的切换命令有 6 个，分别为 i、a、o、I（大写的 i）、A、O。这 6 个命令都能够实现从命令模式转入输入模式，区别是变为输入模式后光标所处的位置不同。以如下所示的文本编辑界面为例来说明：

```
shu zhong zi you huangjinwu.
shu zhong zi you yan ru yu.
zui hao de xi guan shi dushu he yundong.
```

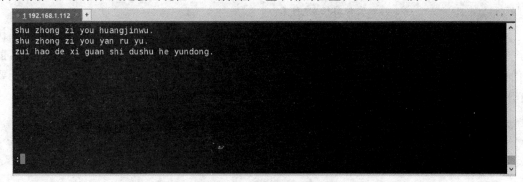

图 3-1　输入模式界面

假设当前光标初始位置在字母"y"上，这时要切换为输入模式开始输入内容，按 i、a、o、I、A、O 命令中的任何一个都能进入输入模式，那切换为输入模式后输入光标的位置到底有何区别？如果用 i 命令，新输入的内容会在字母"y"的前面；如果用 a 命令，新输入的内容会在字母"y"的后面；如果用 o 命令，会在该行下面插入一个空行开始输入新内容；如果用 I 命令，光标会移动到该行行首开始插入新内容；如果用 A 命令，光标会移动到该行行尾开始插入新内容；如果用 O 命令，会在该行前面插入一个空行开始输入新内容。

如果内容输入结束，按【Esc】键可返回到命令模式。一般来讲，只有在切实需要输入新内容时才切换为输入模式，输入完成后要立马切换回命令模式，防止误输入内容导致文件语法错误。

3. 编辑模式

对于初学者来说，vim 编辑模式较难懂，其实编辑模式本质上就是命令模式的另一种形式，对于一些较为复杂的操作，用命令模式是难以实现的，所以，专门有了编辑模式来处理这种情况。编辑模式是从命令模式下进入的，方法是在命令模式下输入一个":"号，这个":"不会作为内容写入文档，而是会出现在 vim 编辑窗口左下角的位置，如图 3-2 所示。

图 3-2　编辑模式界面

这时候就可以在 ":"后面输入相关指令进行操作了。编辑模式常用于保存、查找和替换等操作。

为了更好地理解和记住这三种模式的转换关系，可用示意图表示，如图 3-3 所示。

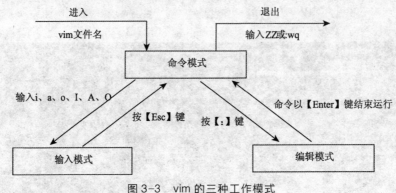

图 3-3　vim 的三种工作模式

需要注意的是，有些教材又称三种工作方式，分别为：命令方式、输入方式和 ex 转义方式，其实就是对应此处的三种工作模式。

总之，对于 vim 文本编辑器，如果不太确定自己当前处于什么模式下，那就多按几次【Esc】键确保退回到命令模式，一来其他两种模式都要从命令模式转换过去，二来命令模式下不容易造成误操作。

➤➤➤ 任务二　熟悉 vim 基本操作

一、进入 vim 和保存退出 vim

1. 进入 vim

和 Windows 中编辑 Word 文档一样，Linux 中要编辑一个文件，首先也得打开该文件。Linux 中打开文件的命令是 vim，但分如下三种情况。

1）进入到已经存在的文件

对于一个已经存在的文件，打开命令为：

```
[root@ MASTER ~]# vim 文件路径/文件名
```

这里要特别注意，如果要打开的文件就在当前目录下，则可以不加路径信息，直接执行 "vim 文件名"即可打开该文件。如果要打开的文件在别的目录下，则必须在文件名前面加上其路径信息，最好就用绝对路径指明，不易出错。例如，当前处于/root 目录下，要打开/etc/目录下的 passwd 文件，命令如下：

```
[root@ MASTER ~]# vim /etc/passwd

root:x:0:0:root:/root:/bin/bash
bin:x:1:1:bin:/bin:/sbin/nologin
```

```
daemon:x:2:2:daemon:/sbin:/sbin/nologin
adm:x:3:4:adm:/var/adm:/sbin/nologin
lp:x:4:7:lp:/var/spool/lpd:/sbin/nologin
sync:x:5:0:sync:/sbin:/bin/sync
shutdown:x:6:0:shutdown:/sbin:/sbin/shutdown
halt:x:7:0:halt:/sbin:/sbin/halt
...省略部分内容...
```

2）创建文件的同时进入文件

如果要打开一个新文件，可以先创建该文件，再执行 vim 命令打开该文件，也可以一步到位，即在创建的同时打开该文件，命令如下：

```
[root@ MASTER ~]# vim 要创建文件的路径/文件名
```

这和打开一个已存在文件的命令是一样的，只是这里相当于执行了两步操作，在指定路径下创建一个文件并打开。所以说打开一个已经存在的文件，一定要标明其路径信息，像第一种情况中的例子，如果不加上路径信息"/etc/"，实际效果会在当前目录"/root/"下创建一个名为 passwd 的文件并打开。这就是很多初学者打开文件时经常容易犯的错误，怎么自己跟着别人做，打开的文件却总是空的，那是因为别人已经切换到文件所在目录，而你没有切换到文件所在目录，也没有加上文件的路径信息，实际上你只是在当前目录下创建了一个该名称的空文件而已。

3）进入到文件指定位置

采用 vim 命令打开一个文件，光标的初始位置默认在文件第一行的行首，如果为了节省编辑时间，是否可以进入到指定的行或者指定的字符串处？当然可以。命令如下：

```
[root@ MASTER ~]# vim +20 /etc/passwd
#进入到/etc/passwd 文件第 20 行
```

进入后初始界面如图 3-4 所示，现在光标就在第 20 行的第一个字符"s"上，右下角提示"20,1"，表示当前光标处于第 20 行第 1 个字符上。

图 3-4　进入到文件指定行

如果想进入到某个字符串所在的位置，还是以/etc/passwd 文件为例，命令如下：

```
[root@ MASTER ~]# vim +/nobody /etc/passwd
#进入到文件中"nobody"字符串所在位置
```

进入后初始界面如图 3-5 所示，现在光标就在字符串"nobody"所在的行首。如果文件中有多个这样的字符串，光标会定位到第一个字符串所在的行。

```
1 192.168.1.112    +
ntp: : : :::/etc/ntp:/sbin/nologin
saslauth::   :   :                  :/var/empty/saslauth:/sbin/nologin
postfix: : :   ::/var/spool/postfix:/sbin/nologin
haldaemon: : :   :/:/sbin/nologin
rpcuser: : :   :                  :/var/lib/nfs:/sbin/nologin
nfsnobody: : :   :                  :/var/lib/nfs:/sbin/nologin
abrt: : : :::/etc/abrt:/sbin/nologin
avahi: : :   : :                  :/var/run/avahi-daemon:/sbin/nologin
tcpdump: : :   :::/:/sbin/nologin
sshd: : : :   :                  :/var/empty/sshd:/sbin/nologin
oprofile: : :   :                  :/home/oprofile:/sbin/nologin
mysql: : :   :        :/var/lib/mysql:/bin/bash
"/etc/passwd" 42L, 1954C                                    24,1            60%
```

图 3-5　进入到文件指定字符串处

2. 保存和退出 vim

1）只保存不退出

在 Windows 中编辑文件时，如果突然断电或计算机发生故障，会导致没有及时保存的工作丢失。vim 编辑文件时同样如此，如果只想保存现有操作而不退出文件编辑，可在编辑模式下执行":w"命令。

2）不保存退出

文件编辑完毕后，肯定要退出文件编辑界面，这时有两种需求，一种是修改确定无误的保存退出，一种是不想使刚才的操作生效，即不保存退出。不保存退出的命令为在编辑模式下执行":q"。

3）保存退出

保存退出的命令为在编辑模式下执行":wq"。

需要注意，在保存退出和不保存退出时，有些情况下会报错，提示要用强制符号"!"，所以就有了强制退出命令":q!"和强制保存退出":wq!"命令。需要强制保存或强制（保存）退出的情况一般发生在对文件没有写权限的时候（文件编辑窗口底部显示"readonly"标志），但如果你又是文件的所有者或者 root 用户时，就可以强制执行。

4）另存为其他文件名的退出

有些时候文件编辑完毕后，不想覆盖原来的文件，需要换个名称保存，操作命令为在编辑模式下执行":w 文件路径/新文件名"命令。

此外，还可以在命令模式下执行"ZZ"命令实现快速退出。如果对文件没有修改，执行该命令实现的效果是退出，如果对文件有修改，执行该命令实现的效果就是保存退出。

二、移动光标

在编辑文件之前，必然要先将光标移动到想要编辑的位置。vim 提供了丰富的光标移动命令。考虑到执行定位操作时经常会提到行号的概念，这里先介绍一个显示行号的命令，在编辑模式下执行":set nu"，按【Enter】键即可显示行号，若要取消行号，可在编辑模式下执行":set nonu"，按【Enter】键即可。显示行号的命令及效果如图 3-6 所示。

Linux 操作系统管理与应用

图 3-6　显示行号

1．以字符为单位移动光标

在 Windows 中进行文件编辑时，定位光标就是用鼠标单击。但是在 Linux 中，用鼠标定位是不会有任何反应的。在 vim 中，不论是处于命令模式，还是处于输入模式，都可以用上、下、左、右四个方向键移动光标。在命令模式下，还可以用 k、j、h、l 四个命令实现光标上下左右的移动，缺点是每次都只能移动一个字符。

2．以单词为单位移动光标

有时候要快速进入到一行中的某个位置，以单词为单位移动肯定比以字符为单位移动要快，因此，Linux 还提供了以单词为单位的光标移动命令。

b	移动光标到当前单词的首字母，再执行会跳到上一个单词的首字母
e	移动光标到当前单词的单词尾，再按会跳到下一个单词的单词尾
w	移动光标到下一个单词的首字母

3．移动光标到行首或行尾

0 或 ^	移动光标到行首
$	移动光标到行尾

此外，还可以用"n^"将光标移动到当前光标所在行前面 n 行的行首，用"n$"将光标移动到当前光标所在行后面 n 行的行尾，其中 n 为数字。

4．移动光标到文件头或文件尾

gg	移动光标到文件第一行行首
G	移动光标到文件最后一行行首

5．移动光标到指定行处

nG 或者:n	移动光标到指定的第 n 行

三、使用 vim 进行编辑

光标移动到指定位置后，即可开始进行编辑。最简单的编辑就是输入键盘上的符号内容，这和在 Word 编辑中没有什么区别。但对于删除、复制、粘贴、撤销、查找与替换等操作就必须要靠相应的命令才能完成。

1. 使用 vim 进行删除、复制和粘贴

1）删除

删除分两种情况，一种是在输入模式下，一般用退格键删除，按一下往前删除一个字符，这也是人们最习惯的操作。下面重点介绍命令模式下的删除：

```
x         删除光标所在字符
nx        删除从当前光标所在位置往后的 n 个字符,n 为数字
D 或 d$   删除从当前光标所在字符到行尾的内容
dd        删除当前光标所在行
ndd       删除从当前光标所在行开始往后共 n 行
dG        删除从当前光标所在行到文件末尾的所有内容
:起始行,终止行 d     删除指定的连续范围内的行
```

2）复制

```
yy    复制当前光标所在行
nyy   复制从当前光标所在行开始往后共 n 行
```

内容被删除或复制以后，会临时存入剪贴板。

3）粘贴

```
P    将最近一次剪贴板中的内容粘贴到当前光标所在行的下一行(新插入一行)
p    将最近一次剪贴板中的内容粘贴到当前光标所在行的上一行(新插入一行)
```

在 Linux 中，被删除的内容并没有真正被删除，而是临时存放在内存中，将光标移动到指定位置后，执行粘贴命令"p"，就可以将刚才删除的内容粘贴到光标指定位置行的后面一行。如果执行粘贴命令"P"，则会将刚才删除的内容粘贴到光标指定位置行的前面一行。复制粘贴的道理是一样的。

2. 使用 vim 撤销上一步操作

```
u    撤销
```

vim 编辑中，如果不小心执行了误操作，不用担心，可以通过"u"命令撤销刚才执行的操作，而且没有步数限制，只要是未经保存的操作，都可以被撤销。

3. 将两行合并为一行

```
J    将两行合并为一行
```

有时候可能需要将两行合并为一行，实际上就是将两行间的换行符去掉。例如，将图 3-7 所示的两行快速合并为一行的实现方法为：将光标移动到第一行的任意位置，按【J】键即可，效果如图 3-8 所示。

4. 查找指定字符串

在一篇长文件的编辑过程中，如果要找到某行语句所在的位置，一行一行往下翻是挺累的，这时用查找字符串的方式可以快速定位到该位置，实现方法为：在命令模式下执行如下命令。

图 3-7　两行文本

jin tian xing qi wu, ma shang guo zhou mo le.

图 3-8　两行文本变一行

/要查找的字符串	从光标所在行开始往后查找指定的字符串
? 要查找的字符串	从光标所在行开始向前查找指定的字符串
:set ic	查找时忽略大小写

例如，要在文件/etc/passwd 中查找"root"字符串所在的行，执行查找字符串命令如图 3-9 所示。

```
root:x:0:0:root:/root:/bin/bash
bin:x:1:1:bin:/bin:/sbin/nologin
daemon:x:2:2:daemon:/sbin:/sbin/nologin
adm:x:3:4:adm:/var/adm:/sbin/nologin
lp:x:4:7:lp:/var/spool/lpd:/sbin/nologin
sync:x:5:0:sync:/sbin:/bin/sync
shutdown:x:6:0:shutdown:/sbin:/sbin/shutdown
halt:x:7:0:halt:/sbin:/sbin/halt
mail:x:8:12:mail:/var/spool/mail:/sbin/nologin
uucp:x:10:14:uucp:/var/spool/uucp:/sbin/nologin
operator:x:11:0:operator:/root:/sbin/nologin
games:x:12:100:games:/usr/games:/sbin/nologin
gopher:x:13:30:gopher:/var/gopher:/sbin/nologin
ftp:x:14:50:FTP User:/var/ftp:/sbin/nologin
nobody:x:99:99:Nobody:/:/sbin/nologin
dbus:x:81:81:System message bus:/:/sbin/nologin
vcsa:x:69:69:virtual console memory owner:/dev:/sbin/nologin
rpc:x:32:32:Rpcbind Daemon:/var/cache/rpcbind:/sbin/nologin
ntp:x:38:38::/etc/ntp:/sbin/nologin
saslauth:x:499:76:"Saslauthd user":/var/empty/saslauth:/sbin/nologin
postfix:x:89:89::/var/spool/postfix:/sbin/nologin
haldaemon:x:68:68:HAL daemon:/:/sbin/nologin
rpcuser:x:29:29:RPC Service User:/var/lib/nfs:/sbin/nologin
nfsnobody:x:65534:65534:Anonymous NFS User:/var/lib/nfs:/sbin/nologin
abrt:x:173:173::/etc/abrt:/sbin/nologin
avahi:x:70:70:Avahi mDNS/DNS-SD Stack:/var/run/avahi-daemon:/sbin/nologin
tcpdump:x:72:72::/:/sbin/nologin
sshd:x:74:74:Privilege-separated SSH:/var/empty/sshd:/sbin/nologin
oprofile:x:16:16:Special user account to be used by OProfile:/home/oprofile:/sbin/nologin
/root
```

图 3-9　查找字符串

如果文中有多处包含这样的字符串，可以按【n】键继续找到下一个字符串，按【N】键可以向前查找。如果已是文件中的最后一处，光标会跳回到第一处，并在文件下方提示"search hit BOTTOM, continuing at TOP"，如图 3-10 所示。

如果整个文件都没有查找到指定的字符串，会在文件底部提示"Pattern not found：要查找的字符串"，如图3-11所示。

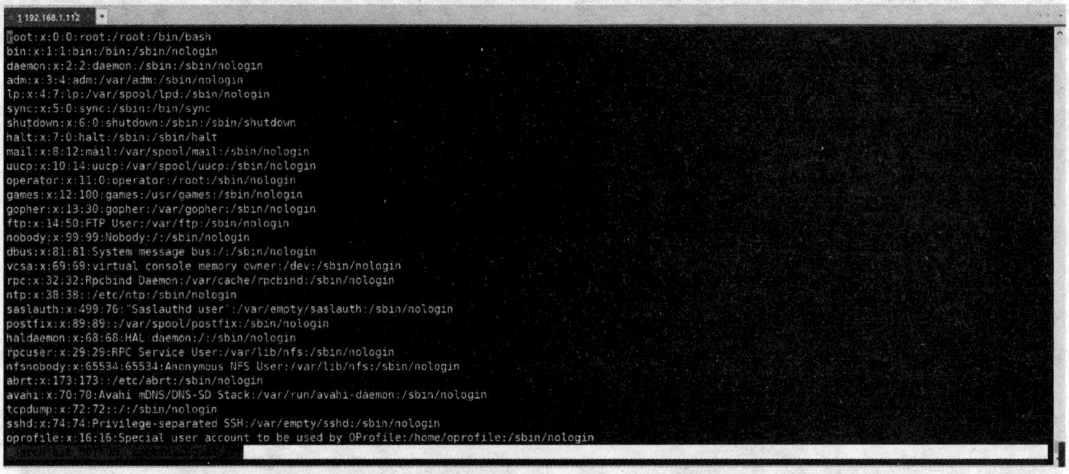

图3-10　查找字符串到文中最后一处

图3-11　没有查找到指定字符串

查找字符串时默认是区分大小写的，即 Root 与 root 会认为是不同的字符串，要想查找时不区分大小写，需要在查找前先执行一个命令":set ic"，若下次查找时又要求区分大小写，再执行命令":set noic"即可。

如果要查找以某个字符串为首的行，例如查找以 root 为行首的行，可以在命令模式下执行下列命令：

```
/^root
```

查找一个以 root 为行尾的行的命令为：

```
/root $
```

5. 使用 vim 进行替换

```
r    替换当前光标所在处的字符
R    从当前光标所在处开始往后替换字符，直到按【Esc】键结束替换
```

在命令模式下，按一下【r】键，再按一个字符时，会用输入的字符替换掉当前光标所在的字符。在命令模式下，按一下【R】键，接下来输入的字符会从当前光标所在字符开始依次往下替换，输入一个替换一个，直到按【Esc】键停止替换，否则会一直替换下去，"R 替换模式"会在文件下方显示"－－替换－－"标志，如图 3-12 所示。

图 3-12　R 替换模式

6．批量替换

批量替换是一个非常实用的技巧，比如要把一篇文章中的某个字符串替换为另一个字符串，但这个字符串有成百上千个，如果一个个去替换，那工作量很大，这时，批量替换的价值就不言而喻了。批量替换命令如下：

:替换起始处,替换结束处 s/源字符串/替换后的字符串/g	替换指定范围内的字符串
:% s/源字符串/替换后的字符串/g	替换整篇文档的字符串

需要注意，如果不加末尾的"/g"，当每一行有多个待替换字符串时，只会替换第一个字符串。下面看一个批量替换的例子，源文件如图 3-13 所示，若要把文中的"shu"全部替换为"game"，执行批量替换命令如图 3-14 所示。

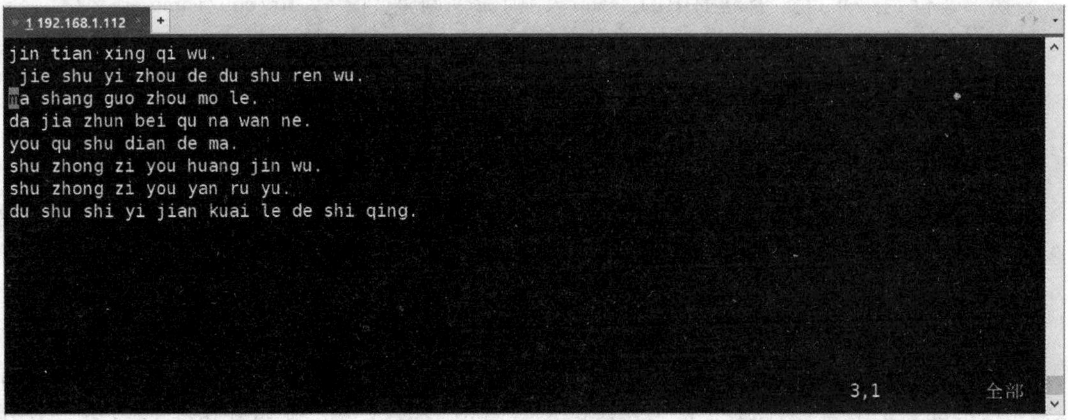

图 3-13　批量替换源文件

其中"1，$"代表从第一行到最后一行，命令输完后，按【Enter】键，批量替换效果如图 3-15 所示。

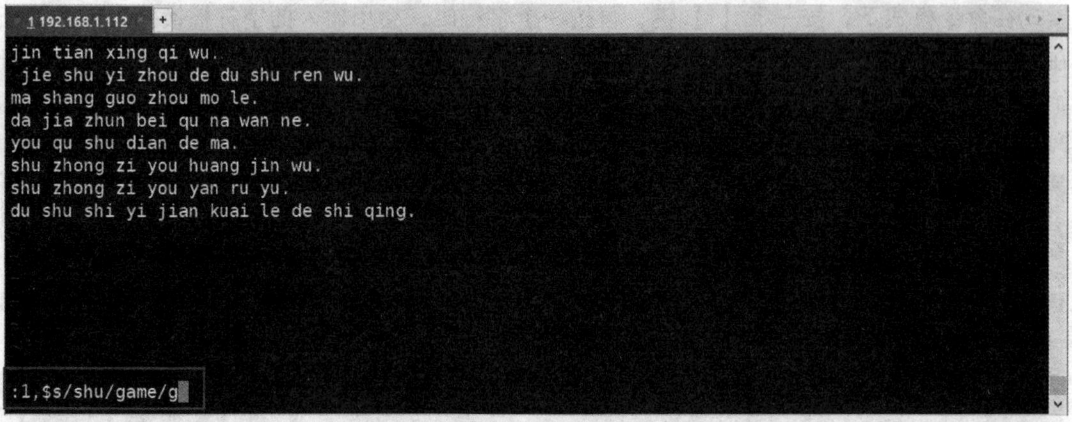

图 3-14　执行批量替换命令

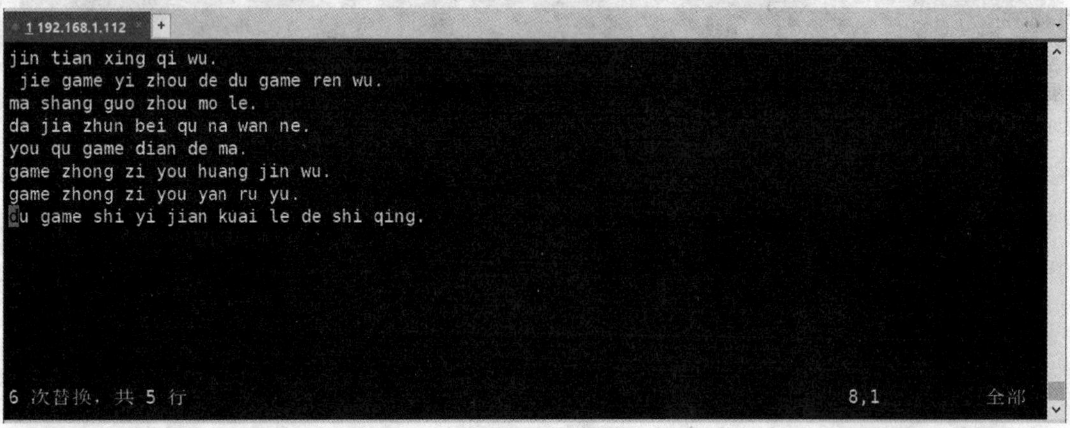

图 3-15　批量替换效果

完成替换后，文中所有的"shu"都替换成了"game"，这就是批量替换的含义。如果只替换第 2 行到第 6 行这个范围中的"shu"，则命令调整为"：2,6s/shu/game/g"。

➤➤➤ 任务三　掌握 vim 高级技巧

前面介绍了 vim 编辑的基本常识和基本命令，下面介绍一些 vim 使用的小技巧，掌握这些技巧后会对 vim 的使用更加得心应手。

一、定义快捷键

快捷键的概念大家都不陌生，在 Windows 中各种应用软件中有大量的快捷键，包括 Word 编辑中就有大量快捷键。在 vim 编辑中，同样可以对一些常用的操作设置自己的快捷键。

下面通过一个例子讲解设置快捷键的命令格式。例如，在进行脚本文件调试时，经常需要对某些行进行注释，而常规做法是先将光标移动到行首，切换到输入模式，再输入注

释符 "#"，然后退回命令模式，如果每次都这样操作比较麻烦。类似操作就可以设置一个快捷键来实现。定义快捷键的命令格式如下：

```
:map 快捷键 执行命令
```

对应到本实例上，比如设置快捷键为【Ctrl + P】，那么在编辑模式下输入 "：map ^p I#<Esc>" 命令，然后按【Enter】键即可。

命令解释：其中 "^P" 为定义的快捷键，但是这里一定要注意，其正确的输入方式是同时按住 "Ctrl + v + p" 生成才有效，如果直接输入键盘 "数字 6" 上面的 "^" 号再跟个 p 是无效的，很多初学者刚开始都会被这个问题困扰。下面仔细讲一下这两种输入方式的区别，图 3-16 所示为错误方式，即直接输入 "数字 6" 上面的 "^" 号再跟个 p，这样 "^p" 是显示为白色的，体现为普通字符的效果。

图 3-16　错误方式输入快捷键的显示

图 3-17 所示正确输入快捷键的方式，即同时按住 "Ctrl + v + p" 实现的，此时 "^P" 会显示为蓝色，这样生成的快捷键才会生效。

图 3-17　正确方式输入快捷键的显示

后面命令部分 "I#<Esc>" 的含义：先执行 I（大写的 i），效果为将光标移到行首并等待输入；#表示输入的内容；再执行 <Esc> 表示退回到命令模式，这三个效果组合起来刚好就是注释一行语句的功能。

接下来验证效果，将光标移动到想要被注释的行的任意一个字符上，同时按【Ctrl + p】组合键，如果能实现注释该行，代表快捷键设置成功。

举一反三，如果要设置一个"取消一行注释"的快捷键呢？命令如下：

```
:map ^M 0x
#制作快捷键"Ctrl + M"实现"取消一行注释"
```

命令部分"0x"中的0表示将光标移到行首（注意此时还是命令模式），x表示删除当前光标所在字符，因为一直是在命令模式下完成的操作，所以无须按【Esc】键。

这里多讲一点，如果是对于连续的多行执行注释，用快捷键固然是可以的，但是否有更快捷的方法呢？这种情况下用批量替换速度会更快。例如，要把第1~20行注释，命令如下：

```
:1,20s/^/#/g
```

其中，要替换的内容为"^"，表示行首的空格，后面的"#"表示替换后的内容。

如果反过来，要把第1~20行取消注释呢？命令如下：

```
:1,20s/^#//g
```

这就是把行首的"#"替换为空，即取消注释。举这个例子，就是要告诉大家对于命令的使用一定要活学活用，当然前提是基本功要扎实，对命令要理解透彻。

再比如我们经常要输入自己的邮箱号，也可以定义一个快捷键，命令如下：

```
:map ^E a567834582@ qq.com < Esc >
#定义快捷键"Ctrl + E"实现在当前字符后面插入邮箱号"567834582@ qq.com"
```

命令部分第一个字母"a"表示转换为输入模式并在当前光标所在字符后面开始输入内容。紧跟的"567834582@ qq.com"就是要输入的内容，"< Esc >"表示退回命令模式。

取消快捷键的命令为：

```
:unmap ^P
#取消"Ctrl + P"这个快捷键。注意"^P"一样要同时按住"Ctrl + v + p"生成
```

通过定义快捷键，可以把之前学到的很多命令灵活组合使用。在以后的学习工作中，大家可以个性化地设置自己的快捷键。

二、ab 命令小技巧

在文本编辑时，如果经常要输入邮箱、通信地址、联系方式等长信息，定义快捷键可以使输入简化，但是定义太多的快捷键又带来难以记忆的麻烦，所以 vim 中还有一个与快捷键配合使用的"ab"命令。命令格式如下：

```
:ab 替代符 原始信息
```

例如，要用"mymail"代替"567834582@ qq.com"，命令为：

```
:ab mymail 567834582@ qq.com
```

要用"addr"代替"guizhoutongrenzhiyuanxinxigongchengxueyuan"，命令为：

```
:ab addr guizhoutongrenzhiyuanxinxigongchengxueyuan
```

这样一来，在文本编辑的时候，只要输入"mymail"，再敲任意字符或者按【Enter】键，实际会显示"567834582@ qq. com"，只要输入"addr"，再敲任意字符或者按【Enter】键，实际会显示"guizhoutongrenzhiyuanxinxigongchengxueyuan"。这就是"ab"命令的神奇之处，既简单又方便实用。

三、vim 配置文件

前面介绍了设置行号、定义快捷键和"ab"键，使用起来非常方便，学到这里，有些同学可能已经发现了这样一个令人头痛的问题，就是定义快捷键和"ab"键貌似只有在该文档的本次编辑有效，关闭后再重新打开这些设置就无效了，更别说还对其他文件生效，这是什么原因呢？在 vim 编辑中，要想让设置行号、定义快捷键和"ab"键等设置永久生效，必须将其写入一个规定的配置文件，在 vim 中进行的设置只是临时生效而已。

那该配置文件到底在哪里？文件名又是什么？事实上，该配置文件本身是不存在的，需要用户去宿主目录中创建，名称必须为".vimrc"。对于 root 用户来说，那就去"/root/"目录中创建该文件，对于普通用户（如 hels）来说，那就去"/home/hels"目录中创建该文件。再把设置语句写入其中，这样，用户每次使用 vim 打开文件时，系统都会先去用户宿主目录中读取 .vimrc 文件，并执行其中的设置，如果没有该文件或者该文件中没有什么设置，就执行 vim 默认设置。例如，root 用户要让之前的设置永久生效，操作如下：

第一步：在/root/目录下创建 .vimrc 文件。

```
[root@ MASTER ~]# touch .vimrc
```

第二步：打开该文件，输入图 3-18 所示的内容。

图 3-18　.vimrc 文件编辑

输入完成后，保存退出。这样以后打开任何一个文件进行编辑，这些设置都是永久生效的，要想取消，再次进入该文件将相应的语句删除即可。

四、多窗口编辑

在编辑文件时，有时需要参考另一个文件，这时最好的做法是将两个文件同时打开，在不同的窗口同时显示。例如，在查看文件/etc/passwd 时需要参考文件/etc/shadow，实现方式有两种：

方式一：先使用 vim 打开第一个文件，在编辑模式下输入命令"：sp /etc/shadow"，实现水平切分窗口，如图 3-19 所示。

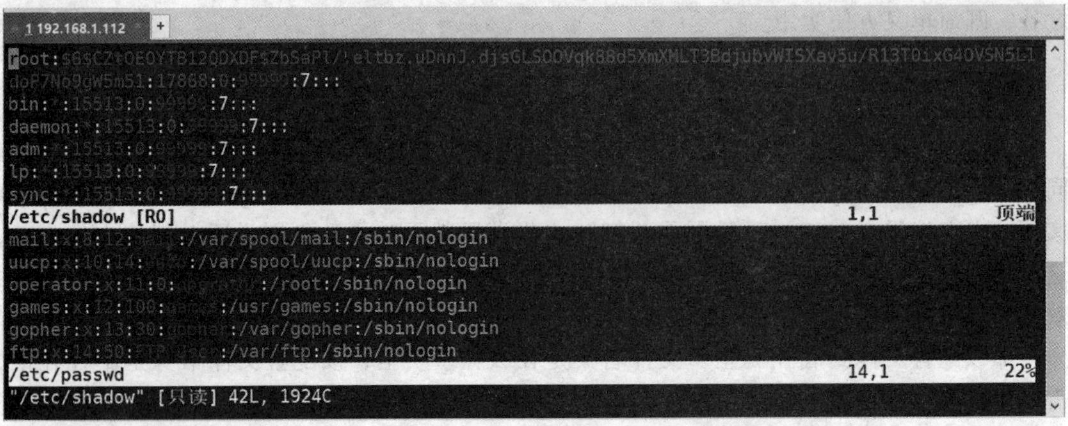

图 3-19　水平切分窗口

要在两个窗口间进行切换，可执行"Ctrl + ww"快捷键。若要关闭一个窗口，只需将其切换成操作窗口，执行 vim 退出命令即可。

如果要垂直切分窗口可输入"：vs /etc/shadow"命令，效果如图 3-20 所示。

图 3-20　垂直切分窗口

方式二：直接使用 vim 命令同时打开两个文件。命令格式如下：

```
vim -o 第一个文件名 第二个文件名
```

此例中命令为"vim -o /etc/passwd /etc/shadow"，实现的效果和方式一中水平切分窗口一样。

五、区域复制

前面学习了复制命令，但"yy"命令只能实现以行为单位进行整体复制。如果需要对某个特定范围进行复制，就要使用区域复制功能。

例如，对文件/etc/services（此文件记录所有服务名与端口的对应关系），如果想将所有的服务名复制下来，则需要使用区域复制来实现。方法是，将光标移动到要复制的第一行的第一个字符，按下【Ctrl + V】组合键，此时文件底部会显示"VISUAL BLOCK"标志，如图 3-21 所示。

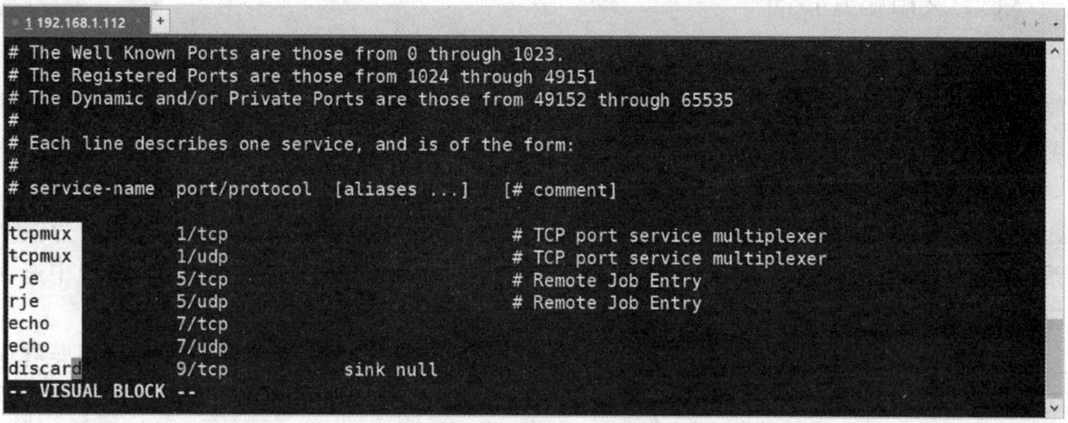

图 3-21　区域复制

接下来利用向下和向右方向键就可以不断扩大选择区域，直到满足自己需要的范围后按【y】键完成复制，然后将光标移动到目标位置处，按【p】键粘贴，至此，整个区域复制功能完成。

六、在 vim 中与 shell 交互

有时在 vim 编辑时想要参考一个命令的执行结果，但又不想退出编辑界面。这时就可以在编辑模式下使用"!"命令来实现，命令格式为：

```
:! 命令
```

例如，在编辑文件 1. txt 时，想查看一下当前系统的时间，实现方法为：在编辑模式下输入"：! date"，按【Enter】键，会出现图 3-22 所示界面。

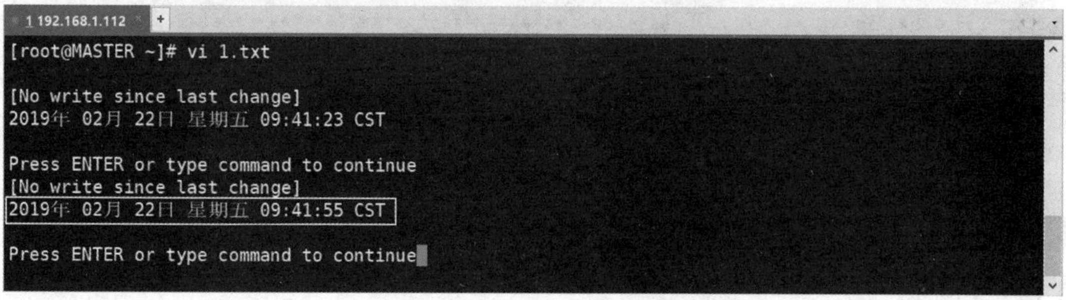

图 3-22　在 vim 中与 shell 交互

在编辑界面中能看到命令的执行结果，但同时在最下方有一行提示"Press ENTER or type command to continue"，意思是按【Enter】键可以继续编辑，又会回到刚才的编辑状态。

那能否把命令执行的结果直接作为内容输入呢？答案是可以，只需配合导入命令"r"即可，命令格式为：

```
:r ! 命令
```

例如，如果想在编辑文件时查看一下当前系统时间，还想把查询到的结果作为内容输入，可执行命令":r！date"，按【Enter】键即可。

七、文本格式转换

UNIX 文件格式和 DOS 文件格式是有差别的，也就是说如果直接把一个系统中的文件放到另一个系统中去显示，由于各自控制符号的差异，内容显示会出现混乱，甚至无法使用，这时就需要用到两个文本转换命令 unix2dos 和 dos2unix。

这两个命令中的数字"2"读音为英文中的"to"，实际上其含义也同英文中的"to"，即"向…转变"的意思。顾名思义，unix2dos 就是把 UNIX 系统中的文件格式转换为 DOS 系统中能够使用的格式，dos2unix 就是把 DOS 系统中的文件格式转换为 UNIX 系统中能够使用的格式。

这两个命令默认情况是没有安装的，需要自己手动安装，安装软件的方法后面会有详细介绍，对于用 VMware 安装的 Linux 系统，需先加载光盘镜像文件并挂载光盘，然后再执行安装命令。这里大家先照着输入命令即可，命令如下：

```
[root@ MASTER ~]# mkdir /mnt/cdrom
#建立用于挂载光盘的目录
[root@ MASTER ~]# mount /dev/sr0 /mnt/cdrom
mount: block device /dev/sr0 is write-protected, mounting read-only
#挂载光盘文件到/mnt/cdrom 目录
[root@ MASTER ~]# cd /mnt/cdrom/Packages/
#进入光盘中的软件包存放目录
[root@ MASTER Packages]# rpm -ivh dos2unix-3.1-37.el6.i686.rpm
Preparing...                    ########################################### [100% \]
   1:dos2unix                   ########################################### [100% \]
#安装 dos2unix 命令
[root@ MASTER Packages]# rpm -ivh unix2dos-2.2-35.el6.i686.rpm
Preparing...                    ########################################### [100% \]
   1:unix2dos                   ########################################### [100% \]
#安装 unix2dos 命令
```

需要注意，不同的系统版本，以上 rpm 包的版本可能有差别，但安装方法是一样的。文件转换命令如下：

```
unix2dos 源文件名
dos2unix 源文件名
```

例如，对于 Linux 中的文件/etc/rc.d/rc.local，如果不经格式转换直接保存到 Windows 系统中，打开界面如图 3-23 所示。

rc.local - 记事本
文件(F) 编辑(E) 格式(O) 查看(V) 帮助(H)
#!/bin/sh## This script will be executed *after* all the other init scripts.# You can put your own initialization stuff in here if you don't# want to do the full Sys V style init stuff.touch /var/lock/subsys/local/etc/init.d/mysqld start /etc/rc.d/init.d/vsftpd start/etc/rc.d/init.d/nmb start

图 3-23　Linux 中的文件不经格式转换在 Windows 中的显示效果

它实际上是将内容首尾相连成一行显示了。格式转换命令如下：

```
[root@ MASTER etc]# cp /etc/rc.d/rc.local  /root
#先将/etc/rc.d/rc.local 文件复制一份到/root/目录下，注意不要乱动系统原文件
[root@ MASTER ~]# unix2dos rc.local
unix2dos: converting file rc.local to DOS format ...
#将 rc.local 文件从 UNIX 文件格式转换为 DOS 文件格式
```

再将转换好格式的 rc. local 文件传到 Windows 系统中，经格式转换后的正常显示界面如图 3-24 所示。

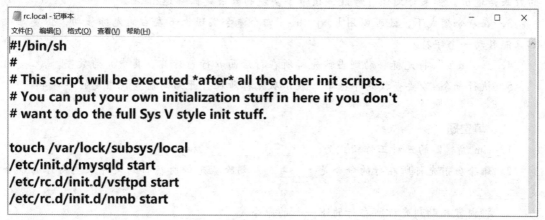

图 3-24　Linux 中的文件经格式转换后在 Windows 中的显示效果

通过刚才的实例，我们已经对两种系统文件格式的区别有了一定的认识和了解。那么，两种系统的文件格式到底有着怎样的区别？

在 Windows 系统中，文件中列的结束符号有两个控制字符：一个是归位字符（Carriage Return，^M），另一个是换行字符（New Line，^J）；但在 Linux 系统的文件中只使用一个换行字符"\ n"（功能同 ^J）。所以，当 Linux 中的文本文件放到 Windows 系统中打开时，会乱成首尾相连的一行。

一样的道理，如果是在 Windows 中编辑好的文件传到 Linux 系统中，也必须先经 dos2unix 命令转换才可以正常显示。实例中提到了文件在 Linux 系统和 Windows 系统之间的传输，该部分内容会在后面的远程登录管理中进行详细介绍，该实验可以留到学完文件传输知识后再做。

▶▶▶ 小　　结

本项目学习 vim 编辑器。首先介绍了 vim 三种工作模式的含义以及相互之间的转换关系，然后介绍了 vim 基本操作命令，最后介绍了一些 vim 编辑的高级技巧。vim 编辑的命令都比较简单，但要做到熟练确不容易，除了多练习别无他途。通过对 vim 编辑器的学习，再结合前面对 Linux 常见命令的学习，大家已经可以对 Linux 的各种文件进行处理，对 Linux 操作系统的学习也算是基本入门了。

➤➤➤ 习 题

一、判断题

1. 使用 vim 命令打开一个文件，默认的初始模式处于输入模式。 （　　）

2. 在命令模式下执行"ZZ"命令实现快速退出。如果对文件没有修改，该命令实现的效果是退出，如果对文件有修改，该命令实现的效果是保存退出。 （　　）

3. 在命令模式下，还可以用 k、j、h、l 四个命令实现上下左右的光标移动，但是每次都只能移动一个字符。 （　　）

4. 用"n $"将光标移动到当前光标所在行后面 n 行的行首，其中 n 为数字。（　　）

5. 执行命令"/要查找的字符串"表示从光标所在行开始向前查找指定的字符串。
（　　）

二、填空题

1. vim 编辑器的三种工作模式为_____、_____和_____。

2. 删除当前光标所在行的命令是_____；删除从光标所在行到文件末尾内容的命令是_____。

3. 将内容粘贴到光标所在行的下一行的命令是_____。

4. 复制从当前光标所在行开始的 n 行的命令是_____。

5. 如果进行了误操作，可以通过_____命令撤销刚才执行的操作。

三、选择题

1. 在命令模式下，要实现在当前光标所在字符后面开始输入内容，使用的命令是（　　）。

    A. i　　　　　　　　B. I　　　　　　　　C. a　　　　　　　　D. A

2. 在 vim 中退出但不保存的命令是（　　）。

    A. :q　　　　　　　B. :wq　　　　　　　C. :wq!　　　　　　D. :q!

3. 下列关于 vim 的说法不正确的是（　　）。

    A. 使用 D 命令可以删除从光标所在行直到文件末尾的内容

    B. 快捷键 zz 可以保存退出

    C. 使用 yy 命令可以复制当前行

    D. 使用 i 命令可以在当前光标所在字符前面插入文本

4. 在当前 vim 编辑文件中要导入另一个文件的内容，需要使用的命令是（　　）。

    A. :s　　　　　　　B. :r　　　　　　　C. :u　　　　　　　D. :R

5. 在 vim 中，直接与 shell 交互执行命令使用（　　）方式。

    A. dos2unix 命令　　　　　　　　　　B. $ 命令

    C. :! 命令　　　　　　　　　　　　　D. :R 命令

6. 以下命令可以设置 vim 在查找时忽略大小写的是（　　）。

    A. :set nu　　　　　B. :set ic　　　　　C. :sy on　　　　　D. :set hlsearch

四、简答题

1. vim 编辑器的三种工作模式是什么？相互间是如何转换的？

2. 在编辑模式下输入"：map ^p I# < Esc >"，按【Enter】键，表示制作了一个什么样的快捷键？该快捷键实现的功能是什么？

3. 在编辑模式下输入"：ab mymail 567834582@ qq. com"，按【Enter】键，实现的功能是什么？

4. vim 配置文件的功能是什么？一般保存在哪里？文件名是什么？

5. 在编辑模式下输入"：r！date"，按【Enter】键，实现的功能是什么？

6. unix2dos 和 dos2unix 命令的功能各是什么？

五、操作题

1. 编辑 vim 配置文件，每次自动显示行号且搜索不区分大小写。

2. 复制/etc/passwd 文件到/tmp 目录下，并重命名为 passwd. vim，vim 在编辑此文件时使用 shell 交互命令查看/tmp/passwd. vim 的详细信息。

3. 编辑/tmp/passwd. vim 文件，将第 4 ~ 12 行使用"#"注释。

4. 将/tmp/passwd. vim 全文的字符串 root 都替换为 superman。

5. 在文件/tmp/passwd. vim 末尾导入当前编辑文件的时间。

6. 在编辑文件/tmp/passwd. vim 时，定义快捷键【Ctrl + E】，在行末输入网址"www. trzy. edu. cn"，并自动返回命令模式。

7. 在编辑文件/tmp/passwd. vim 时，定义 ab 键，实现输入 addr 就自动输入为"guizhoushengtongrenshibijiangquchuandongzhen."。

8. 在编辑文件/tmp/passwd. vim 时，将光标定位到第 10 行，用命令实现光标跳到行尾并输入"www. trzy. edu"，然后复制此行到第 20 行后面。

9. 在编辑文件/tmp/passwd. vim 时，删除文件第 1 ~ 15 行，删除后将光标定位到第 5 行，删除从光标所在行到文件末尾的所有内容。

10. 在编辑文件/tmp/passwd. vim 时，将当前光标所在处字符替换为"z"；查找字符串"nologin"，找到后替换为"over"，保存后退出。

用户和用户组的管理

项目导读

人们日常使用的 Windows 操作系统笔记本计算机实际上为个人计算机，使用者除了本人就是亲朋，所以默认都是以管理员身份登录的，没有感受过权限的限制，以至于体会不到用户和用户组的概念。对于服务器，管理和维护人员不是一个人，而是一个团队，这就要求必须为每个登录服务器的人添加相应的账户，并设置相应的权限，同时，为了便于用户管理，又有了用户组的概念。本项目主要学习用户及用户组的添加、修改、删除等管理操作。

项目要点

➤ 掌握用户管理命令

➤ 掌握用户组管理命令

▶▶▶ 任务一 掌握用户管理命令

一、用户和用户组管理相关文件介绍

1. useradd 命令

1）命令功能

useradd 是添加用户的命令。

2）命令格式

```
[root@ MASTER ~]# useradd [选项] 用户名
选项：
    -u UID：手工指定用户的 UID，注意不能小于 500
    -d 家目录：手工指定用户的家目录。注意必须写成绝对路径
    -g 组名：手工指定用户的初始组。默认用户的初始组是和用户名相同的组（在创建用户时会自动创建），一般不建议修改
    -G 组名：指定用户的附加组。把用户加入其他组，称为用户附加组
```

3）常见用法

例：添加默认用户

```
[root@ MASTER ~]# useradd wangls
#创建一个用户名为 wangls 的用户
```

如果只是创建用户，则可以不加任何选项，一般创建用户时就是这种方式，所有信息都会默认生成。现在的问题是创建一个用户后，如何能体现创建成功了呢？

2. /etc/passwd 文件介绍

在 Linux 中有一个管理用户信息文件，位于/etc/目录下，文件名为 passwd，专门用于保存系统中所有用户的相关信息。其内容如下：

```
[root@ MASTER ~]# vim /etc/passwd

root:x:0:0:root:/root:/bin/bash
bin:x:1:1:bin:/bin:/sbin/nologin
daemon:x:2:2:daemon:/sbin:/sbin/nologin
adm:x:3:4:adm:/var/adm:/sbin/nologin
lp:x:4:7:lp:/var/spool/lpd:/sbin/nologin
sync:x:5:0:sync:/sbin:/bin/sync
...省略部分内容...
mysql:x:27:27:MySQL Server:/var/lib/mysql:/bin/bash
apache:x:48:48:Apache:/var/www:/sbin/nologin
#到此为止系统安装好时默认创建的账户
user1:x:506:507::/home/user1:/bin/bash
user2:x:507:508::/home/user2:/bin/bash
vuser:x:508:509::/home/vftp:/sbin/nologin
named:x:25:25:Named:/var/named:/sbin/nologin
zhangsan:x:509:510::/home/zhangsan:/bin/bash
name1:x:510:512::/home/name1:/bin/bash
name2:x:511:513::/home/name2:/bin/bash
name3:x:512:514::/home/name3:/bin/bash
dhcpd:x:177:177:DHCP server:/:/sbin/nologin
lisi:x:513:515::/home/lisi:/bin/bash
hels:x:514:516::/home/hels:/bin/bash
wangls:x:515:517::/home/wangls:/bin/bash
#从 user1 账户开始，都是后续进行系统操作过程中创建的用户
```

该文件中每个用户对应一行记录，最后一行看到的是刚才创建的用户 wangls 的信息，该条记录共有 7 个字段，以 "："分隔，下面分别介绍这 7 个字段的含义：

（1）第一个字段（wangls）：代表用户名称。

（2）第二个字段（x）：代表用户密码标志，而不是真正的密码，用户真正的密码保存在/etc/目录下的 shadow 文件中。

（3）第三个字段（515）：代表用户的 ID，又称 UID。在 Linux 中，用户名只是为了方便管理员识别，实际上系统是通过 UID 来识别不同用户和分配用户权限的。在 Linux 中，规定 UID 为 0 的用户是超级用户，即管理员账户，也就是说，如果要把一个普通用户升级为管理员，只需要将其 UID 修改为 0 即可，但一般不建议这么做，Linux

默认的管理员账户就是 root。UID 大于 0 小于 500 为系统用户，又称伪用户，这些用户是不能登录系统的，而是用来运行系统或服务的，其中 1 ~ 99 为系统保留账号，由系统自动创建，100 ~ 499 是预留给用户创建的系统账号。UID 大于或等于 500 小于 65 535 的为普通用户，也就是创建普通用户的 UID 都是自动从 500 开始分配的，而且下一个用户的 UID 和 GID 都会在上一个用户的基础上自动加 1。这里的 user1 用户的 UID 之所以是 506，是因为在其之前已经创建过普通用户，但是后来因实验需要又删掉了，但是只要某个用户被创建过，它就会永久占据一个 UID 和 GID，就是把用户删了，其 UID 和 GID 也不会再分配给之后创建的用户。

（4）第四个字段（517）：代表用户的组 ID，又称 GID，是这个用户的初始组的标志号。所谓初始组，就是用户一登录就会立刻拥有这个用户组的相关权限。每个用户的初始组只能有一个，默认就是与该用户名同名的组。比如刚才创建了用户 wangls，那么系统会同时创建一个用户组 wangls，且它就是用户 wangls 的初始组。与初始组相对应的是附加组，每个用户还可以加入多个其他用户组，这样的组称为该用户的附加组。例如，可以再把刚才创建的用户 wangls 加入 lisi 组，那 lisi 组就成为用户 wangls 的附加组。一般来讲，只修改用户的附加组，而不修改其默认初始组，否则容易导致管理混乱。

（5）第五个字段（空）：代表用户的简单说明，这里没有内容，表示该字段没什么特殊作用，可有可无。

（6）第六个字段（/home/wangls:）：代表这个用户的家目录（又称宿主目录），也就是用户登录后有操作权限的访问目录。超级用户的家目录是/root 目录，普通用户的家目录是/home 下与用户名同名的目录，该目录在创建用户时会自动生成，所以 wangls 用户的家目录就是/home/wangls。

（7）第七个字段（/bin/bash）：代表登录之后的 shell，Linux 默认的 shell 是/bin/bash，同时它也代表该用户拥有普通用户权限范围内的所有权限。如果这里显示为/sbin/nologin，代表该用户是禁止登录 Linux 的系统用户（又称伪用户）。

3. /etc/shadow 文件介绍

在讲第二个字段时，提到了用户的密码存放在/etc/shadow 文件中，该文件称为影子文件，保存着用户的实际加密密码和密码有效期等信息。该文件的内容如下：

```
[root@ MASTER ~]# vim /etc/shadow

root:$6$CZtOEOYTB12QDXDF$ZbSaPl/.eltbz.uDnnJ.djsGLSOOVqk88d5XmXMLT3BdjubvWISXav5u/
R13T0ixG4OVSN5L1doP7No9gW5m51:17868:0:99999:7:::
 bin:* :15513:0:99999:7:::
 daemon:* :15513:0:99999:7:::
 adm:* :15513:0:99999:7:::
 lp:* :15513:0:99999:7:::
 sync:* :15513:0:99999:7:::
 ...省略部分内容...
 lisi: $6 $ulS6uPx/ $VTzK4DP.fnzHuq0L1gvNXWBaRSJU6QHrkhyrfFhqvCpQTiw5HFtIu8 kJYtd-
FtgE9jraA/.mu.JbQ2QhAdI7g91:17902:0:99999:7:::
```

```
hels: $6 $uf. VJpET $qvyfHfpD59fHsBpLxZ0v6t5aM/c0v. e/dgRBqH9283iDp3yHel9/2GMyWNH/
W81qVWobv.TXwYsZWMpd.rdDT.:17946:0:99999:7:::
wangls:!!:17953:0:99999:7:::
```

看到该文件中每个用户对应一条记录，最后一条为刚才创建的用户 wangls 的信息，该条记录共有 9 个字段，同样用"："作为分隔符，下面分别介绍这 9 个字段的具体含义：

（1）第一个字段（wangls）：代表用户名称。

（2）第二个字段（!!）：代表密码信息。这里为"!!"表示该用户还没有设置密码，这样的用户是还不能够登录系统的。再看前一个创建的用户 hels，其密码是"123456"，但这里显示的"$6 $uf.……. rdDT."实际上是经过加密的密码，目前 Linux 主要采用 SHA512 散列加密算法对密码进行加密。有些时候大家会看到某用户的密码串前面出现了"!!"，代表该用户的密码暂时失效，即该用户暂时被禁止登录。

（3）第三个字段（17953）：代表密码最后一次修改日期。那 17953 是如何计算出来的呢？在 Linux 中习惯使用时间戳表示时间，即以 1970 年 1 月 1 日作为标准时间，往后每过一天时间戳加 1，例如 1971 年 1 月 1 日的时间戳就是 366，所以这里的 17953 表示该用户的密码是在 1970 年 1 月 1 日之后的第 17953 天创建的，如果后面对密码进行了修改，它会改成修改那天的时间戳。那如果我们想知道这个时间戳到底对应着哪一天该怎么办呢？实现方法为：执行如下命令进行换算：

```
[root@ MASTER ~]# date -d "1970-01-01 17953 days"
2019 年 02 月 26 日 星期二 00:00:00 CST
```

反过来，如果我们要把一个系统日期换算成时间戳呢，同样有换算命令：

```
[root@ MASTER ~]# echo $(( $ (date --date = "2019/2/28" +% s)/86400 +1))
17955
```

这里要计算的日期是 2019 年 2 月 28 日，"+% s"是先把当前日期换成自 1970 年 1 月 1 日以来的总秒数，再除以 86 400（每天的秒数），最后再加 1，就得到我们想要的结果了。大家只需知道有这两个命令，以后有需要时能够套用即可。

（4）第四个字段（0）：代表密码的两次修改时间间隔，参照时间是第三个字段表示的时间。即自这次修改以后多长时间才能再次修改密码，如果是 0，表示可以随时修改，比如是 100，表示要 100 天以后才能再次修改这个密码。

（5）第五个字段（99999）：代表密码的有效期，即密码修改后多少天以后必须再次修改，参照时间也是第三个字段表示的时间。这里默认是 99999，即 273 年，大家可以认为是永久生效了。那如果设置成 30 呢，表示 30 天后必须再次修改密码，否则该用户就不能再登录了。该参数可方便管理员强制性地督促用户定期修改服务器密码，以增强安全性。

（6）第六个字段（7）：代表密码到期前的提醒天数，参照时间是第五个字段显示的值。比如第五字段是 30，这里是 7，表示到第 23 天开始，每次登录系统时都会提醒该用户该修改密码了。

（7）第七个字段（空）：代表密码过期后的宽限天数，即密码到期后，如果用户还是没有修改密码，可以再宽限多少天，参照时间也是第五个字段。如这里是 3，第五个字段是 30，表示 30 天到期后，还可继续宽限 3 天，即这三天还是可以继续登录，过了这 3 天密码就会彻底失效。如果是 0，代表一到第 30 天如果密码还未修改，则密码会立即失效。如果是 –1 或者不写，代表密码永远不会失效。

（8）第八个字段（空）：代表账号失效时间，即就算密码没有到期，如果账号失效时间到了，该账号同样无法登录了。不写，代表永远不会失效，如果要写，也要写成时间戳的形式，即用 1970 年 1 月 1 日进行换算。

（9）第九个字段：保留字段，目前没有使用。

利用/etc/shadow 文件可以解决一个现实问题，即如果用户忘记了自己的密码。解决办法是：启动系统时进入单用户模式，打开该文件，删除密码标识字段（第二字段），就可以达到清除用户密码的目的。

4．/etc/group 文件介绍

每创建一个用户，都会自动创建一个同名的组，称为用户的初始组。在 Linux 系统中，同样有一个组信息文件/etc/group，保存着所有用户组的组名和 GID 等信息。该文件的内容如下：

```
[root@ MASTER ~]# vi /etc/group

root:x:0:
bin:x:1:bin,daemon
daemon:x:2:bin,daemon
sys:x:3:bin,adm
adm:x:4:adm,daemon
...省略部分内容...
lisi:x:515:
hels:x:516:
wangls:x:517:
```

该文件中每个用户组对应一条记录，最后一行为刚才创建 wagnls 用户时自动生成的用户组信息记录，共有 4 个字段，字段间用"："隔开，下面具体介绍这 4 个字段的含义：

（1）第一个字段（wagnls）：代表组名。

（2）第二个字段（x）：代表组密码标志。它和/etc/passwd 文件一样，这里的"x"仅代表密码标识，并不是真正的组密码，真实的组密码通过加密后保存在/etc/gshadow 文件中。组密码主要用于给一个组设置一个管理员，协助 root 用户对组成员进行管理，但该项功能一般很少使用。

（3）第三个字段（517）：代表该用户组的 GID，和 UID 一样，Linux 系统同样是通过 GID 来区分不同的用户组的，组名只是为了方便管理员识别。

（4）第四个字段（空）：代表组中的用户，即显示该组中到底有哪些用户。需要注意的是，每个用户组默认都有一个同名的初始用户，但初始用户是不会写入该字段的，也就是说，写入该字段的用户都是该组的附加用户。

这里请大家思考一个问题：有一个用户，其用户名被修改过，如果想知道其初始组是

啥，应该怎么做？

解决方法：先打开/etc/passwd 文件查看到用户的 GID，再打开/etc/group 文件，通过 GID 反过来查组名。即一个用户一旦创建，其名称可以修改，但 UID 和 GID 是不会随着改变的，所以，为了不造成管理混乱，用户一旦被创建，一般不建议修改用户名。

5. /etc/gshadow 文件介绍

刚才在介绍/etc/group 文件第二个字段时提到了/etc/gshadow 文件，即用户组密码管理文件，该文件的内容如下：

```
[root@ MASTER ~]# vi /etc/gshadow

root:::
bin:::bin,daemon
daemon:::bin,daemon
sys:::bin,adm
adm:::adm,daemon
...省略部分内容...
lisi:!::
hels:!::
wangls:!::
```

该文件中同样是每个组生成一条记录，最后一行为刚才创建的 wangls 组的信息记录，共有 4 个字段，下面具体介绍这 4 个字段的含义：

（1）第一个字段（wangls）：代表组名。

（2）第二个字段（!）：代表加密的组密码。但是这里为"!"，代表该组还没有合法的组密码，事实上对于大多数用户组来说，该字段基本上都为空或者为"!"，因为一般很少会设置组密码。

（3）第三个字段（空）：代表组管理员用户，即写入这里的用户为该组的管理员用户。

（4）第四个字段（空）：代表组中有哪些附加用户。

综上，以建立一个普通用户 wangls 为例，详细介绍了 Linux 中与用户和用户组管理相关的 4 个文件，又称 4 个用户配置文件，每个用户的信息、权限和密码都保存在这 4 个文件中。大家要深刻领会这几个文件的作用和相互关系。实际上经常用到的仅是/etc/passwd 和/etc/group 文件。

除此之外，每创建一个用户，还会自动生成家目录和邮箱目录，下面具体来看。

6. 用户的家目录

每个用户在登录时，总有一个默认的登录位置，这个位置就是该用户的家目录，这个目录在用户生成时会自动生成。root 用户的家目录是/root/目录，普通用户的家目录位于/home 下，目录名与用户名同名，到底是不是这样呢，下面以刚才创建的 wangls 做一个验证，操作如下：

```
[root@ MASTER ~]# pwd
/root
#查看 root 用户的家目录(注意:在 Linux 中家目录是用"~"表示的)
[root@ MASTER ~]# su - wangls
#切换到 wangls 用户
[wangls@ MASTER ~] $ pwd
/home/wangls
#查看 wangls 用户的家目录
```

切换到 wangls 用户,可看到初始位置是 wangls 用户的家目录/home/wangls,下面再来看看家目录的权限:

```
[root@ MASTER ~]# ls -ld /home/wangls
drwx------ 3 wangls wangls 4096 2 月  26 23:43 /home/wangls
#普通用户家目录的权限为 700
[root@ MASTER ~]# ls -ld /root
dr-xr-x---. 2 root root 4096 2 月  26 10:14 /root
#root 用户家目录的权限为 550
```

7. 用户邮箱目录

在建立每个用户时,系统会自动给每个用户建立一个邮箱。这个邮箱在/var/spool/mail/目录中。例如,建立的 wangls 用户的邮箱目录是/var/spool/mail/wangls。

```
[root@ MASTER ~]# cd /var/spool/mail
[root@ MASTER mail]# ls
hels  lisi  name1  name2  name3  root  rpc  user1  user2  vuser  wangls  zhangsan
```

自此,通过创建 wangls 用户这个例子,详细介绍了执行命令"useradd wangls"以后,4个用户配置文件如何改变,以及用户家目录和邮箱目录如何自动生成。也就是说,每创建一个用户,与其相关的信息和目录都会自动生成并保存到相关文件中。

刚添加的 wangls 用户没有添加任何选项,其生成的信息用的都是默认值,通过刚才的学习,下面举一个指定参数添加用户的例子,以加强对知识的理解:

```
[root@ MASTER ~]# groupadd testuser
#先手动添加 testuser 组,否则下一条命令指定初始组时会报错"用户组不存在"
[root@ MASTER ~]# useradd -u 550 -g testuser -G root -d /home/testuser -c "test user" -s /bin/bash testuser
#建立用户 testuser,指定其 UID 为 550,初始组为 testuser,附加组为 root,家目录为/home/testuser,用户说明为"test user",用户登录 shell 为/bin/bash
[root@ MASTER ~]# grep "testuser" /etc/passwd /etc/group /etc/shadow
/etc/passwd:testuser:x:550:518:test user:/home/testuser:/bin/bash
#用户的 UID、初始组、用户说明、家目录和登录 shell 都和指定的参数一致
/etc/group:root:x:0:testuser
# testuser 用户是 root 组的附加用户,与指定参数吻合
/etc/group:testuser:x:518:
#自动生成同名的用户组,GID 为 518(因为前一个创建用户 wangls 的 GID 为 517)
/etc/shadow:testuser:!!:17953:0:99999:7:::
#第二个字段为"!!",代表用户还没有设定密码
```

这个例子，看似很复杂，其实并不难，非常有益于大家深入理解用户的 4 个配置文件及其相互关系。注意，这里的初始组和家目录以及 shell 三个参数就算不指定，也会这样默认生成，尤其是初始组和家目录，最好不要手动指定，让其自动生成更好。

思考：现在 testuser 用户的 UID 被指定为 550，GID 为 518，那下一个创建的普通用户的 UID 和 GID 默认会是多少呢？

答案：UID 为 551，GID 为 519。原因就是后面创建用户的 UID 和 GID 会在前一个创建用户的基础上各自加 1。

二、用户密码管理

1. 命令名称

passwd 命令。

2. 命令功能

passwd 是修改用户密码的命令。

3. 命令格式

```
[root@ MASTER ~]# passwd [选项] 用户名
选项:
    -S:查询用户密码的状态,也就是/etc/shadow 文件中的内容。仅 root 用户可用
    -l:暂时锁定用户。仅 root 用户可用
    -u:解锁用户。仅 root 用户可用
    不加任何选项:代表修改当前用户的密码
```

4. 常见用法

例 1：root 用户修改密码

```
[root@ MASTER ~]# passwd testuser
#更改 testuser 用户的密码(第一次相当于设置该用户密码)
更改用户 testuser 的密码
新的 密码:123456
#设定密码 123456
无效的密码: 过于简单化/系统化
无效的密码: 过于简单
重新输入新的 密码:123456
passwd: 所有的身份验证令牌已经成功更新
```

需要注意，要给其他用户设定密码，只有两种用户可以，一种是 root 用户，另一种是 root 用户通过 sudo 命令赋予权限的普通用户。即普通用户只能修改自己的密码，而不能设定其他用户的密码。

还需要注意，设置密码时一定要遵守"复杂性、易记忆性、失效性"三原则，简单来说就是要大于 8 位，且至少包含大写字母、小写字母、数字和特殊符号中的三种，但是这里不符合规范也能成功，就是因为你是 root 用户，很多权限都不受限制。如果是普通用户，就一定要遵守密码规范才能成功。如果是真正的生产服务器，root 用户更应该遵守密码规范，这样才能最大限度地确保密码安全。

例 2：普通用户修改密码

```
[root@ MASTER ~]# su - testuser
#切换为普通用户 testuser
[testuser@ MASTER ~] $ passwd wangls
passwd： 只有根用户才能指定用户名称
#修改用户 wangls 的密码,报错了,提示只有 root 用户才能修改其他用户密码
[testuser@ MASTER ~] $ passwd testuser
passwd： 只有根用户才能指定用户名称
#修改自己的密码,还是提示只有 root 用户才能修改其他用户密码。实验证明,普通用户根本就不能
指定用户名修改密码,哪怕是指定自己也不行
[testuser@ MASTER ~] $ passwd
#使用 passwd 命令直接按【Enter】键,修改的就是自己的密码
更改用户 testuser 的密码
为 testuser 更改 STRESS 密码
(当前)UNIX 密码:123456
#先输入当前密码
新的 密码:123
无效的密码: WAY 过短
新的 密码:123
无效的密码: WAY 过短
新的 密码:123
无效的密码: WAY 过短
passwd: 已经超出服务重试的最多次数
#输入 3 次不符合密码规范的密码,系统就直接跳出来了。实验证明,普通用户修改自己的密码必须符
合密码规范才行
[testuser@ MASTER ~] $ passwd
更改用户 testuser 的密码
为 testuser 更改 STRESS 密码
(当前)UNIX 密码:123456
新的 密码:admin@ 123
无效的密码: 它基于字典单词
/#这个密码虽然已包含三种字符,但是因为有规律,还是不行
新的 密码:wls@ 324561
重新输入新的 密码:wls@ 324561
passwd: 所有的身份验证令牌已经成功更新
```

由例 2 可见,普通用户设置密码非常严格,只能使用"passwd"命令修改自己的密码,且必须严格遵守密码规范才能生效。

例 3：查看密码的状态

```
[root@ MASTER ~]# passwd -S testuser
testuser PS 2019-02-27 0 99999 7 -1 (密码已设置,使用 SHA512 加密)
#选项"-S"表示显示出密码状态。上述查询结果的含义为:
#用户名 密码设定时间(2019-02-27) 密码修改间隔时间(0) 密码有效期(99999) 警告时间(7)
密码永不失效(-1)
```

这个结果实际上就是/etc/shadow 文件的第四、五、六、七字段的内容。

例 4：锁定和解锁用户

```
[root@ MASTER ~]# passwd -l testuser
锁定用户 testuser 的密码
passwd：操作成功
[root@ MASTER ~]# passwd -S testuser
testuser LK 2019-02-27 0 99999 7 -1 (密码已被锁定)
[root@ MASTER ~]# grep "testuser" /etc/shadow
testuser:!! $6$VRDNQqJ.$2PKQ6K9LmuLdONX1LMvVuaV.B8GfPdXNiICzInHiriUogdqZWtDq
3yMjAgsyToG0L6/V.oendINuHsGc6VsXt1:17954:0:99999:7:::
#密码前面出现了"!!"，表示该密码处于失效状态
```

这样简单的操作就可以锁定用户 testuser，让其暂时不能登录系统。那如果要恢复其登录权限呢，命令如下：

```
[root@ MASTER ~]# passwd -u testuser
解锁用户 testuser 的密码。
passwd：操作成功
[root@ MASTER ~]# passwd -S testuser
testuser PS 2019-02-27 0 99999 7 -1 (密码已设置，使用 SHA512 加密。)
#锁定状态取消
[root@ MASTER ~]# grep "testuser" /etc/shadow
testuser: $6$VRDNQqJ.$2PKQ6K9LmuLdONX1LMvVuaV.B8GfPdXNiICzInHiriUogdqZWtDq3yMj
AgsyToG0L6/V.oendINuHsGc6VsXt1:17954:0:99999:7:::
#密码前面的"!!"被取消了
```

例 5：将管道符输出的字符串作为用户的密码

```
[root@ MASTER ~]# echo "456" | passwd --stdin testuser
更改用户 testuser 的密码
passwd：所有的身份验证令牌已经成功更新
#将 testuser 用户密码设置成"456"
```

能看懂这样的命令即可，实际应用中很少以明文形式设置密码。

三、用户属性修改和查看命令

1. usermod 命令

1）命令功能

usermod 是修改用户信息的命令。

2）命令格式

```
[root@ MASTER ~]# usermod [选项] 用户名
选项：
    -u UID：修改用户的 UID
    -d 家目录：修改用户的家目录。必须写成绝对路径
    -c 用户说明：修改用户的说明信息
    -g 组名：修改用户的初始组
    -G 组名：修改用户的附加组，其实就是把用户加入到哪个组中
    -s shell：修改用户的登录 shell
```

> -e 日期:修改用户的失效日期,格式为"2019-03-12"
> -L:临时锁定用户
> -U:解锁用户

　　usermod 和 useradd 命令的选项非常相似, 区别是 useradd 命令用于在添加用户时指定用户信息, 而 usermod 命令用于修改已经存在的用户的用户信息。

　　3) 常见用法

　　例 1:锁定用户和解锁用户

```
[root@ MASTER ~]# usermod -L testuser
#锁定 testuser 用户,即不让该用户登录
[root@ MASTER ~]# grep "testuser" /etc/shadow
testuser:! 6 $j53hcBtS $e2dK0BLqTNzXgIcahBd4x6uF4heGDVokEzsU0KqLMwr55QMVODZf
Cr18eO8g9kUf6c3xVupQMtmUS0Mh1/HGk.:17954:0:99999:7:::
#锁定用户实际上就是在用户密码前加入了"!"号

[root@ MASTER ~]# usermod -U testuser
#解锁用户
[root@ MASTER ~]# grep "testuser" /etc/shadow
testuser: $6 $j53hcBtS $e2dK0BLqTNzXgIcahBd4x6uF4heGDVokEzsU0KqLMwr55QMVODZfCr
18eO8g9kUf6c3xVupQMtmUS0Mh1/HGk.:17954:0:99999:7:::
#密码串前面的"!"号消失
```

　　例 2:修改用户的附加组

```
[root@ MASTER ~]# grep "testuser" /etc/group
root:x:0:testuser
testuser:x:518:
#查看当前 testuser 用户的附加组为 root
[root@ MASTER ~]# usermod -G lisi testuser
#修改 testuser 用户的附加组为 lisi
[root@ MASTER ~]# grep "testuser" /etc/group
lisi:x:515:testuser
testuser:x:518:
#用户附加组修改成功
```

2. chage 命令

1) 命令功能

chage 命令可以查看和修改/etc/shadow 文件第三个字段到第八个字段的密码状态。

2) 命令格式

```
[root@ MASTER ~]# chage [选项] 用户名
选项:
    -l:列出用户的详细密码状态
    -d 日期:密码最后一次修改时间(第三个字段),格式为 YYYY-MM-DD
    -m 天数:密码的两次修改时间间隔(第四个字段)
    -M 天数:密码的有效期(第五个字段)
    -W 天数:密码修改到期前的警告天数(第六个字段)
```

```
-I 天数:密码过期后的宽限天数(第七个字段)
-E 日期:账号失效时间(第八个字段),格式为 YYYY-MM-DD
```

3）常见用法

修改用户密码状态的最好方法就是直接修改/etc/shadow 文件，这里主要介绍 chage 命令的一种非常实用的用法，就是强制用户第一次登录时必须修改密码。命令如下：

```
[root@ MASTER ~]# chage -d 0 testuser
#这个命令的作用是把密码的修改日期归零,强制用户下次登录时必须修改自己的密码
```

这时，执行"logout"命令退出登录，再用 testuser 用户登录时的提示如图 4-1 所示。

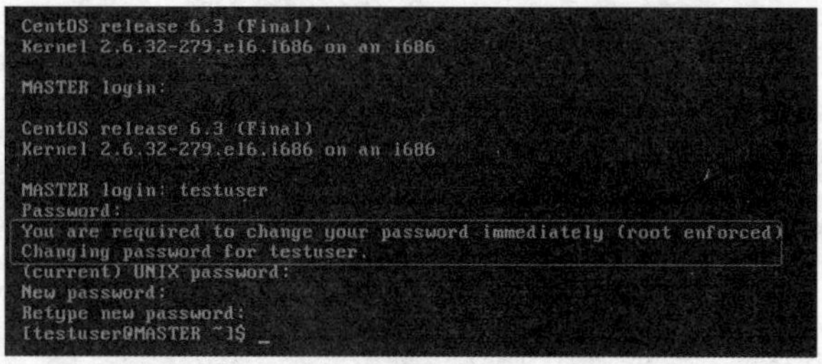

图 4-1 初次登录强制要求修改密码

可见，如果用 testuser 用户登录，必须重新设置符合规范的新密码才能完成登录。

3. userdel 命令

1）命令功能

userdel 是用来删除用户的命令。

2）命令格式

```
[root@ MASTER ~]# userdel [选项] 用户名
选项:
-r:在删除用户的同时删除用户的家目录和邮箱目录
```

3）常见用法

```
[root@ MASTER ~]# userdel -r wangls
#删除用户 wangls
```

需要注意，如果删除用户时不加"-r"选项，则不会同时删除其家目录和邮箱目录，那么该用户的家目录和邮箱目录将成为没有属主和属组的目录，也就是垃圾文件。

另外，执行删除命令"userdel -r wangls"，等价于执行如下操作：一是把/etc/passwd、/etc/shadow、/etc/group、/etc/gshadow 四个文件中 wangls 用户行删除；二是把/home/wangls 目录删除；三是把/var/spool/mail/wangls 目录删除。也就是说通过对用户相关文件对应行及用户相关目录的删除操作，同样可以达到删除用户的效果，但比用命令删除麻烦很多。所以，实际使用中对用户和用户组的操作都是依靠命令，之所以讲解这些和用户相关的配置文件是为了体现执行命令的本质。而且，一个用户有没有被彻底删除干净，验证方法就是再次创建该用户，如果没有报错，代表删除干净了，反之，如果不能创建，代表还没有彻底删除干净。

4. id 命令

1）命令功能

id 命令用于查询用户的 UID、GID 和附加组信息。

2）命令格式

```
[root@ MASTER ~]# id 用户名
```

3）常见用法

```
[root@ MASTER ~]# id testuser
uid=550(testuser) gid=518(testuser) 组=518(testuser),515(lisi)
#查看到 testuser 用户的 UID、GID 和属于哪些组等信息(testuser 是其初始组,lisi 是其附加组)

[root@ MASTER ~]# usermod -G root testuser
#修改 testuser 用户的附加组为 root 组
[root@ MASTER ~]# id testuser
uid=550(testuser) gid=518(testuser) 组=518(testuser),0(root)
#进一步验证
```

5. su 命令

1）命令功能

su 命令可用于切换不同的用户身份。

2）命令格式

```
[root@ MASTER ~]# su [选项] 用户名
选项:
    -:代表连带用户的环境变量一起切换
    -c:仅利用该用户身份执行一次命令,而不是真正切换
```

这里比较难理解的是"-"选项,实际上,如果不加"-"选项,也可以切换用户身份,但是用户的环境变量不会随之切换,即还是之前用户的环境变量,而环境变量是用来定义用户操作环境的,也就是说如果环境变量不随之切换,那么,虽然用户身份看起来是切换了,但其实有很多操作还是无法正确执行的。比如说将 testuser 用户切换为 root 用户,如果不加"-"选项,那么虽然表面上是切换成了 root 用户,但其" $PATH"环境变量还是 testuser用户,像/sbin 等超级用户管理命令保存路径就没有,有些管理员命令肯定就无法执行,下面的例子会详细说明这一点。

3）常见用法

例 1：基本用法,同时验证"-"选项的作用

```
[testuser@ MASTER ~]$ whoami
testuser
[testuser@ MASTER ~]$ su root
密码:
#不加选项"-"切换为 root,注意由普通用户切换为 root 用户是需要密码的
[root@ MASTER testuser]# env | grep testuser
#查看环境变量中包含"testuser"的行
USER=testuser
PATH=/usr/lib/qt-3.3/bin:/usr/local/bin:/bin:/usr/bin:/usr/local/sbin:/usr/sbin:/
sbin:/home/testuser/bin
```

```
#路径中没有/sbin
MAIL = /var/spool/mail/testuser
PWD = /home/testuser
LOGNAME = testuser
#可见,邮箱、家目录和当前用户还是 testuser
```

对比试验,如果加上"-"选项,结果如下:

```
[testuser@ MASTER ~] $ su - root
密码:
[root@ MASTER ~]# env | grep testuser
#没有查询到包含 testuser 的行
[root@ MASTER ~]# env | grep root
#查看环境变量中包含 root 的行
USER = root
MAIL = /var/spool/mail/root
PATH = /usr/lib/qt-3.3/bin:/usr/local/sbin:/usr/local/bin:/sbin:/bin:/usr/sbin:/
usr/bin:/root/bin
#路径中包含/sbin
PWD = /root
HOME = /root
LOGNAME = root
#邮箱、家目录和当前用户全部切换为 root 用户
```

这个试验表明,切换用户时中间的"-"选项一定不能省略。

例 2: 验证"-c"选项的作用

```
[testuser@ MASTER ~] $ useradd xiaowang
useradd: cannot lock /etc/passwd; try again later.
#因为当前用户为普通用户 testuser,没有添加用户的权限
[testuser@ MASTER ~] $ su - root -c "useradd xiaowang"
密码:123456                    //输入 root 用户密码
#利用"-c"选项可以在不切换为 root 用户的情况下利用 root 身份执行一次命令
[testuser@ MASTER ~] $ grep "xiaowang" /etc/passwd
xiaowang:x:552:552::/home/xiaowang:/bin/bash
#用户"xiaowang"添加成功
```

➤➤➤ 任务二　掌握用户组管理命令

1. groupadd 命令

1)命令功能

groupadd 是用来添加用户组的命令。

2)命令格式

```
[root@ MASTER ~]# groupadd [选项] 组名
选项:
    -g GID:指定组 ID
```

3）常见用法

```
[root@ MASTER ~]# groupadd testgroup
#添加组 testgroup
[root@ MASTER ~]# grep "testgroup" /etc/group
testgroup:x:553:
#组添加成功
```

2．groupmod 命令

1）命令功能

groupmod 命令可用于修改用户组的相关信息。

2）命令格式

```
[root@ MASTER ~]# groupmod [选项] 组名
选项：
    -g GID:修改组 ID
    -n 新组名:修改组名
```

3）常见用法

```
[root@ MASTER ~]# groupmod -n testgrp testgroup
#修改组名为 testgrp
[root@ MASTER ~]# grep "testgrp" /etc/group
testgrp:x:553:
#GID 还是 553,但是组名已由 testgroup 变成了 testgrp
```

需要强调的是，尽量不要去修改用户名和组名，这样容易导致管理混乱，如果一定要修改，宁可删除原来的，重新添加。

3．groupdel 命令

1）命令功能

groupdel 是用来删除用户组的命令。

2）命令格式

```
[root@ MASTER ~]# groupdel 组名
```

3）常见用法

```
[root@ MASTER ~]# groupdel testgrp
#删除 testgrp 组
```

需要注意，要删除的组不能是其他用户的初始组；如果只是其他用户的附加组，则可以随便删除。例如：

```
[root@ MASTER ~]# groupdel lisi
groupdel: cannot remove the primary group of user 'lisi'
#因为 lisi 组是 lisi 用户的初始组,所以不能删除
```

4．gpasswd 命令

1）命令功能

gpasswd 命令的功能是把用户添加进组或把用户从组中删除。这是一条非常实用的命令。

2）命令格式

```
[root@ MASTER ~]# gpasswd [选项] 组名
选项:
    -a 用户名:把用户添加进组
    -d 用户名:把用户从组中删除
```

3）常见用法

例1：把用户添加进组

```
[root@ MASTER ~]# gpasswd -a lisi root
Adding user lisi to group root
[root@ MASTER ~]# gpasswd -a zhangsan root
Adding user zhangsan to group root
#把用户 zhangsan 和 lisi 添加进 root 组
[root@ MASTER ~]# grep "zhangsan" /etc/group
root:x:0:testuser,lisi,zhangsan
zhangsan:x:510:
[root@ MASTER ~]# grep "lisi" /etc/group
root:x:0:testuser,lisi,zhangsan
lisi:x:515:
#可见,root 组里有三个附加用户:testuser,lisi,zhangsan
```

例2：把用户从组中删除

```
[root@ MASTER ~]# gpasswd -d lisi root
Removing user lisi from group root
#把 lisi 用户从 root 组中删除
[root@ MASTER ~]# grep "root" /etc/group
root:x:0:testuser,zhangsan
#root 组中 lisi 用户不见了,说明删除成功
```

5. newgrp 命令

1）命令功能

newgrp 命令的功能是用来改变用户的有效组。

2）命令格式

```
[root@ MASTER ~]# newgrp 组名
```

3）常见用法

该命令本身很简单，关键问题是要理解什么是用户的有效组，所谓用户有效组，简单理解就是用户在创建文件时文件的默认所属组。每个用户在创建时会自动生成一个同名组，成为用户的初始组，默认情况下，用户的初始组就是其有效组。但是用户又可以加入多个其他组，成为该用户的附加组，那么，到底能不能换一个组作为其有效组呢？当然可以，这就要用到 newgrp 命令。例如：

```
[root@ MASTER ~]# groupadd group1
#新建用户组 group1
[root@ MASTER ~]# gpasswd -a lisi group1
Adding user lisi to group group1
```

```
#把 lisi 用户添加进组 group1
[root@ MASTER ~]# grep "lisi" /etc/group
lisi:x:515:
group1:x:553:lisi
#查看到 lisi 用户的初始组为 lisi,附加组为 group1
[root@ MASTER ~]# su - lisi
#切换为用户 lisi
#注意:由 root 用户切换为普通用户时不需要输入密码
[lisi@ MASTER ~]$ touch 1.txt
#建立测试文件 1.txt
[lisi@ MASTER ~]$ ls -l 1.txt
-rw-rw-r-- 1 lisi lisi 0 2 月  27 21:48 1.txt
#可见,用户 lisi 的默认有效组是其初始组 lisi
[lisi@ MASTER ~]$ newgrp group1
#将用户 lisi 的有效组变为 group1
[lisi@ MASTER ~]$ touch 2.txt
#再建立测试文件 2.txt
[lisi@ MASTER ~]$ ls -l 2.txt
-rw-r--r-- 1 lisi group1 0 2 月   27 21:48 2.txt
#可见,此时新建文件的默认所属组变成了新设置的有效组 group1
```

简单来说，newgrp 解决了当用户同时属于多个组时，到底让哪个组作为其有效组这个问题，所谓有效组，就是用户在创建文件时文件的所属组。如果没有用 newgrp 命令定义用户的有效组，那用户的有效组默认就是与其同名的初始组。

➤➤➤ 小　结

本项目学习用户和用户组管理知识。首先介绍了用户管理命令，通过创建一个用户实例详细介绍了与用户和用户组管理息息相关的配置文件以及它们之间的相互关系，对自动生成的用户家目录和邮箱目录进行了介绍，专门介绍了用户密码管理命令，此外还介绍了对用户和用户组属性进行修改和查看的命令。用户和用户组管理命令本身并不难，学习本项目的难点是要理解执行命令的本质，也就是与用户相关的文件的改变，反之，要学会查询相应的文件来体现命令的执行效果。此外，对初始组、附加组、有效组等概念的理解要做到熟练准确。

➤➤➤ 习　题

一、判断题

1. 在 Linux 中，UID 为 0 的用户是超级用户。　　　　　　　　　　　　　　（　　）

2. 普通用户只可以指定自己的名字来修改密码，如 lisi 用户要修改自己的密码，可以

执行"passwd lisi"命令来实现。 （ ）

3. 当查询一个用户的密码信息时，如果发现密码串前面有"！"号，代表该用户暂时处于锁定状态，是不能登录系统的。 （ ）

4. 使用 su 命令切换用户时，一定要加"-"选项，如果不加，可以实现用户身份切换，但是用户的环境变量不会随之切换，即还是之前用户的环境变量。 （ ）

5. 使用 groupdel 命令可以删除任意组。 （ ）

二、填空题

1. 使用 usermod 命令修改用户属性，修改初始组需加入_____选项，添加附加组需加入_____选项。

2. 在删除用户的同时删除用户的家目录和邮箱目录，需加入_____选项。

3. Linux 6.3 中，第一个新建的普通用户的 UID 和 GID 默认是_____。

4. 新建立一个用户 testuser，经查询其 UID 为 550，GID 为 518，那下一个创建的普通用户的 UID 默认为_____，GID 默认为_____。

5. 设置密码时一般要遵守"_____、_____、_____"三原则。

三、选择题

1. 若要把已经存在的用户 zhangsan 加入用户组 testgroup，则应使用（ ）命令。
   A. useradd -G testgroup zhangsan B. useradd -G zhangsan testgroup
   C. gpasswd -a zhangsan testgroup D. gpasswd -a testgroup zhangsan

2. /etc/shadow 配置文件中不包含以下（ ）字段。
   A. 密码的有效期 B. 密码过期后的宽限天数
   B. 加密的密码字符串 D. 用户 ID

3. 执行"id 用户名"命令，查询不到下列（ ）信息。
   A. UID B. GID
   C. 用户所属组 D. 密码状态

四、简答题

1. 简述/etc/passwd、/etc/shadow、/etc/group、/etc/gshadow 四个配置文件的主要功能。

2. 执行"chage -d 0 testuser"命令实现的功能是什么？

3. newgrp 命令的主要功能是什么？

4. 有一个用户，其用户名被修改过，如果想知道其初始组是什么，应该如何操作？

5. 执行"useradd -u 550 -g testuser -G root -d /home/testuser -c " test user" -s /bin/bash testuser"命令，实现的功能是什么？

五、操作题

1. 新建用户 user1 和 user2，设立密码 123，新建组 group1。

2. 将用户 user1 和 user2 添加入 group1 组。

3. 将用户 user2 从 group1 组中删除。

4. 修改用户 user1 的密码为 456。

5. 修改 user1 用户的有效组为 group1。

项目五 网络的配置与管理

项目导读

IP 地址是计算机在互联网中唯一的地址编码，任何一台计算机若要与网络中的其他计算机进行数据通信，就必须配置唯一的公网 IP 地址。所谓网络配置就是给计算机配置 IP 地址、子网掩码、网关和 DNS 等网络配置信息，使计算机可以正常连接局域网或者互联网。

项目要点

➤ 熟悉网络管理命令
➤ 配置 IP 地址

➤➤➤ 任务一 熟悉网络管理命令

要完成好网络配置与管理，首先要掌握常见的网络管理命令。

1．ifconfig 命令

1）命令功能

ifconfig 是 Linux 中用于查看和修改临时 IP 地址的命令。

2）常见用法

例 1：查看 IP 地址

查看 IP 地址是 ifconfig 命令最主要的功能，命令格式及输出结果如下：

```
[root@ MASTER ~]# ifconfig
eth0      Link encap:Ethernet      HWaddr 00:0C:29:B2:08:6D
#网卡号      网卡类型为以太网          物理地址
          inet addr:192.168.1.112  Bcast:192.168.1.255  Mask:255.255.255.0
               #IP 地址              广播地址                子网掩码
          inet6 addr: fe80::20c:29ff:feb2:86d/64 Scope:Link
           # IPv6 地址(目前还不生效)
          UP BROADCAST RUNNING MULTICAST  MTU:1500     Metric:1
           #网络参数                最大传输单元      数据包转送次数
          RX packets:10546 errors:0 dropped:0 overruns:0 frame:0
          #接收到的数据包情况
          TX packets:235 errors:0 dropped:0 overruns:0 carrier:0
```

```
                     #发送的数据包情况
                     collisions:0    txqueuelen:1000
                     #数据包碰撞        数据缓冲区长度
                     RX bytes:1881923 (1.7 MiB)  TX bytes:34473 (33.6 KiB)
                     #接收包的大小                   发送包的大小
                     Interrupt:19  Base address:0x2000
                     #IRQ 中断           内存地址
     lo          Link encap:Local Loopback
     #本地回环网卡信息
                     inet addr:127.0.0.1  Mask:255.0.0.0
                     inet6 addr: ::1/128 Scope:Host
                     UP LOOPBACK RUNNING  MTU:16436  Metric:1
                     RX packets:32 errors:0 dropped:0 overruns:0 frame:0
                     TX packets:32 errors:0 dropped:0 overruns:0 carrier:0
                     collisions:0 txqueuelen:0
                     RX bytes:2324 (2.2 KiB)  TX bytes:2324 (2.2 KiB)
```

例 2：临时设置 IP 地址

命令格式为：

```
[root@ MASTER ~]# ifconfig 网卡号 IP 地址 [netmask 子网掩码]
```

需要注意，该命令设置的 IP 地址只是临时生效，一旦重启，设置就失效了，后面的子网掩码可以不跟，默认值为标准的子网掩码。

例 3：显示当前系统所有网络设备接口信息

命令格式为：

```
[root@ MASTER ~]# ifconfig -a
```

不同的操作系统版本，网卡显示的名称可能不一样，刚开始设置 IP 信息时，可以先执行 "ifconfig -a" 命令查看自己的网卡设备名，加上 "-a" 选项，可以显示当前系统的所有网络设备接口信息。命令及结果如下：

```
[root@ MASTER ~]# ifconfig -a
eth0         Link encap:Ethernet   HWaddr 00:0C:29:B2:08:6D
                inet addr:192.168.1.112  Bcast:192.168.1.255  Mask:255.255.255.0
                inet6 addr: fe80::20c:29ff:feb2:86d/64 Scope:Link
                UP BROADCAST RUNNING MULTICAST  MTU:1500  Metric:1
                RX packets:280 errors:0 dropped:0 overruns:0 frame:0
                TX packets:211 errors:0 dropped:0 overruns:0 carrier:0
                collisions:0 txqueuelen:1000
                RX bytes:172745 (168.6 KiB)  TX bytes:22849 (22.3 KiB)
                Interrupt:19 Base address:0x2000

lo           Link encap:Local Loopback
                inet addr:127.0.0.1  Mask:255.0.0.0
                inet6 addr: ::1/128 Scope:Host
                UP LOOPBACK RUNNING  MTU:16436  Metric:1
```

```
RX packets:67 errors:0 dropped:0 overruns:0 frame:0
TX packets:67 errors:0 dropped:0 overruns:0 carrier:0
collisions:0 txqueuelen:0
RX bytes:4233 (4.1 KiB)   TX bytes:4233 (4.1 KiB)
```

从结果来看，当前主机只有一块网卡，网卡名为 eth0。

2. ping 命令

1）命令功能

通过 ICMP 协议进行网络探测，主要用于测试网络中主机之间的通信情况。

2）命令格式

```
[root@ MASTER ~]# ping [选项] IP 地址
选项：
    -c 次数:用于指定 ping 的次数
    -s 字节:用于指定探测包的大小
    -b 广播地址:用于对整个网段进行探测,即可以知道整个网络中有多少台主机可以和自己通信
```

3）常见用法

例1：ping 其他主机

```
[root@ MASTER ~]# ping -c 4 192.168.1.101
#ping 真实机,检测该 Linux 主机与真实机能否连通
PING 192.168.1.101 (192.168.1.101) 56(84) bytes of data.
64 bytes from 192.168.1.101: icmp_seq=1 ttl=128 time=0.237 ms
64 bytes from 192.168.1.101: icmp_seq=2 ttl=128 time=0.251 ms
64 bytes from 192.168.1.101: icmp_seq=3 ttl=128 time=0.821 ms
64 bytes from 192.168.1.101: icmp_seq=4 ttl=128 time=0.214 ms

--- 192.168.1.101 ping statistics ---
4 packets transmitted, 4 received, 0% packet loss, time 3002ms
rtt min/avg/max/mdev = 0.214/0.380/0.821/0.255 ms
```

需要注意，Windows 系统中默认只收发四个包，而 Linux 系统中如果不指定次数，会一直 ping 下去，如要终止，可以执行 "Ctrl + c" 命令，也可以在执行 ping 命令时用 "-c 次数" 指定收发数据包的个数。

例2：ping 公网的网站域名

```
[root@ MASTER ~]# ping -c 4 www.baidu.com
#检测该主机能否 ping 通百度网站,即检测能否连接公网
PING www.a.shifen.com (14.215.177.38) 56(84) bytes of data.
64 bytes from 14.215.177.38: icmp_seq=1 ttl=55 time=37.4 ms
64 bytes from 14.215.177.38: icmp_seq=2 ttl=55 time=51.2 ms
64 bytes from 14.215.177.38: icmp_seq=3 ttl=55 time=37.1 ms
64 bytes from 14.215.177.38: icmp_seq=4 ttl=55 time=36.9 ms

--- www.a.shifen.com ping statistics ---
4 packets transmitted, 4 received, 0% packet loss, time 3041ms
rtt min/avg/max/mdev = 36.985/40.715/51.203/6.059 ms
```

结果能 ping 通，代表该 Linux 主机当前可以正常连接互联网。

3．ifup 和 ifdown 命令

1）命令功能

这两个命令类似于 Windows 系统中的启用和禁用网卡，主要用于启用和关闭网卡。

2）命令格式

```
[root@ MASTER ~]# ifup eth0
#启用 eth0 网卡
[root@ MASTER ~]# ifdown eth0
/#关闭 eth0 网卡
```

4．netstat 命令

1）命令功能

netstat 命令主要用于查看主机开启了哪些端口，还可用于查看有哪些客户端连接。

2）命令格式

```
[root@ MASTER ~]# netstat [选项]
选项：
    -a:列出所有的网络状态
    -u:显示使用 UDP 协议端口的连接情况
    -t:显示使用 TCP 协议端口的连接情况
    -l:仅显示监听状态的连接
    -n:不使用域名和服务名显示,而用 IP 地址和端口号显示
```

3）常见用法

例 1：常用组合选项 "-utln"

因为使用了-l 选项，所以只能看到监听状态的连接，而不能看到已经建立连接状态的连接。命令及结果如下：

```
[root@ MASTER ~]# netstat -utln
Active Internet connections (only servers)
Proto  Recv-Q Send-Q Local Address          Foreign Address        State
tcp     0      0     0.0.0.0:139            0.0.0.0:*              LISTEN
tcp     0      0     0.0.0.0:111            0.0.0.0:*              LISTEN
tcp     0      0     0.0.0.0:21             0.0.0.0:*              LISTEN
tcp     0      0     192.168.1.112:53       0.0.0.0:*              LISTEN
tcp     0      0     127.0.0.1:53           0.0.0.0:*              LISTEN
tcp     0      0     0.0.0.0:22             0.0.0.0:*              LISTEN
tcp     0      0     127.0.0.1:631          0.0.0.0:*              LISTEN
tcp     0      0     0.0.0.0:57177          0.0.0.0:*              LISTEN
tcp     0      0     127.0.0.1:953          0.0.0.0:*              LISTEN
tcp     0      0     0.0.0.0:445            0.0.0.0:*              LISTEN
tcp     0      0     :::139                 :::*                   LISTEN
tcp     0      0     :::111                 :::*                   LISTEN
tcp     0      0     ::1:53                 :::*                   LISTEN
tcp     0      0     :::22                  :::*                   LISTEN
```

```
tcp       0       0       ::1:631                  :::*                    LISTEN
tcp       0       0       ::1:953                  :::*                    LISTEN
tcp       0       0       :::55708                 :::*                    LISTEN
tcp       0       0       :::445                   :::*                    LISTEN
udp       0       0       0.0.0.0:67               0.0.0.0:*
udp       0       0       0.0.0.0:5353             0.0.0.0:*
...省略部分输出...
```

解释一下每个输出字段的含义：

Proto：网络连接的协议，一般为 TCP 协议或者 UDP 协议。

Recv-Q：接收到的数据，该数据已经在本地缓冲中，只是还没被进程取走。

Send-Q：从本机发送的数据，该数据依然在本地缓冲中，还没被对方收到。

Local Address：本机的 IP 地址和端口号。

Foreign Address：远程主机的 IP 地址和端口号。

State：状态。主要有如下几种，其中 LISTEN 和 ESTABLISHED 为最常见的两种状态。

- ➤ LISTEN：监听状态，注意只有 TCP 协议需要监听，UDP 协议是不需要监听的。
- ➤ ESTABLISHED：已经建立的连接状态。如果用了-l 选项，则看不到该状态的信息。
- ➤ SYN_SENT：SYN 发起包，就是主动发起连接的数据包。
- ➤ SYN_RECV：接收到主动连接的数据包。
- ➤ FIN_WAIT1：正在中断的连接。
- ➤ FIN_WAIT2：已经中断的连接，但是正在等待对方主机进行确认。
- ➤ TIME_WAIT：连接已经中断，但是套接字依然在网络中等待接收。
- ➤ CLOSED：套接字没有被使用。

需要注意：如果再加一个-p 选项，还可以进一步看到是哪个程序占用了该端口，并且可以看到该程序的 PID。命令及结果如下：

```
[root@ MASTER ~]# netstat -utlnp
Active Internet connections (only servers)
Proto Recv-Q Send-Q Local Address      Foreign Address   State     PID/Program name
tcp     0       0     0.0.0.0:139        0.0.0.0:*         LISTEN    1576/smbd
tcp     0       0     0.0.0.0:111        0.0.0.0:*         LISTEN    1298/rpcbind
tcp     0       0     0.0.0.0:21         0.0.0.0:*         LISTEN    1618/vsftpd
tcp     0       0     192.168.1.112:53   0.0.0.0:*         LISTEN    1277/named
tcp     0       0     127.0.0.1:53       0.0.0.0:*         LISTEN    1277/named
tcp     0       0     0.0.0.0:22         0.0.0.0:*         LISTEN    1526/sshd
tcp     0       0     127.0.0.1:631      0.0.0.0:*         LISTEN    1402/cupsd
tcp     0       0     0.0.0.0:57177      0.0.0.0:*         LISTEN    1316/rpc.statd
tcp     0       0     127.0.0.1:953      0.0.0.0:*         LISTEN    1277/named
tcp     0       0     0.0.0.0:445        0.0.0.0:*         LISTEN    1576/smbd
tcp     0       0     :::139             :::*              LISTEN    1576/smbd
tcp     0       0     :::111             :::*              LISTEN    1298/rpcbind
tcp     0       0     ::1:53             :::*              LISTEN    1277/named
tcp     0       0     :::22              :::*              LISTEN    1526/sshd
tcp     0       0     ::1:631            :::*              LISTEN    1402/cupsd
```

```
tcp       0    0    ::1:953              :::*            LISTEN    1277/named
tcp       0    0    :::55708             :::*            LISTEN    1316/rpc.statd
tcp       0    0    :::445               :::*            LISTEN    1576/smbd
udp       0    0    0.0.0.0:67           0.0.0.0:*                 1537/dhcpd
udp       0    0    0.0.0.0:5353         0.0.0.0:*                 1391/avahi-daemon
```

例 2：常用组合选项 "-an"

"-an" 组合选项可以查看到所有的连接，包括处于监听状态的连接、已经建立的连接和 Socket 程序连接。命令及结果如下：

```
[root@ MASTER ~]# netstat -an
Active Internet connections (servers and established)
Proto Recv-Q Send-Q  Local Address        Foreign Address       State
tcp       0    0     0.0.0.0:139          0.0.0.0:*             LISTEN
tcp       0    0     0.0.0.0:111          0.0.0.0:*             LISTEN
tcp       0    0     0.0.0.0:21           0.0.0.0:*             LISTEN
tcp       0    0     192.168.1.112:53     0.0.0.0:*             LISTEN
tcp       0    0     127.0.0.1:53         0.0.0.0:*             LISTEN
tcp       0    0     0.0.0.0:22           0.0.0.0:*             LISTEN
tcp       0    0     127.0.0.1:631        0.0.0.0:*             LISTEN
tcp       0    0     0.0.0.0:57177        0.0.0.0:*             LISTEN
tcp       0    0     127.0.0.1:953        0.0.0.0:*             LISTEN
tcp       0    0     0.0.0.0:445          0.0.0.0:*             LISTEN
tcp       0    0     192.168.1.112:22     192.168.1.103:32965   ESTABLISHED
tcp       0    0     :::139               :::*                 LISTEN
tcp       0    0     :::111               :::*                 LISTEN
tcp       0    0     ::1:53               :::*                 LISTEN
tcp       0    0     :::22                :::*                 LISTEN
tcp       0    0     ::1:631              :::*                 LISTEN
tcp       0    0     ::1:953              :::*                 LISTEN
tcp       0    0     :::55708             :::*                 LISTEN
tcp       0    0     :::445               :::*                 LISTEN
udp       0    0     0.0.0.0:67           0.0.0.0:*
udp       0    0     0.0.0.0:5353         0.0.0.0:*
...省略部分连接...
Active UNIX domain sockets (servers and established)
Proto RefCnt Flags    Type    State       I-Node Path
unix  2      [ ACC ]  STREAM  LISTENING   9939   /var/run/dbus/system_bus_socket
unix  12     [ ]      DGRAM             9269   /dev/log
unix  2      [ ACC ]  STREAM  LISTENING   10126  @ /var/run/hald/dbus-1vj81WQSGR
...省略部分连接...
```

该命令在后续学服务器配置时结合具体的服务和端口还会有更为详细的介绍。

5. traceroute 命令

1）命令功能

traceroute 命令利用 IP 协议，通过数据包的 TTL 部分获得各个网关信息，主要用于显示从本机到目标主机的路由路径。

2）命令格式

```
[root@ MASTER ~]# traceroute 目标主机名或 IP 地址
```

3）常见用法

例如，要知道从本机到 www.sina.com 主机的路径，命令及结果如下：

```
[root@ MASTER ~]# traceroute www.sina.com
traceroute to www.sina.com (219.151.27.163), 30 hops max, 60 byte packets
1   192.168.1.1 (192.168.1.1)  0.757 ms  0.878 ms  2.262 ms
2   114.138.240.1 (114.138.240.1)  13.039 ms  13.045 ms  12.843 ms
3   58.42.150.77 (58.42.150.77)  4.493 ms 58.42.150.73 (58.42.150.73)  4.364 ms  4.187 ms
4   1.207.247.177 (1.207.247.177)  12.005 ms  11.875 ms 1.207.247.181 (1.207.247.181)
11.808 ms
5   219.151.16.142 (219.151.16.142)  11.720 ms 219.151.16.86 (219.151.16.86)
11.617 ms 219.151.16.126 (219.151.16.126)  11.526 ms
6   219.151.16.34 (219.151.16.34)  13.338 ms 219.151.16.101 (219.151.16.101)
15.481 ms 219.151.16.110 (219.151.16.110)  26.663 ms
7   219.151.20.230 (219.151.20.230)  32.175 ms 219.151.20.222 (219.151.20.222)  32.073
ms 219.151.20.234 (219.151.20.234)  31.854 ms
8   219.151.27.163 (219.151.27.163)  8.804 ms  8.656 ms  9.350 ms
```

该命令一定程度上，可以用于快速定位网络中的故障点。比如一个大公司，从总部到基层一线的网络要经过很多道内部网关路由，一旦基层与总部网络不通了，通过该命令可以快速找到是哪一站路由出了问题。

➤➤➤ 任务二　配置 IP 地址

如果是实际的生产服务器，计算机是直接安装 Linux 操作系统的，且肯定购买了固定的 IP 地址，只需要将 IP 信息进行正确配置即可。而对于用虚拟机安装的 Linux，网络配置的基本思路为：根据 Linux 的网络连接模式，确定 Linux 与宿主机是通过哪块网卡进行通信，再根据宿主机中对应的网卡信息设置 Linux 的网卡信息，基本原则是让其处于同一个局域网，从而实现 Linux 和宿主机之间能够 ping 通。该任务主要讲解对虚拟机安装的 Linux 操作系统进行网络配置。

一、Linux 网络连接模式与通信网卡的对应关系

要进行 Linux 网络配置，首先得知道要配置的网络信息，而要知道网络配置信息，就得从 Linux 的网络连接模式说起，因为不同的模式决定了 Linux 与宿主机之间的通信网卡。在虚拟机界面中，选中要进行配置的 Linux 虚拟机，执行虚拟机→设置，在硬件选项卡中单击"网络适配器"，会弹出图 5-1 所示的设置界面。

右边"网络连接"模块下有三种网络连接模式，分别是桥接模式、NAT 模式和仅主机模式，那么这三种模式分别对应宿主机的哪块网卡进行通信呢？

在宿主机右下角找到网络连接图标，依次执行：右击→ 打开"网络和 Internet"设置→

以太网→更改适配器选项，弹出图 5-2 所示界面。

图 5-1 网络适配器   图 5-2 网络连接界面

从图 5-2 中看到，当前宿主机共有 5 块网卡，分别是 WLAN（无线网卡）、VMnet8 和 VMnet1，还有未启用的蓝牙网卡和有线网卡。其中 WLAN 为宿主机的真实无线网卡；VM-net8 和 VMnet1 为安装虚拟机软件后自动生成的两块虚拟网卡。前面介绍了三种网络连接模式，这里又刚好启用了三块网卡，更巧的是它们之间是有着对应关系的。具体对应关系为：桥接模式代表 Linux 主机和宿主机之间采用宿主机的真实网卡进行通信；NAT 模式代表 Linux 主机和宿主机之间采用 VMnet8 网卡进行通信；仅主机模式代表 Linux 主机和宿主机之间采用 VMnet1 网卡进行通信。

知道了对应关系，要知道网络配置信息就容易了。下面以常见的"桥接模式"为例，查看通信网卡的网络配置信息。双击 WLAN 网卡，单击"详细信息"，弹出图 5-3 所示界面。

从图 5-3 中可以得知当前网卡的 IP 地址（192.168.1.103）、子网掩码（255.255.255.0）、IPv4 默认网关（192.168.1.1）和 IPv4 DNS 服务器（101.198.199.200）等信息。要使 Linux 主机和宿主机能够通信，只需让 Linux 主机和宿主机处于同一个局域网即可，方法是：设置不同的 IP 地址，其他三个信息一致。例如，本书 Linux 主机设置的 IP 地址为 192.168.1.112。至此，已经知道了要配置的网络信息，下面介绍 Linux 网络配置方法，也就是如何将已知的网络信息写入规定的位置或者文件中。

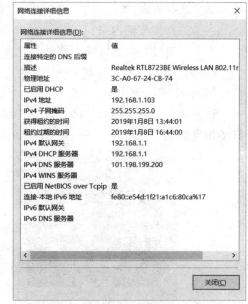

图 5-3 WLAN 无线网卡的网络信息

项目五 网络的配置与管理

二、Linux 网络配置方法

1．采用 ifconfig 命令

命令使用格式为：

```
[root@ MASTER ~]# ifconfig 网卡设备名 IP 地址 [netmask 子网掩码]
选项：
      网卡设备名：可通过"ifconfig -a"命令查看，如当前 Linux 主机为 eth0
      子网掩码：默认值为标准子网掩码
```

例如，当前 Linux 主机的主机名为 MASTER，网卡名为 eth0，要为其配置 IP 地址为 192.168.1.112，子网掩码为 255.255.255.0，可执行如下命令：

```
[root@ MASTER ~]# ifconfig eth0 192.168.1.112 netmask 255.255.255.0
#或者可以把标准子网掩码省略不写
[root@ MASTER ~]# ifconfig eth0 192.168.1.112
#简化写法，效果一样
```

这种用命令配置 IP 的方法可以快速设定 Linux 主机的 IP 地址，但是该方式设置的 IP 只是临时生效的，重启后就会失效，而且这种配置方式只有 IP 地址和子网掩码信息，没有设置网卡和 DNS 等信息，所以只能实现 Linux 主机与宿主机间的网络连通，是不能正常连接外网的。

2．利用 setup 命令

setup 命令是 Red Hat 系列版本的专属命令，其他版本的 Linux 不一定拥有此命令。执行该命令将会开启一个图形化的界面，操作简便，可视化强。执行该命令，弹出图 5-4 所示的工具选择界面。

主要的操作按键说明：

上下方向键：向上或向下移动。

【Tab】键：在项目之间切换。

【Enter】键：确认。

在该界面中向下移动一格，选中"网络配置"，按【Enter】键，进入图 5-5 所示的选择动作界面。

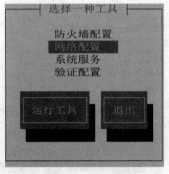

图 5-4　工具选择

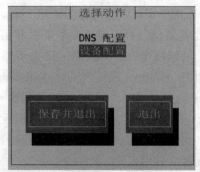

图 5-5　选择动作

向下选中"设备配置"，按【Enter】键，进入图 5-6 所示的选择设备界面。

Linux 操作系统管理与应用

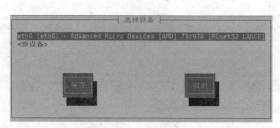

图 5-6　选择设备

选中默认的 eth0 项，按【Enter】键，进入图5-7 所示的网络配置界面。

在图 5-7 所示界面中，默认选中 DHCP 模式，标志是中括号中有一个"∗"。要先向下移到该项，按空格键去掉中括号中的"∗"号，这样才能手动设置静态网络参数，具体参数设置如图 5-7 所示。设置完成后，按【Tab】键，移动到"确定"按钮上，按【Enter】键，返回图 5-8 所示的"选择设备"界面。

在图 5-8 所示界面中，按【Tab】键，选中"保存"按钮，按【Enter】键，进入图5-9所示的"动作选择"界面。

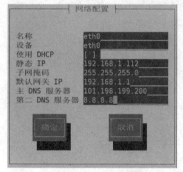

图 5-7　网络配置

图 5-8　选择设备确认

在图 5-9 所示界面中，按【Tab】键，选中"保存并退出"按钮，按【Enter】键，进入图 5-10 所示的"工具选择"界面。

在图 5-10 所示界面中，按【Tab】键，选中"退出"按钮，按【Enter】键，退出网络设置界面。

接下来需要手动开启网卡，因为在 CentOS 6.x 中，网卡默认是没有开启的，需要修改网卡配置文件中的一条关键语句，操作如下：

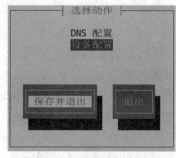

图 5-9　选择动作确认

图 5-10　工具选择确认

```
[root@ MASTER ~]# vi /etc/sysconfig/network-scripts/ifcfg-eth0
```

... 省略部分内容...

```
ONBOOT = no
#将此字段中的 no 改成 yes,在网卡配置文件中,这里默认为 no
```

最后还要重启网络服务,执行如下命令:

```
[root@ MASTER ~]# service network restart
正在关闭接口 eth0:                                          [确定]
关闭环回接口:                                              [确定]
弹出环回接口:                                              [确定]
弹出界面 eth0:                                             [确定]
```

如果显示四个"确定",那么 IP 地址就设置成功了,可以使用 ifconfig 命令查看。

```
[root@ MASTER ~]# ifconfig
eth0      Link encap:Ethernet  HWaddr 00:0C:29:B2:08:6D
          inet addr:192.168.1.112  Bcast:192.168.1.255  Mask:255.255.255.0
          inet6 addr: fe80::20c:29ff:feb2:86d/64 Scope:Link
          UP BROADCAST RUNNING MULTICAST  MTU:1500  Metric:1
          RX packets:8906 errors:0 dropped:0 overruns:0 frame:0
          TX packets:1125 errors:0 dropped:0 overruns:0 carrier:0
          collisions:0 txqueuelen:1000
          RX bytes:3567103 (3.4 MiB)  TX bytes:129811 (126.7 KiB)
          Interrupt:19 Base address:0x2000

lo        Link encap:Local Loopback
          inet addr:127.0.0.1  Mask:255.0.0.0
          inet6 addr: ::1/128 Scope:Host
          UP LOOPBACK RUNNING  MTU:16436  Metric:1
          RX packets:34 errors:0 dropped:0 overruns:0 frame:0
          TX packets:34 errors:0 dropped:0 overruns:0 carrier:0
          collisions:0 txqueuelen:0
          RX bytes:2932 (2.8 KiB)  TX bytes:2932 (2.8 KiB)
```

接下来测试 Linux 主机和宿主机之间的 ping 通性,因为进行网络配置的目的是让 Linux 主机和宿主机之间能实现数据通信。执行命令如下:

```
[root@ MASTER ~]# ping -c 4 192.168.1.103
PING 192.168.1.103 (192.168.1.103) 56(84) bytes of data.

--- 192.168.1.103 ping statistics ---
4 packets transmitted, 0 received, 100%  packet loss, time 13031ms
```

从结果来看,数据通信没有成功,这是经常困扰初学者的一个问题。这时并不是 IP 配置有错误,上面的配置是没有问题的,那问题出在哪里呢? 原因在于宿主机的防火墙没有关闭,导致数据包受阻,这种情况有一个操作可以证明,那就是反过来 ping,即用宿主机 ping 一下 Linux 主机,操作及结果如图 5-11 所示。

结果表明宿主机确实能够 ping 通 Linux 主机,这足以说明刚才的问题是因为宿主机中的防火墙未关闭导致的。现将宿主机中的防火墙都关闭,操作如图 5-12 所示。

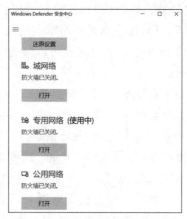

图 5-11　验证宿主机和 Linux 主机之间能否 ping 通　　图 5-12　关闭宿主机中的防火墙

此时再在 Linux 主机中执行如下命令：

```
[root@ MASTER ~]# ping -c 4 192.168.1.103
PING 192.168.1.103 (192.168.1.103) 56(84) bytes of data.
64 bytes from 192.168.1.103: icmp_seq=1 ttl=128 time=0.313 ms
64 bytes from 192.168.1.103: icmp_seq=2 ttl=128 time=0.558 ms
64 bytes from 192.168.1.103: icmp_seq=3 ttl=128 time=0.650 ms
64 bytes from 192.168.1.103: icmp_seq=4 ttl=128 time=0.571 ms
... 省略部分内容
```

可见，现在可以 ping 通了。以后再遇到类似问题时要考虑到这点，先试一下宿主机能否 ping 通 Linux 主机，如果可以，那就可以确定是防火墙导致的问题，如果不是防火墙的问题，再回过头去检查配置过程是否有错误。

至此，Linux 网络配置工作已全部结束。如果宿主机能够连接外网，则配置好的 Linux 主机自然也是能够连接外网的。本实验中已知宿主机是可以上网的，下面验证 Linux 主机能否连接外网，最简单的操作就是 ping 一个熟悉的外网地址，如百度网站：

```
[root@ MASTER ~]# ping www.baidu.com -c 4
PING www.a.shifen.com (14.215.177.39) 56(84) bytes of data.
64 bytes from 14.215.177.39: icmp_seq=1 ttl=55 time=137 ms
64 bytes from 14.215.177.39: icmp_seq=3 ttl=55 time=135 ms
64 bytes from 14.215.177.39: icmp_seq=4 ttl=55 time=136 ms
... 省略部分内容...
```

从结果来看，连接外网成功。实际上，对于"桥接模式"和"NAT 模式"两种模式，如果宿主机能够连接外网，那么只要正确配置 Linux 主机的 IP 地址，使得 Linux 和宿主机能够 ping 通，Linux 主机自然就可以连接外网。下面介绍三种网络连接模式的区别。

总的来说，三种模式都可以实现 Linux 主机和宿主机之间的通信，区别是"桥接模式"和"NAT 模式"还可以连接外网，而"仅主机模式"只可以实现 Linux 主机和宿主机之间的连接。

"桥接模式"和"NAT 模式"连接外网的区别："桥接模式"要占用宿主机网段中的一

个 IP 地址，好处是 Linux 主机可以和宿主机所在局域网中的其他计算机通信；而"NAT 模式"下，Linux 主机是利用宿主机的 IP 地址连接外网的，好处是不需要占用宿主机所在网段中的 IP 地址，也就是说可以节省一个 IP，缺点是它不能与宿主机所在的局域网中的其他计算机进行通信。

为了更好地说明"桥接模式"和"NAT 模式"连接外网的区别，此处不妨简单看一下，如果是用"NAT 模式"，那么由前面的知识可知 Linux 与宿主机通信的网卡是 VMnet8，下面就来看看 VMnet8 网络信息，如图 5-13 所示。

由图 5-13 可知，VMnet8 网卡的 IP 地址与宿主机的真实无线网卡的 IP 地址完全不在一个网段，而且它是可以自己设定的。"NAT 模式"的网络配置过程不再做详细演示，它与"桥接模式"的思路是一样的，区别只是要根据 VMnet8 网卡的网络信息决定 Linux 主机的网络配置信息。最终如果 Linux 主机与宿主机实现了通信，Linux 主机一样是可以连接外网的，而且它的好处是还可以节省一个 IP 地址。实际应用中要根据具体情况来选择用哪种模式。

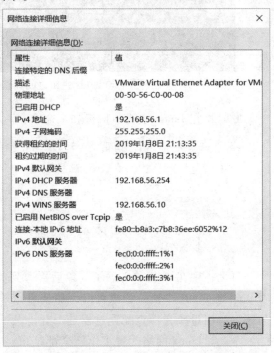

图 5-13　VMnet8 网卡信息

3．修改网络配置文件

Linux 系统中一切皆文件，很多配置如果用命令实现只是临时生效，要想永久生效，得将配置写入相应的配置文件才行，网络配置同样有专门的网络配置文件。与 Linux 网络配置相关的配置文件主要有三个：

1）/etc/resolv.conf

该文件的主要功能：配置 DNS 服务器的 IP 地址，一台计算机要想正常访问外网，必须要正确配置 DNS 服务器的 IP 地址，实现网络域名与其对应网站 IP 地址的解析。配置方法为：打开/etc/resolv.conf 文件，在其中加入一行语句"nameserver DNS服务器的IP"。例如：

```
[root@ MASTER ~]# vi /etc/resolv.conf

; generated by /sbin/dhclient-script
nameserver 101.198.199.200
#设置 DNS1 = 101.198.199.200
nameserver 8.8.8.8
#设置 DNS2 = 8.8.8.8
```

2）/etc/sysconfig/network

该文件的主要功能是设置 Linux 主机的主机名。主要通过修改其中的语句"HOST-NAME = 主机名"。例如：

```
[root@ MASTER ~]# vi /etc/sysconfig/network
```

NETWORKING = yes
#表示系统启动时自动加载 network 服务
HOSTNAME = MASTER
#设置 Linux 主机的主机名为 MASTER

3）/etc/sysconfig/network-scripts/ifcfg-eth0

该文件是 eth0 网卡的主配置文件，主要功能是配置网络的接口设备、协议类型（静态、动态）、IP 地址、子网掩码、网关等。需要注意的是，DNS 服务器的 IP 地址也可以在该文件中设置，但是最好还是通过专门的 DNS 配置文件/etc/resolv.conf 来设置。例如：

```
[root@ MASTER ~]# vi /etc/sysconfig/network-scripts/ifcfg-eth0
```

DEVICE = eth0
#网络接口设备名称为 eth0
BOOTPROTO = static
#引导协议类型。Static 表示采用静态方式设置 IP 地址；dhcp 表示用动态方式获得 IP 地址
HWADDR = 00:0c:29:b2:08:6d
#物理地址(MAC 地址)
NM_CONTROLLED = yes
ONBOOT = yes
#系统开机时是否自动加载该网卡
TYPE = Ethernet
#网卡类型，一般都是以太网
UUID = "08747938-7575-4a6d-8532-7a0684c5ea1c"
#UUID 地址
IPADDR = 192.168.1.112
#设置 eth0 网卡的 IP 地址
NETMASK = 255.255.255.0
#设置 eth0 网卡的子网掩码
GATEWAY = 192.168.1.1
#设置 eth0 网卡的网关
DNS1 = 101.198.199.200
#设置第一个 DNS 服务器的 IP 地址，也可在专门的配置文件/etc/resolv.conf 中设置
DNS2 = 8.8.8.8
#设置第二个 DNS 服务器的 IP 地址，也可在专门的配置文件/etc/resolv.conf 中设置

这里演示的是采用静态方式设置网卡 eth0 的 IP 地址，动态方式（dhcp）获得 IP 地址在后续服务器配置部分专门有一个项目，到时再做详细介绍。

➤➤➤ 小　结

本项目学习网络配置与管理相关知识。首先介绍了虚拟机安装 Linux 系统的三种网络连接模式与通信网卡的对应关系，这是成功进行网络配置的前提；然后介绍了常见的网络配置与管理命令；最后详细介绍了三种 IP 地址配置方法。通过修改网络配置文件来配置 IP 地

址是必须学会的方法，尤其是三个与网络相关的配置文件，大家一定要熟练掌握。

➤➤➤ 习 题

一、填空题

1. 通过 ICMP 协议进行网络探测，主要用于测试网络中主机之间的通信情况的命令是_____。

2. Windows 中默认只收发四个包，而 Linux 如果不指定次数，会一直 ping 下去，如要终止，可以执行"_____"命令，也可以用选项"_____"指定收发数据包的个数。

3. 用于查看主机开启了哪些端口，还可查看有哪些客户端建立了连接的命令是_____。

4. 利用 IP 协议，通过数据包的 TTL 部分获得各个网关信息，主要用于显示从本机到目标主机的路由路径的命令是_____。

5. 虚拟机网络连接中的"桥接模式"对应真实机的通信网卡是_____。

6. 虚拟机网络连接中的"NAT 模式"对应真实机的通信网卡是_____。

7. 虚拟机网络连接中的"仅主机模式"对应真实机的通信网卡是_____。

8. Linux 6.3 中，专门用于存储网卡配置文件的目录是_____。

9. Linux 6.3 中，专门用于配置 DNS 服务器信息的文件是_____。

10. Linux 6.3 中，专门用于配置主机名信息的文件是_____。

二、简答题

1. 简述"桥接模式"和"NAT 模式"连接外网的区别。

2. Linux 6.3 配置网络常见的方法有哪些？主要特点是什么？

三、操作题

1. 采用默认的 DHCP 方式分别在"桥接模式"和"NAT 模式"下进行配置网络，查看配置后的 IP 信息，并检测 Linux 主机和宿主机以及互联网之间的连通性。

2. 采用 static 方式分别在"桥接模式"和"NAT 模式"下进行配置网络，查看配置后的 IP 信息，并检测 Linux 主机和真实机以及互联网之间的连通性。

远程登录的配置与管理

项目导读

前面讲解的内容都是在本地登录 Linux 主机进行操作的，对于实际的生产服务器来讲，大多数日常管理工作都是通过远程登录操作的。比如有些网站的服务器可能放在北京或者国外，而其运维团队遍布世界各地，如果没有远程登录管理这一基本功能，服务器一旦发生了故障，运维人员都得去服务器本地进行维护，这是不可想象的麻烦。本项目学习 Linux 远程登录管理。远程登录管理又分两种情况，一种情况是从 Windows 环境下远程登录到 Linux 主机，另一种情况是从 Linux 环境下远程登录到另一台 Linux 主机。

项目要点

➤ 在 Windows 环境下使用 Xshell 远程登录 Linux 服务器
➤ 在 Linux 环境下使用 ssh 远程登录 Linux 服务器
➤ 采用密钥对远程登录 Linux 服务器

▶▶▶ 任务一 在 Windows 环境下使用 Xshell 远程登录 Linux 服务器

一、最强大的 SSH 远程管理工具 Xshell

在 Linux 中，远程登录管理使用 SSH 协议，工作在 TCP 协议的 22 端口。常见的远程管理工具有 PuTTY、SecureCRT、Xshell 等，这几款工具在使用上操作差不多，都很人性化，掌握了任意一款其他的都很容易上手。本书主要以 Xshell 作为讲解和使用对象，详细讲解其安装和使用方法。

第一步：下载 Xshell 安装软件。可以到 Xshell 的官方网站 https://www.netsarang.com/zh/xshell/下载，现在主流的是 Xshell 6 版本，此处采用 Xshell 5 版本，下载时注意选择免费版本"Free for Home/School"。

第二步：安装。找到安装文件，和安装普通软件一样，直至安装完成。

第三步：安装完成后打开，界面如图 6-1 所示。

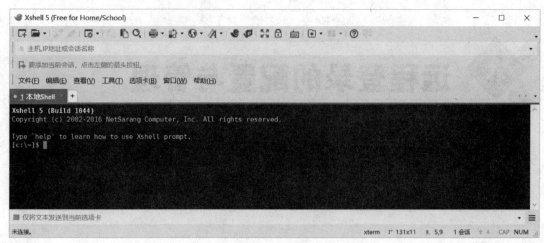

图 6-1　Xshell 远程登录管理工具主页面

第四步：新建连接会话。若要建立远程连接，要先建立会话，单击工具栏中第一个按钮，将鼠标指向它会显示"新建"，单击后弹出图 6-2 所示的"新建会话属性"对话框。

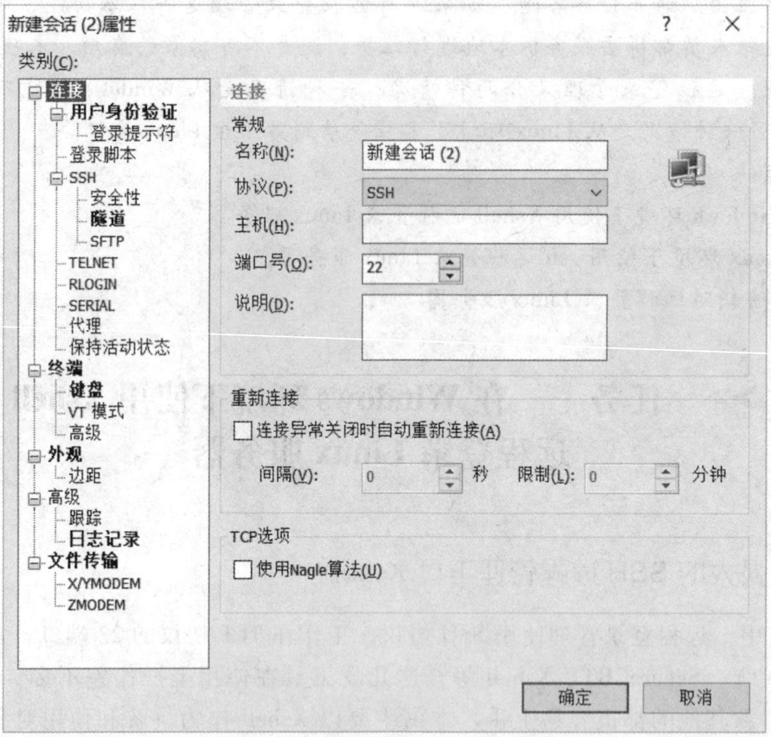

图 6-2　新建会话

首先在"连接"界面的"名称"文本框中输入新建会话名称，该名称自己定义，一般使用目标主机的 IP 或主机名作为名字，方便日后识别，这里要连接的 Linux 主机 IP 地址为192.168.1.112，此处命名为"192.168.1.112"；"协议"下拉列表框中保持默认的"SSH"；"主机"文本框中输入目标主机的 IP 地址，此处输入"192.168.1.112"；端口号使用默认的"22"端口。设置效果如图 6-3 所示。

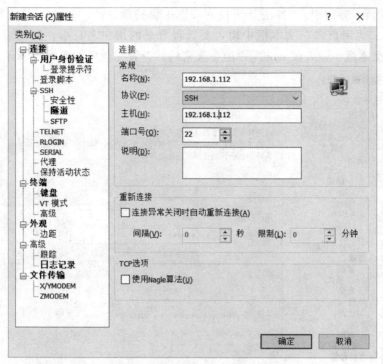

图 6-3　新建会话连接属性设置

再单击左侧的"用户身份验证"选项，右边会变为"连接 > 用户身份验证"界面，如图 6-4 所示。

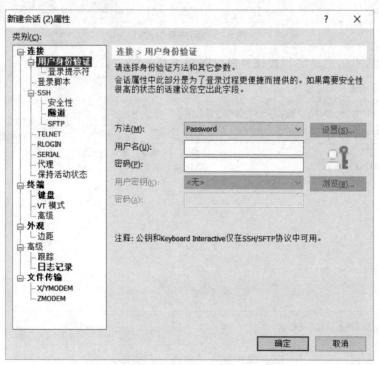

图 6-4　用户身份属性设置

在图 6-4 所示界面中,"方法"下拉列表框中保持默认的"Password",即选择用户名密码登录方式;"用户名"文本框中输入要远程登录的用户名身份,此处输入"root"用户;"密码"文本框中输入该 root 用户的登录密码,设置完成后如图 6-5 所示。

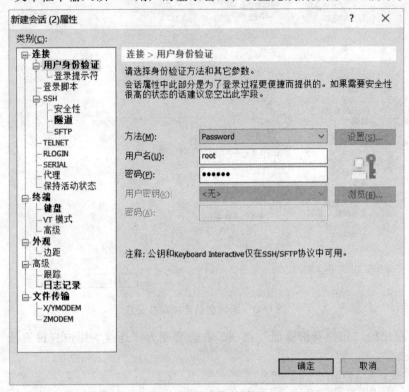

图 6-5 用户身份验证

设置完成后单击"确定"按钮,弹出图 6-6 所示的"会话"对话框。

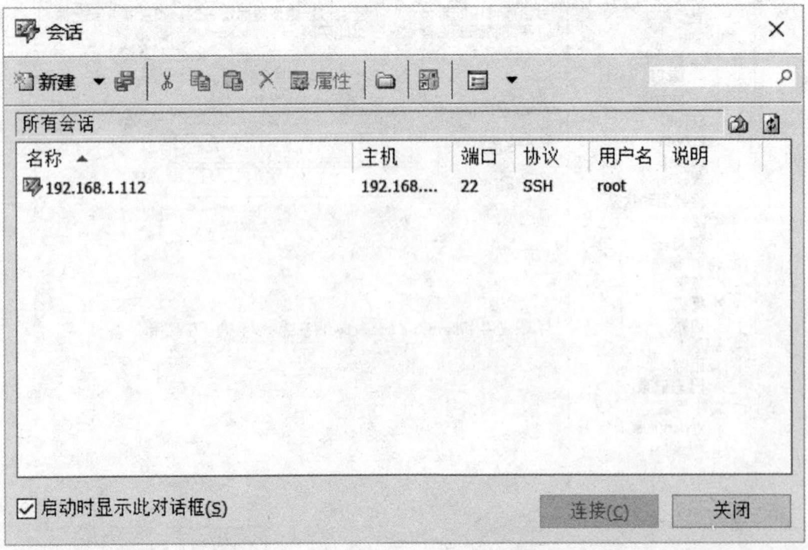

图 6-6 "会话"对话框

所有新进的会话都会显示在该对话框中，这里只有一个，名称为"192.168.1.112"，单击选中它，再单击"连接"按钮（选中一个对话后"连接"按钮会变亮），即可远程连接到该主机。接下来须注意，如果当前 Windows 主机是第一次远程连接该 Linux 服务器，系统会提示"在本地主机上没有远程系统的公钥，询问用户是否要继续连接"，单击"是"或者输入"yes"继续。因为 SSH 协议采用的是加密数据传输，若要和远程服务器建立连接，必须得先下载远程 Linux 服务器的公钥，以后和该远程服务器的所有通信数据都会利用该公钥进行加密，加密数据传输到远程服务器后，远程服务器会利用手中的私钥对加密数据进行解密。Linux 远程服务器中保存的私钥和建立远程连接时传给你的公钥是一对，相当于钥匙和锁的关系，其中公钥是锁，私钥是钥匙。具体的加密原理不必弄懂，只需要了解这一步操作的含义即可。远程连接成功后的界面如图 6-7 所示。

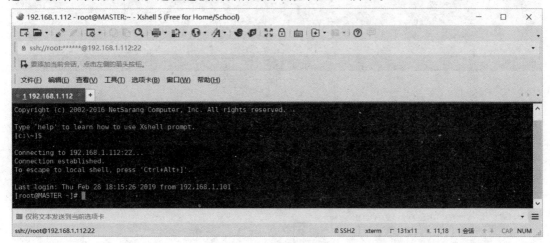

图 6-7　远程连接成功

从图 6-7 可以看出，远程连接成功以后，一样会进入命令行界面，在远程连接管理工具中的所有操作和在本地操作效果一样。利用远程连接管理工具还有一个好处，在 Word、PowerPoint 等文本文件中的命令可以直接复制粘贴到远程连接管理工具界面中，该远程连接管理工具界面中的内容也可以复制粘贴到 Word、PowerPoint 等文本文件中。但要注意快捷键不再是"Ctrl + C"和"Ctrl + V"，用右键复制粘贴即可。之所以到这里才介绍远程管理工具，主要有这样两点考虑：一是这里要用到用户和网络地址等概念，有了前面的知识大家更能够快速理解；二是让大家在本地命令行界面中多进行命令的输入练习，最大限度地熟悉命令的基本结构并记住一些命令，因为本地命令行界面是不能直接将 Word、PowerPoint 文件中的命令粘贴进来的，任何命令都只能逐个字符输入。学到这里，大家利用网上的帖子解决一些问题时，对于一些复杂的长命令，就可以利用远程管理工具直接复制粘贴来执行，这样能大大提升工作效率。

二、网络文件传输工具 Xftp

下面介绍一个与 Xshell 配套的网络文件传输工具，它的主要功能是当 Windows 真实机与远程 Linux 主机实现连接后，相互之间能够非常方便地实现文件传输。下面详细介绍其安装步骤和操作方法。

第一步：下载 Xftp 软件。同样是单击 https://www.netsarang.com/zh/xftp/网页中的 Xftp 超链接，因为这两个软件一般是配套使用的，如图 6-8 所示。

图 6-8　XFTP 下载页面

现在主流的版本也到了 XFTP 6 版本，本书使用 XFTP 5 版本。

第二步：安装软件。找到安装文件，这和安装普通软件没有什么差别。

第三步：安装完成后，要在 Windows 系统和远程 Linux 服务器之间进行文件传输。操作方法为：在 Xshell 工具中单击图 6-9 所示的指定位置，鼠标移动到该图标上会显示"新建文件传输"。

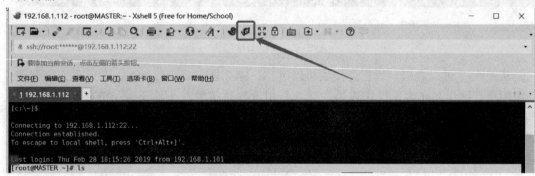

图 6-9　新建文件传输

单击"新建文件传输"图标后，弹出图 6-10 所示的"文件传输"窗口，左边显示的是 Windows 真实机中的资源，当前目录为桌面。右边显示的是远程 Linux 服务器中的资源，当前目录为/root。

如图 6-10 所示，如果要在 Windows 系统和 Linux 服务器之间进行文件传输，只需在一个系统中找到需要传输的文件，双击即可传输到另一个系统中，比如要把 Linux 中/root/下的 111.txt 文件传输到 Windows 系统中，只需双击该文件即可，此时在下方窗口中会显示传输进度信息，传输时间视文件大小而定，如果文件很小可能一闪就过去了，不一定能看到进度条。传输完毕后即可在左边窗口 Windows 系统的桌面上找到该文件，代表该文件已被从远程 Linux 服务器传输到了 Windows 系统中，效果如图 6-11 所示。

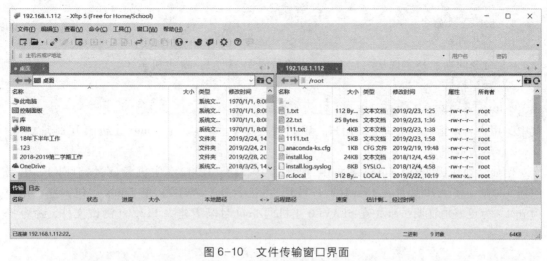

图 6-10   文件传输窗口界面

图 6-11   Windows 和远程 Linux 服务器之间进行文件传输

➤➤➤ 任务二　在 Linux 环境下使用 ssh 远程登录 Linux 服务器

在 Linux 中，ssh 服务默认是安装好并开启的，守护进程为 sshd，默认是 TCP 的 22 端口，可以用 netstat 命令检验如下：

```
[root@ MASTER ~]# netstat -utln |grep 22
tcp      0    0 0.0.0.0:22        0.0.0.0:*         LISTEN
tcp      0    0 :::22             :::*              LISTEN
```

如果确实没有安装，安装软件为 OpenSSH，在服务器端的主程序为/usr/sbin/sshd，即只有管理员才能作修改。客户端主程序为/usr/bin/ssh，即普通用户就有权限修改。

一、ssh 主要命令

在 Linux 环境下使用 ssh 登录远程 Linux 系统，要掌握的主要命令如下：

1. ssh 登录命令

1）命令功能

ssh 命令的功能是实现从一台 Linux 主机登录另一台 Linux 主机。

2）命令格式

```
[root@ MASTER ~]# ssh 用户名@ IP
```

其中：用户名是指对方主机上的用户；IP 指的是要登录的另一台 Linux 主机的 IP 地址。

3）用法举例

例如，现在所处的 Linux 主机的 IP 地址是 192.168.1.112（主机名是 MASTER），若要使用 ssh 命令登录 IP 地址为 192.168.1.113（主机名是 SLAVE0）的 Linux 主机，登录用户为 root。为更好地证明，事先在 SLAVE0 主机的/root 目录下建立 113.txt 测试文件，命令操作如下：

```
[root@ MASTER ~]# ssh root@ 192.168.1.113
#用 root 身份登录 IP 地址为 192.168.1.113 的主机
The authenticity of host '192.168.1.113 (192.168.1.113)' can't be established.
RSA key fingerprint is eb:97:23:2d:3d:c2:71:a5:15:fa:ea:9f:8b:d3:af:be.
Are you sure you want to continue connecting (yes/no)? yes
#因为这是第一次远程登录该主机,所以需要确认密钥,输入 yes 才可继续登录
Warning: Permanently added '192.168.1.113' (RSA) to the list of known hosts.
root@ 192.168.1.113's password: 123456
#这里要输入 192.168.1.113 主机中 root 用户的登录密码
Last login: Wed Feb 27 15:14:53 2019 from 192.168.1.101
#远程登录成功
[root@ CLONE1 ~]# ls
113.txt  anaconda-ks.cfg  install.log  install.log.syslog
#看到了 113.txt 测试文件,说明目前确实已成功远程登录到 IP 为 192.168.1.113 的 Linux 主机,
远程登录成功后可以进行与在其本地登录一样的操作。实现了在一台 Linux 中管理另一台 Linux 主机的
功能
```

需要注意，要提前设置好网络，使这两台 Linux 之间能够 ping 通，这是成功实现远程登录的前提。

2. scp 远程复制命令

1）命令功能

使用 scp 命令可直接实现两台 Linux 主机之间的文件传输，而不需要真正登录到目标主机上去。

2）命令格式

```
[root@ MASTER ~]# scp 用户名@ IP:文件路径/文件名 本地地址
其中:
    用户名:指要以什么身份登录目标主机
    IP:指目标主机的 IP 地址
    文件路径/文件名:指要从目标主机下载的文件和位置
    本地地址:指要将目标主机中的文件下载到当前主机中的哪个位置
```

3）用法举例

例 1：下载文件

所谓下载文件，就是将目标主机上的文件下载到当前主机上来。例如，当前主机的 IP 为 192.168.1.112，想将目标主机（IP 为 192.168.1.113）中/root/113.txt 文件下载到当前主机（本地）中的/root 目录中，命令如下：

```
[root@ MASTER ~]# ls
112.txt  anaconda-ks.cfg  install.log  install.log.syslog
#先查看一下,当前主机/root 目录下有哪些文件
[root@ MASTER ~]# scp root@ 192.168.1.113:/root/113.txt .
#利用 root 身份将目标主机(IP 为 192.168.1.113)中/root/113.txt 文件下载到本地(最后那个
".".代表本地当前位置,即当前主机的/root 目录下)
root@ 192.168.1.113's password:
#提示要输入目标主机 root 用户的登录密码
113.txt
100%      0     0.0KB/s   00:00
#提示 113.txt 文件下载成功
[root@ MASTER ~]# ls
112.txt  113.txt  anaconda-ks.cfg  install.log  install.log.syslog
#验证,113.txt 文件已被成功下载到当前目录(/root)下
```

例 2：上传文件

所谓上传文件，就是将当前主机上的文件上传到远程目标主机上去。例如，当前主机为 192.168.1.112，若要将当前主机/root 目录下的文件 112.txt 上传到目标主机（IP 为 192.168.1.113）中的/root 目录下，命令如下：

```
[root@ CLONE1 ~]# ls
113.txt  anaconda-ks.cfg  install.log  install.log.syslog
#先查看一下 192.168.1.113 主机的/root 目录下有哪些文件
[root@ MASTER ~]# scp -r /root/112.txt root@ 192.168.1.113:/root
#利用 root 身份将当前主机(IP 为 192.168.1.112)中/root/112.txt 文件上传到目标主机(IP
为 192.168.1.113)中的/root 目录下,这里加入"-r"选项表示上传目录时一定要加的选项,虽然这里
可不加,但为了形成习惯加上也无妨
root@ 192.168.1.113's password:123456
#提示:输入 IP 为 192.168.1.113 的主机中 root 用户的登录密码
112.txt
#显示上传成功的文件
[root@ CLONE1 ~]# ls
txt  113.txt  anaconda-ks.cfg  install.log  install.log.syslog
#验证:在 IP 为 192.168.1.113 的目标主机的/root 目录下查看到了 112.txt 文件,说明上传文件成功
```

3．sftp 文件传输命令

1）命令功能

使用 sftp 命令可以登录到远程目标主机中的 ftp 服务器，在一个交互界面下实现当前主机和目标主机之间文件的传输。注意，该方式只能实现文件传输，不能实现目录传输。

2）命令格式

```
[root@ MASTER ~]# sftp 用户名@ IP
其中：
    IP:指要登录的目标主机的 IP 地址
    用户名:指要以哪个身份登录到目标主机
```

登录过程中会提醒需要输入该用户身份的登录密码，登录成功后进入 sftp 交互界面，常用的交互命令如下：

- ➤ ls：查看服务器端（目标主机）数据。
- ➤ lls：查看本地（当前主机）数据。
- ➤ cd：在服务器端（目标主机）切换位置。
- ➤ lcd：在本地（当前主机）切换位置。
- ➤ get：从服务器端（目标主机）下载数据到本地（当前主机）。
- ➤ put：从本地（当前主机）上传数据到服务器端（目标主机）。
- ➤ exit：退出交互界面

3）用法举例

例如，要利用 sftp 命令实现从当前主机（IP 为 192.168.1.112）登录到目标主机（IP 为 192.168.1.113）的 ftp 服务器上，进行文件下载和上传，为了便于验证，事先在当前主机中的/tmp 目录下新建文件 2.txt、222.txt 和目录 112，在目标主机的/tmp 目录下新建文件 3.txt、333.txt 和目录 113，现在要将目标主机中的/tmp/3.txt 下载到当前主机的/tmp 目录下，把当前主机中的/tmp/2.txt 上传到目标主机中的/tmp 目录下，命令如下：

```
[root@ MASTER tmp]# ls
112  222.txt  2.txt  yum.log
#试验前查看 192.168.1.112 主机（当前主机）中/tmp 目录下有哪些文件
[root@ CLONE1 tmp]# ls
113  333.txt  3.txt  yum.log
#试验前查看 192.168.1.113 主机（目标主机）中/tmp 目录下有哪些文件

#下面命令在 IP 为 192.168.1.112 的当前主机中操作
[root@ MASTER ~]# sftp root@ 192.168.1.113
#用 root 身份登录 IP 为 192.168.1.113 的目标主机的 ftp 服务器
Connecting to 192.168.1.113...
root@ 192.168.1.113's password:
#输入 192.168.1.113 主机中 root 用户的登录密码
sftp > lls /tmp
112  222.txt  2.txt  yum.log
#结果证明 lls 命令查看的是当前主机/tmp 目录下的文件
sftp > ls /tmp
/tmp/113    /tmp/3.txt    /tmp/333.txt  /tmp/yum.log
#结果证明 ls 命令查看的是目标主机/tmp 目录下的文件
sftp > get /tmp/3.txt /tmp
Fetching /tmp/3.txt to /tmp/3.txt
#从目标主机中下载 3.txt 文件到当前主机的/tmp 目录下
sftp > lls /tmp
112  222.txt  2.txt  **3.txt**  yum.log
```

```
#在当前主机/tmp目录下看到了3.txt文件,说明文件下载成功
sftp > put /tmp/2.txt /tmp
Uploading /tmp/2.txt to /tmp/2.txt
/tmp/2.txt
100%      0     0.0KB/s   00:00
#把当前主机中的/tmp/2.txt文件上传到目标主机的/tmp目录下
sftp > ls /tmp
/tmp/113      /tmp/2.txt      /tmp/3.txt     /tmp/333.txt   /tmp/yum.log
#在目标主机的/tmp目录下看到了2.txt文件,说明文件上传成功
sftp > get /tmp/113
Fetching /tmp/113 to 113
Cannot download non - regular file: /tmp/113
#验证了不能下载目录,注意这里没有"-r"选项,加上会报非法选项
sftp > put /tmp/112
skipping non - regular file /tmp/112
#验证了不能上传目录,注意这里没有"-r"选项,加上会报非法选项
sftp > exit
[root@ MASTER ~]#
#退出sftp交互
```

➤➤➤ 任务三　采用密钥对远程登录 Linux 服务器

　　要学好这块知识,关键是要明白为什么要学这块知识。我们在日常的学习与实验操作过程中,远程登录服务器几乎都是通过密码登录的,但如果是实际的生产服务器,为了安全起见,一般是不允许通过密码进行远程登录的,尤其是 root 用户,因为一旦该信息被截获或破解,相当于拱手把服务器送给了别人,这是无法承担的损失。那么,实际生产服务器中,远程登录到底是如何实现的?下面学习密钥对登录。

　　要理解密钥对,首先我们得了解 SSH 的两种基本加密原理。

一、SSH 加密原理

1. 对称加密算法

　　所谓对称加密算法,就是设置密码锁定,再输入该密码解锁,这是传统加密方式。但是这种模式有两个明显缺点。一是密码多了容易忘记,为了防止忘记,人们往往喜欢把多处用途设置成同一个密码,而且密码设置也不会太复杂,试想一下我们日常工作生活中的很多密码是不是都是同一个呢?这样做必然存在很大安全隐患。二是别人一旦要借用你的账号登录,你就得把密码告诉他,而考虑到第一点,是不是相当于你的很多处密码都同时外泄了呢?因为传统的对称加密算法有这两点明显缺陷,所以现在主流的加密算法已变成非对称加密算法。

2. 非对称加密算法

　　非对称加密算法的概念是相对于对称加密算法来说的,下面要学习的密钥对就是一种

典型的非对称加密算法。该算法的机理是什么？比方说，有一间房子，房子用于收藏数据，有一把密码锁，你是管理者，设置了锁的密码。对于传统的对称加密算法来讲，就是任何人要想拿到数据，就必须得知道你设置的密码才能打开这个门。而这里的密钥对登录的核心思想就是每一个想看数据的人都形成自己的公钥（相当于锁）和私钥（相当于钥匙）对，并将公钥信息上传到门锁里，以后，只要拿自己手上的私钥便可以打开该门，而不需要知道别人用的是什么密码，当然他上传这个公钥肯定得经过你的允许。

类比到远程服务器登录，所谓密钥对登录就是要登录该服务器的客户机要先生成自己的密钥对（包括公钥和私钥，Linux 系统中默认都安装了密钥对生成软件），然后将公钥上传到服务器中并写入指定位置的指定文件中（通过配置文件指定），自己保留私钥，这样该客户机远程登录该服务器时就可以用自己的私钥登录该服务器，而不需要输入密码。这里有一个同样的前提就是客户机将公钥上传到服务器要征得服务器管理员的同意，代表你是合法用户。

二、SSH 服务配置文件

在刚才的原理介绍过程中提到，要禁止服务器的远程密码登录，以及客户机生成的公钥要上传到服务器中的指定文件，类似这样的设置就得通过 SSH 服务的配置文件完成。

对于 SSH 服务，主配置文件位于/etc/ssh 目录下，分服务器端配置文件/etc/ssh/sshd_config 和客户端配置文件/etc/ssh/ssh_config。

```
[root@ MASTER ssh]# ls
moduli  ssh_config  sshd_config  ssh_host_dsa_key  ssh_host_dsa_key.pub  ssh_
host_key  ssh_host_key.pub  ssh_host_rsa_key  ssh_host_rsa_key.pub
```

从结果可以看出，每台 Linux 既可以做服务器端也可以做客户端。因为主要配置是针对服务器端的配置文件/etc/ssh/sshd_config，该文件中主要语句的含义如下：

➤ Port 22：ssh 服务的默认端口为 22，如果是实际的生产服务器，建议修改，这样别人不易攻击。

➤ ListenAddress 0．0．0．0：默认监听的 IP 地址，这里表示监听任意 IP。

➤ Protocol 2：SSH 版本，CentOS 6 以上版本都使用 2 版本。

➤ HostKey /etc/ssh/ssh_host_rsa_key：私钥保存位置。

➤ ServerKeyBits 1024：密钥的加密位数。

➤ SyslogFacility AUTHPRIV：日志记录 SSH 登录信息。

➤ LogLevel INFO：日志等级。

➤ PermitRootLogin yes：是否允许 root 用户通过 ssh 远程登录，虽然 SSH 采用了加密机制，但对于实际的生产服务器最好还是先用普通用户登录，再使用"su－root"切换到root 用户。

➤ RSAAuthentication yes：开启 RSA 认证。

➤ PubkeyAuthentication yes：允许用公钥验证

➤ AuthorizedKeysFile ．ssh/authorized_keys：公钥保存的位置，即保存在/root/．ssh/目录下的 authorized_keys 文件中，该文件本身是不存在的，需要手动创建。

➢ PasswordAuthentication yes：是否允许用密码验证登录，实验时如果服务器上已经有了客户机的公钥，那么就可以把这里设置为 no，即不再允许用密码登录。

➢ PermitEmptyPasswords no：是否允许空密码登录，注意远程登录是绝不允许空密码登录的。

三、密钥对登录实现

1. 任务描述

将 IP 为 192.168.1.112 的主机作为服务器，将 IP 为 192.168.1.113 的主机作为客户端，现在要通过配置，使得该客户端不能通过密码登录，而只能通过密钥对登录服务器。

2. 实现步骤

第一步：在客户端（IP 为 192.168.1.113 的主机）中生成密钥对。命令如下：

```
[root@ CLONE1 ~]# ssh-keygen -t rsa
#利用 rsa 算法生成密钥对
Generating public/private rsa key pair.
Enter file in which to save the key (/root/.ssh/id_rsa):
#提示保存位置,直接【Enter】键即可
Enter passphrase (empty for no passphrase):
Enter same passphrase again:
#提示是否设置密码,直接【Enter】键即可
Your identification has been saved in /root/.ssh/id_rsa.
#提示私钥文件 id_rsa 已建立,位于 /root/.ssh/目录下
Your public key has been saved in /root/.ssh/id_rsa.pub.
#提示公钥文件 id_rsa.pub 已建立,位于 /root/.ssh/目录下
The key fingerprint is:
c8:59:96:09:6e:04:7a:66:af:8b:26:02:b0:91:e9:16 root@ CLONE1
The key's randomart image is:
+--[ RSA 2048]----+
|     ..o         |
|    . o. o       |
|o. + o =         |
|= E + + =        |
|oo.   = S        |
|oo    .          |
|o   . .          |
|o . . .          |
|.o..             |
+-----------------+
#这是具体的加密机理,看不懂没关系
```

进入/root/.ssh/目录查看一下：

```
[root@ CLONE1 ~]# cd .ssh
[root@ CLONE1 .ssh]# ls
id_rsa  id_rsa.pub  known_hosts
#公钥文件和私钥文件已成功生成
```

第二步：在客户端将公钥文件上传到服务器端。

```
[root@ CLONE1 .ssh]# scp id_rsa.pub root@ 192.168.1.112:/root
#用 root 身份将公钥 id_rsa.pub 上传至服务器端的/root 目录下
The authenticity of host '192.168.1.112 (192.168.1.112)' can't be established.
RSA key fingerprint is eb:97:23:2d:3d:c2:71:a5:15:fa:ea:9f:8b:d3:af:be.
Are you sure you want to continue connecting (yes/no)? yes
Warning: Permanently added '192.168.1.112' (RSA) to the list of known hosts.
root@ 192.168.1.112's password: 123456
#输入 192.168.1.112 主机中 root 用户的登录密码
id_rsa.pub
#提示公钥传送成功
```

第三步：在服务器中将公钥文件写入/root/.ssh/authorized_keys 文件中。

```
[root@ MASTER ~]# cat id_rsa.pub > > /root/.ssh/authorized_keys
#将当前目录下的 id_rsa.pub 文件的内容写入/root/.ssh/目录下的 authorized_keys 文件中,
该文件可以先提前创建好,也可以在执行命令时同步创建,至于为什么是写入该文件是由主配置文件中的字
段 AuthorizedKeysFile.ssh/authorized_keys 决定的
```

第四步：修改服务器端/root/.ssh/authorized_keys 文件的权限为 600。即必须把所属组和其他人的读权限去掉。

```
[root@ MASTER .ssh]# chmod 600 /root/.ssh/authorized_keys
```

第五步：修改服务器端 ssh 主配置文件。主要修改语句如下：

```
[root@ MASTER ssh]# vi sshd_config

RSAAuthentication yes                          //开启 rsa 验证
PubkeyAuthentication yes                       //开启公钥验证
AuthorizedKeysFile    .ssh/authorized_keys     //公钥保存的位置
PasswordAuthentication no                       //不允许密码登录
```

第六步：重启 ssh 服务。

```
[root@ MASTER ssh]# service sshd restart
停止 sshd:                                          [确定]
正在启动 sshd:                                       [确定]
```

第七步：验证。

1）验证 Linux 客户端

首先验证在 IP 为 192.168.1.113 的客户端采用 ssh 远程登录。

```
[root@ CLONE1 ~]# ssh root@ 192.168.1.112
Last login: Thu Feb 28 19:45:22 2019
[root@ MASTER ~]#
#可见,输入命令后按【Enter】键,不需要输入密码即可登录
```

下面再以一台没有上传公钥的客户端（IP 为 192.168.1.114）来验证 ssh 远程登录。

```
[root@ CLONE2 ~]# ssh root@ 192.168.1.112
#在 IP 为 192.168.1.114 的客户端中输入远程登录服务器的命令
The authenticity of host '192.168.1.112 (192.168.1.112)' can't be established.
```

RSA key fingerprint is eb:97:23:2d:3d:c2:71:a5:15:fa:ea:9f:8b:d3:af:be.
Are you sure you want to continue connecting (yes/no)? **yes**
Warning: Permanently added '192.168.1.112' (RSA) to the list of known hosts.
Permission denied (publickey,gssapi-keyex,gssapi-with-mic).
#出现警告，提示不能登录，没有对应的公钥。因为密码登录被禁止，该客户端又没有上传自己的公钥到服务器端，相当于该客户机无法远程登录到 IP 为 192.168.1.112 的服务器

2）验证 Windows 客户端

下面再验证 Windows 客户机还能否通过 Xshell 远程登录，这里以 Windows 宿主机做实验。先断开服务器的 Xshell 远程连接，再次打开会话窗口，如图 6-12 所示。

在图 6-12 所示的会话窗口列表中选中名称为 "192.168.1.112" 的会话（注意，该会话是之前已经建立好的使用用户名和密码登录的会话），单击 "连接" 按钮。此时会弹出图 6-13 所示对话框。

根据图 6-13 所示对话框提示，该服务器已经不能再用密码登录（输入密码的文本框已经不能使用），必须使用密钥对登录，提示你输入正确的私钥文件。因为，此时 Windows 客户机中还没有与服务器中已有公钥配对的私钥，相当于此时的 Windows 宿主机也是无法远程登录到 IP 为 192.168.1.112 的服务器的。

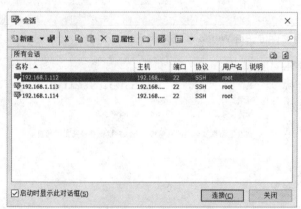

图 6-12　会话窗口列表

图 6-13　Xshell 远程登录

那有没有办法让 Windows 宿主机能够远程登录到该服务呢？方法当然是有的，因为 IP 为 192.168.1.113 的客户机已经生成了一个密钥对，而且公钥已经上传给服务器，那么只要将它手上的私钥借给 Windows 宿主机，Windows 宿主机就可以利用该密钥对远程连接上该服务器了。操作验证如下：

第一步：Windows 真实机利用 Xshell 远程登录工具连接到 IP 为 192.168.1.113 的主机，再建立一个 xftp 文件传输，将私钥文件从 Linux 主机中传送到 Windows 宿主机中，如图6-14所示。

从图 6-14 所示界面中可知，私钥文件已经传送到 Windows 宿主机的桌面，相当于 Windows 宿主机中也有了一个与服务器中已有公钥配对的私钥，那么现在的 Windows 宿主机就可以用该私钥远程连接登录该服务器了。

在 Xshell 的新建会话列表中选中名为 192.168.1.112 的连接会话，单击 "连接" 按钮，

依然会弹出图 6-15 所示的界面，单击"用户密钥"列表框右侧的"浏览"按钮，在桌面上找到刚才传输过来的私钥文件，如图中效果所示。

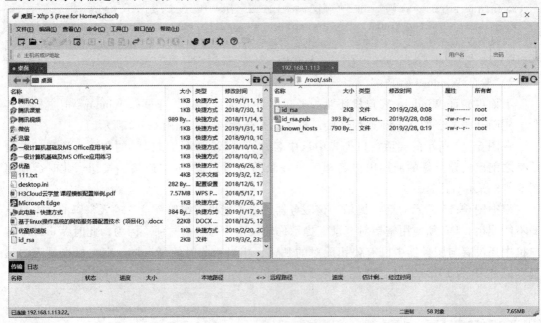

图 6-14　将私钥文件传送给 Windows 客户机

　　私钥文件找到后，密码输入一个空格，表示没有密码，因为在生成密钥对的时候是直接按【Enter】键的，没有设立文件密码，单击"确定"按钮，即可实现远程连接该服务器。

　　需要注意，如果服务器一旦设置成只准用密钥对进行远程登录的方式，那么就一定要保存好自己手上的私钥文件，做好备份和保密，一旦它丢失了，那你就再也无法远程登录该服务器了。

　　自此，已经详细介绍了 Linux 客户端和 Windows 客户端如何利用密钥对登录 Linux 服务器的详细过程，如果要再增加一个客户端，只需用同样的方法，在该客户端中生成一个密钥对，将其公钥上传到服

图 6-15　使用密钥对远程登录 Linux 服务器

务器端，写入指定的文件即可。当然在平时的学习和实验过程中，为了简化操作，一般采用密码登录即可，那么只需打开服务器端主配置文件，将字段"PasswordAuthentication no"中的"no"改回"yes"即可。

Linux 操作系统管理与应用

▶▶▶ 小　　结

本项目讲解远程登录管理知识。首先介绍了在 Windows 环境下如何使用 Xshell 远程管理工具登录 Linux 服务器，接下来介绍了在 Linux 环境下如何使用 ssh 远程管理工具登录到 Linux 服务器，最后介绍了实际生产服务器中如何采用密钥对实现远程登录 Linux 服务器。学好本项目的关键是要理解远程登录这种方式的目的意义，同时要认识到其风险所在。接下来就是要学会主要的远程管理工具，最后介绍了如何使用密钥对实现远程登录 Linux 服务器，对于初学者来讲稍微会有点难度，但是只要深刻理解了密钥对这种工作机制也就不难了。该项目中的实验大家要认真练习体会，通过实验效果带来的直观感性认识能更好地帮助我们对知识的理解和吸收。

▶▶▶ 习　　题

一、填空题

1. 在 Linux 中，远程登录管理使用的是_____协议，默认端口是_____。

2. _____命令可以实现两个 Linux 系统之间最方便的文件传输，而不需要真正登录到目标主机上去。

3. 使用_____命令可以登录到远程目标主机中的 ftp 服务器，在一个交互界面下实现当前主机和目标主机之间文件的传输。注意，该方式只能实现文件传输，不能实现_____。

4. 所谓密钥对指一对，包括_____和_____。

二、简答题

1. 在 Linux 环境下使用 ssh 登录远程 Linux 系统的命令格式是什么？

2. 使用 scp 命令可以实现两个 Linux 系统之间最方便的文件传输，简述下载和上传的命令格式。

3. 简述使用密钥对实现远程登录 Linux 服务器的工作机制。

三、操作题

1. 在 Windows 环境下利用合适软件远程登录到 Linux 服务器。

2. 在 Linux 环境下使用 scp 命令与另一台 Linux 服务器进行文件传输。

3. 在 Linux 环境下使用 sftp 命令远程登录到另一台 Linux 服务器，并实现文件传输。

4. 采用密钥对实现在 Linux 环境下和 Windows 环境下远程登录到 Linux 服务器。

Linux系统的管理

项目导读

前面已经学习了 Linux 系统的安装与启动、常见的 Linux 命令、vim 文本编辑器、用户和用户组管理以及网络配置等知识，这些都是学习 Linux 操作系统必备的基础知识，本项目学习一些系统管理方面的知识，目的是更深刻地理解 Linux 操作系统，更高效地管理 Linux 操作系统。

项目要点

➢ 用好进程管理
➢ 了解常见的系统信息查看命令
➢ 掌握文件系统管理
➢ 学会 LVM 管理
➢ 学会 RAID 管理

➤➤➤ 任务一　用好进程管理

一、进程的概念和作用

1. 什么是进程

进程是正在执行的程序或命令，在操作系统中，所有可以执行的程序和命令都会产生进程，只是不同的程序和命令，进程运行的时间长短不一样。比如 ls、mkdir 等命令执行时间很短，产生的相应进程很快就终结了，但有些进程如 web 服务产生的 httpd 进程启动后就会一直驻留在系统中，这样的进程又称常驻内存进程。进程还分父进程和子进程，所谓子进程，就是依赖于父进程产生的进程，比如登录 Linux 命令行界面后，bash 进程就开始运行，在 shell 中执行的任何命令都是 bash 进程的子进程。

2. 进程管理的作用

在 Windows 中，一般用"任务管理器"来查看和管理进程，Linux 和 Windows 一样，进程管理的主要目的有三个：

（1）查看系统中的所有进程。通过这些进程可以判断系统中运行了哪些服务，是否有非法服务在运行。

（2）用来杀死进程。比方说强制结束一些进程，用户经常利用的可能也就是这个功能，导致很多人误解这就是进程管理的主要功能。事实上这是进程管理中最不常用的功能，因为任何进程都有正常的关闭途径，只有当正常终止失效时才考虑强制结束进程。

（3）判断服务器的健康状态。其实这才是进程管理最主要的作用。当服务器的CPU或内存占用率很高时，就要看主要是哪些进程导致的，再判断这些进程是不是正常需要的进程，如果是非法进程占用了系统资源，也不能简单地仅强制结束，而应该分析非法进程的来源、所在位置和潜在威胁，从而彻底清除隐患。如果确实是正常进程，那就说明该服务器现有的性能已经不能满足应用需求，需要考虑更换硬件或者搭建更大的集群。

二、进程的查看

在 Linux 中，要管理进程，首先得学会主要的进程查看命令。

1. ps 命令

1）命令功能

ps 是用来静态查看系统中正在运行的进程的命令。

2）命令格式

```
[root@ MASTER ~]# ps [选项]
    a:显示一个终端的所有进程
    u:显示进程的归属用户及内存的使用情况
    x:显示没有控制终端的进程
    -l:长格式显示更加详细的信息
    -e:显示所有进程
```

ps 命令的选项有点特殊，有些选项要加"-"，有些又不能加"-"，对于 ps 命令，记住以下三组固定选项即可。

"ps aux"：查看系统中所有的进程。

"ps -le"：查看系统中所有的进程，同时能看到进程的父进程的 PID 和进程的优先级。

"ps -l"：只能看到当前 Shell 产生的进程。

3）常见用法

例 1："aux"选项

```
[root@ MASTER ~]# ps aux
USER    PID   % CPU   % MEM   VSZ    RSS    TTY   STAT   START   TIME    COMMAND
root    1     0.0     0.1     2896   1412   ?     Ss     15:27   0:01    /sbin/init
root    2     0.0     0.0     0      0      ?     S      15:27   0:00    [kthreadd]
root    3     0.0     0.0     0      0      ?     S      15:27   0:00    [migration/0]
root    4     0.0     0.0     0      0      ?     S      15:27   0:00    [ksoftirqd/0]
...省略部分内容...
```

每条进程信息占一行，共有 11 个字段，各字段的含义如下：

USER：产生该进程的用户。

PID：进程的 ID 号。

% CPU：进程占用 CPU 资源的百分比。

% MEM：进程占用物理内存的百分比。

VSZ：进程占用虚拟内存的大小，单位 KB。

RSS：进程占用实际物理内存的大小，单位 KB。

TTY：该进程运行在哪个终端。Linux 共有 7 个本地控制台终端，分别用 tty1 ~ tty7 表示，其中 tty1 ~ tty6 是本地字符界面终端，tty7 是图形终端，可以通过【Alt + F1 ~ F7】组合键进行切换。除了本地终端，还可以支持最多 256 个虚拟终端，一般就是指远程连接的终端，分别用 pts/0 ~ pts/255 表示。

STAT：进程状态。常见的状态类型如下：

➢ R：该进程正在运行。

➢ S：该进程处于睡眠状态，可被唤醒。

➢ T：停止状态，可能是在后台暂停。

➢ Z：僵尸进程。僵尸进程一般是由于进程非正常停止或程序编写错误，导致子进程先于父进程结束，而父进程又没有正确地回收子进程，从而造成子进程一直存在于内存之中。

➢ +：位于后台。

START：该进程的启动时间。

TIME：该进程占用 CPU 的运算时间，注意不是系统时间。

COMMAND：产生此进程的命令。

例 2："-le" 选项

```
[root@ MASTER ~]# ps -le
F S   UID  PID  PPID  C  PRI  NI ADDR  SZ  WCHAN  TTY    TIME      CMD
4 S    0    1    0    0   80   0  -    724  -      ?      00:00:01  init
1 S    0    2    0    0   80   0  -     0   -      ?      00:00:00  kthreadd
1 S    0    3    2    0  -40   -  -     0   -      ?      00:00:00  migration/0
1 S    0    4    2    0   80   0  -     0   -      ?      00:00:00  ksoftirqd/0
1 S    0    5    2    0  -40   -  -     0   -      ?      00:00:00  migration/0
5 S    0    6    2    0  -40   -  -     0   -      ?      00:00:00  watchdog/0
...省略部分内容...
```

每条进程信息占一行，共有 14 个字段，下面解释每个字段的含义：

F：进程标志，说明进程的权限。常见的表示有两个，"1" 代表进程可被复制，但是不能执行，"4" 代表进程使用的是超级用户的权限。

S：进程状态。

UID：运行此进程的用户 UID。

PID：进程号。

PPID：父进程号。

C：进程占用 CPU 的大小，单位是百分比。

PRI：进程的优先级，数值越小，代表进程优先级越高，不能手动修改。

NI：进程优先级的调整值，数值越小，代表进程优先级越高，可以手动修改，最终的优先级效果由原 PRI 值和 NI 调整值共同决定。

ADDR：该进程在内存中的哪个位置。

SZ：该进程占用多大内存。

WCHAN：该进程是否运行。"-"代表正在运行。

TTY：该进程由哪个终端产生。

TIME：该进程占用 CPU 的运算时间，注意不是系统时间。

CMD：产生此进程的命令。

对比来看，发现"ps aux"和"ps -le"命令的作用基本一致，掌握一个即可。有时不想看到所有进程，只想查看一下当前登录后产生了哪些进程，则只要"-l"选项即可。例如：

```
[root@ MASTER ~]# ps -l
F S  UID  PID   PPID C PRI NI ADDR  SZ  WCHAN   TTY   TIME      CMD
4 S  0   2182  2180 0 80  0  -    1719 -       pts/1 00:00:00  bash
4 R  0   2636  2182 0 80  0  -    1625 -       pts/1 00:00:00  ps
```

结果表明，当前远程登录终端为 pts/1，登录后只生成了 Shell，即 bash 进程，还有正在执行的 ps 进程。

2. top 命令

1）命令功能

top 命令用于动态地持续监听进程的运行状态。对比来说，ps 仅显示命令运行这个时刻的进程状态。

2）命令格式

```
[root@ MASTER ~]# top [选项]
选项：
   -d 秒数：指定 top 命令每隔几秒更新一次。默认是 3 s
   -p PID：指定 PID，即只查看指定 PID 的进程信息
   -u 用户名：指定只监听某个用户产生的进程
```

top 命令执行后是处于一种交互模式状态，常用的交互命令有：

➢ K：按照 PID 给予某个进程一个信号，一般给信号 9，用于强制终止进程。

➢ r：按照 PID 给某个进程重设优先级，即修改 Nice 的值。

➢ M：按照内存的使用率排序进程，默认是按 CPU 的使用率排序的。

➢ N：按照 PID 排序进程。

➢ q：退出 top 命令。

3）常见用法

例 1：top 命令查看进程运行状态

```
[root@ MASTER ~]# top -d 10
top- 20:01:32 up 4:34,  4 users,  load average: 0.00, 0.00, 0.00
```

```
Tasks: 109 total,   1 running, 106 sleeping,   2 stopped,   0 zombie
Cpu(s):  0.0% us,  0.1% sy,  0.0% ni, 99.6% id,  0.4% wa,  0.0% hi,  0.0% si,  0.0% st
Mem:   1030732k total,   420448k used,   610284k free,    19792k buffers
Swap:  2064376k total,        0k used,  2064376k free,   194784k cached

PID USER   PR  NI  VIRT   RES   SHR  S % CPU% MEM  TIME +      COMMAND
1   root   20   0  2896  1412  1200  S  0.0  0.1  0:01.18    init
2   root   20   0     0     0     0  S  0.0  0.0  0:00.00    kthreadd
...省略部分内容...
```

top 命令的输出是动态的，这里指定每隔 10 s 刷新一次，默认是 3 s 更新一次。命令的输出包含两部分：第一部分是前面五行，显示的是整个系统资源的使用情况，这部分信息也是判断服务器健康状态的主要信息。第二部分是从第六行开始，显示的是系统中的进程信息。进程部分的字段信息和 ps 命令差不多，这里重点介绍一下前五行信息的含义：

第一行为任务队列信息：

```
top- 20:01:32 up 4:34,   4 users,   load average: 0.00, 0.00, 0.00
```

20：01：32： 当前系统时间

up 4:34： 该服务器总共运行了 4 h 34 min

4 users： 该服务器共登录了 4 个用户

load average：0.00,0.00,0.00：系统在之前的 1 min、5 min 和 15 min 的平均负载。如果 CPU 是单核的，超过 1 就表示高负载，如果是双核的，超过 2 就是高负载。这三个值是判断服务器健康状况的核心信息。

第二行为进程信息：

```
Tasks: 109 total,   1 running, 106 sleeping,   2 stopped,   0 zombie
```

表示总共有 109 个进程，其中正在运行的有 1 个，睡眠的有 106 个，2 个已经停止，没有僵尸进程。

第三行为 CPU 信息：

```
Cpu(s):  0.0% us,  0.1% sy,  0.0% ni, 99.6% id,  0.4% wa,  0.0% hi,  0.0% si,  0.0% st
```

这里面重点就是% id 的值，即空闲 CPU 占用的百分比。

第四行为物理内存信息：

```
Mem:   1030732k total,   420448k used,   610284k free,    19792k buffers
```

表示总物理内存为 1030 MB，已使用 420 MB，空闲 610 MB，缓冲 20 MB。

第五行为交换分区（swap）信息：

```
Swap:  2064376k total,        0k used,  2064376k free,   194784k cached
```

表示总交换分区（虚拟内存）大小为 2060 MB，使用大小为 0，剩余大小为 2060 MB，缓存大小为 194 MB。

例 2：交互命令操作

在例 1 中，top 命令执行以后，如果不按"q"命令退出，将一直处于交互界面，每隔 10 s 刷新一次进程信息。下面以结束某个进程为例介绍交互命令的基本格式：如果要结束某个进程，只需输入"K"，系统会提示你输入要结束进程的 PID 号，输入 PID 号以后会进一步提示输入一个信号，如输入"9"，代表要强制终止该进程。

这里的"9"代表进程信号，系统中进程信号有很多，可以用"kill -l"命令查看到所有进程信号，结果如下：

```
[root@ MASTER ~]# kill -l
 1) SIGHUP        2) SIGINT       3) SIGQUIT      4) SIGILL       5) SIGTRAP
 6) SIGABRT       7) SIGBUS       8) SIGFPE       9) SIGKILL     10) SIGUSR1
11) SIGSEGV      12) SIGUSR2     13) SIGPIPE     14) SIGALRM     15) SIGTERM
16) SIGSTKFLT    17) SIGCHLD     18) SIGCONT     19) SIGSTOP     20) SIGTSTP
21) SIGTTIN      22) SIGTTOU     23) SIGURG      24) SIGXCPU     25) SIGXFSZ
26) SIGVTALRM    27) SIGPROF     28) SIGWINCH    29) SIGIO       30) SIGPWR
31) SIGSYS       34) SIGRTMIN    35) SIGRTMIN+1  36) SIGRTMIN+2  37) SIGRTMIN+3
38) SIGRTMIN+4   39) SIGRTMIN+5  40) SIGRTMIN+6  41) SIGRTMIN+7  42) SIGRTMIN+8
43) SIGRTMIN+9   44) SIGRTMIN+10 45) SIGRTMIN+11 46) SIGRTMIN+12 47) SIGRTMIN+13
48) SIGRTMIN+14  49) SIGRTMIN+15 50) SIGRTMAX-14 51) SIGRTMAX-13 52) SIGRTMAX-12
53) SIGRTMAX-11  54) SIGRTMAX-10 55) SIGRTMAX-9  56) SIGRTMAX-8  57) SIGRTMAX-7
58) SIGRTMAX-6   59) SIGRTMAX-5  60) SIGRTMAX-4  61) SIGRTMAX-3  62) SIGRTMAX-2
63) SIGRTMAX-1   64) SIGRTMAX
```

进程信号是用一个数字表示的，下面仅介绍常用进程信号：

➤ 1：信号名称为 SIGHUP，该进程信号的作用是立即关闭进程，然后重新读取配置文件后重启。

➤ 9：信号名称为 SIGKILL，该进程信号用来强制终止进程。

➤ 15：信号名称为 SIGTERM，该进程信号用于正常结束进程，也是 kill 命令的默认信号，如果该进程发生了什么问题，用信号 15 终止不了，再考虑用信号 9 强制终止。

三、进程的管理

所谓进程管理，就是对进程的关闭和重启。一般情况下可通过关闭服务来关闭进程，但有时需要专门的进程管理命令进行操作。

1. kill 命令

1）命令功能

kill 是按照 PID 来处理进程的命令，具体怎样处理进程，要靠进程信号来决定。

2）命令格式

```
[root@ MASTER ~]# kill [信号] PID
```

3）常见用法

例如，系统中查询到 smbd 进程的信息如下：

```
[root@ MASTER ~]# ps aux |grep "smbd" |grep -v "grep"
root  1863  0.0  0.3  25540  3328 ?   Ss  15:27  0:00 smbd -D
root  1885  0.0  0.1  26064  1708 ?   S   15:27  0:00 smbd -D
#若要杀死 PID 为 1863 的进程,执行命令如下(这里默认是信号 15,也可加"-9"选项表示强制终止)
[root@ MASTER ~]# kill 1863
#若要重启 PID 为 1863 的进程,执行命令如下(选项"-1"表示信号 1,代表重启进程)
[root@ MASTER ~]# kill -1 1863
```

2．killall 命令

1）命令功能

killall 命令是利用程序的进程名来结束一类进程。

2）命令格式

```
[root@ MASTER ~]# killall [选项] [信号] 进程名
选项：
    -i：交互式，询问是否结束某个进程
    -I：忽略进程名的大小写
```

3）常见用法

例如，系统中查询到 sshd 进程的信息如下：

```
[root@ MASTER ~]# ps aux |grep "sshd" |grep -v "grep"
root  1529  0.0  0.0  8816   996 ?  Ss  15:27  0:00 /usr/sbin/sshd
root  2180  0.0  0.3  12652  3620 ?  Ss  16:01  0:00 sshd: root@ pts/1
#用 killall 命令一次性结束进程名为 sshd 的所有进程
[root@ MASTER ~]# killall -i sshd
杀死 sshd(1529) ? (y/N) n
#这是 sshd 的服务进程，如果杀死，那么所有 sshd 连接都不能登录
杀死 sshd(2180) ? (y/N) n
sshd: 没有进程被杀死
#这是当前登录终端，如果输入 y，相当于把自己杀死了
```

3．pkill 命令

1）命令功能

pkill 命令也是按照进程名来杀死进程的，和 killall 命令非常相似，但区别是 pkill 命令还可以按照终端号来踢除用户。

2）命令格式

```
[root@ MASTER ~]# pkill [选项] [信号] 进程名
选项：
    -t 终端号：按照终端号踢除用户
```

3）常见用法

```
[root@ MASTER ~]# w
 21:03:17 up 5:35, 4 users,  load average: 0.00, 0.00, 0.00
USER     TTY       FROM            LOGIN@    IDLE    JCPU     PCPU    WHAT
root     tty1      -               16:57     3:43m   0.21s    0.05s   -bash
root     tty2      -               16:57     4:03m   0.02s    0.02s   -bash
root     tty3      -               17:00     4:01m   0.01s    0.01s   -bash
root     pts/1     192.168.1.101   16:01     0.00s   0.02s    0.00s   w
#查询到当前主机已有 4 个登录用户，3 个从本地登录，1 个从远程登录

[root@ MASTER ~]# pkill -9 -t tty3
#强制踢除从本地 tty3 登录的用户
```

```
[root@ MASTER ~]# w
21:05:48 up  5:38,  3 users,  load average: 0.00, 0.00, 0.00
USER      TTY      FROM             LOGIN@   IDLE      JCPU      PCPU      WHAT
root      tty1     -                16:57    3:45m     0.21s     0.05s     -bash
root      tty2     -                16:57    4:06m     0.02s     0.02s     -bash
root      pts/1    192.168.1.101    16:01    0.00s     0.02s     0.00s     w
#本地 tty3 登录进程已被杀死了,代表从 tty3 终端登陆的用户已被踢除
```

4．nice 命令

1）命令功能

nice 命令用于给新执行的命令赋予 NI 值,但不能修改已经存在进程的 NI 值。在 Linux 中,表示进程优先级的参数有 Priority 和 Nice,其值越小代表优先级越高,即最先被 CPU 执行。前面在介绍"ps -le"命令时已经介绍过 PRI 和 NI 两个字段的含义,其中 PRI 代表 Priority,NI 代表 Nice。这两个值都表示进程的优先级,且数值越小代表该进程越会优先被 CPU 处理。区别是,PRI 值是由内核动态调整的,用户不能直接修改。所以只能通过修改 NI 值来影响最终的 PRI 值,达到间接调整进程优先级的目的。

需要注意,root 用户对 NI 值的调整范围为"-20 ~ 19",普通用户的调整范围是 0 ~ 19,且普通用户只能调整自己的进程,且只能调高不能降低。

2）命令结构

```
[root@ MASTER ~]# nice [选项] 命令
选项:
    -n NI 值:给命令赋予 NI 值
```

3）常见用法

例如,系统中查到 samba 服务的进程 smbd 的默认 PRI 值是 80,NI 值是 0,结果如下所示:

```
[root@ MASTER ~]# ps -le | grep "smbd"
5 S 0  1863     1     0    80  0  -  6385  -  ?   00:00:00 smbd
1 S 0  1885     1863  0    80  0  -  6516  -  ?   00:00:00 smbd
```

现在重新启动 samba 服务,同时修改 smbd 进程的 NI 值为-5,命令如下:

```
[root@ MASTER ~]# nice -n -5 service smb restart
关闭 SMB 服务:                                        [确定]
启动 SMB 服务:                                        [确定]
[root@ MASTER ~]# ps -le | grep "smbd"
5 S 0  3003     1     0    75  -5  -  6528  -  ?   00:00:00 smbd
1 S 0  3005     3003  0    75  -5  -  6632  -  ?   00:00:00 smbd
#因为 smbd 进程的 NI 值设为-5,所以 smbd 进程的新 PRI 值变为了 80-5 =75
```

5．renice 命令

1）命令功能

renice 命令的功能是修改已经存在进程的 NI 值。

2）命令结构

```
[root@ MASTER ~]# renice [NI 值] PID
```

3）常见用法

```
[root@ MASTER ~]# renice -10 3003
3003: old priority -5, new priority -10
#将进程号为 3003 的 smbd 进程的 NI 值调整为-10。结果提示原来为-5,新值为-10
[root@ MASTER ~]# ps -le |grep "smbd"
5 S    0  3003       1   0   70  -10   -   6528   -    ?    00:00:00 smbd
1 S    0  3005    3003   0   75   -5   -   6632   -    ?    00:00:00 smbd
#因为原来的 NI 值为-5,得到 PRI 为 75,所以现在的 NI 改为-10 后,PRI 就变成 70
```

➤➤➤ 任务二　了解常见的系统信息查看命令

在 Windows 操作系统中,通过"计算机→右键→属性"可以非常方便地查看到操作系统的版本、操作系统位数、CPU、内存等信息。Linux 系统一样存在这些信息,只是需要特定的命令来查看,下面学习这些常见的系统信息查看命令。

1. uname 命令

uname 是用来查看系统与内核相关信息的命令。命令格式如下:

```
[root@ MASTER ~]# uname [选项]
选项:
    -a:查看系统所有相关信息
    -r:查看系统内核版本
    -s:查看内核名称
```

例如:

```
#查看系统与内核的所有相关信息
[root@ MASTER ~]# uname -a
Linux MASTER 2.6.32-279.el6.i686 #1 SMP Fri Jun 22 10:59:55 UTC 2012 i686 i686
i386 GNU/Linux
#查看内核版本
[root@ MASTER ~]# uname -r
2.6.32-279.el6.i686
#查看内核名称
[root@ MASTER ~]# uname -s
Linux
```

2. "lsb_release -a" 命令

"lsb_release -a" 命令可以查看当前 Linux 操作系统的具体版本信息。注意,该命令默认是没有安装的,先执行手动安装,安装命令及查询结果如下:

```
[root@ MASTER ~]# yum install redhat-lsb -y
#安装 lsb_release 命令
[root@ MASTER ~]# lsb_release -a
```

```
LSB Version:   : base-4.0-ia32:base-4.0-noarch:core-4.0-ia32:core-4.0-noarch:
graphics-4.0-ia32:graphics-4.0-noarch:printing-4.0-ia32:printing-4.0-noarch
Distributor ID: CentOS
Description: CentOS release 6.3 (Final)
Release: 6.3
Codename: Final
```

3. "getconf LONG_BIT" 命令

"getconf LONG_BIT" 命令用来查询当前 Linux 操作系统的位数。

```
[root@ MASTER ~]# getconf LONG_BIT
32
```

4. "cat /proc/cpuinfo" 命令

Linux 操作系统中 CPU 的主要信息都保存在/proc/cpuinfo 文件中，只要查看该文件，即可得知 CPU 的相关信息。

```
[root@ MASTER ~]# cat /proc/cpuinfo
processor       : 0
vendor_id       : GenuineIntel
cpu family      : 6
model           : 158
model name      : Intel(R) Core(TM) i7-7700HQ CPU @  2.80GHz
#CPU 的名字、编号、主频
stepping        : 9
cpu MHz         : 2807.996
#CPU 的实际主频
cache siz       : 6144 KB
#二级缓存
fdiv_bug        : no
hlt_bug         : no
f00f_bug        : no
coma_bug        : no
fpu             : yes
fpu_exception   : yes
cpuid level     : 22
wp              : yes
...省略部分内容...
```

5. free 命令

free 命令用于查看内存的使用状态，默认单位为 KB。

```
[root@ MASTER ~]# free
             total        used        free      shared     buffers      cached
Mem:        1030732      527016      503716           0       30460      288424
-/ + buffers/cache:      208132      822600
Swap:       2064376           0     2064376
```

结果中各字段的含义如下：

第一行：total 是总内存，大小为 1030 MB；used 是已使用内存，大小为 527 MB；free

是空闲内存，大小为 503 MB；shared 是多个进程共享的内存；buffers 是缓冲内存，大小为 30 MB；cached 是缓存内存，大小为 288 MB。

第二行：-/buffers/cache 相当于 used-buffers-cached = 527-30-288 = 208 MB，即实际用掉的内存，+/buffers/cache 相当于 free + buffers + cached = 503 + 30 + 288 = 822 MB，即实际空闲的内存。

第三行：total 是 swap 交换分区的总数，大小为 2064 MB；used 是已经使用的 swap 交换分区数，free 是空闲的 swap 交换分区数，大小为 2064 MB。默认单位是 KB。

6．w 命令

w 命令的功能是查看 Linux 服务器上目前已经登录的用户信息。

```
[root@ MASTER ~]# w
22:48:22 up  7:21,  4 users,  load average: 0.00, 0.00, 0.00
USER     TTY      FROM             LOGIN@   IDLE   JCPU      PCPU     WHAT
root     tty1     -                16:57    5:28m  0.21s     0.05s -  bash
root     tty2     -                16:57    5:48m  0.02s     0.02s -  bash
root     pts/0    192.168.1.101    21:13    32:08  0.02s     0.02s -  bash
root     pts/1    192.168.1.101    22:48    0.00s  0.00s     0.00s    w
```

其实第一行与 top 命令的第一行相似，主要显示系统当前时间，持续运行了多长时间，共有几个用户登录，以及过去 1 min、5 min、15 min 前的平均负载。

第二行是登录用户的项目说明，从第三行开始每行代表一个用户，项目字段含义如下：

USER：登录的用户名。

TTY：登录终端（tty 代表本地终端，pts 代表远程终端）。

FROM：从哪个 IP 地址登录。"-"表示本地登录。

LOGIN@：登录时间。

IDLE：用户闲置时间。

JCPU：和该终端连接的所有进程占用 CPU 的运算时间。

PCPU：当前进程所占用的 CPU 运算时间。

WHAT：当前正在运行的命令。

7．uptime 命令

uptime 命令的作用是显示系统的启动时间和平均负载，也就是 top 命令的第一行。

```
[root@ MASTER ~]# uptime
23:06:49 up  7:39,  4 users,  load average: 0.00, 0.00, 0.00
```

8．lsof 命令

lsof 命令的功能是列出系统中所有进程调用或打开的文件，也就是显示每个进程到底要调用哪些文件。

```
[root@ MASTER ~]# lsof |more
COMMAND   PID  USER  FD    TYPE   DEVICE   SIZE/OFF   NODE NAME
init      1    root  cwd   DIR    253,0    4096       2 /
init      1    root  rtd   DIR    253,0    4096       2 /
init      1    root  txt   REG    253,0    145180     656597 /sbin/init
...省略部分内容...
```

也可以反过来查某个文件到底被哪个进程调用。

```
[root@ MASTER ~]# lsof /sbin/init
COMMAND PID USER     FD   TYPE DEVICE SIZE/OFF   NODE NAME
init       1root txt   REG  253,0  145180 656597 /sbin/init
#查询到文件/sbin/init被init进程调用
```

9. dmesg 命令

在系统启动过程中，需要进行一次系统自检，检测信息会一闪而过，那么系统登录之后还能否看到这些信息呢。使用 dmesg 命令就可以实现该功能，因为系统启动时的内核自检信息会被保存到内存当中，利用 dmesg 命令可以查看这些信息，尤其是硬件信息。但是这些信息量太大，一般都通过管道符过滤来查看指定内容的信息，例如要查看 CPU 信息，命令及结果如下：

```
[root@ MASTER ~]# dmesg |grep CPU
Transmeta TransmetaCPU
SMP: Allowing 1 CPUs, 0 hotplug CPUs
Detected CPU family 6 model 158
UNSUPPORTED HARDWARE DEVICE: CPU family 6 model > 59
NR_CPUS:32 nr_cpumask_bits:32 nr_cpu_ids:1 nr_node_ids:1
PERCPU: Embedded 14 pages/cpu @ c2400000 s35928 r0 d21416 u2097152
Initializing CPU#0
CPU: Physical Processor ID: 0
mce: CPU supports 8 MCE banks
CPU0: Intel(R) Core(TM) i7-7700HQ CPU @ 2.80GHz stepping 09
Brought up 1 CPUs
microcode: CPU0 sig = 0x906e9, pf = 0x1, revision = 0x84
```

要查看第一块网卡的信息，命令及结果如下：

```
[root@ MASTER ~]# dmesg |grep eth0
eth0: registered as PCnet/PCI II 79C970A
eth0: link up
eth0: no IPv6 routers present
```

10. vmstat 命令

vmstat 是 Linux 中的综合性能分析工具，可以用来监控 CPU 使用、进程状态、内存使用、虚拟内存使用、磁盘输入、输出状态等信息。命令格式为：

```
[root@ MASTER ~]# vmstat 刷新延时 刷新次数
```

例如，每 2 s 刷新一次，共三次，命令如下：

```
[root@ MASTER ~]# vmstat 2 3
procs --------------memory-------------- --swap-- ---io--- -system-- -------------cpu-------------
 r  b swpd   free    buff  cache  si so  bi bo   in cs    us sy id wa st
 0  0 0     500476 32192 288724 0  0   9  6    14 45    0  0  100 0  0
 0  0 0     500476 32192 288732 0  0   0  0    12 39    0  0  100 0  0
 0  0 0     500476 32192 288732 0  0   0  0    10 34    0  0  100 0  0
```

查询结果中每个字段的含义如下：

procs：进程信息字段

➢ r：等待运行的进程数，数量越大，表明系统越繁忙。

➢ b：不可被唤醒的进程数量，数量越大，表明系统越繁忙。

memory：内存信息字段

➢ swpd：虚拟内存的使用情况，单位为 KB。

➢ free：空闲的内存容量，单位为 KB。

➢ buff：缓冲的内存容量，单位为 KB。

➢ cache：缓存的内存容量，单位为 KB。

swap：交换分区信息字段

➢ si：从磁盘中交换到内存中数据的数量，单位为 KB。

➢ so：从内存中交换到磁盘中数据的数量，单位为 KB。这两个数越大，表明数据需要经常在磁盘和内存之间进程交换，系统性能越差。

io：磁盘读/写信息字段

➢ bi：从块设备中读入的数据的总量，单位是块。

➢ bo：写到块设备的数据的总量，单位是块。这两个数越大，代表系统的 I/O 越繁忙。

system：系统信息字段

➢ in：每秒被中断的进程次数。

➢ cs：每秒进行的事件切换次数。这两个数越大，代表系统与接口设备的通信越繁忙。

cpu：CPU 信息字段

➢ us：非内核进程消耗 CPU 运算时间的百分比。

➢ sy：内核进程消耗 CPU 运算时间的百分比。

➢ id：空闲 CPU 的百分比。

➢ wa：等待 I/O 所消耗的 CPU 百分比。

➢ st：被虚拟机所盗用的 CPU 百分比。

由于该主机是一台测试用的虚拟机，并没有多少资源被占用。实际的生产服务器上的资源占用率是比较高的，vmstat 命令通过对这些信息的监测，主要是看有没有非正常进程占用系统资源，以及分析产生这些非正常进程的原因，如果确实是因正常需要的进程导致系统性能不够用，那就说明服务器需要升级了。

➤➤➤ 任务三　掌握文件系统管理

一、硬盘与硬盘分区

1. 硬盘

硬盘是计算机的主要外部存储设备。从存储数据的介质上来分，硬盘可分为机械硬盘（Hard Disk Drive，HDD）和固态硬盘（Solid State Disk，SSD）。

1）机械硬盘

机械硬盘采用磁性碟片存储数据，通过接口与计算机主板进行连接。常见的机械硬盘接口有以下几种：

（1）IDE 硬盘接口（Integrated Drive Dlectronics，并口，即电子集成驱动器），又称 ATA 硬盘或者 PATA 硬盘，这是早期机械硬盘的主要接口。

（2）SATA 接口（Serial ATA，串口），这是速度更高的硬盘标准，传输速度更快，且具有更强的纠错能力。

（3）SCSI 接口（Small Computer System Interface，小型计算机系统接口），广泛应用在服务器上。

2）固态硬盘

固态硬盘是通过闪存颗粒来存储数据的。固态硬盘和机械硬盘的最大区别就是不再采用盘片进行数据存储，而采用存储芯片进行数据存储。固态硬盘因其具备极快的读写速度，且具有较好的防震性能，已逐渐成为主流硬盘。

2．硬盘分区

要介绍硬盘分区，首先得知道为什么要分区，简单来说，硬盘分区就是为了方便数据的管理，提升数据的读取效率。好比一个大衣柜，一般都分成多个区间，将衣服被褥分类放置在其中，如果不分区，只有一个大空间，什么东西都堆里面，那么要找一件衣服时得全部翻一遍，硬盘分区也是同样的道理。

1）分区的种类

不管是 Windows 还是 Linux，目前可以识别的分区类型有三种：主分区、扩展分区和逻辑分区。

（1）主分区：最多可分为 4 个，且扩展分区与主分区是平级的，也就是说，如果有一个扩展分区的话，那最多还能分 3 个主分区。

（2）扩展分区：最多只能有一个。注意扩展分区是不能存储数据也不能进行格式化的，必须将其划分成 1 个或多个逻辑分区才能使用，这是扩展分区最大的特点。

（3）逻辑分区：逻辑分区是从扩展分区划分出来的。如果是 SCSI 硬盘，Linux 最多可支持 11 个逻辑分区，如果是 IDE 硬盘，Linux 最多可支持 59 个逻辑分区。

2）硬盘与分区的表示方法

在 Linux 中，一切皆文件，哪怕是硬盘和分区也不例外，那么，硬盘和分区的命名规则是怎样的呢？如果是 IDE 硬盘，用"hd"表示硬盘；如果是 SCSI 或 SATA 硬盘，用"sd"表示硬盘，用"a b c..."表示第几块硬盘，用"1~4"表示主分区，从"5"开始表示逻辑分区。拿第一块 SCSI 硬盘为例，其三个主分区分别表示为/dev/sda1、/dev/sda2、/dev/sda3，扩展分区为/dev/sda4，逻辑分区从/dev/sda5 开始，依此类推。这里要注意一点，不管前面有几个主分区，逻辑分区总是从/dev/sda5 开始往后排的。比如再添加第二块 SCSI 硬盘，只有一个主分区，一个扩展分区，其余的都是逻辑分区，那分区的命名方法为：/dev/sdb1 代表主分区，/dev/sdb2 代表扩展分区，逻辑分区还是从/dev/sdb5 开始。

二、Linux 中常见的文件系统

要明白文件系统关键就是要理解格式化。例如，在对 U 盘进行格式化时就要求选择一种文件系统类型。当然，有不少人对格式化的误解是清空存储设备中的数据。实际上，硬盘格式化的本质是为了写入文件系统，目前常见的文件系统类型主要有以下几种：

（1）ext3 文件系统：这是 ext2 的升级版本，带日志功能，支持最大 16 TB 的分区和最大 2 TB 的文件。

（2）ext4 文件系统：ext3 文件系统的升级版，向下兼容 ext3 文件系统，支持无限量子目录，支持最大 1 EB 的分区和最大 16 TB 的文件。这是 CentOS 6.x 默认的文件系统，当然 RHEL 7 已经用 XFS 文件系统替代了 ext4 作为默认的文件系统。

（3）fat32 文件系统：早期 Windows 的文件系统，支持最大 32 GB 的分区和最大 4 GB 的文件。日常工作中，使用 U 盘时，明明还有足够的空间，但是碰到一个大文件却复制不进来，这很有可能是因为你的 U 盘采用 fat32 类型的文件系统，而要复制的文件大于 4 GB 造成的。如何查看 U 盘是什么类型的文件系统呢？方法很简单，将要查看的 U 盘连接到计算机，执行"右键 → 属性"即可查看。

（4）NTFS 文件系统：现在 Windows 主流的文件系统，比 fat32 更加安全、速度更快，支持最大 2 TB 的分区和最大 64GB 的文件。

那到底怎么理解格式化会删除数据呢？格式化对于柜子分区的例子来讲，相当于还要对每个分区再打入小隔断才能真正使用，那打入小隔断之前先得把所有东西都拿出来。对于硬盘来讲，格式化写入文件系统时也会顺带清空分区中的所有数据。

三、文件系统管理命令

要管理文件系统，首先要学习文件系统管理的常见命令。

1. df 命令

1）命令功能

df 是文件系统查看命令，用于查看已经挂载的文件系统的信息，包括设备文件名、文件系统总大小、已经使用的大小、剩余大小、使用率和挂载点等。

2）命令格式

```
[root@ MASTER ~]# df [选项] [挂载点或分区设备文件名]
选项：
    -a:显示所有文件系统信息,包括特殊文件系统,如/proc、/sysfs
    -h:使用习惯单位显示容量,如 KB、MB 或 GB 等
    -T:显示文件系统类型
```

3）用法举例

例 1：不带任何选项

```
[root@ MASTER ~]# df
文件系统                          1K-块        已用      可用        已用%    挂载点
/dev/mapper/vg_master-lv_root18102140   4868124   12314464   29%     /
tmpfs                            515364      0        515364      0%      /dev/shm
/dev/sda1                        495844     31224     439020      7%      /boot
```

下面分别介绍一下这六列的含义：

第一列：设备文件名。

第二列：文件系统总大小，默认单位是 KB。

第三列：已用空间大小。

第四列：未用空间大小。

第五列：空间使用百分比。

第六列：文件系统挂载点。

例 2：带上 "-ahT" 选项

```
[root@ MASTER ~]# df -ahT
#"-a"选项显示特殊文件系统,这些文件系统都是保存在内存中的,所以占用量都是0
#"-h"选项单位不再是 KB,而是换算成习惯单位
#"-T"多出了文件系统类型一列
文件系统                        类型        容量    已用   可用   已用%  挂载点
/dev/mapper/vg_master-lv_roo  text4      18G    4.7G   12G    29%   /
proc                          proc       0      0      0      -     /proc
sysfs                         sysfs      0      0      0      -     /sys
devpts                        devpts     0      0      0      -     /dev/pts
tmpfs                         tmpfs      504M   0      504M   0%    /dev/shm
/dev/sda1                     ext4       485M   31M    429M   7%    /boot
none                          binfmt_misc 0     0      0      -     /proc/sys/fs/binfmt_misc
sunrpc                        rpc_pipefs 0      0      0      -     /var/lib/nfs/rpc_pipefs
```

2．du 命令

1）命令功能

du 命令的功能是用于统计目录或文件所占磁盘空间的大小。

2）命令格式

```
[root@ MASTER ~]# du [选项] [目录或者文件名]
选项:
    -s:只统计总磁盘占用量
    -h:使用习惯单位显示磁盘占用量
    -a:显示每个子文件的磁盘占用量和总磁盘占用量
    不加选项:显示子目录的磁盘占用量和总磁盘占用量
```

3）用法举例

```
[root@ MASTER ~]# du
12   ./.ssh
944  .
#统计当前目录的总磁盘占用量大小(944KB),同时会统计当前目录下所有子目录的磁盘占用量大小,
但不统计子文件的磁盘占用量大小。

[root@ MASTER ~]# du -a
12   ./.1.txt.swp
4    ./.lesshst
4    ./3.txt
8    ./.viminfo
```

```
16  ./.1111.txt.swp
4   ./anaconda-ks.cfg
4   ./id_rsa.pub
12  ./.test.swp
4   ./.bashrc
0   ./112.txt
4   ./tmp.tar.gz
4   ./.ssh/known_hosts
4   ./.ssh/authorized_keys
12  ./.ssh
32  ./install.log
4   ./.cshrc
4   ./.tcshrc
12  ./.vimrc.swp
8   ./install.log.syslog
16  ./.bash_history
0   ./.vimrc
4   ./.bash_profile
0   ./113.txt
768 ./etc.tar.gz
4   ./.bash_logout
4   ./.mysql_history
944 .
#统计当前目录的总大小,同时会统计当前目录下各级子目录和子文件磁盘占用量的大小。默认单位
是 KB

[root@ MASTER ~]# du -sh
944K  .
#用最适合的习惯单位统计磁盘占用量总大小
```

这里要注意 du 和 df 的区别，du 命令只计算文件或目录占用的磁盘空间，而 df 命令不仅要统计文件占用的空间，还有考虑被命令和程序占用的空间，所以一般 df 命令统计的磁盘占用量更大，也更准确，例如：

```
[root@ MASTER ~]# df -h
文件系统                         容量    已用    可用    已用%% 挂载点
/dev/mapper/vg_master-lv_root18G   4.7G    12G    29%    /
tmpfs                           504M   0      504M   0%     /dev/shm
/dev/sda1                       485M   31M    429M   7%     /boot
[root@ MASTER ~]# du -sh /boot
21M/boot
#用 df 统计/boot 占 31MB,用 du 统计只占 21MB
```

3. mount 命令。

1）命令功能

mount 是用于挂载设备的命令。Linux 中所有的存储设备都必须经过挂载后才能使用。所谓挂载就是把硬盘分区和挂载点（已建立的空目录）联系起来。

1）命令格式

```
[root@ MASTER ~]# mount [-t 文件系统] [-L 卷标名] [-o 特殊选项] 设备文件名 挂载点
选项:
    -t 文件系统:加入文件系统类型来指定挂载的类型,可以是 ext3、ext4、iso9660 等
    -L 卷标名:挂载指定卷标的分区,而不是按照设备文件名挂载
    -o 特殊选项:可以指定挂载的额外选项,比如读写权限、同步/异步等,如不指定,则按默认值生效。
默认值相当于 rw、suid、dev、exec、auto、nouser、async 这 7 个选项
```

2）用法举例

例1: 查看已经挂载的文件系统

```
[root@ MASTER ~]# mount
#查看系统中已经挂载的文件系统,包括虚拟的文件系统
/dev/mapper/vg_master-lv_root on / type ext4 (rw)
proc on /proc type proc (rw)
sysfs on /sys type sysfs (rw)
devpts on /dev/pts type devpts (rw,gid=5,mode=620)
tmpfs on /dev/shm type tmpfs (rw)
/dev/sda1 on /boot type ext4 (rw)
none on /proc/sys/fs/binfmt_misc type binfmt_misc (rw)
sunrpc on /var/lib/nfs/rpc_pipefs type rpc_pipefs (rw)
```

以第一行为例,表示将/dev/mapper/vg_master-lv_root 分区挂载到/目录,文件系统是 ext4,权限是读写。

例2: 挂载光盘

在 Windows 中如果要使用光盘,只需要把光盘放入光驱,双击光盘卷标即可使用。但是在 Linux 中,除了要把光盘放入光驱,还必须经过挂载才能使用,挂载光盘相当于给光盘分配一个盘符。例如,要将光盘挂载到/mnt/cdrom 目录下,就相当于给其分配一个盘符 "/mnt/cdrom",这样进入/mnt/cdrom 就可以看到光盘中的所有文件。命令如下:

```
[root@ MASTER ~]# mkdir /mnt/cdrom
#创建挂载点(即建立一个用于承载光盘文件的目录)
[root@ MASTER ~]# mount -t iso9660 /dev/sr0 /mnt/cdrom
#挂载命令,这里的/dev/sr0 代表光盘设备名,"-t iso9660"代表光盘的文件系统,其实这里可以忽
略不写,因为系统能够自动检测得到,即命令可简化为"mount /dev/sr0 /mnt/cdrom"
```

再用 mount 命令查询一下,即可看到光盘已经被挂载了,结果如下:

```
[root@ MASTER ~]# mount
...省略部分内容...
/dev/sr0 on /mnt/cdrom type iso9660 (ro)
```

还要注意一点:有些书上也有把光盘设备写成/dev/cdrom 的,其实是一回事,因为/dev/cdrom 与/dev/sr0 是软链接的关系。

```
[root@ MASTER ~]# ls -ld /dev/cdrom
lrwxrwxrwx 1 root root 3 3 月  4 22:40 /dev/cdrom -> sr0
```

例3: 挂载 U 盘

挂载 U 盘和挂载光盘的方式是一样的。区别是光盘设备有固定的设备名/dev/sr0,但 U

盘设备使用的是硬盘设备名，将 U 盘插入计算机后，得通过"fdisk -l"命令检测系统自动分配给 U 盘的文件名。例如，将 U 盘插入计算机（注意，如果是虚拟机安装的 Linux 系统，一定要先把鼠标点入虚拟机再插入 U 盘），再执行查看命令如下：

```
[root@ MASTER ~]# fdisk -l
...省略部分内容...
Disk /dev/sdc: 30.9 GB, 30943995904 bytes
32 heads, 63 sectors/track, 29978 cylinders
Units = cylinders of 2016 * 512 = 1032192 bytes
Sector size (logical/physical): 512 bytes / 512 bytes
I/O size (minimum/optimal): 512 bytes / 512 bytes
Disk identifier: 0x59781792

Device     Boot      Start        End      Blocks      Id    System
/dev/sdc1    *          1        29978    30217792 +    b     W95 FAT32
#系统给 U 盘分配的设备名就是/dev/sdc,它只有一个分区/dev/sdc1
```

接下来就可以挂载 U 盘了，命令如下：

```
[root@ MASTER ~]# mkdir /mnt/usb
#建立挂载点
[root@ MASTER ~]# mount -t vfat /dev/sdc1 /mnt/usb
#挂载 U 盘,U 盘的文件系统为 vfat
[root@ MASTER ~]# mount
...省略部分内容...
/dev/sr0 on /mnt/cdrom type iso9660 (ro)
/dev/sdc1 on /mnt/usb type vfat (rw)
#U 盘设备已被挂载
```

这时能否在 Linux 中看到 U 盘中的文件呢？当然可以，只需进入挂载点目录（为其分配的盘符）即可，命令如下：

```
[root@ MASTER ~]# ls /mnt/usb
??   111    linux???????    VMware10???.txt
???? 155 ?????????????????????????.pptx VMware-workstation-full-10.0.6-2700073.exe
?????    ????? 2018-2019????? ??????????.rar    ??????    ??????????.docx    ?????????.
rar   ????????.zip??????????   LightSensor.PDF    System Volume Information
```

这是中文显示出现乱码的问题，因为 Windows 中的中文编码格式和 Linux 不一样，要想正常显示，需要在挂载的同时指定正确的编码格式，挂载命令如下：

```
[root@ MASTER ~]# mount -t vfat -o iocharset = utf8 /dev/sdc1 /mnt/usb
#挂载 U 盘,指定中文编码格式为 utf-8
[root@ MASTER ~]# ls /mnt/usb
111
155
LightSensor.PDF
linux 服务器配置部分
System Volume Information
VMware10 注册码.txt
...省略部分内容...
```

这样就可以正常显示中文标题了。

4. umount 命令

1）命令功能

umount 命令的功能是卸载设备。比方说 U 盘或者光盘在使用结束后，取出前都需要卸载。

2）命令格式

```
[root@ MASTER ~]# umount 设备文件名或者挂载点
#注意,后面要么跟设备文件名,要么跟挂载点,绝不能同时跟两个
```

3）用法举例

```
[root@ MASTER ~]# umount /mnt/usb
#卸载 U 盘(跟挂载点),或者用如下命令
[root@ MASTER ~]# umount /dev/sr0
#卸载光盘(跟设备文件名)
```

需要注意，当身处挂载点目录中时执行卸载命令，会报错，即要执行卸载，一定要先退出挂载点目录。例如，架个楼梯到高处干活，不可能人还在楼梯顶端，就把楼梯撤掉，而应当等人撤下来再撤楼梯。

5. fsck 命令

1）命令功能

fsck 命令的功能是用来对文件系统进行检测和修复。

2）命令格式

```
[root@ MASTER ~]# fsck [选项] 分区设备文件名
选项:
    -y:自动修复
    -f:强制检测。如果 fsck 命令没有发现分区有问题,是不会检测的,加上该选项,则不管有没有发
现问题,都会检测
```

3）用法举例

```
[root@ MASTER ~]# fsck -y /dev/sdb1
#自动修复/dev/sdb1 分区
```

6. dumpe2fs 命令

1）命令功能

dumpe2fs 是用于显示磁盘状态的命令。

2）命令格式

```
[root@ MASTER ~]# dumpe2fs 分区设备文件名
```

3）用法举例

```
[root@ MASTER ~]# dumpe2fs /dev/sda1
dumpe2fs 1.41.12 (17-May-2010)
Filesystem volume name:    <none>
Last mounted on:          /boot
#挂载点
```

```
Filesystem UUID:         9768eb58-994e-4571-a7b2-02deffb44614
#分区设备的 UUID,设置分区自动挂载时要用
Filesystem magic number:  0xEF53
Filesystem revision #:    1 (dynamic)
Filesystem features:      has_journal ext_attr resize_inode dir_index filetype
needs_recovery extent flex_bg sparse_super huge_file uninit_bg dir_nlink extra_isize
Filesystem flags:         signed_directory_hash
Default mount options:    user_xattr acl
#挂载参数
Filesystem state:         clean
Errors behavior:          Continue
Filesystem OS type:       Linux
Inode count:              128016
Block count:              512000
Reserved block count:     25600
Free blocks:              464620
Free inodes:              127978
First block:              1
Block size:               1024
Fragment size:            1024
...省略部分内容...
Group 0: (Blocks 1-8192) [ITABLE_ZEROED]
  校验和 0x0459,2015 个未使用的 inode
  主 superblock at 1, Group descriptors at 2-3
  保留的 GDT 块位于 4-259
  Block bitmap at 260 (+259), Inode bitmap at 276 (+275)
  Inode 表位于 292-545 (+291)
  3820 free blocks, 2015 free inodes, 2 directories, 2015 个未使用的 inodes
  可用块数:4373-8192
  可用 inode 数:18-2032
#第一个数据组的内容
...省略部分内容...
```

这个命令有一个非常重要的作用就是可以查看分区设备的 UUID。

四、fdisk 分区命令

在安装系统时,不管选择自动分区还是自定义布局,都已经对系统硬盘进行了分区。如果再添加一块新硬盘,到底应该进行哪些操作才能正常使用呢?一般来讲,一个硬盘要正常使用,都要经过分区、格式化、建立挂载点、实施挂载和建立开机自动挂载等步骤,前面学习了格式化和挂载等知识,下面学习 Linux 中非常重要的分区命令 fdisk。

1. 虚拟机添加新硬盘

如果是真实的服务器,那添加硬盘得去市场上买一块符合规格和要求的硬盘,再把它连接好。对于用虚拟机安装的 Linux 系统,添加硬盘就变得非常容易,而且从 VMware 10 版本以后,不需要关机就可以添加硬盘。步骤如下:

第一步：打开虚拟机软件，选中要添加硬盘的虚拟计算机，在菜单中执行"虚拟机→设置"命令，打开"虚拟机设置"对话框，如图7-1所示。

第二步：单击"添加"按钮，进入"添加硬件向导"对话框，如图7-2所示。

图7-1　虚拟机设置　　　　　　　　　　　　　图7-2　添加硬件向导

第三步：这里默认选中第一项"硬盘"，直接单击"下一步"按钮，进入"选择磁盘类型"界面，如图7-3所示。

第四步：保持默认设置即可，单击"下一步"按钮，进入"选择磁盘"界面，如图7-4所示。

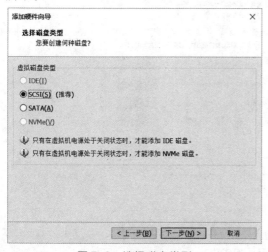

图7-3　选择磁盘类型

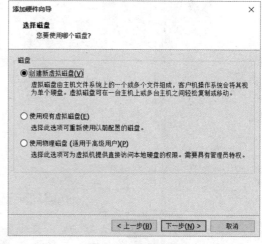

图7-4　选择磁盘

第五步：保持默认的"创建新虚拟磁盘"选项，单击"下一步"按钮，进入"指定磁盘容量"对话框，如图7-5所示。

第六步：按照自己的需求设置新添加磁盘的容量，这里就用默认值20 GB，其他保持默认，单击"下一步"按钮，进入"指定磁盘文件"界面，如图 7-6 所示。

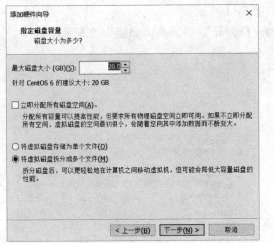
图 7-5 指定磁盘容量

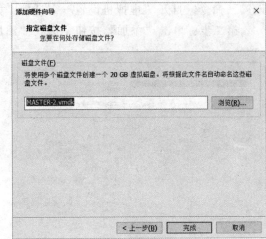
图 7-6 指定磁盘文件

第七步：保持默认设置，单击"完成"按钮，即可完成新磁盘的添加，如图 7-7 所示。

图 7-7 新硬盘添加成功

要让虚拟机识别到该磁盘，还得重启 Linux 主机。

2. 建立分区

Linux 系统中的主要分区命令是 fdisk，其命令格式如下：

```
[root@ MASTER ~]# fdisk -l
#列出系统分区
[root@ MASTER ~]# fdisk 设备文件名
#给指定硬件分区
```

要给新添加的磁盘分区，首先得查看系统自动给该磁盘分配的文件名，命令如下：

```
[root@ MASTER ~]# fdisk -l
#先查询一下本机可以识别的硬盘和分区
Disk /dev/sda: 21.5 GB, 21474836480 bytes
#原来的硬盘文件名和硬盘大小
255 heads, 63 sectors/track, 2610 cylinders
#255 个磁头、63 个扇区和 2610 个柱面
Units = cylinders of 16065 * 512 = 8225280 bytes
#每个柱面的大小
Sector size (logical/physical): 512 bytes / 512 bytes
#每个扇区的大小
I/O size (minimum/optimal): 512 bytes / 512 bytes
Disk identifier: 0x000b539f

Device     Boot       Start      End        Blocks     Id    System
/dev/sda1  *          1          64         512000     83    Linux
Partition 1 does not end on cylinder boundary.
#第一个分区没有到达硬盘的结束柱面
/dev/sda2             64         2611       20458496   8e    Linux LVM
#设备文件名  是否为启动分区 起始柱面      终止柱面   容量      ID    系统
#第一块磁盘 sda 中的两个分区 sda1 和 sda2，其中 sda1 为启动分区，且第二个分区后面没有再提示
"Partition 2 does not end on cylinder boundary."表示该磁盘的所有空间已全部被分配完毕

Disk /dev/sdb: 21.5 GB, 21474836480 bytes
#第二块磁盘(新添加的磁盘)的设备名【sdb】及大小【20G】
255 heads, 63 sectors/track, 2610 cylinders
Units = cylinders of 16065 * 512 = 8225280 bytes
Sector size (logical/physical): 512 bytes / 512 bytes
I/O size (minimum/optimal): 512 bytes / 512 bytes
Disk identifier: 0x00000000

Disk /dev/mapper/vg_master-lv_root: 18.8 GB, 18832424960 bytes
255 heads, 63 sectors/track, 2289 cylinders
Units = cylinders of 16065 * 512 = 8225280 bytes
Sector size (logical/physical): 512 bytes / 512 bytes
I/O size (minimum/optimal): 512 bytes / 512 bytes
Disk identifier: 0x00000000

Disk /dev/mapper/vg_master-lv_swap: 2113 MB, 2113929216 bytes
255 heads, 63 sectors/track, 257 cylinders
Units = cylinders of 16065 * 512 = 8225280 bytes
Sector size (logical/physical): 512 bytes / 512 bytes
I/O size (minimum/optimal): 512 bytes / 512 bytes
Disk identifier: 0x00000000
```

从结果来看，第一块磁盘/dev/sda 已经完成了分区，但第二块被识别的磁盘/dev/sdb，还没有任何分区，下面就以这块新添加的磁盘为例，详细介绍硬盘分区方法，命令如下：

```
[root@ MASTER ~]# fdisk /dev/sdb
Device contains neither a valid DOS partition table, nor Sun, SGI or OSF disklabel
Building a new DOS disklabel with disk identifier 0x6ec489fb.
Changes will remain in memory only, until you decide to write them.
After that, of course, the previous content won't be recoverable.

Warning: invalid flag 0x0000 of partition table 4 will be corrected by w(rite)

WARNING: DOS-compatible mode is deprecated. It's strongly recommended to
         switch off the mode (command 'c') and change display units to
         sectors (command 'u').

Command (m for help): m
Command action
   a   toggle a bootable flag
   b   edit bsd disklabel
   c   toggle the dos compatibility flag
   d   delete a partition
   l   list known partition types
   m   print this menu
   n   add a new partition
   o   create a new empty DOS partition table
   p   print the partition table
   q   quit without saving changes
   s   create a new empty Sun disklabel
   t   change a partition's system id
   u   change display/entry units
   v   verify the partition table
   w   write table to disk and exit
   x   extra functionality (experts only)
```

执行磁盘分区命令后，会进入一个交互命令，输入 m 后按【Enter】键，可以提示所有的交互命令，常用的交互命令含义如下：

➢ n：新建一个分区。

➢ p：显示分区列表。

➢ d：删除一个分区。

➢ t：改变一个分区的系统 ID。

➢ q：不保存退出，若所有操作不想生效，按【q】键退出即可。

➢ w：保存退出，即所有的分区操作完成后，必须输入 w 命令保存退出才会生效。

接下来开始新建分区，先建立主分区：

```
Command (m for help): n
Command action
   e   extended
   p   primary partition (1-4)
p
Partition number (1-4): 1
First cylinder (1-2610, default 1): 直接回车
Using default value 1
Last cylinder, +cylinders or +size{K,M,G} (1-2610, default 2610): +5G
```

第一个输入的"n"命令表示要新建分区；第二个输入的"p"命令表示要新建主分区；第三个输入的"1"表示第一个主分区编号为1，即新建好的分区设备名为/dev/sdb1；第四个输入"直接按【Enter】键"表示默认从硬盘的起始柱面开始分区；第五个输入"+5G"表示指定该分区的大小。这样第一个分区/dev/sdb1就建立好了，可以通过"p"命令查看：

```
Command (m for help): p

Disk /dev/sdb: 21.5 GB, 21474836480 bytes
255 heads, 63 sectors/track, 2610 cylinders
Units = cylinders of 16065 * 512 = 8225280 bytes
Sector size (logical/physical): 512 bytes / 512 bytes
I/O size (minimum/optimal): 512 bytes / 512 bytes
Disk identifier: 0x6ec489fb

Device Boot        Start         End      Blocks   Id  System
/dev/sdb1              1         654     5253223+   83  Linux
```

接下来用同样的方法建立第二个、第三个主分区，大小都为2 GB，具体步骤不再演示，建好后用"p"命令查看：

```
Command (m for help): p
...省略部分内容...
Device Boot        Start         End      Blocks   Id  System
/dev/sdb1              1         654     5253223+   83  Linux
/dev/sdb2            655         916     2104515    83  Linux
/dev/sdb3            917        1178     2104515    83  Linux
```

下面演示创建扩展分区，因为主分区加扩展分区最多只能有4个，把余下的未分配空间都分配给扩展分区，命令如下：

```
Command (m for help): n
Command action
   e   extended
   p   primary partition (1-4)
e                          //输入 e, 表示要建立扩展分区
Selected partition 4       //系统会默认将其赋予编号 4
First cylinder (1179-2610, default 1179): 直接按【Enter】键
Using default value 1179
Last cylinder, +cylinders or +size{K,M,G} (1179-2610, default 2610): 直接按【Enter】键
Using default value 2610
```

在指定分区的起始柱面和结束柱面时，直接按【Enter】键，则系统会自动把剩下的空间全部分配给该扩展分区。再次用"p"命令查询，结果如下：

```
Command (m for help): p
...省略部分内容...
Device Boot        Start        End       Blocks   Id  System
/dev/sdb1            1          654     5253223+   83  Linux
/dev/sdb2          655          916     2104515    83  Linux
/dev/sdb3          917         1178     2104515    83  Linux
/dev/sdb4         1179         2610    11502540     5  Extended
```

扩展分区是不能直接使用的，接下来要继续把扩展分区划分成逻辑分区，命令如下：

```
Command (m for help): n
First cylinder (1179-2610, default 1179): 直接按【Enter】键
Using default value 1179
Last cylinder, +cylinders or +size{K,M,G} (1179-2610, default 2610): +1G
```

可见，创建逻辑分区就更简单了，因为主分区已用满4个，输入命令"n"以后，默认只能建立逻辑分区。注意，如果主分区不够4个，则这时会继续提示是要建主分区（p）还是建立逻辑分区（l）。起始柱面都是"直接按【Enter】键"，利用结束柱面指定逻辑分区的大小，这里设置为"+1G"，而且，逻辑分区会自动从编号5开始分配，也就是说第一个逻辑分区的设备名会自动分配为/dev/sdb5，照此操作，共建立4个逻辑分区，最后用"p"命令查询，结果如下：

```
Command (m for help): p
...省略部分内容...
Device Boot        Start        End       Blocks     Id    System
/dev/sdb1            1          654     5253223 +    83    Linux
/dev/sdb2          655          916     2104515      83    Linux
/dev/sdb3          917         1178     2104515      83    Linux
/dev/sdb4         1179         2610    11502540       5    Extended
/dev/sdb5         1179         1310     1060258 +    83    Linux
/dev/sdb6         1311         1442     1060258 +    83    Linux
/dev/sdb7         1443         1574     1060258 +    83    Linux
/dev/sdb8         1575         1706     1060258 +    83    Linux
```

需要注意，要让新建的分区生效，一定要按"w"命令保存退出。命令如下：

```
Command (m for help): w
The partition table has been altered!

Calling ioctl() to re-read partition table.
Syncing disks.
```

保存退出后，还需要重启系统，目的是让系统内核重新读取分区表。

3. 格式化分区

分区结束后，接下来要对新建立的分区进行格式化，也就是写入文件系统。常用的格式化命令为 mkfs，命令格式如下：

```
[root@ MASTER ~]#mkfs [选项] 分区设备文件名
选项:
    -t:指定格式化的文件系统,如 ext3、ext4
```

对刚才新建的主分区和逻辑分区进行格式化,注意扩展分区是不能格式化的。下面以格式化/dev/sdb1 为例,命令如下:

```
[root@ MASTER ~]#mkfs -t ext4 /dev/sdb1
mke2fs 1.41.12 (17-May-2010)
文件系统标签 =
操作系统:Linux
块大小 =4096 (log =2)
分块大小 =4096 (log =2)
Stride =0 blocks, Stripe width =0 blocks
328656 inodes, 1313305 blocks
65665 blocks (5.00% ) reserved for the super user
第一个数据块 =0
Maximum filesystem blocks =1346371584
41 block groups
32768 blocks per group, 32768 fragments per group
8016 inodes per group
Superblock backups stored on blocks:
    32768, 98304, 163840, 229376, 294912, 819200, 884736

正在写入 inode 表:完成
Creating journal (32768 blocks):完成
Writing superblocks and filesystem accounting information: 完成

This filesystem will be automatically checked every 37 mounts or
180 days, whichever comes first.  Use tune2fs -c or -i to override.
```

mkfs 格式化命令使用非常简单,但是该命令只能使用默认参数,不能修改设定参数,比如块大小默认是4 KB。如果要使块大小设置成8 KB 呢,那就得用另一个命令 mke2fs,命令格式如下:

```
[root@ MASTER ~]#mke2fs -t 文件系统类型 -b 8192 分区设备名
#"-b 字节"选项用于指定 block 的大小
```

但一般情况下就用 mkfs 命令保持默认设置即可。接下来用同样的方法对其他分区进行格式化。

4. 建立挂载点并实施挂载

我们已经对所有建立的分区进行了格式化,现在离分区正常使用只差最后一步,那就是挂载。在分区挂载前,首先得建立挂载点,相当于为分区分配一个盘符,实现方法是创建一个空目录。在 Linux 中,一般都将挂载点创建在/mnt 目录下。例如,现在要挂载/dev/sdb1 分区,先在/mnt 目录下建立一个空目录作为挂载点,目录名称自己定义,这命名为 disk1,然后再实施挂载。命令如下:

```
[root@ MASTER ~]#mkdir /mnt/disk1
#建立挂载点
[root@ MASTER ~]#mount /dev/sdb1 /mnt/disk1
#挂载/dev/sdb1分区,这里不需要指定"-t ext4"选项,因为系统会自动识别
```

分区挂载以后,若要查看一个分区有没有成功挂载,方法有两个,一是执行 mount 命令查看:

```
[root@ MASTER ~]#mount
/dev/mapper/vg_master-lv_root on / type ext4 (rw)
proc on /proc type proc (rw)
sysfs on /sys type sysfs (rw)
devpts on /dev/pts type devpts (rw,gid=5,mode=620)
tmpfs on /dev/shm type tmpfs (rw)
/dev/sda1 on /boot type ext4 (rw)
none on /proc/sys/fs/binfmt_misc type binfmt_misc (rw)
sunrpc on /var/lib/nfs/rpc_pipefs type rpc_pipefs (rw)
/dev/sdb1 on /mnt/disk1 type ext4 (rw)
#/dev/sdb1已被挂载到/mnt/disk1目录下,文件系统为 ext4
```

第二种方式是通过"df -h"命令查看:

```
[root@ MASTER ~]#df -h
#用 df 命令查看已经挂载的文件系统信息
文件系统                          容量    已用    可用    已用%%    挂载点
/dev/mapper/vg_master-lv_root 18G    4.7G   12G    29%      /
tmpfs                         504M   0      504M   0%       /dev/shm
/dev/sda1                     485M   31M    429M   7%       /boot
/dev/sdb1                     5.0G   139M   4.6G   3%       /mnt/disk1
```

用同样的方法挂载/dev/sdb2、/dev/sdb3、/dev/sdb5、/dev/sdb6、/dev/sdb7、/dev/sdb8 等分区,再用 mount 命令查看如下:

```
[root@ MASTER mnt]#mount
...省略部分内容...
/dev/sdb1 on /mnt/disk1 type ext4 (rw)
/dev/sdb2 on /mnt/disk2 type ext4 (rw)
/dev/sdb3 on /mnt/disk3 type ext4 (rw)
/dev/sdb5 on /mnt/disk5 type ext4 (rw)
/dev/sdb6 on /mnt/disk6 type ext4 (rw)
/dev/sdb7 on /mnt/disk7 type ext4 (rw)
/dev/sdb8 on /mnt/disk8 type ext4 (rw)
```

5. 设置开机后自动挂载

这种用命令挂载的方式只是临时生效,一旦系统重启就会失效,如果要使用该分区又需要重新挂载。如果要实现开机自动挂载,该如何操作?实现方法是编辑一个配置文件/etc/fstab,系统在启动时会依赖这个文件加载文件系统。打开该文件,其内容如下:

```
[root@ MASTER ~]# vi /etc/fstab

#/etc/fstab
# Created by anaconda on Tue Dec  4 04:53:48 2018

# Accessible filesystems, by reference, are maintained under '/dev/disk'
# See man pages fstab(5), findfs(8), mount(8) and/or blkid(8) for more info

/dev/mapper/vg_master-lv_root                /          ext4      defaults      1 1
UUID=9768eb58-994e-4571-a7b2-02deffb44614 /boot      ext4      defaults      1 2
/dev/mapper/vg_master-lv_swap              swap       swap      defaults      0 0
tmpfs                                        /dev/shm tmpfs     defaults      0 0
devpts                                       /dev/pts devpts    gid=5,mode=620 0 0
sysfs                                        /sys     sysfs     defaults      0 0
proc                                         /proc    proc      defaults      0 0
```

该文件中，每一行代表一个分区的挂载记录，前面加粗的 3 行是硬盘分区，后 4 行是虚拟文件系统或交换分区。每条记录共有 6 个字段，下面详细介绍每个字段的含义：

第一个字段：代表分区设备名或者 UUID，这里最好是用 UUID，因为每个分区设备都有唯一的 UUID，不管分区编号怎么调整，其 UUID 不会改变。要知道一个分区设备的 UUID，可以使用 dumpe2fs 命令进行查看。比如，要知道/dev/sdb5 的 UUID，命令如下：

```
[root@ MASTER ~]# dumpe2fs /dev/sdb5
dumpe2fs 1.41.12 (17-May-2010)
Filesystem volume name:    <none>
Last mounted on:           <not available>
Filesystem UUID:           60643a32-ca74-4a40-8647-c06d54ec2fae
...省略部分内容...
```

第二个字段：挂载点。

第三个字段：文件系统，CentOS 6.3 的默认文件系统是 ext4。

第四个字段：挂载参数，默认是 defualts。

第五个字段：指定分区是否被 dump 备份，0 表示不备份，1 表示每天备份，2 代表不定期备份。

第六个字段：指定分区是否被 fsck 检测，0 表示不检测，1 和 2 代表检测，1 的优先级高于 2，即先被检测。

明白了这六个字段的含义，下面以设置分区/dev/sdb1 开机自动挂载为例，讲解设置分区自动挂载的方法。打开/etc/fstab 文件，在最后加上如下一行语句：

```
[root@ MASTER ~]# vi /etc/fstab
...省略部分内容...
proc                                       /proc    proc     defaults     0 0
UUID=60643a32-ca74-4a40-8647-c06d54ec2fae  /mnt/disk1 ext4    defaults     1 2
```

也可以用分区设备名表示分区，语句如下：

```
/dev/sdb1  /mnt/disk1 ext4  defaults       1 2
```

如果要设置其他分区实现开机自动挂载，照此语法继续在/etc/fstab 文件中添加相应的语句即可。

五、分配 swap 分区

swap 分区是 Linux 的交换分区（又称虚拟内存），在系统安装时会自动建立，主要作用是当系统在处理一些复杂任务造成真实物理内存不够用时，系统会将内存中暂时不用的数据存放在 swap 分区中，腾出的内存用于系统处理该复杂的任务，处理完毕后再把借用的 swap 分区还回去。swap 分区的大小一般为真实物理内存的两倍。比如这台教学实验机，物理内存是 1G，swap 分区自动分配的是 2G。那怎样查看系统的内存及使用情况呢，这就要用到前面已经学习的 free 命令。命令如下：

```
[root@ MASTER ~]# free
            total       used       free     shared    buffers     cached
Mem:      1030732     598404     432328          0      18376     370180
-/ + buffers/cache:    209848     820884
Swap:     2064376          0     2064376
```

从结果来看，该系统的真实物理内存为 1 GB，swap 大小为 2 GB。假如系统要频繁运行一些复杂的程序，导致现有的 swap 分区不够用时，有没有办法加大 swap 分区呢？当然可以，下面介绍扩展 swap 分区的方法。

第一步：创建一个分区。经过之前的分区，第二块磁盘的扩展分区应该还有 7 GB 的未分配空间，因为三个主分区一共是 9 GB，推算出扩展分区为 11 GB，现已划分了 4 个 1 GB 的逻辑分区，所以还剩余 7 GB。在未分配空间中再创建一个 500 MB 的逻辑分区，系统会自动分配设备名/dev/sdb9。命令如下：

```
[root@ MASTER ~]# fdisk /dev/sdb
...省略部分内容...
Command (m for help): n
First cylinder (1707-2610, default 1707): 直接按【Enter】键
Using default value 1707
Last cylinder, + cylinders or + size{K,M,G} (1707-2610, default 2610): +500M

Command (m for help): p
...省略部分内容...
/dev/sdb9         1707       1771       522081   83  Linux
```

第二步：修改系统 ID 号。新创建的分区默认都是 Linux 分区，系统 ID 号为 83，要将其扩展成 swap 分区，得先将其系统 ID 号修改成 swap 分区的系统 ID 号 82。修改命令如下：

```
Command (m for help): t
Partition number (1-9): 9
Hex code (type L to list codes): 82
Changed system type of partition 9 to 82 (Linux swap / Solaris)

Command (m for help): p
...省略部分内容...
/dev/sdb9          1707        1771       522081    82  Linux swap / Solaris
```

修改完毕后，注意一定要用"w"命令保存退出，并且提示要重启系统内核才能重新读取分区表。

第三步：格式化 swap 分区。对建立好的 swap 分区进行格式化，格式化命令是 mkswap，命令格式如下：

```
[root@ MASTER ~]# mkswap /dev/sdb9
Setting up swapspace version 1, size = 522076 KiB
no label, UUID = 9200b9f1-9770-4d9b-bcee-307bcd55cc80
```

第四步：使用 swap 分区。加入 swap 分区的命令是 swapon，命令格式如下：

```
[root@ MASTER ~]# swapon /dev/sdb9
```

第五步：查看验证。

```
[root@ MASTER ~]# free
             total        used        free      shared    buffers     cached
Mem:       1030732      386320      644412           0      12716     169708
-/ + buffers/cache:     203896      826836
Swap:      2586448           0     2586448
```

swap 分区的大小变成了 2.5 GB，说明 swap 分区扩容成功。如何取消扩容的 swap 分区？操作也很简单，使用 swapoff 命令即可，命令如下：

```
[root@ MASTER ~]# swapoff /dev/sdb9
[root@ MASTER ~]# free
             total        used        free      shared    buffers     cached
Mem:       1030732      386208      644524           0      12728     169708
-/ + buffers/cache:     203772      826960
Swap:      2064376           0     2064376
#取消加入的 swap 分区后,swap 分区的大小又恢复为 2 GB
```

如果想让 swap 分区开机之后自动挂载，一样要修改/etc/fstab 配置文件，加入如下一行语句：

```
[root@ MASTER ~]# vi /etc/fstab
...省略部分内容...
proc                                     /proc        proc     defaults   0 0
UUID = 60643a32-ca74-4a40-8647-c06d54ec2fae  /mnt/disk1   ext4     defaults   1 2
/dev/sdb9                                swap         swap     defaults   0 0
```

任务四　学会 LVM 管理

要学习 LVM，首先得弄明白 LVM 是在怎样的一种需求背景下产生的。在项目一中介绍了系统安装时选用的分区方式，当时考虑到初学者知识储备有限，所以选择了"替换现有的 Linux 系统"，相当于选择了系统自动分区布局。对于实际的生产服务器，在安装操作系统时，要进行手动分区布局，这就带来一个问题，每个分区到底多大合适？如果定小了以后可能不够用，如果分大了，又会浪费硬盘空间。要解决这个问题，最好的方式就是使用的分区能够随时调整大小。而在任务三中学习了"基本分区"，这种分区的大小一旦指定，创建以后是不能修改其大小的。这就必然要求另外一种分区结构，即下面将要学习的逻辑卷管理（LVM），LVM 最大的好处就是可以在不丢失数据的情况下随时调整分区的大小，而且不需要先卸载分区和停止服务。

一、LVM 管理的基本概念

在学习 LVM 之前，要先弄清楚与其息息相关的几个概念。

物理卷（Physical Volume，PV）：物理卷是指真正的物理硬盘或者分区，由普通分区（ID 为 83）修改系统 ID（修改为 8e），再执行一个生成命令即可得到。

卷组（Volume Group，VG）：卷组是由多个物理卷组合在一起形成的。而且，这些物理卷可以来自同一块硬盘，也可以来自不同的硬盘。一般也将卷组称为逻辑硬盘。

逻辑卷（Logical Volume，LV）：卷组是一块大逻辑硬盘，它是不能直接使用的，必须对其再进行分区才能够使用，由卷组划分出来的分区称为逻辑卷，可以认为逻辑卷的本质就是一个分区，只是它是由卷组划分出来的分区而已。

物理扩展（Physical Extend，PE）：在 LVM 中，存储数据的最小单位不再是 block（默认大小是 4 KB），而是 PE，默认大小是 4 MB。

二、图形界面安装系统时配置 LVM 分区

本书刚开始介绍系统安装时采用的是自动分区的方式，那是考虑到初学者对硬盘分区和 Linux 的文件系统都还不理解，现在对这些知识都已经掌握了，下面重新安装一遍 Linux 操作系统，且在分区方法选择时采用"创建自定义布局"，考虑篇幅，这里省略前面的安装步骤，直接跳到图 7-8 所示界面。

选择"创建自定义布局"单选按钮，单击"下一步"按钮，进入图 7-9 所示的"驱动器选择"界面。

这里要特别注意一点，启动分区/boot 是不能建立在逻辑卷中的，只能使用基本分区，所以，必须先建立一个基本分区，单击"创建"按钮，进入图 7-10 所示的"生成存储"选择界面。

图 7-8　分区类型选择

图 7-9　源驱动器选择

这里保持默认的"标准分区"，单击"创建"按钮，进入图7-11所示的"添加分区"界面。

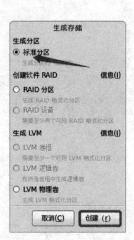

图7-10　生成存储选择界面

图7-11　添加分区界面

挂载点选择"/boot"，文件系统类型保持默认的ext4，大小保持默认的200MB即可，设置完成后如图7-12所示。

图7-12　/boot分区设置

单击"确定"按钮，即可返回到"源驱动器选择"界面，可以看到刚才创建好的/boot分区，分区设备名为/dev/sda1，如图7-13所示。

请选择源驱动器

设备	大小 (MB)	挂载点/ RAID/卷	类型	格式
▽ 硬盘驱动器				
▽ sda (/dev/sda)				
sda1	200	/boot	ext4	✓
空闲	20279			

创建(C)　编辑(E)　删除(D)　重设(S)

◀️返回 (B)　➡️下一步 (N)

图 7-13　/boot 分区建立成功

　　接下来介绍创建逻辑卷的方法，经过前面对 LVM 几个相关概念的介绍，第一步是创建物理卷，这里将硬盘全部剩余空间都建成物理卷。在图 7-13 所示界面中，继续单击"创建"按钮，进入"生成存储"界面，如图 7-14 所示。

　　在图 7-14 所示界面中选择"LVM 物理卷"单选按钮，单击"创建"按钮，进入"添加分区"界面，如图 7-15 所示。

图 7-14　生成 LVM 物理卷

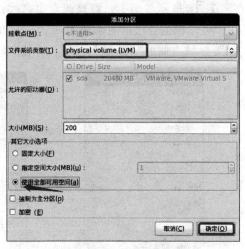

图 7-15　物理卷设置

　　在图 7-15 所示界面中，挂载点是不能选择的，因为物理卷还不能直接使用，文件系统类型也只有一种默认的"physical volume（LVM）"供选择，大小选择"使用全部可用空间单选按钮"，单击"确定"按钮，返回到"源驱动器选择"界面，如图 7-16

所示。

从图 7-16 中可以看到刚才创建好的物理卷 sd2，选择该物理卷，单击"创建"按钮，进入"生成存储"界面，如图 7-17 所示，这时 LVM 卷组变成可以选择的状态。

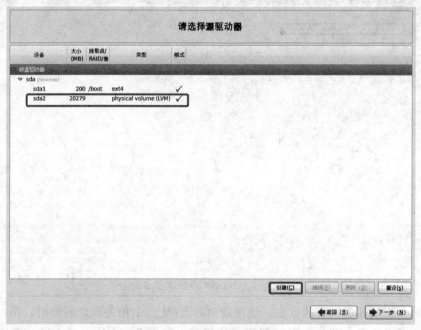

图 7-16　物理卷创建成功

在图 7-17 所示界面中，选择"LVM 卷组"单选按钮，单击"创建"按钮，进入图 7-18 所示的"生成 LVM 卷组"界面。

在图 7-18 所示界面中，可修改卷组名称，这里输入 vg_tang；可设置 PE 的大小，默认是 4 MB，可以根据自己的需求进行更改，这里改成 8 MB。接着在下面创建逻辑卷，单击"逻辑卷"区域右侧的"添加"按钮，弹出"生成逻辑卷"界面，如图 7-19 所示。

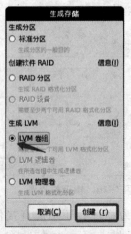

图 7-17　生成 LVM 卷组

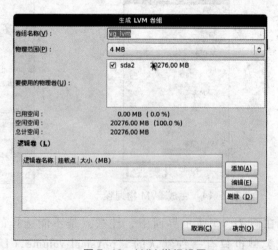

图 7-18　LVM 卷组设置

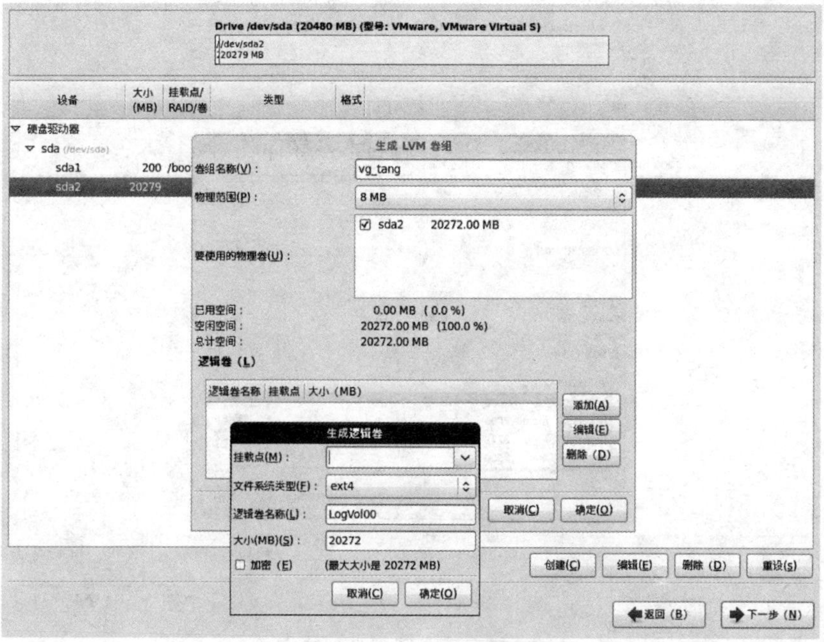

图 7-19　生成逻辑卷

生成逻辑卷和生成普通卷的操作是一样的。在图 7-19 所示的“生成逻辑卷”界面中，先选择挂载点，这里选择/usr 分区，文件系统类型保持默认的 ext4，逻辑卷名称改为 lv_tang01，逻辑卷的大小设置为 8 GB，设置完成后如图 7-20 所示。

设置完成后单击“确定”按钮，返回到“生成 LVM 卷组”界面，这时可以在下面的“逻辑卷”列表中看到刚才创建的/usr 分区，如图 7-21 所示。

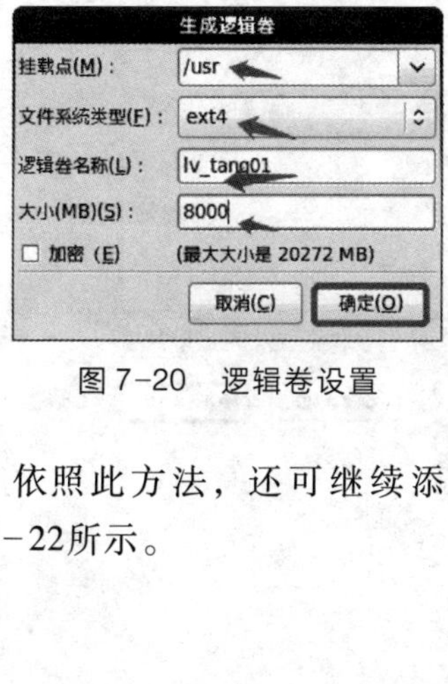

图 7-20　逻辑卷设置

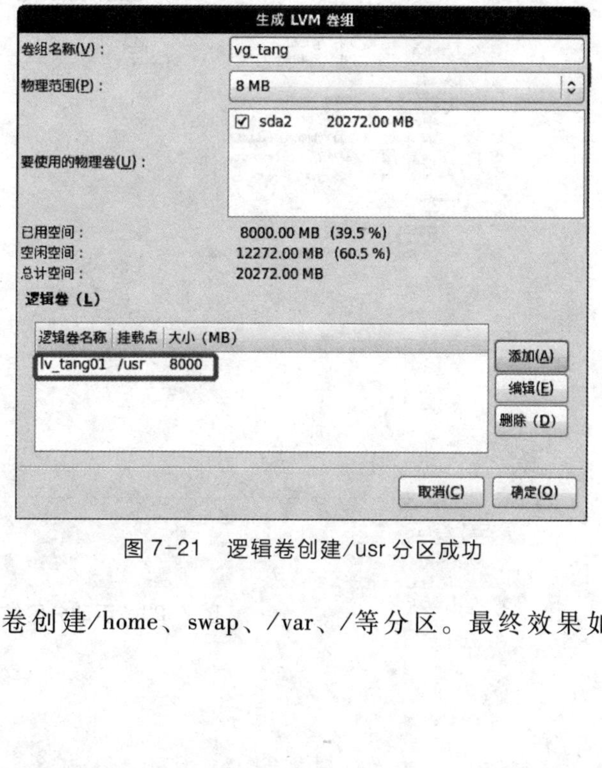

图 7-21　逻辑卷创建/usr 分区成功

依照此方法，还可继续添加逻辑卷创建/home、swap、/var、/等分区。最终效果如图 7-22所示。

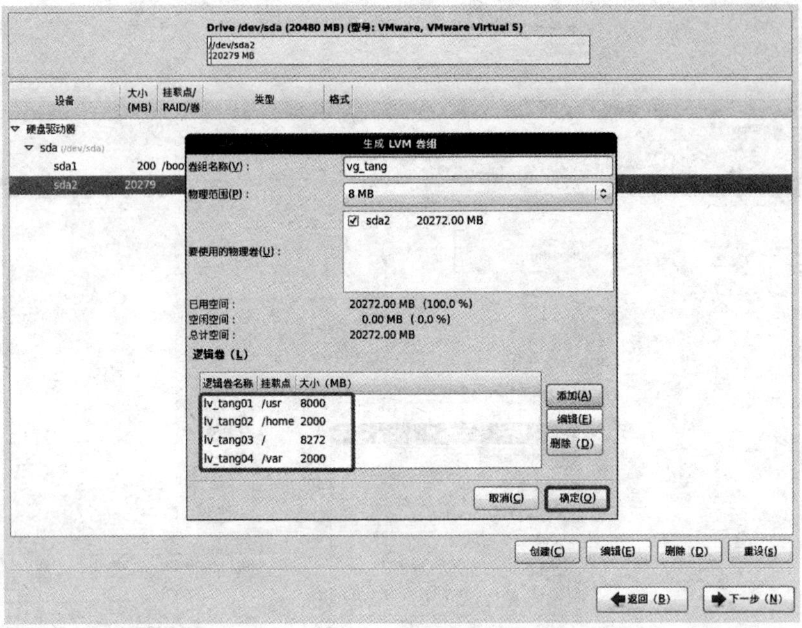

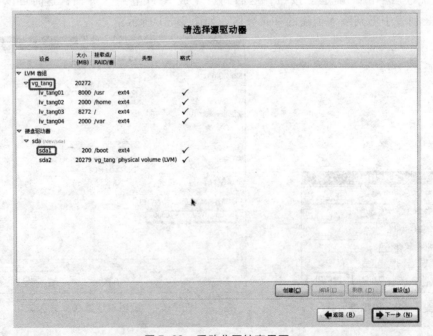

图 7-22　所有逻辑卷创建完成

在图 7-22 所示界面中，待所有逻辑卷分区创建完毕后，单击"确定"按钮，返回到"源驱动器选择"界面，此时可以看到所有手动建立的分区，如图 7-23 所示。其中只有/boot 分区为基本分区，其余的/、/home、/usr、/var 等分区都为逻辑分区，也就是说在后续系统操作过程中如果发现某个分区不够用了，可以在不损失数据的前提下随时修改其大小。

图 7-23　手动分区结束界面

至此采用 LVM 进行自定义布局就介绍完了，在图 7-23 所示界面中，单击"下一步"按钮继续完成安装，后续的安装同项目一中的一模一样。

通过这个详细的安装过程，可得出如下两点心得：

（1）创建逻辑卷的思路：先将硬盘划分为基本分区，再将基本分区改为物理卷，再将多个物理卷合并成一个卷组，最后在卷组中划分出逻辑分区。

（2）将一整块硬盘变成物理卷的方法是，先将其所有空间划分成一个基本分区，再将该基本分区改为物理卷即可。

最后还有一点注意事项：一旦配置了 LVM，分区设备名的表示方式就变成了"/dev/卷组名/逻辑卷名"，不再是之前介绍的基本分区的命名方式，例如/home 分区的设备名为"/dev/vg_tang/lv_tang02"，不再是以前的名称"/dev/lv_tang02"。

三、命令模式管理 LVM

逻辑卷管理最主要的用处是在系统安装完成后调整分区的大小。所以，下面重点学习命令模式下的 LVM。详细步骤如下：

1. 创建 ID 为 8e 的分区

根据前面的学习，要创建逻辑卷，第一步得有分区，且用于创建物理卷分区的系统 ID 号为 8e，这就需要先将 Linux 基本分区的默认系统 ID 由 83 改成 8e。下面将第二块磁盘中的/dev/sdb5、/dev/sdb6、/dev/sdb7、/dev/sdb8 四个基本分区生成用于创建物理卷的分区，命令如下：

```
[root@ MASTER ~]# fdisk /dev/sdb

WARNING: DOS-compatible mode is deprecated. It's strongly recommended to
        switch off the mode (command 'c') and change display units to
        sectors (command 'u').

Command (m for help): p

Disk /dev/sdb: 21.5 GB, 21474836480 bytes
255 heads, 63 sectors/track, 2610 cylinders
Units = cylinders of 16065 * 512 = 8225280 bytes
Sector size (logical/physical): 512 bytes / 512 bytes
I/O size (minimum/optimal): 512 bytes / 512 bytes
Disk identifier: 0x6ec489fb

Device Boot      Start         End      Blocks   Id  System
/dev/sdb1            1         654     5253223+  83  Linux
/dev/sdb2          655         916     2104515   83  Linux
/dev/sdb3          917        1178     2104515   83  Linux
/dev/sdb4         1179        2610    11502540    5  Extended
/dev/sdb5         1179        1310     1060258+  83  Linux
/dev/sdb6         1311        1442     1060258+  83  Linux
/dev/sdb7         1443        1574     1060258+  83  Linux
```

```
/dev/sdb8            1575        1706        1060258 +   83  Linux
/dev/sdb9            1707        1771        522081       82  Linux swap / Solaris
```
#查看到/dev/sdb5、/dev/sdb6、/dev/sdb7、/dev/sdb8 四个分区的 ID 都是 83
```
Command (m for help): t
Partition number (1-9): 5
Hex code (type L to list codes): 8e
Changed system type of partition 5 to 8e (Linux LVM)
```
#修改/dev/sdb5 分区的 ID 为 8e
```
Command (m for help): t
Partition number (1-9): 6
Hex code (type L to list codes): 8e
Changed system type of partition 6 to 8e (Linux LVM)
```
#修改/dev/sdb6 分区的 ID 为 8e
```
Command (m for help): t
Partition number (1-9): 7
Hex code (type L to list codes): 8e
Changed system type of partition 7 to 8e (Linux LVM)
```
#修改/dev/sdb7 分区的 ID 为 8e
```
Command (m for help): t
Partition number (1-9): 8
Hex code (type L to list codes): 8e
Changed system type of partition 8 to 8e (Linux LVM)
```
#修改/dev/sdb8 分区的 ID 为 8e
```
Command (m for help): p

Disk /dev/sdb: 21.5 GB, 21474836480 bytes
255 heads, 63 sectors/track, 2610 cylinders
Units = cylinders of 16065 * 512 = 8225280 bytes
Sector size (logical/physical): 512 bytes / 512 bytes
I/O size (minimum/optimal): 512 bytes / 512 bytes
Disk identifier: 0x6ec489fb

Device Boot        Start        End         Blocks       Id    System
/dev/sdb1            1          654         5253223 +    83    Linux
/dev/sdb2           655         916         2104515      83    Linux
/dev/sdb3           917        1178         2104515      83    Linux
/dev/sdb4          1179        2610        11502540      5     Extended
/dev/sdb5          1179        1310         1060258 +    8e    Linux LVM
/dev/sdb6          1311        1442         1060258 +    8e    Linux LVM
/dev/sdb7          1443        1574         1060258 +    8e    Linux LVM
/dev/sdb8          1575        1706         1060258 +    8e    Linux LVM
/dev/sdb9          1707        1771         522081       82    Linux swap / Solaris
```
#查看到/dev/sdb5、/dev/sdb6、/dev/sdb7、/dev/sdb8 四个分区的系统 ID 号都变成了 8e
```
Command (m for help): w
The partition table has been altered!
```
#用"w"命令保存退出
```
Calling ioctl() to re-read partition table.
```

Linux 操作系统管理与应用

```
WARNING: Re-reading the partition table failed with error 16: 设备或资源忙.
The kernel still uses the old table. The new table will be used at
the next reboot or after you run partprobe(8) or kpartx(8)
Syncing disks.
#提示要重启系统才能生效
```

执行重启系统操作,至此成功生成了四个 ID 为 8e 的分区。

2. 建立物理卷

建立物理卷的命令格式如下:

```
[root@ MASTER ~]# pvcreate 设备文件名
```

接下来就可以把 ID 为 8e 的四个分区/dev/sdb5、/dev/sdb6、/dev/sdb7、/dev/sdb8 建成物理卷了。命令如下:

```
[root@ MASTER ~]# pvcreate /dev/sdb5
  Writing physical volume data to disk "/dev/sdb5"
  Physical volume "/dev/sdb5" successfully created
[root@ MASTER ~]# pvcreate /dev/sdb6
  Writing physical volume data to disk "/dev/sdb6"
  Physical volume "/dev/sdb6" successfully created
[root@ MASTER ~]# pvcreate /dev/sdb7
  Writing physical volume data to disk "/dev/sdb7"
  Physical volume "/dev/sdb7" successfully created
[root@ MASTER ~]# pvcreate /dev/sdb8
  Writing physical volume data to disk "/dev/sdb8"
  Physical volume "/dev/sdb8" successfully created
```

物理卷建立好以后,有两个可以用于查看系统物理卷的命令,pvscan 和 pvdisplay,随便掌握一个即可,pvdisplay 比 pvsca 查询信息更详细,一般习惯用更详细的 pvdisplay 命令。查询结果如下:

```
[root@ MASTER ~]# pvdisplay

  --- Physical volume ---
  PV Name              /dev/sdb5
  PV Size              1.01 GiB / not usable 3.41 MiB
  Allocatable          yes
  PE Size              8.00 MiB
  Total PE             129
  Free PE              129
  Allocated PE         0
  PV UUID              pRFPx0-RBTR-xJ7S-2Tgw-l34J-0llq-9bV9Gs
#...省略后面三个物理卷的信息.....
```

3. 建立卷组

建立卷组的命令格式如下:

```
[root@ MASTER ~]# vgcreate [选项] 卷组名 物理卷名
选项:
  -s PE 大小:指定 PE 的大小,单位可以是 KB、MB、GB,默认值是 4MB
```

接下来将/dev/sdb5、/dev/sdb6、/dev/sdb7 和/dev/sdb8 四个物理卷建立成卷组，PE值设为 8 MB，命令如下：

```
[root@ MASTER ~]# vgcreate -s 8MB vg_tang /dev/sdb5 /dev/sdb6 /dev/sdb7 /dev/sdb8
  Volume group "vg_tang" successfully created
```

同样有两个命令 vgscan 和 vgdisplay，用于查看系统中存在哪些卷组，后者查询到的信息更详细，一般习惯用 vgdisplay 命令查看。命令如下：

```
[root@ MASTER ~]# vgdisplay
  --- Volume group ---
  VG Name                 vg_tang
  System ID
  Format                  lvm2
  Metadata Areas          4
  Metadata Sequence No1
  VG Access               read/write
  VG Status               resizable
  MAX LV                  0
  Cur LV                  0
  Open LV                 0
  Max PV                  0
  Cur PV                  4
  Act PV                  4
  VG Size                 4.03 GiB
  PE Size                 8.00 MiB
  Total PE                516
  Alloc PE / Size         0 / 0
  Free   PE / Size        516 / 4.03 GiB
  VG UUID                 eJjcej-82Ic-1DKM-uruD-4OTt-Qq6Y-NOPXfU
#上面为刚才新建卷组的详细信息
  --- Volume group ---
  VG Name                 vg_master
  System ID
  Format                  lvm2
  Metadata Areas          1
  Metadata Sequence No3
  VG Access               read/write
  VG Status               resizable
  MAX LV                  0
  Cur LV                  2
  Open LV                 2
  Max PV                  0
  Cur PV                  1
  Act PV                  1
  VG Size                 19.51 GiB
  PE Size                 4.00 MiB
  Total PE                4994
  Alloc PE / Size         4994 / 19.51 GiB
```

```
    Free  PE / Size          0 / 0
    VG UUID                  PwhNnh-qCo9-M4Jc-drio-W6Ye-k23t-985ErI
#上面为系统安装时自动创建的卷组详细信息
```

4. 建立逻辑卷

卷组是不能直接使用的，必须划分成逻辑卷才能使用。建立逻辑卷的命令格式如下：

```
[root@ MASTER ~]# lvcreate [选项] [-n 逻辑卷名] 卷组名
选项:
    -L 容量:指定逻辑卷的大小,单位可以是 MB、GB 和 TB 等
    -l PE 个数:指定 PE 个数来指定逻辑卷的大小
    -n 逻辑卷名:指定逻辑卷的名字
```

这里先创建两个逻辑卷 lv_tang01 和 lv_tang02，命令如下：

```
[root@ MASTER ~]# lvcreate -L 1.5GB -n lv_tang01 vg_tang
  Logical volume "lv_tang01" created
[root@ MASTER ~]# lvcreate -L 0.5GB -n lv_tang02 vg_tang
  Logical volume "lv_tang02" created
```

查看逻辑卷同样有两个命令 lvscan 和 lvdisplay，后者更详细，一般习惯使用 lvdisplay 命令查看。命令如下：

```
[root@ MASTER ~]# lvdisplay
  --- Logical volume ---
  LV Path                 /dev/vg_tang/lv_tang01
  LV Name                 lv_tang01
  VG Name                 vg_tang
  LV UUID                 s45GpW-LpUp-fR92-Gwp3-3qrL-f2hJ-rpTsWj
  LV Write Access         read/write
  LV Creation host, time MASTER, 2019-03-07 02:59:42 +0800
  LV Status               available
  # open                  0
  LV Size                 1.50 GiB
  Current LE              192
  Segments                2
  Allocation              inherit
  Read ahead sectors      auto
  - currently set to      256
  Block device            253:2
#以上是刚才创建的逻辑卷/dev/vg_tang/lv_tang01 的信息
  --- Logical volume ---
  LV Path                 /dev/vg_tang/lv_tang02
  LV Name                 lv_tang02
  VG Name                 vg_tang
  LV UUID                 mSyRGQ-iI0R-VuEf-ytFx-pd5a-oXkk-wVj0Fw
  LV Write Access         read/write
  LV Creation host, time MASTER, 2019-03-07 03:02:14 +0800
  LV Status               available
```

```
  # open                   0
  LV Size                  512.00 MiB
  Current LE               64
  Segments                 1
  Allocation               inherit
  Read ahead sectors       auto
  - currently set to       256
  Block device             253:3
```
#以上是刚才创建的逻辑卷/dev/vg_tang/lv_tang02 的信息
```
  --- Logical volume ---
  LV Path                  /dev/vg_master/lv_root
  LV Name                  lv_root
  VG Name                  vg_master
  LV UUID                  i80HzW-Xaog-lpQL-x2zV-WnZr-FEMY-1lIlyj
  LV Write Access          read/write
  LV Creation host, time MASTER, 2018-12-04 04:53:22 +0800
  LV Status                available
  # open                   1
  LV Size                  17.54 GiB
  Current LE               4490
  Segments                 1
  Allocation               inherit
  Read ahead sectors       auto
  - currently set to       256
  Block device             253:0
```
#以上是系统安装时自动创建的逻辑卷/dev/vg_master/lv_root 的信息
```
  --- Logical volume ---
  LV Path                  /dev/vg_master/lv_swap
  LV Name                  lv_swap
  VG Name                  vg_master
  LV UUID                  rAuHg6-Zo8e-qU9Z-0pfZ-qH5s-6NQk-lduzyf
  LV Write Access          read/write
  LV Creation host, time MASTER, 2018-12-04 04:53:25 +0800
  LV Status                available
  # open                   1
  LV Size                  1.97 GiB
  Current LE               504
  Segments                 1
  Allocation               inherit
  Read ahead sectors       auto
  - currently set to       256
  Block device             253:1
```
#以上是系统安装时自动创建的逻辑卷/dev/vg_master/lv_swap 的信息

5. 逻辑卷格式化和挂载

逻辑卷要正常使用，同样需要经过格式化和挂载，命令如下：

```
[root@ MASTER ~]# mkfs -t ext4 /dev/vg_tang/lv_tang01
mke2fs 1.41.12 (17-May-2010)
文件系统标签 =
操作系统：Linux
块大小 = 4096 (log = 2)
分块大小 = 4096 (log = 2)
Stride = 0 blocks, Stripe width = 0 blocks
98304 inodes, 393216 blocks
19660 blocks (5.00%) reserved for the super user
第一个数据块 = 0
Maximum filesystem blocks = 402653184
12 block groups
32768 blocks per group, 32768 fragments per group
8192 inodes per group
Superblock backups stored on blocks:
    32768, 98304, 163840, 229376, 294912

正在写入 inode 表：完成
Creating journal (8192 blocks)：完成
Writing superblocks and filesystem accounting information：完成

This filesystem will be automatically checked every 24 mounts or
180 days, whichever comes first.   Use tune2fs -c or -i to override.
```

同样的命令格式对/dev/vg_ tang/lv_ tang02 也完成格式化，步骤省略。接下来进行挂载，命令如下：

```
[root@ MASTER ~]# mkdir /mnt/disklvm01
[root@ MASTER ~]# mkdir /mnt/disklvm02
#建立两个挂载目录
[root@ MASTER ~]# mount /dev/vg_tang/lv_tang01 /mnt/disklvm01
[root@ MASTER ~]# mount /dev/vg_tang/lv_tang02 /mnt/disklvm02
```

用 "df -h" 命令查看：

```
[root@ MASTER ~]# df -h
文件系统                        容量    已用    可用    已用%%   挂载点
/dev/mapper/vg_master-lv_root   18G    4.7G    12G    29%    /
tmpfs                           504M    0      504M    0%    /dev/shm
/dev/sda1                       485M   31M     429M    7%    /boot
/dev/mapper/vg_tang-lv_tang01   1.5G   35M     1.4G    3%    /mnt/disklvm01
/dev/mapper/vg_tang-lv_tang02   504M   17M     462M    4%    /mnt/disklvm02
```

6. 调整逻辑卷大小

LVM 最大的价值是可以动态调整逻辑卷的大小，但是，一般情况下只往大调不往小调，因为调小可能会导致该逻辑卷中的数据丢失。调整逻辑卷大小的命令为 lvresize，命令格式如下：

```
[root@ MASTER ~]# lvresize [选项] 逻辑卷的设备名
选项：
    -L 容量：调整容量大小,单位可以是 MB、GB 等,"+ 容量"表示增大多少容量,"- 容量"表示减少多
少容量,如果没有加减号,表示重新指定为多大容量
    -l PE 个数：按照 PE 个数调整逻辑卷的大小
```

例如，要把逻辑卷/dev/vg_tang/lv_tang02 的大小从 0.5 GB 扩大到 1 GB，命令如下：

```
[root@ MASTER ~]# lvresize -L 1G /dev/vg_tang/lv_tang02
  Extending logical volume lv_tang02 to 1.00 GiB
  Logical volume lv_tang02 successfully resized
#调整逻辑卷/dev/vg_tang/lv_tang02 的大小为 1 GB
[root@ MASTER ~]# lvdisplay
...省略部分内容...
  --- Logical volume ---
  LV Path                /dev/vg_tang/lv_tang02
  LV Name                lv_tang02
  VG Name                vg_tang
  LV UUID                mSyRGQ-iI0R-VuEf-ytFx-pd5a-oXkk-wVj0Fw
  LV Write Access        read/write
  LV Creation host, time MASTER, 2019-03-07 03:02:14 +0800
  LV Status              available
  # open                 0
  LV Size                1.00 GiB
  Current LE             128
  Segments               2
  Allocation             inherit
  Read ahead sectors     auto
  - currently set to     256
  Block device           253:3
```

用 "df -h" 命令验证，查看是否修改成功。命令如下

```
[root@ MASTER ~]# df -h
文件系统                            容量      已用     可用     已用% %   挂载点
/dev/mapper/vg_master-lv_root     18G     4.7G    12G     29%       /
tmpfs                             504M    0       504M    0%        /dev/shm
/dev/sda1                         485M    31M     429M    7%        /boot
/dev/mapper/vg_tang-lv_tang01     1.5G    35M     1.4G    3%        /mnt/disklvm01
/dev/mapper/vg_tang-lv_tang02     504M    17M     462M    4%        /mnt/disklvm02
```

验证结果显示，逻辑卷/dev/vg_tang/lv_tang02 的大小还是 0.5 GB，这是为什么呢？原因是现在只改变了逻辑卷的大小，但是要让分区表重新读取这个新的逻辑卷，还需要执行 resize2fs 命令，命令格式及结果如下：

```
[root@ MASTER ~]# resize2fs /dev/vg_tang/lv_tang02
resize2fs 1.41.12 (17-May-2010)
Filesystem at /dev/vg_tang/lv_tang02 is mounted on /mnt/disklvm02; on-line
resizing required
old desc_blocks =1, new_desc_blocks =1
Performing an on-line resize of /dev/vg_tang/lv_tang02 to 262144 (4k) blocks.
The filesystem on /dev/vg_tang/lv_tang02 is now 262144 blocks long.
```

这时再用 "df -h" 命令查看，结果如下：

```
[root@ MASTER ~]# df -h
文件系统                                容量      已用     可用     已用%%    挂载点
/dev/mapper/vg_master-lv_root    18G       4.7G     12G      29%      /
tmpfs                            504M      0        504M     0%       /dev/shm
/dev/sda1                        485M      31M      429M     7%       /boot
/dev/mapper/vg_tang-lv_tang01 1.5G       35M      1.4G     3%       /mnt/disklvm01
/dev/mapper/vg_tang-lv_tang02 1008M      17M      941M     2%       /mnt/disklvm02
```

这样逻辑卷的大小修改才算真正完成。至此，详细介绍了从建立硬盘基本分区到生成逻辑卷以及调整逻辑卷大小的全部过程。既然逻辑卷能够调整大小，那如果是刚开始建立的卷组太小了，能否调整卷组的大小呢？当然可以。调整卷组大小的命令格式如下：

```
[root@ MASTER ~]# vgextend 卷组名 物理卷名
#扩充卷组
[root@ MASTER ~]# vgreduce 卷组名 物理卷名
#减少卷组
```

为了方便实验，下面先来尝试减少卷组。例如，要把卷组/dev/vg_tang 中的/dev/sdb8 减去，命令如下：

```
[root@ MASTER ~]# vgreduce vg_tang /dev/sdb8
[root@ MASTER ~]# vgdisplay
  --- Volume group ---
  VG Name               vg_tang
  System ID
  Format                lvm2
  Metadata Areas        3
  Metadata Sequence No7
  VG Access             read/write
  VG Status             resizable
  MAX LV                0
  Cur LV                2
  Open LV               2
  Max PV                0
  Cur PV                3              //物理卷个数由之前的 4 个变成了 3 个
  Act PV                3
  VG Size               3.02 GiB      //大小也由原来的 4 GB 变成了 3 GB
  PE Size               8.00 MiB
  Total PE              387
  Alloc PE / Size       320 / 2.50 GiB
  Free  PE / Size       67 / 536.00 MiB
  VG UUID               eJjcej-82Ic-lDKM-uruD-4OTt-Qq6Y-NOPXfU
...省略部分内容...
```

接下来再尝试增加卷组的容量，这里再把物理卷/dev/sdb8 添加进来，命令如下：

```
[root@ MASTER ~]# vgextend vg_tang /dev/sdb8
  Volume group "vg_tang" successfully extended
[root@ MASTER ~]# vgdispaly
-bash: vgdispaly: command not found
```

```
[root@ MASTER ~]# vgdisplay
  --- Volume group ---
  VG Name                vg_tang
  System ID
  Format                 lvm2
  Metadata Areas         4
  Metadata Sequence No8
  VG Access              read/write
  VG Status              resizable
  MAX LV                 0
  Cur LV                 2
  Open LV                2
  Max PV                 0
  Cur PV                 4          //物理卷又变成了4个
  Act PV                 4
  VG Size                4.03 GiB   //卷组容量也增加到4 GB
  PE Size                8.00 MiB
  Total PE               516
  Alloc PE / Size        320 / 2.50 GiB
  Free  PE / Size        196 / 1.53 GiB
  VG UUID                eJjcej-82Ic-lDKM-uruD-4OTt-Qq6Y-NOPXfU
...省略部分内容...
```

还要注意一个问题，就是物理卷、卷组和逻辑卷的删除顺序问题，总原则是要按照建立的反方向进行，即要先删除逻辑卷，才能删除卷组，只有删除了卷组，才能删除物理卷。删除命令如下：

```
[root@ MASTER ~]# lvremove 逻辑卷设备文件名
#删除逻辑卷
[root@ MASTER ~]# vgremove 卷组名
#删除卷组
[root@ MASTER ~]# pvremove 物理卷文件名
#删除物理卷
```

思考：

问题一： 如果只想删除某个物理卷，但又不想删除这个卷组，有没有办法呢？方法是先将该物理卷从该卷组中移除，即用减少卷组的方法，这样该物理卷就变成了独立的物理卷，然后将其删除即可。

问题二： 物理卷还能恢复成普通分区吗？可以，方法是先将其变为独立的物理卷，再将其系统 ID 号修改为 83 即可。

➤➤➤ 任务五　学会 RAID 管理

LVM 最大的优势是可以在不卸载分区和不损坏数据的前提下动态地调整分区的大小。但是 LVM 是没有数据冗余功能的，也就是说，一旦硬盘损坏，数据就会丢失，这对于数据

Linux 操作系统管理与应用

就是价值的服务器来说是没法接受的。接下来要学习的 RAID（Redundant Array of Inexpensive Disks，磁盘阵列）技术，不但具有良好的硬盘读写性能，还具有数据冗余功能。

一、RAID 的主要类型

RAID 是通过软件或硬件将多块较小的硬盘或分区组合在一起，形成一个较大的磁盘组。所谓数据冗余，就是具备重复的、多余的数据，人们常说的 RAID 具备数据冗余功能，简单来说，就是即使某块硬盘或者分区发生问题，还能保证数据能够完全恢复。RAID 的组成可以是几块硬盘，也可以是几个分区。常见的 RAID 级别有 RAID 0、RAID 1 和 RAID 5，下面分别介绍这三个级别的概念及特点。

1. RAID 0

RAID 0 又称带区卷，由两块或两块以上的硬盘组成，是 RAID 级别中存储性能最好的一个，缺点是没有数据冗余功能。这种模式下，数据写入硬盘时，会先把硬盘分隔成大小相等的区块，接着把数据也切割成同样大小的区块，再把数据块同时写入不同的硬盘中，相当于本来由一块硬盘完成的工作现在分给几块硬盘同时完成，数据的读/写速度会大大提升，理论上，由几块硬盘组成 RAID 0，数据的写入速度就会提升几倍。组成 RAID 0 的硬盘容量最好相等，否则会影响其性能。下面以一个实例来描述，假设某个文件被分成等大小的 8 个数据块，由 3 块硬盘构成的 RAID 0 存储，数据的存储示意图如图 7-24 所示。

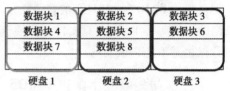

图 7-24　RAID 0 存储数据示意图

从图 7-24 所示可知，RAID 0 的主要优点是：数据可以跨区读/写；数据读/写速度大大提升，理论上可提升 3 倍；没有硬盘容量损失。主要缺点是：没有数据冗余功能，任何一块硬盘损坏，RAID 0 中的所有数据将全部丢失，而且由几块硬盘构成 RAID 0，发生数据丢失的概率就会增大几倍，该例中就是 3 倍。

2. RAID 1

RAID 1 又称镜像卷，由两块硬盘组成，两块硬盘的容量最好相等，否则会以小的那块为准，相当于大的那块硬盘多余的空间会浪费掉。RAID 1 是将数据同时写入两块硬盘，从"镜像"两个字就可以看出，就是将数据同时存储两份，所以，RAID 1 具备数据冗余功能。下面以一个实例来描述，假设某个文件被分成等大小的 4 个数据块，由两块硬盘构成的 RAID 1 来存储，数据的存储示意图如图 7-25 所示。

从图 7-25 所示示意图可知，RAID 1 的主要优点是具备了数据冗余功能；数据的读取性能会有所提升，因为有两块硬盘可供读取。主要缺点是：数据的写入速度变慢，因为同样的数据要写入两遍；会浪费一半的硬盘容量，因为有一半硬盘是拿来做备份用的。

数据块 1	数据块 1
数据块 2	数据块 2
数据块 3	数据块 3
数据块 4	数据块 4
硬盘 1	硬盘 2

图 7-25　RAID 1 存储数据示意图

3. RAID 5

对于 RAID 0，虽然数据的读/写速度快，但没有数据冗余功能。对于 RAID 1，虽然有数据冗余功能，但数据的写入速度下降，且要浪费一半的硬盘容量。接下来介绍的

RAID 5 是一种最好的折中方式。RAID 5 最少由 3 块硬盘组成，硬盘的容量最好一致，否则大硬盘多出的部分会浪费掉。数据存储时，同样是先将硬盘和文件分隔成大小相等的区块，再将各区块数据同时写入不同的硬盘。它和 RAID 0 的区别是：在每一轮循环写入数据的过程中，都会在一块硬盘中加入一个奇偶校验值，这个奇偶校验值的内容是这轮循环写入其他硬盘数据的备份，而且每轮循环奇偶校验值都会写入不同的硬盘。下面以一个实例来描述，假设某个文件被分成等大小的 8 个数据块，由 3 块硬盘构成的 RAID 5 存储，数据的存储示意图如图 7-26 所示。

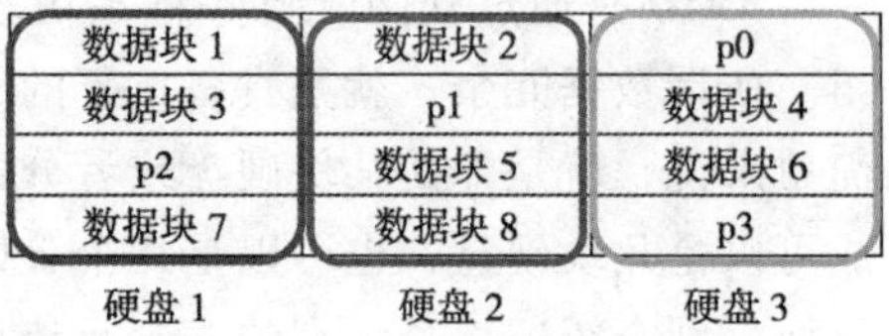

数据块 1	数据块 2	p0
数据块 3	p1	数据块 4
p2	数据块 5	数据块 6
数据块 7	数据块 8	p3
硬盘 1	硬盘 2	硬盘 3

图 7-26　RAID 5 存储数据示意图

从图 7-26 所示示意图可知，RAID 5 在每轮存储数据时都会写入一个奇偶校验值，图中 p0 的值是数据块 1 和数据块 2，p1 的值是数据块 3 和数据块 4，p2 的值是数据块 5 和数据块 6，p3 的值是数据块 7 和数据块 8。RAID 5 的主要优点为：不管是哪块硬盘损坏，都可以利用别的硬盘中的奇偶校验值恢复所有数据；RAID 5 的数据读/写速度虽不如 RAID 0，但比 RAID 1 要快；还有一个优点是不管用多少块硬盘组成 RAID 5，都只会浪费一块硬盘，因为所有的奇偶校验值加起来只占用了一块硬盘。同时也说明了 RAID 5 只支持一块硬盘损坏之后的数据恢复，如果硬盘损坏数大于一块，那数据也是不能再恢复的。

二、命令模式下配置 RAID5

在图形化安装系统时，类比于创建 LVM 的方法，同样可以在分区界面创界 RAID。方法是先创建 RAID 分区，再生成 RAID 设备，操作比较简单，只要明白了 RAID 的工作机制，生成 RAID 1 或者 RAID 5 是不难的，这个操作留给自己体验。下面重点介绍命令行界面中如何分配和使用 RAID，用大小相同的分区配置最为常见的 RAID 5 为例来说明。具体步骤如下：

1. 添加一块硬盘，创建大小相同的 5 个分区

这个知识点前面已详细介绍，这里不再赘述，最终效果如下：

```
[root@ MASTER ~]# fdisk -l

Disk /dev/sdb: 21.5 GB, 21474836480 bytes
255 heads, 63 sectors/track, 2610 cylinders
Units = cylinders of 16065 * 512 = 8225280 bytes
Sector size (logical/physical): 512 bytes / 512 bytes
I/O size (minimum/optimal): 512 bytes / 512 bytes
Disk identifier: 0x1441cc18

Device Boot      Start         End      Blocks      Id    System
/dev/sdb1            1        2610   20964793 +      5    Extended
/dev/sdb5            1         262    2104452       83    Linux
/dev/sdb6          263         524    2104483 +     83    Linux
/dev/sdb7          525         786    2104483 +     83    Linux
/dev/sdb8          787        1048    2104483 +     83    Linux
/dev/sdb9         1049        1310    2104483 +     83    Linux
```

添加了一块硬盘 sdb，共创建了 5 个大小为 2 GB 的分区，其中/dev/sdb5、/dev/sdb6和/dev/sdb7 计划用于创建 RADI 5，/dev/sdb8 计划用作备份分区，/dev/sdb9 计划用作新的备份分区，用于替换错误的分区。

2. 建立 RAID 5

建立 RAID 的命令是 mdadm，命令格式如下：

```
[root@ MASTER ~]# mdadm [模式] [RAID 设备文件名] [选项]
模式：
    Create:创建一个阵列,每个设备都具有超级块
选项：
    -s,--scan:扫描配置文件,发现丢失的信息
    -D,--detail:查看磁盘阵列详细信息
    -C,--create:建立新的磁盘阵列,也就是调用 Create 模式
    -a,--auto = yes:采用标准格式建立磁盘阵列
    -n,--raid-devices = 数字:使用几块硬盘或分区组成 RAID
    -l,--level = 级别:创建 RAID 的级别,可以是 0,1,5
    -x,--spare-devices = 数字:使用几块硬盘或几个分区组成备份设备
    -a,--add 设备文件名:在已经存在的 RAID 中增加设备
    -r,--remove 设备文件名:在已经存在的 RAID 设备中移除设备
    -f,--fail 设备文件名:把某个组成 RAID 的设备设置为错误状态
    -S,--stop:停止 RAID 设备
    -A,--assemble:按照配置文件加载 RAID
```

拿 3 个激活分区，1 个备份分区创建 RAID 5 的命令为：

```
[root@ MASTER ~]# mdadm --create --auto = yes /dev/md0 --level = 5 --raid-devices = 3 --
spare-devices =1 /dev/sdb5 /dev/sdb6 /dev/sdb7 /dev/sdb8
mdadm: Defaulting to version 1.2 metadata
mdadm: array /dev/md0 started.
```

其中：/dev/md0 是第一个 RAID 的设备名，如果还有 RAID 设备，可以使用/dev/md［1-9］代表。接下来查看新建立的/dev/md0，命令如下：

```
[root@ MASTER ~]# mdadm --detail /dev/md0
/dev/md0:
        Version : 1.2
  Creation Time : Sun May  5 21:16:36 2019
     Raid Level : raid5
     Array Size : 4206592 (4.01 GiB 4.31 GB)
  Used Dev Size : 2103296 (2.01 GiB 2.15 GB)
   Raid Devices : 3
  Total Devices : 4
    Persistence : Superblock is persistent

    Update Time : Sun May  5 21:17:20 2019
          State : clean  Active Devices : 3
Working Devices : 4
 Failed Devices : 0
```

```
Spare Devices : 1

        Layout : left-symmetric
    Chunk Size : 512K

          Name : MASTER:0  (local to host MASTER)
          UUID : 265cfb88:6e9409f0:a546bf5d:aee3b6f3
        Events : 20

    Number   Major   Minor   RaidDevice State
       0       8       21        0       active sync   /dev/sdb5
       1       8       22        1       active sync   /dev/sdb6
       4       8       23        2       active sync   /dev/sdb7

       3       8       24        -       spare   /dev/sdb8
```

结果表明，该/dev/md0 包含 3 个激活分区，1 个备份分区。

3. 格式化 RAID

RAID 5 已经创建，但是要正常使用，同样要经过格式化，命令如下：

```
[root@ MASTER ~]# mkfs -t ext4 /dev/md0
mke2fs 1.41.12 (17-May-2010)
文件系统标签 =
操作系统：Linux
块大小 = 4096 (log = 2)
分块大小 = 4096 (log = 2)
Stride = 128 blocks, Stripe width = 256 blocks
262944 inodes, 1051648 blocks
52582 blocks (5.00% ) reserved for the super user
第一个数据块 = 0
Maximum filesystem blocks = 1077936128
33 block groups
32768 blocks per group, 32768 fragments per group
7968 inodes per group
Superblock backups stored on blocks:
  32768, 98304, 163840, 229376, 294912, 819200, 884736

正在写入 inode 表：完成
Creating journal (32768 blocks)：完成
Writing superblocks and filesystem accounting information：完成

This filesystem will be automatically checked every 31 mounts or
180 days, whichever comes first.  Use tune2fs -c or -i to override.
```

4. 挂载 RAID

格式化以后，接下来就是挂载，首先创建挂载目录，再实施挂载，操作命令如下：

```
[root@ MASTER ~]# mkdir /mnt/raid
#创建挂载目录
[root@ MASTER ~]# mount /dev/md0 /mnt/raid
#挂载
[root@ MASTER ~]# mount
/dev/mapper/vg_master-lv_root on / type ext4 (rw)
proc on /proc type proc (rw)
sysfs on /sys type sysfs (rw)
devpts on /dev/pts type devpts (rw,gid=5,mode=620)
tmpfs on /dev/shm type tmpfs (rw)
/dev/sda1 on /boot type ext4 (rw)
none on /proc/sys/fs/binfmt_misc type binfmt_misc (rw)
sunrpc on /var/lib/nfs/rpc_pipefs type rpc_pipefs (rw)
nfsd on /proc/fs/nfsd type nfsd (rw)
/dev/md0 on /mnt/raid type ext4 (rw)
#查看一下,/dev/md0 已经正常挂载
```

5. 生成 mdadm 配置文件

在 CentOS 6.x 中，mdadm 配置文件/etc/mdadm.conf 本身是不存在的，需要手动建立，操作命令如下：

```
[root@ MASTER ~]# echo Device /dev/sdb[5-8] >> /etc/mdadm.conf
#生成 mdadm 配置文件,要把所有组成 RAID 的分区或者硬盘设备放入配置文件,否则 RAID 设备重启
后会丢失

[root@ MASTER ~]# mdadm -Ds >> /etc/mdadm.conf
#查询和扫描 RAID 信息,并追加进/etc/mdadm.conf 文件

[root@ MASTER ~]# cat /etc/mdadm.conf
Device /dev/sdb5 /dev/sdb6 /dev/sdb7 /dev/sdb8
ARRAY /dev/md0 metadata=1.2 spares=1 name=MASTER:0 UUID=265cfb88:6e9409f0:
a546bf5d:aee3b6f3
#查看一下 mdadm 配置文件的内容
```

6. 设置开机自动挂载

使用 mount 命令实现的挂载只是临时生效的，要设置开机自动挂载须修改/etc/fstab 文件，操作命令如下：

```
[root@ MASTER ~]# vi /etc/fstab
...省略部分内容...
#在文件末尾加入如下行
/dev/md0          /mnt/raid  ext4      defaults     1       2
#RAID 设备名     挂载点   文件系统类型   挂载选项    备份   检测
```

自此，RAID 5 的创建工作全部完成，可以正常使用该设备了。接下来再补充介绍 RAID 的停止、删除、重新启动、如何移除损坏设备和添加新的备份设备等操作。

7. 停止 RAID

RAID 设备正常使用以后，不需要再手动停止和启动。如果确实要执行停止工作，应该

先执行卸载，再执行停止命令，操作如下：

```
[root@ MASTER ~]# umount /mnt/raid
#卸载
[root@ MASTER ~]# mdadm -S /dev/md0
mdadm: stopped /dev/md0
#停止/dev/md0 设备
```

8. 删除 RAID

要删除 RAID，首先要将其停止，再执行如下两步操作即可：

```
[root@ MASTER ~]# vi /etc/fstab
/dev/md0                /mnt/raid                ext4    defaults        1 2
#删除此行

[root@ MASTER ~]# cat /etc/mdadm.conf
Device /dev/sdb5 /dev/sdb6 /dev/sdb7 /dev/sdb8
ARRAY /dev/md0 metadata =1.2 spares =1 name = MASTER:0 UUID =265cfb88:6e9409f0:
a546bf5d:aee3b6f3
#删除此行
```

注意：这里只介绍删除方法，不真正执行。

9. 重新启动 RAID

如果 RAID 设备已经被停止，现在要重新启动，应该先执行启动命令，再实施挂载，操作如下：

```
[root@ MASTER ~]# mdadm -As /dev/md0
mdadm: /dev/md0 has been started with 3 drives and 1 spare.
#启动/dev/md0
[root@ MASTER ~]# mount /dev/md0 /mnt/raid
#启动 RAID 后,要重新挂载
```

10. 模拟分区出现故障

假如组成 RAID 5 的一块分区坏了，备份分区能否自动替换掉错误分区呢。下面用实验来证明，执行如下命令模拟一个分区出错：

```
[root@ MASTER ~]# mdadm /dev/md0 -f /dev/sdb6
mdadm: set /dev/sdb6 faulty in /dev/md0
#模拟/dev/sdb6 分区出错
```

接着查看/dev/md0 的状态，结果如下：

```
[root@ MASTER ~]# mdadm -D /dev/md0
/dev/md0:
        Version : 1.2
 Creation Time : Sun May  5 21:16:36 2019
    Raid Level : raid5
    Array Size : 4206592 (4.01 GiB 4.31 GB)
 Used Dev Size : 2103296 (2.01 GiB 2.15 GB)
```

```
       Raid Devices : 3
      Total Devices : 4
        Persistence : Superblock is persistent

        Update Time : Sun May  5 21:34:05 2019
              State : clean, degraded, recovering
     Active Devices : 2
    Working Devices : 3
     Failed Devices : 1                    //一个设备报错了
      Spare Devices : 1

             Layout : left-symmetric
         Chunk Size : 512K

      Rebuild Status : 6%  complete

               Name : MASTER:0   (local to host MASTER)
               UUID : 265cfb88:6e9409f0:a546bf5d:aee3b6f3
             Events : 23

    Number   Major   Minor   RaidDevice State
       0       8       21        0        active sync    /dev/sdb5
       3       8       24        1        spare rebuilding   /dev/sdb8
       4       8       23        2        active sync    /dev/sdb7
#/deb/sdb8 正在准备修复
       1       8       22        -        faulty spare   /dev/sdb6
#/dev/sdb6 已经报错了
```

可见，结果提示系统正在用备份分区/dev/sdb8 替换掉错误的/dev/sdb6 分区。注意，要看到这个状态速度一定要快，否则看到的就是如下已经修复完成的状态：

```
[root@ MASTER ~]# mdadm -D /dev/md0

    Number   Major   Minor   RaidDevice State
       0       8       21        0        active·sync    /dev/sdb5
       3       8       24        1        active sync    /dev/sdb8
       4       8       23        2        active sync    /dev/sdb7
#/dev/sdb8 已经变成激活分区
       1       8       22        -        faulty spare   /dev/sdb6
#/dev/sdb6 已是错误分区
```

11. 移除错误分区

一旦提示有错误分区，要及时将其移除，如果是硬盘，当然就要将其换下进行维修处理。命令如下：

```
[root@ MASTER ~]# mdadm /dev/md0 --remove /dev/sdb6
mdadm: hot removed /dev/sdb6 from /dev/md0
```

12. 添加新的备份分区

对于 RAID 设备，一般都会为其配置好备份分区或者备份硬盘，这样一旦有损坏的分区或者硬盘，备份设备就会自动执行修复。既然之前备份的分区已被使用，现给它添加一块新的备份分区，命令如下：

```
[root@ MASTER ~]# mdadm /dev/md0 --add /dev/sdb9
mdadm: added /dev/sdb9
#将/dev/sdb9作为新的备份分区加入
[root@ MASTER ~]# mdadm -D /dev/md0
...省略部分分区...
    Number   Major   Minor   RaidDevice State
       0        8       21         0          active sync   /dev/sdb5
       3        8       24         1          active sync   /dev/sdb8
       4        8       23         2          active sync   /dev/sdb7

       5        8       25         -          spare    /dev/sdb9
#/dev/sdb9已经变成备份分区
```

▶▶▶ 小　　结

　　本项目学习 Linux 系统管理知识。主要学习了进程管理、系统信息资源查看、文件系统管理和 LVM 管理等四块内容。Linux 系统管理的内容非常多，本项目只选择了几块基础性的重点知识，以便大家更好地理解和管理 Linux 操作系统，为下篇服务器配置部分的学习打下更坚实的基础。然而，学习是永无止境的，任何教材都只能帮助大家打下一个入门基础，培养继续深入学习的能力，同学们在以后的学习深造和工作中如果遇到更深的知识，要想到去搜索引擎查找，去查阅其他书籍资料，学知识最重要的是学习思维和学习方法的建立，应该说同学们经过本书基础篇的系统学习，是能够具备学习 Linux 的扎实基本功的，以后碰到更难的问题只要肯钻研问题都能够解决。

▶▶▶ 习　　题

一、判断题

　　1. LVM 最大的价值是可以动态调整逻辑卷的大小，因此可以用 lvresize 命令随意调整逻辑卷大小而不丢失数据。　　　　　　　　　　　　　　　　　　　　　（　　）

　　2. 在 Linux 中，硬盘分区最多可以划分为 4 个主分区，扩展分区除外。　　（　　）

　　3. 执行 "fdisk 设备名" 命令完成所有的分区操作后，必须输入 w 命令保存退出才会生效。　　　　　　　　　　　　　　　　　　　　　　　　　　　　（　　）

　　4. 格式化分区的主要目的是清除数据。　　　　　　　　　　　　　　　（　　）

　　5. Linux 中第一块硬盘被识别为 sda，第二块添加的硬盘一般会被系统默认识别为 sdb。
　　　　　　　　　　　　　　　　　　　　　　　　　　　　　　　　　　（　　）

二、填空题

　　1. 命令 ps 仅可显示命令运行时刻的进程状态，而命令_____可动态地持续监听进程的运行状态。

2. kill 是按照_____处理进程的命令；killall 命令是通过_____杀死一类进程的。

3. pkill 命令是按照进程名杀死进程的，和 killall 命令非常相似，但区别是 pkill 命令还可以按照_____踢出用户。

4. 在 Linux 中，表示进程的优先级有两个参数：Priority 和 Nice，值越小代表优先级_____。

5. _____命令可以查看系统与内核的相关信息。

6. free 命令用于查看_____，默认单位为_____。

7. w 命令的功能是查看 Linux 服务器上目前已经登录的用户信息，用 tty 代表_____，pts 代表_____。

8. 从存储数据的介质上来分，硬盘可分为_____和_____。

9. Linux 中目前可以识别的分区类型有_____、_____和_____三种。

10. 在 Linux 中，如果是 IDE 硬盘，一般用_____表示硬盘，如果是 SCSI 或 SATA 硬盘，一般用_____表示硬盘。

11. 普通分区 ID 为_____；物理卷 ID 为_____。

12. 卷组是由多个_____组合在一起形成的。

13. 由卷组划分出来的分区称为_____。

14. 在 LVM 中，存储数据的最小单位不再是 block（默认大小是 4KB），而是_____，默认大小是_____。

15. 要实现分区开机自动挂载，需要编辑的配置文件是_____。

16. RAID 的 1 级别和 5 级别相比于 LVM 最大的好处是_____。

三、选择题

1. 在 Linux 中，扩展分区最多可以有（   ）个？主分区和扩展分区一起最多可以有（   ）个。

    A．2 4   B．1 4   C．1 5   D．2 6

2. 在 Linux 中，已知主分区有三个，分别为 sda1、sda2 和 sda3，其中 sda3 为扩展分区，现要将 sda3 再划分成逻辑分区，那么第一块逻辑分区的编号为（   ）。

    A．sda3   B．sda4   C．sda5   D．sda6

3. CentOS 6.x 默认的文件系统是（   ）。

    A．ext3   B．ext4   C．xfs   D．NTFS

4. fat32 文件系统是早期 Windows 的文件系统，支持最大（   ）GB 的分区和最大（   ）GB 的文件。

    A．32 4   B．32 32   C．64 4   D．64 8

5. 以下关于 LVM 的说法错误的是（   ）。

    A．在 LVM 中可以动态调整分区的大小

    B．在 LVM 中卷组和逻辑卷都可以动态调整大小

    C．物理扩展（PE）的默认大小为 4MB

    D．LVM 建立的分区不需要格式化，就可以直接使用

6. swap 分区的 ID 是多少 (　　)。

    A. 82　　　　　　　B. 83　　　　　　　C. 85　　　　　　　D. 8e

7. 查看逻辑卷的命令是 (　　)。

    A. pvdisplay　　　　B. lvscan　　　　　C. vgdisplay　　　　D. vgscan

8. 使用 "df -h" 命令可以查看 (　　)。

    A. 所有硬盘信息　　　　　　　　　　B. 所有硬盘分区信息

    B. 所有格式化的硬盘分区信息　　　　D. 所有挂载的硬盘分区信息

9. 下列关于 RAID 1 (镜像卷) 的说法正确的是 (　　)

    A. 镜像卷是所有 RAID 级别中读/写速度最快的一种

    B. 镜像卷没有磁盘容错功能

    C. 镜像卷只能由两块同样大小的硬盘或分区组成

    D. 镜像卷需要使用 $1/n$ 块硬盘硬盘作为奇偶校验

10. 创建 RAID 5，至少需要几块等大小的硬盘 (　　)

    A. 2　　　　　　　　B. 3　　　　　　　C. 4　　　　　　　D. 5

四、简答题

1. 什么是进程？进程管理的主要作用有哪些？

2. 简述 ps 命令最常见的三组选项 "aux" "-le" "-l" 的作用。

3. 简述 Linux 中主分区、扩展分区和逻辑分区的特点和联系。

4. LVM 最大的好处是什么？

5. 简述 swap 分区的定义和作用。

五、操作题

1. 添加一块 20 GB 的硬盘，划分 3 个主分区和 1 个扩展分区，3 个主分区的大小都为 2 GB，剩余空间全部划分给扩展分区，再将扩展分区划分为 4 个逻辑分区，第一个逻辑分区大小为 500 MB，第二、三个逻辑分区大小为 1 GB，剩余空间全部给第四个逻辑分区，实现所有分区自动挂载。

2. 将第一题中的第一个逻辑分区扩展为 swap 分区并实现开机自动挂载。

3. 将第一题中的 3 个主分区和第二、三个逻辑分区建成卷组。

4. 将第一题中的最后一个逻辑分区扩充到第三题生成的卷组中。

5. 利用第四题生成的卷组创建 3 个逻辑卷，大小都为 2 GB。

6. 将第五题中的第一个逻辑卷大小调整为 3 GB。

7. 再添加一块硬盘，创建 4 个逻辑分区，拿 1 个做备份分区，创建 RAID 5，实现开机自动挂载。

Linux 网络服务器配置与管理

- 软件包的安装与管理
- Samba 服务器的配置与管理
- DHCP 服务器的配置与管理
- DNS 服务器的配置与管理
- Postfix 服务器的配置与管理
- FTP 服务器的配置与管理
- MySQL 服务器的配置与管理
- Web 服务器的配置与管理
- NFS 服务器的配置与管理
- 防火墙的配置与管理

软件包的安装与管理

情境描述

要学习任何一个服务器的配置，首先第一步就是要安装这个服务，本质上就是安装一个能实现该服务功能的软件，那如何获得这个软件，在 Linux 中又如何安装软件。

项目导读

计算机由硬件和软件组成，软件包括系统软件和应用软件，操作系统属于系统软件，光有操作系统，计算机只能完成基本的文件管理工作，而要完成各种特定的工作，还得安装各种应用软件才行，比如在 Windows 中，若要看电影，就得安装一个视频播放器，若要编辑 Word 文档就得安装 Office 软件。Linux 也一样，要学习服务器配置，首先要安装各种服务，相当于要安装各种应用软件，本项目将详细讲解 Linux 中安装软件的方法，以及软件的卸载、升级与查询等软件管理问题。

项目要点

➢ 了解 Linux 中软件包的形式

➢ 熟悉 Linux 中软件包的安装

➢ 掌握 Linux 中软件包的管理

▶▶▶ 任务一　了解 Linux 中软件包的形式

要在 Linux 中安装软件，首先得明白软件的基本存在形式，就像在 Windows 操作系统中，安装软件时须执行"＊.exe"文件。那么，在 Linux 操作系统中，软件到底以什么形式存在？

Linux 中可以使用的软件包众多，而且几乎都是免费的，且大多还是开源的，也就是说可以看到其源代码，只要你有足够的能力，你可以个性化地修改程序源代码。另外，Linux 不识别".exe"格式的文件，所以说，能攻击 Windows 系统的所有病毒文件不能攻击 Linux，这大大提升了 Linux 系统的安全性。

在 Linux 操作系统中，软件到底以什么形式存在？首先要强调的是不同的版本有不同的软件管理方法，本书只介绍 Red Hat 及与其完全兼容的 CentOS 版本的软件管理形式，主要

有两种，一种是源码包，另一种是 rpm 包。

一、源码包

所谓源码包，就是软件工程师使用特定的格式编写的文本代码，是一系列计算机语言指令，一般是以英文单词组成，比如最常见的是用 C 语言编写的程序。源码包的主要特点如下：

1）主要优点

➢ 开源。即如果你有足够的能力，可以自由修改源代码。

➢ 可以自由选择所需的功能。

➢ 因为软件是编译安装的，所以更加适合自己的系统，更加稳健，效率也更高。

➢ 卸载方便，不会留下残留的垃圾文件。

2）主要缺点

➢ 安装过程较为复杂，容易出错，只适合经验丰富的人，对于新手，一旦报错，几乎很难解决。

➢ 编译过程需要时间，所以安装起来耗时较长。

二、rpm 包

rpm 包就是源码包经过编译以后生成的二进制包。计算机只能识别机器语言，即由 0 和 1 组成的二进制语言，把源码包翻译成二进制机器语言的过程称为编译。目前，Linux 中常见的两种包管理系统是 RPM 包管理系统和 DPKG 包管理系统，前者主要用于 Red Hat、CentOS、Fedora 和 SuSE 等版本，后者主要用于 Debian 和 Ubuntu 版本的 Linux 系统。

1. rpm 包的主要特点

1）主要优点

➢ 包管理系统简单。通过简单的命令就可以实现包的安装、升级、查询和卸载。

➢ 安装速度比源码包要快得多。

2）主要缺点

➢ 相比源码包，经过了编译，不能再看到源代码。

➢ 安装时功能选择不如源码包灵活。

➢ 包依赖性。在后面的软件安装时会详细介绍什么是包依赖性以及它带来的不便。

2. rpm 包的命名规则

rpm 包的命名通常会遵循统一的规则，例如：

```
samba-3.5.10-125.el6.i686.rpm
```

samba：软件包名。

3.5.10：软件版本。

125：软件发布的次数。

el6：软件发行商。el6 是由 Red Hat 公司发布的，适合在 RHEL 6. x（Red Hat Enterprise Linux）和 CentOS 6. x 上使用。

i686：最适合的硬件平台。也就是 Pentium Ⅱ 以上的计算机都可以安装，目前几乎所有的 CPU 都能满足该要求。

rpm：RPM 扩展名。需要注意的是，Linux 下的文件不是靠扩展名来区分文件类型的，也就是说扩展名在 Linux 中没有任何含义。这里加一个"．rpm"作为扩展名，主要是帮助管理者更好地识别这是一个 RPM 包，方便管理员管理。

通常，将 samba-3.5.10-125.el6.i686.rpm 称为包全名，把 samba 称为包名。这是两个不同的概念，一定要注意区别，因为有些命令后面要求跟包全名，如利用 rpm 方法安装软件时，而有些命令后面一定得跟包名，如查询和卸载，包括用 yum 方法安装软件时跟的也是包名。

▶▶▶ 任务二　熟悉 Linux 中软件包的安装

任务一讲解了 Linux 操作系统中软件的主要存在形式，接下来介绍安装方法。在 Linux 操作系统中安装软件主要有三种方法：一是图形化方法；二是 rpm 方法；三是 yum 方法。下面逐一介绍这三种方法的特点。

一、图形化方法

该方法首先要求 Linux 安装有图形界面，且并不是所有的服务都适合安装，所以该方法用得并不多。由于实际生产服务器中安装的都是命令行界面，本书安装的也是命令行界面，所以该方法这里不做演示，知道有这种方法即可。

二、rpm 方法

采用 rpm 方法安装软件，首先得把软件下载到 Linux 系统中。如果是安装光盘镜像文件中的 rpm 包，则需要先将光盘挂载，然后用绝对路径指明包全名所在的位置。如果是光盘中没有的 rpm 包，就得先将 rpm 包下载到 Linux 系统中的某一个位置，安装时进入到该目录后执行安装命令，或者采用绝对路径再跟上包全名。采用 rpm 方法安装软件的命令格式为：

```
[root@ MASTER ~]# rpm -ivh 包全名
选项：
    -i:安装(install)
    -v:显示详细的信息(verbose)
    -h:打印,显示安装进度(hash)
```

需要注意，一定是跟包全名，还要注意包全名所在的位置。采用 rpm 方法安装软件面临的最大麻烦就是包依赖问题，那么到底什么是包依赖呢？比方说你要安装软件包 a，结果会提示你需要先安装好软件包 b，当你安装软件包 b 的时候，又提示你要先安装好软件包 c，也就是说，你要想成功安装软件包 a，你得先安装好软件包 c，再安

Linux 操作系统管理与应用

装好软件包 b，最后才能安装软件包 a，要根据依赖性从后往前安装。这个问题说起来好理解，但做起来就不容易了，有些软件包的安装要依赖几十上百个软件包，非常容易把人绕晕，所以，对于依赖性比较强的软件包，用 rpm 方法安装是不可取的，尤其是对于初学者。

三、yum 方法

由于 rpm 方法安装软件要面临包依赖的问题，yum 方法可以较好地解决这个问题。

yum（Yellow dog Upadater Modified）是一款软件包管理工具，默认情况下安装 Linux 系时会自动安装这个软件，查询如下：

```
[root@ MASTER ~]# rpm -q yum
yum-3.2.29-30.el6.centos.noarch
```

yum 可以自动升级、安装和移除 rpm 包、收集 rpm 包的相关信息、检查包依赖性并自动解决包依赖问题。即 yum 能从光盘中或者从网络中自动下载需要的依赖包并完成安装，而且操作起来非常方便，可以说是安装软件最为便捷的方法，尤其是对于初学者。

但是利用 yum 方法安装软件得有一个先决条件，就是必须先准备好 yum 源。yum 源分两种：一种是网络 yum 源，适用条件是 Linux 能连接公网的情况；另一种是使用光盘 yum 源，这种情况适用于 Linux 不能连接公网时。下面分别介绍这两种情况下 yum 源的配置及安装软件的方法。

1．Linux 能够连接公网的情况

只要 Linux 能够 ping 通公网，则不需要进行任何的 yum 源配置，就可以直接使用网络上的 yum 源安装软件，yum 方法安装软件的命令格式如下：

```
[root@ MASTER ~]# yum -y install 包名
选项：
    install：安装
    -y：自动回答 yes。如果不加 -y，则每个安装的软件都需要手动回答 yes
```

下面详细解释为什么当 Linux 可以连接公网时，不需要任何 yum 源的配置就可安装服务。这是因为此时 Linux 自动使用了一个 yum 源配置文件 CentOS-Base.repo，该文件保存在 /etc/yum.repos.d/ 目录中，进入该目录查看一下：

```
[root@ MASTER yum.repos.d]# ls
CentOS-Base.repo  CentOS-Debuginfo.repo  CentOS-Media.repo  CentOS-Vault.repo
```

可以看到该目录下默认有四个 yum 源配置文件，扩展名都为 ".repo"，第一个文件就是 CentOS-Base.repo，默认是它生效的，这就是当 Linux 可以连接公网时，不需要任何 yum 源的配置就可直接利用 yum 方法安装软件的原因所在。下面进入该配置文件查看到底有哪些内容，大致是什么含义。

```
[root@ MASTER yum.repos.d]# vi CentOS-Base.repo

[base]
name = CentOS-$releasever - Base
```

```
mirrorlist =http://mirrorlist.centos.org/? release = $releasever&arch = $basearch&repo =os
baseurl =http://mirror.centos.org/centos/ $releasever/os/ $basearch/
gpgcheck =1
gpgkey =file:///etc/pki/rpm-gpg/RPM-GPG-KEY-CentOS-6
...省略部分输出...
```

可见，在 CentOS-Base.repo 文件中共有 5 个 yum 源容器，这里只列出 base 容器，其他容器基本类似，该容器语句详解如下：

➢ ［base］：容器名称，一定要放在［］中。

➢ name：容器说明，内容可以自由定义。

➢ mirrorlist：镜像站点，这个可以注释掉。

➢ baseurl：这就是使用的 yum 源服务器地址。默认是 CentOS 官方的 yum 源服务器，这个可以改成自己喜欢的 yum 源地址的。

➢ enabled：决定此容器是否生效，如果不写或写成 enabled =1 都代表此容器生效，如写成 enabled =0 代表此容器不生效。

➢ gpgcheck：如果为 1 则表示 RPM 的数字证书生效；如果为 0，则表示 RPM 的数字证书不生效。

➢ gpgkey：数字证书的公钥文件保存位置，不用修改。

2. Linux 不能连接公网的情况

如果 Linux 主机不能连接公网，yum 方法还能不能使用呢？可以使用，yum 早就考虑到这个问题，所以在系统镜像文件中几乎包含了所有的常用软件的 rpm 包。虽然此时不能再使用默认的网络 yum 源文件 CentOS-Base.repo，却可以使用/etc/yum.repos.d/目录中的第三个 yum 源配置文件 CentOS-Media.repo，该文件以本地光盘作为 yum 源服务器的模板文件。那么究竟如何做才能让该文件生效并且可以使用本地光盘 yum 源呢，方法如下：

第一步：挂载光盘到指定位置。命令如下：

```
[root@ MASTER ~]# mkdir /mnt/cdrom
#在/mnt/目录下创建目录 cdrom,作为光盘的挂载点
[root@ MASTER ~]# mount /dev/sr0 /mnt/cdrom
mount: block device /dev/sr0 is write-protected, mounting read-only
#挂载光盘到/mnt/cdrom 目录下,/dev/sr0 为光盘设备的文件名
```

第二步：修改其他不需要的 yum 源，只保留需要的 CentOS-Media.repo 源文件。有两种方法：一是直接把其他三个删掉，但是这样做的坏处是下次如再需要使用网络 yum 源就没有了，因此该方法是不可取的。一般采用方法二：将其他暂时不需要的三个源文件加个扩展名，进行重命名，这样做相当于既让其暂时失效，又没有被彻底删掉。执行命令如下：

```
[root@ MASTER ~]# cd /etc/yum.repos.d/
#进入到/etc/yum.repos.d/目录
[root@ MASTER yum.repos.d]# ls
CentOS-Base.repo  CentOS-Debuginfo.repo  CentOS-Media.repo  CentOS-Vault.repo
```

```
[root@ MASTER yum.repos.d]# mv CentOS-Base.repo CentOS-Base.repo.bak
[root@ MASTER yum.repos.d]# mv CentOS-Debuginfo.repo CentOS-Debuginfo.repo.bak
[root@ MASTER yum.repos.d]# mv CentOS-Vault.repo CentOS-Vault.repo.bak
[root@ MASTER yum.repos.d]# ls
CentOS-Base.repo.bak  CentOS-Debuginfo.repo.bak  CentOS-Media.repo  CentOS-Vault.repo.bak
```

第三步：修改光盘 yum 源配置文件 CentOS-Media.repo，最终修改成如下形式：

```
[root@ MASTER yum.repos.d]# vi CentOS-Media.repo

[c6-media]
name = CentOS- $ releasever - Media
baseurl = file:///mnt/cdrom/
#将地址修改成本地光盘挂载的地址
#         file:///media/cdrom/
注释这个不存在的地址
#         file:///media/cdrecorder/
#注释这个不存在的地址
gpgcheck = 1
enabled = 1
#把 enabled 从 0 改成 1,让 yum 源配置文件生效
gpgkey = file:///etc/pki/rpm-gpg/RPM-GPG-KEY-CentOS-6
```

经过上述三步，就可以利用本地光盘 yum 源安装软件了，安装命令和使用网络 yum 源安装软件一样。利用本地 yum 源安装软件和使用网络 yum 源安装软件的区别在于前者用的是光盘镜像文件中的 rpm 包，因而版本不一定是最新的，而使用网络 yum 源用的是当前网络上的 rpm 包，往往安装的版本比前者要新。

▶▶▶ 任务三　掌握 Linux 中软件包的管理

一、软件包卸载

软件既然能够安装，自然也能够卸载。

1. rpm 包卸载

rpm 包卸载命令格式如下：

```
[root@ MASTER ~]# rpm -e 包名
选项：
    -e:卸载(erase)
```

需要注意，对于安装时有依赖性的软件，卸载时要按照安装的反方向进行，即后安装的先卸载，最先安装的最后卸载，否则会报错。当然，卸载命令是支持 "--nodeps" 选项的，可以不检测依赖性直接卸载。但是，不推荐这样使用，因为强行这样做可能导致其他软件包无法正常使用。

2．yum 卸载命令

yum 方法卸载命令格式如下：

```
[root@ MASTER ~]# yum remove 包名
#卸载指定的软件包
```

例如：

```
[root@ MASTER ~]# yum remove samba
#卸载 samba 软件包
```

再次强调，除非自己能确定要卸载软件的依赖包不会对系统产生影响，否则不要执行 yum 卸载，一旦出现问题，轻则导致其他软件无法正常使用，严重时将直接导致系统崩溃。

二、软件包升级

所谓软件包的升级，就是用新的软件版本代替旧的软件版本。

1．rpm 包升级

```
[root@ MASTER ~]# rpm -Uvh 包全名
选项：
     -U(大写)：升级安装。如果没有安装过,则系统会直接安装。如果安装过的版本较低,则升级到新
版本(upgrade)
```

```
[root@ MASTER ~]# rpm -Fvh 包全名
选项：
     -F(大写)：升级安装。如果没有安装过,则系统不会安装。也就是说执行该命令的前提是必须已经
安装了一个低版本的软件才行(freshen)
```

2．yum 升级命令

```
[root@ MASTER ~]# yum -y update 包名
#升级指定的软件包
选项：
     update：升级
     -y：自动回答
```

需要注意，在进行升级操作时，首先得确保 yum 源服务器中的软件包的版本要比本机安装的软件包的版本高。

```
[root@ MASTER ~]# yum -y update
#升级本机中所有的软件包
```

执行该命令会升级本机系统中所有软件包，在实际生产服务器中很少这样操作，因为生产服务器最讲究的是稳定，并不是最新。

三、软件包查询

rpm 包管理系统是非常强大和方便的包管理系统，相比于源码包，它最大的好处是可以使用命令查询、升级和卸载。还有一点需要注意，介绍 rpm 包管理命令的同时会介绍 yum 命令，这是因为 yum 方法操作的对象依然是 rpm 包，只是它能够自动解决包依赖性而已。

1．rpm 包查询

1）查询软件包是否安装

```
[root@ MASTER ~]# rpm -q 包名
#查询某软件包是否安装
选项:
    -q:查询(query)
```

例如，查看 samba 包是否已安装，可以执行如下命令：

```
[root@ MASTER ~]# rpm -q samba
samba-3.6.23-51.el6.i686
```

需要注意，该查询命令跟的是包名，如果能查到结果，表示该软件已经安装，如果查询不到结果，代表该软件还没有被安装。

2）查询系统中所有安装的软件包

如果不指定包名，则会查询系统中已安装的所有软件包，命令及结果如下：

```
[root@ MASTER ~]# rpm -qa
notification-daemon-0.5.0-1.el6.i686
startup-notification-0.10-2.1.el6.i686
filesystem-2.4.30-3.el6.i686
gnome-themes-2.28.1-6.el6.noarch
iw-0.9.17-4.el6.i686
fontpackages-filesystem-1.41-1.1.el6.noarch
libvisual-0.4.0-9.1.el6.i686
gstreamer-0.10.29-1.el6.i686
basesystem-10.0-4.el6.noarch
redhat-lsb-graphics-4.0-3.el6.centos.i686
#...省略部分输出...
```

当然，还可以用管道符查看所需的内容，例如：

```
[root@ MASTER ~]# rpm -qa |grep samba
samba-winbind-clients-3.6.23-51.el6.i686
samba-winbind-3.6.23-51.el6.i686
samba-common-3.6.23-51.el6.i686
samba-client-3.6.23-51.el6.i686
samba-3.6.23-51.el6.i686
```

可见，使用"rpm -q 包名"只能查看这个指定包是否已安装，而使用"rpm -qa｜grep 包名"则可以列出所有包含该包名称的 rpm 包。

3）查询软件包的详细信息

若要查询已安装的某个软件包的详细信息，命令及结果如下：

```
[root@ MASTER ~]# rpm -qi 包名
选项:
    -i:查询软件信息(information)
```

例如，查询 samba 包的安装信息，可执行如下命令：

```
[root@ MASTER ~]# rpm -qi samba
Name: samba                    Relocations: (not relocatable)
#包名
Version: 3.6.23                       Vendor: CentOS
#版本和厂商
Release: 51.el6              Build Date: 2018 年 06 月 20 日 星期三 00 时 03 分 15 秒
#发行版本和建立时间
Install Date:2018 年 12 月 29 日 星期六 22 时 32 分 56 秒   Build Host: x86-01.bsys.centos.org
#安装时间
Group: System Environment/Daemons    Source RPM: samba-3.6.23-51.el6.src.rpm
#组和源 rpm 包文件名
Size: 18658217                     License: GPLv3 + and LGPLv3 +
#软件包大小和许可协议
Signature: RSA/SHA1, 2018 年 06 月 20 日 星期三 19 时 41 分 27 秒, Key ID 0946fca2c105b9de
#数字签名
Packager: CentOS BuildSystem < http://bugs.centos.org >
URL: http://www.samba.org/
#厂商的网址
Summary: Server and Client software to interoperate with Windows machines
#软件包说明
Description :
Samba is the suite of programs by which a lot of PC-related machines
share files, printers, and other information (such as lists of
available files and printers). The Windows NT, OS/2, and Linux
operating systems support this natively, and add-on packages can
enable the same thing for DOS, Windows, VMS, UNIX of all kinds, MVS,
and more. This package provides an SMB/CIFS server that can be used to
provide network services to SMB/CIFS clients.
Samba uses NetBIOS over TCP/IP (NetBT) protocols and does NOT
need the NetBEUI (Microsoft Raw NetBIOS frame) protocol.
#描述
```

4）查询软件包中的文件列表

rpm 包安装软件时系统会自动建立与其相关的文件，也就是说，一个软件安装完成后，与其相关的文件名称和位置都会自动建立好。不同的 Linux 版本，软件安装的相关文件名和所在位置会有差异。查询命令格式如下：

```
[root@ MASTER ~]# rpm -ql 包名
选项:
    -l:列出软件包中所有的文件列表和软件所安装的目录(list)
```

例如，若要查看与 samba 服务相关的所有文件的安装位置，可以执行如下命令：

```
[root@ MASTER ~]# rpm -ql samba
/etc/logrotate.d/samba
/etc/openldap/schema
/etc/openldap/schema/samba.schema
/etc/pam.d/samba
/etc/rc.d/init.d/nmb
```

```
/etc/rc.d/init.d/smb
/etc/samba/smbusers
/usr/bin/eventlogadm
/usr/bin/mksmbpasswd.sh
/usr/bin/smbstatus
/usr/lib/samba/auth
#...省略部分输出...
```

5）查询文件系统属于哪个 rpm 包

使用"rpm -ql 包名"命令可以查询到指定 rpm 包中文件的安装位置。反过来，若已知一个文件，能够查询出它来源于哪个包吗？当然可以，只是要注意，只有经过 rpm 包安装生成的文件才能查询，自己手动建立的文件是不能这样查询的。命令格式如下：

```
[root@ MASTER ~]# rpm -qf 系统文件名
选项：
    -f:查询系统文件属于哪个软件包(file)
```

例如，查询 ls 命令来自哪个 rpm 包，可以执行如下命令：

```
[root@ MASTER ~]# rpm -qf /bin/ls
coreutils-8.4-19.el6.i686
```

6）查询软件包所依赖的软件包

查询一个已安装的软件包有哪些依赖的软件包的命令格式如下：

```
[root@ MASTER ~]# rpm -qR 包名
选项：
    -R:查询软件包的依赖性(requires)
```

例如，查询已安装的 samba 包的依赖性，可以执行如下命令：

```
[root@ MASTER ~]# rpm -qR samba
/bin/bash
/bin/sh
/bin/sh
/bin/sh
/sbin/chkconfig
/sbin/chkconfig
/sbin/service
/sbin/service
/usr/bin/perl
config(samba) = 0:3.6.23-51.el6
libacl.so.1
libacl.so.1(ACL_1.0)
libattr.so.1
libattr.so.1(ATTR_1.0)
libc.so.6
libc.so.6(GLIBC_2.0)
#...省略部分输出...
```

刚才查询的是已经安装的软件包，那对于还没有安装的软件包，能否查询其包依赖性呢？当然可以，加上"-p"选项即可，不过此时一定要跟包全名，且要指明包全名的绝对路径。例如，查询还没有安装的 dhcp 软件包的依赖包，可以执行如下命令：

```
[root@ MASTER ~]# rpm -qRp /mnt/cdrom/Packages/dhcp-4.1.1-31.P1.el6.i686.rpm
/bin/sh
/bin/sh
/bin/sh
/bin/sh
/bin/sh
chkconfig
chkconfig
config(dhcp) = 12:4.1.1-31.P1.el6
coreutils
dhcp-common = 12:4.1.1-31.P1.el6
initscripts
initscripts
libc.so.6
libc.so.6(GLIBC_2.0)
#...省略部分输出...
```

2. yum 命令查询

除了有 rpm 包的查询命令，yum 也有自己的查询命令，平时可以根据自己的习惯灵活使用。

1）查询 yum 源服务器上所有可安装的软件包列表

当前所用的是网络 yum 源，命令查询及结果如下：

```
[root@ MASTER ~]# yum list |less
#查询当前网络 yum 源上所有可用的软件包列表
Installed Packages
#已经安装的软件包
ConsoleKit.i686        0.4.1-3.el6        @ anaconda-CentOS-201207051201.i386/6.3
ConsoleKit-libs.i686   0.4.1-3.el6        @ anaconda-CentOS-201207051201.i386/6.3
ConsoleKit-x11.i686    0.4.1-3.el6        @ anaconda-CentOS-201207051201.i386/6.3
#...省略部分输出...
...skipping...
Available Packages
#还可以安装的软件包
389-ds-base.i686            1.2.11.15-97.el6_10        updates
389-ds-base-devel.i686      1.2.11.15-97.el6_10        updates
389-ds-base-libs.i686       1.2.11.15-97.el6_10        updates
ConsoleKit.i686             0.4.1-6.el6                base
#...省略部分输出...
```

2）查询 yum 源服务器中是否包含某个软件包

```
[root@ MASTER ~]# yum list 包名
#查询单个软件包
```

例如，查询 yum 源服务器中是否包含 dhcp 软件包，可执行如下命令：

Linux 操作系统管理与应用

```
[root@ MASTER ~]# yum list dhcp
Loaded plugins: fastestmirror, security
Loading mirror speeds from cached hostfile
* base: centos.ustc.edu.cn
* extras: mirrors.cqu.edu.cn
* updates: mirrors.aliyun.com
Available Packages
dhcp.i686                    12:4.1.1-63.P1.el6.centos
```

3）搜索 yum 源服务器上所有和关键字相关的软件包

```
[root@ MASTER ~]# yum search 关键字
#搜索 yum 源服务器上所有和关键字相关的软件包
```

例如，搜索 yum 源服务器上所有和 dhcp 相关的软件包，可执行如下命令：

```
[root@ MASTER ~]# yum search dhcp
Loaded plugins: fastestmirror, security
Loading mirror speeds from cached hostfile
* base: ftp.sjtu.edu.cn
* extras: ftp.sjtu.edu.cn
* updates: ftp.sjtu.edu.cn
=================N/S Matched: dhcp =============================
dhcp-common.i686 : Common files used by ISC dhcp client and server
dhcp-devel.i686 : Development headers and libraries for interfacing to the DHCP server
sblim-cmpi-dhcp.i686 : SBLIM WBEM-SMT DHCP
sblim-cmpi-dhcp-devel.i686 : SBLIM WBEM-SMT DHCP - Header Development Files
sblim-cmpi-dhcp-test.i686 : SBLIM WBEM-SMT DHCP - Testcase Files
dhclient.i686 : Provides the dhclient ISC DHCP client daemon and dhclient-script
dhcp.i686 : Dynamic host configuration protocol software
dnsmasq.i686 : A lightweight DHCP/caching DNS server
dnsmasq-utils.i686 : Utilities for manipulating DHCP server leases
  Name and summary matches only, use "search all" for everything.
```

4）查询指定软件包的信息

```
[root@ MASTER ~]# yum info dhcp
#查询 dhcp 软件包的信息
Available Packages                  //还没有安装
Name         : dhcp                 //包名
Arch         : i686                 //适合的硬件平台
Epoch        : 12                   //发布次数
Version      : 4.1.1                //版本
Release      : 63.P1.el6.centos     //发布版本
Size         : 826 k                //大小
Repo         : updates              //属网络 yum 源
Summary      : Dynamic host configuration protocol software
URL          : http://isc.org/products/DHCP/
License      : ISC
Description  : DHCP(Dynamic Host Configuration Protocol) is a protocol which allows...
```

小　结

本项目学习 Linux 中软件包的安装与管理。主要学习了软件的存在形式，软件的安装方法，软件的卸载、升级和查询等管理方法。对于 Linux 中软件的安装，重点是要学会配置 yum 源，此外，还要深刻理解包依赖性。另外，还要掌握好主要的 rpm 包管理命令和 yum 常见命令，只有熟练地掌握这些命令才能对软件的安装和管理做到游刃有余。

习　题

一、判断题

1. rpm 软件包后面必须加上扩展名 ".rpm"。　　　　　　　　　　　　　　（　　）

2. 当 Linux 能够连接公网时，就可以直接利用网络 yum 源安装各种常见的服务软件。
　　　　　　　　　　　　　　　　　　　　　　　　　　　　　　　　　（　　）

3. 在 Linux 中，除非自己能确定要卸载软件的依赖包不会对系统产生影响，否则不要轻易执行 yum 的卸载。　　　　　　　　　　　　　　　　　　　　　　　　（　　）

4. 执行命令 "rpm -Uvh 包全名" 升级安装。如果没有安装过，则系统不会安装。
　　　　　　　　　　　　　　　　　　　　　　　　　　　　　　　　　（　　）

5. 使用 yum 方法安装软件最大的好处是能够自动解决包依赖问题。　　　（　　）

二、填空题

1. CentOS 版本的 Linux 操作系统中，软件的存在形式主要有两种，一种是_____，一种是_____。

2. 对于软件包 "samba-3.5.10-125.el6.i686.rpm"，通常把 samba 称为_____；把整个软件包名称为_____。

3. 采用 rpm 方法安装软件包，最头疼的问题是要解决_____。

4. 利用 yum 方法安装软件，首先必须得准备好_____。

5. 执行 "yum list" 命令可以查询_____。

三、选择题

1. 以下命令可以用于查询系统中软件包 yum 有哪些安装文件的是（　　）。

    A. rpm -qi yum　　　　　　　　　　　　B. rpm -qf yum

    C. rpm -ql yum　　　　　　　　　　　　D. rpm -qa | grep yum

2. 以下命令可以用于查询命令 ls 所属软件包的是（　　）。

    A. rpm -qa | grep ls　　　　　　　　　B. rpm -qf /bin/ls

    C. rpm -qi ls　　　　　　　　　　　　　D. rpm -ql /bin/ls

3. 以下关于 yum 命令的说法错误的是（　　）。

    A. yum 可以解决软件包依赖关系　　　　B. yum 可以方便地实现软件包升级

C. yum 也是通过 rpm 包安装软件的   D. yum 不可以更改 yum 源

四、简答题

1. 什么是源码包？什么是 rpm 包？
2. 什么是 rpm 包依赖性问题？

五、操作题

1. 配置网络 yum 源安装 samba 服务。
2. 配置光盘 yum 源安装 samba 服务。

Samba服务器的配置与管理

项目
九
目

情境描述

某学校需要用 Linux 搭建一台 Samba 服务器，用于共享文件，对于一般文件允许所有师生访问，对于重要文件只允许指定的人员或者群体访问，同时要指定管理者负责更新资源，管理者以外的所有人员只能访问资源。

项目导读

如果要在安装 Linux 操作系统的计算机和安装 Windows 操作系统的计算机之间实现目录或者打印机共享，那么使用 Samba 服务器就是最好的选择。Samba 是一款免费软件，利用 SMB（Server Messages Block，信息服务块）协议实现文件共享。SMB 协议是客户机/服务器型的协议，客户机通过该协议可以访问服务器上的共享文件系统、打印机和其他资源。

项目要点

➢ 安装与控制 Samba 服务
➢ 配置 share 级别的 Samba 服务器
➢ 制作 Linux 克隆机
➢ 配置 user 级别的 Samba 服务器

➤➤➤ 任务一　安装与控制 Samba 服务

一、Samba 服务的功能和工作原理

要学习 Samba 服务器配置，首先得明白 Samba 服务的主要功能、工作原理、工作端口、主要进程以及使用的协议等相关知识。

1. Samba 服务的主要功能

（1）用于 Linux 系统与 Windows 系统之间共享文件。它既可以用于 Linux 系统和 Windows 系统之间的文件共享，也可以实现 Linux 系统和 Linux 系统之间的文件共享，只是 NFS 服务可以很好地实现 Linux 系统和 Linux 系统之间的文件共享，所以一般认为 Samba 服务的主要功能是用于 Linux 系统与 Windows 系统之间的文件共享。

（2）解析 NetBIOS 名称。Samba 通过 NMB 服务可以搭建 NBNS（NetBIOS Name Service）服务器，提供名称解析，将计算机的 NetBIOS 名称解析成 IP 地址，实现主机之间的访问定位。

（3）Samba 服务器可以作为网络中的 WINS 服务器，还可以实现 Windows Server 2008 中域控制器的某些功能。

2．Samba 服务的工作原理

Samba 服务运行主要包括两个服务，一个是 SMB，另一个是 NMB。SMB 是 Samba 的核心启动服务，进程名称为 smbd，主要负责 Samba 服务器和客户机之间的对话，完成身份验证并实现文件共享，监听 TCP 的 139 端口和 445 端口。NMB 服务是一个类似于 DNS 的解析服务，进程名称为 nmbd，它主要负责将 Linux 系统共享的工作组名与其 IP 对应起来。对于 NMB 服务，就算不开启，也完全不影响 Samba 服务的文件共享功能，只是只能通过 IP 访问共享资源，它监听的是 UDP 的 137 端口和 138 端口。Samba 服务的具体工作过程如下：

步骤一：客户端访问 Samba 服务器时，首先发送一个 SMB negprot 请求数据包，并列出它所支持的 SMB 协议版本。服务器接收到请求后开始响应请求，反馈希望使用的协议版本，如果没有可使用的协议版本，则返回 oXFFFFH 信息，结束通信。

步骤二：当 SMB 版本确定后，客户端进程向服务器发送 Session setup & X 请求数据包，发起用户或共享认证。然后服务器返回一个 Session setup & X 应答数据包允许或者拒绝本次连接。

步骤三：客户端和服务器端完成了协商和认证后，客户端会发送一个 Tree connect 或 SMB Tree connect & X 数据包并列出它想访问的网络资源，然后服务器会返回一个 SMB Tree connect & X 应答数据包以表示接受或者拒绝本次连接。

步骤四：如果连接建立，则客户端连接到相应资源，通过 open SMB 打开文件，通过 read SMB 读取文件，通过 write SMB 写入文件，通过 close SMB 关闭文件。

3．SMB 协议介绍

SMB 协议是 Microsoft 公司和 Intel 公司于 1987 年开发的，通过该协议使得客户端应用程序可以在各种网络环境下访问服务器端的文件资源。SMB 协议工作于会话层、表示层和一小部分应用层，并使用了 NetBIOS 的应用程序接口。另外，它是一个开放性的协议，允许协议扩展。SMB 协议最初设计是在 NetBIOS 协议上运行的，而 NetBIOS 本身又是运行在 TCP/IP 协议上的。因此，通过"NetBIOS over TCP/IP"使用 Samba 服务，不但可以在局域网中实现资源共享，还可以和互联网上众多的计算机间实现资源共享，因为互联网上的主机使用的都是 TCP/IP 协议。

为了让 Linux 系统与 Windows 系统之间能够相互访问，最好的办法就是在 Linux 中安装支持 SMB 协议的软件，而 Samba 就是这样一款软件。

二、Samba 服务的安装

1．rpm 方法安装

实际操作中，安装各种服务软件时基本上都采用 yum 方法，这里只讲解采用 rpm 方法安装的基本步骤和命令格式。对于像 Samba 这样的常用软件，光盘镜像文件中都有相关的安装包，那么，这些 rpm 包到底放在光盘的什么位置呢？

首先得有一个基本概念，对于 Linux 系统而言，一切皆文件，包括各种硬件设备，比如光驱设备。安装系统时已经把光盘镜像文件放入了虚拟计算机的光驱中，但是 Linux 要访问到光盘中的文件，还得经过挂载。

挂载对于初学者是一个较难理解的概念，在上篇项目七中已有介绍。简单来讲，挂载就是为外部存储设备分配盘符，也可以说是指定一个位置用于承载光盘中的文件，这样才能够读取到这些文件。在 Windows 系统中经常使用 U 盘，一样存在挂载这个操作，把 U 盘插入计算机后，待 U 盘驱动程序安装好以后会在计算机的资源管理器中看到一个 U 盘的盘符，这其实就是实施了挂载过程，只是 Windows 中的挂载是系统自动进行的。试想一下，U 盘插入 Windows 系统的计算机中，如果没有 U 盘盘符，就无法进入 U 盘读取文件。Linux 系统中的挂载是一样的道理，差别是把光盘放入光驱后，Windows 系统会自动出现一个光盘盘符，双击即可进入光盘，读取其中的文件。而 Linux 系统呢，这个盘符文件得自己主动建立，用于承载光盘文件。而且，一般是将该挂载目录建立在/mnt/目录下。

综上所述，要使用光盘镜像文件中的 rpm 包，首先得建立一个挂载光盘的目录，再执行一条挂载命令即可，命令如下：

```
[root@ MASTER ~]# mkdir /mnt/cdrom
#在/mnt/目录下创建目录 cdrom,作为光盘的挂载点
[root@ MASTER ~]# mount /dev/sr0 /mnt/cdrom
mount: block device /dev/sr0 is write-protected, mounting read-only
#挂载光盘到/mnt/cdrom 目录下,其中/dev/sr0 为光盘设备的文件名
```

这里的/mnt/cdrom 相当于为光盘分配的盘符，有了盘符，就可以进入该位置查看光盘中的文件，命令及结果如下：

```
[root@ MASTER ~]# cd /mnt/cdrom
#进入光盘挂载目录
[root@ MASTER cdrom]# ls
CentOS_BuildTag  GPL  isolinux  RELEASE-NOTES-en-US.html  RPM-GPG-KEY-CentOS-6
  RPM-GPG-KEY-CentOS-Security-6  TRANS.TBL  EULA  images  Packages  repodata
        RPM-GPG-KEY-CentOS-Debug-6  RPM-GPG-KEY-CentOS-Testing-6
```

可见光盘中的所有文件，各种软件的 rpm 包就存放在 Packages 目录中，继续进入 Packages目录，查看与 Samba 相关的 rpm 包有哪些。命令如下：

```
[root@ MASTER cdrom]# cd Packages/
#进入 Packages 目录,光盘中的所有软件包都存放在该目录中
[root@ MASTER Packages]# ls |grep Samba
Samba-3.5.10-125.el6.i686.rpm
Samba4-libs-4.0.0-23.alpha11.el6.i686.rpm
Samba-client-3.5.10-125.el6.i686.rpm
Samba-common-3.5.10-125.el6.i686.rpm
Samba-winbind-3.5.10-125.el6.i686.rpm
Samba-winbind-clients-3.5.10-125.el6.i686.rpm
sblim-cmpi-Samba-1.0-1.el6.i686.rpm
```

如果要用 rpm 方法安装 Samba 服务，就得逐个安装这些软件包，有些包可能还需要依赖其他这里没显示的包，还有，先安装哪个包再安装哪个包有时候也是有严格顺序的。所以，凡是当一个软件需要安装好几个包，且还存在包依赖性时，要用 rpm 方法完成安装都是比较难的。但是对于初学者，没必要纠结这个，因为 Linux 早就解决了这个问题，即 yum 解决方案。但是对于实际的生产服务器搭建，有些服务还是需要将 rpm 包一个个下载下来，再用 rpm 方法安装，为了增加服务器的访问性能，有些软件还必须用源码包安装。

2．yum 方法安装

1）利用本地光盘 yum 源安装

因为本书后面的所有服务都会使用 yum 方法安装。为了体现本地光盘 yum 源和网络 yum 源的区别，这里先使用本地光盘 yum 源安装 Samba 服务，本地光盘 yum 源的配置方法在项目八中已详细介绍，配置好 yum 源并挂载光盘后，执行安装命令如下：

```
[root@ MASTER ~]# yum -y install Samba
#...省略部分内容...
Installed:
  Samba.i686 0:3.5.10-125.el6

Complete!
```

2）利用网络 yum 源安装

下面使用网络 yum 源安装 Samba 服务，以作对比。注意要先把失效的三个 yum 源改回来，把 CentOS-Media.repo 源改成不启用。设置好以后执行安装命令如下：

```
[root@ MASTER ~]# yum -y install Samba
#...省略部分内容...
Installed:
  Samba.i686 0:3.6.23-51.el6

Dependency Installed:
  Samba-winbind.i686 0:3.6.23-51.el6

Dependency Updated:
  libtalloc.i686 0:2.1.5-1.el6_7          libtdb.i686 0:1.3.8-3.el6_8.2
  libtevent.i686 0:0.9.26-2.el6_7         Samba-client.i686 0:3.6.23-51.el6
  Samba-common.i686 0:3.6.23-51.el6       Samba-winbind-clients.i686 0:3.6.23-51.el6

Complete!
```

从安装的结果对比来看，采用网络 yum 源安装的版本是 3.6.23，而采用本地光盘 yum 源安装的版本是 3.5.10，实验证明不管使用哪种 yum 源安装服务都是可以的，只是版本可能会有差异。这个对比试验主要是为了说明，不管 Linux 系统是否连接公网，都可以正常安装常用软件服务，只是如果 Windows 系统不能连接外网的话，使用本地光盘 yum 源安装要多一个 yum 源配置而已。

服务安装好以后，若要查询软件是否安装成功，可执行如下命令：

```
[root@ MASTER yum.repos.d]# rpm -q Samba
Samba-3.6.23-51.el6.i686
#结果表明samba服务已经安装成功
```

三、Samba 服务的控制

所谓对一个服务的控制主要就是查询服务的运行状态、启动服务、停止服务、重启服务以及设置服务的开机自启动等一系列操作。这里需要注意一个问题，服务、软件名和进程名是三个不同的概念，名称可能完全不一样。以 DNS 服务器为例，其软件包名为 bind，称为 DNS 服务，进程名为 named。经常所说的启动一个服务在效果上就是启动其相应的进程，对于 Samba 服务来说，它包括两个服务 smb 和 nmb，要分别进行启动，服务启动后运行的进程名称为 smbd 和 nmbd。所以说，不同的服务这三者的命名没有规律可循，学习后续服务器配置时一定要特别注意这一点。

1. 查询 Samba 服务的运行状态

首先要明确一个概念，一个服务的安装与是否运行是两码事。前面已经完成了 Samba 服务的安装，但是却并未启动该服务。一个服务此时此刻是否处于运行状态的查询命令如下：

```
[root@ MASTER ~]# service smb status
smbd 已停
```

从反馈结果来看，当前 Samba 服务是没有启动的。所以说服务安装了并不代表也启动了。

对于 Linux，凡是用 rpm 包安装的软件，服务的控制都是通过调用其对应的脚本来实现的，而服务的脚本默认都是放在/etc/rc.d/init.d/目录下的，例如，服务的启动命令格式如下：

```
[root@ MASTER ~]# /etc/rc.d/init.d/服务脚本文件 start|restart|stop|status
```

例如，要启动 smb 服务，严格来讲应该执行如下命令：

```
[root@ MASTER ~]# /etc/rc.d/init.d/smb start
```

那么，这里为什么能用"service"这个命令呢。"service"是"红帽"系列版本的专有命令，也就是说其他 Linux 发行版本是没有这个命令的，而且"service"实际上也是一个脚本，本质上也是通过调用/etc/rc.d/init.d/中的启动脚本来启动服务的。所以务必注意，因为本书用的是 CentOS 版本，它与"红帽"系列是完全兼容的，故本书中的所有控制命令都是用 service 来实现的，这在操作上要比使用脚本控制服务简洁很多，不过大家一定要明白这两种控制命令格式之间的区别和联系。

2. 启动 Samba 服务

启动 Samba 服务的命令如下：

```
[root@ MASTER ~]# service smb start
启动 SMB 服务:                                          [确定]
[root@ MASTER ~]# service nmb start
启动 NMB 服务:                                          [确定]
```

我们知道，如果访问共享资源时用的是 IP 地址，那么是否开启 nmb 服务对于文件共享是没有任何影响的，所以可以将两个服务都开启，也可只开启 smb 服务。这时再查看一下运行状态，执行如下命令：

```
[root@ MASTER ~]# service smb status
smbd (pid  1814) 正在运行...
[root@ MASTER ~]# service nmb status
nmbd (pid  1829) 正在运行...
```

启动服务后，查询服务的运行状态就变成正在运行了。

另外，前面讲 Samba 服务工作原理时，还讲到了端口的概念，smb 服务工作于 TCP 的 139 和 445 端口，nmb 服务工作于 UDP 的 137 和 138 端口。端口对于初学者来讲也是一个比较难理解的知识点。简单来理解，计算机要运行很多个服务，那怎样区分这些服务并让其有序工作呢？在计算机中，每个服务都是对应一个或几个端口的，如 www 服务对应的端口是 80、FTP 服务对应的端口是 21、SSH 服务对应的端口是 22、Mail 服务对应的端口是 25、DNS 服务对应的端口是 53 等。当外界有一个服务请求进来时，到底是由哪项服务来应付呢。可以这么认为，常见的服务都是有其固定工作端口的，一项服务一旦开启后，其对应的工作端口就处于监听状态，当有对应的连接请求时，该项服务就会工作。那么，现在 Samba 服务已经处于工作状态了，如何证明其对应的工作端口已处于监听状态呢？这里就要用到命令 "netstat -utln"，为了体现对比性，先在 Samba 服务未开启时执行该命令，结果如下：

```
[root@ MASTER ~]# service smb status
smbd 已停
[root@ MASTER ~]# service nmb status
nmbd 已停
[root@ MASTER ~]# netstat -utln
Active Internet connections (only servers)
Proto Recv-Q Send-Q  Local Address        Foreign Address      State
tcp      0      0     0.0.0.0:51141        0.0.0.0:*            LISTEN
tcp      0      0     0.0.0.0:111          0.0.0.0:*            LISTEN
tcp      0      0     0.0.0.0:21           0.0.0.0:*            LISTEN
tcp      0      0     192.168.1.112:53     0.0.0.0:*            LISTEN
tcp      0      0     127.0.0.1:53         0.0.0.0:*            LISTEN
tcp      0      0     0.0.0.0:22           0.0.0.0:*            LISTEN
tcp      0      0     127.0.0.1:631        0.0.0.0:*            LISTEN
tcp      0      0     127.0.0.1:953        0.0.0.0:*            LISTEN
tcp      0      0     :::58571             :::*                LISTEN
tcp      0      0     :::111               :::*                LISTEN
tcp      0      0     ::1:53               :::*                LISTEN
```

```
tcp       0        0        :::22                    :::*              LISTEN
tcp       0        0        ::1:631                  :::*              LISTEN
tcp       0        0        ::1:953                  :::*              LISTEN
udp       0        0        0.0.0.0:5353             0.0.0.0:*
udp       0        0        0.0.0.0:620              0.0.0.0:*
udp       0        0        0.0.0.0:111              0.0.0.0:*
udp       0        0        0.0.0.0:631              0.0.0.0:*
udp       0        0        0.0.0.0:56183            0.0.0.0:*
udp       0        0        0.0.0.0:639              0.0.0.0:*
udp       0        0        0.0.0.0:48653            0.0.0.0:*
udp       0        0        192.168.1.112:53         0.0.0.0:*
udp       0        0        127.0.0.1:53             0.0.0.0:*
udp       0        0        :::60387                 :::*
udp       0        0        :::620                   :::*
udp       0        0        :::111                   :::*
udp       0        0        ::1:53                   :::*
```

下面开启 smb 和 nmb 服务，再次执行查看命令，结果如下：

```
[root@ MASTER ~]# service nmb start
启动 NMB 服务：                                          [确定]
[root@ MASTER ~]# service smb start
启动 SMB 服务：                                          [确定]
[root@ MASTER ~]# netstat -utln
Active Internet connections (only servers)
Proto Recv-Q Send-Q Local Address              Foreign Address       State
tcp       0        0    0.0.0.0:51141              0.0.0.0:*             LISTEN
tcp       0        0    0.0.0.0:139                0.0.0.0:*             LISTEN
tcp       0        0    0.0.0.0:111                0.0.0.0:*             LISTEN
tcp       0        0    0.0.0.0:21                 0.0.0.0:*             LISTEN
tcp       0        0    192.168.1.112:53           0.0.0.0:*             LISTEN
tcp       0        0    127.0.0.1:53               0.0.0.0:*             LISTEN
tcp       0        0    0.0.0.0:22                 0.0.0.0:*             LISTEN
tcp       0        0    127.0.0.1:631              0.0.0.0:*             LISTEN
tcp       0        0    127.0.0.1:953              0.0.0.0:*             LISTEN
tcp       0        0    0.0.0.0:445                0.0.0.0:*             LISTEN
tcp       0        0    :::139                     :::*                 LISTEN
tcp       0        0    :::58571                   :::*                 LISTEN
tcp       0        0    :::111                     :::*                 LISTEN
tcp       0        0    ::1:53                     :::*                 LISTEN
tcp       0        0    :::22                      :::*                 LISTEN
tcp       0        0    ::1:631                    :::*                 LISTEN
tcp       0        0    ::1:953                    :::*                 LISTEN
tcp       0        0    :::445                     :::*                 LISTEN
udp       0        0    0.0.0.0:5353               0.0.0.0:*
udp       0        0    0.0.0.0:620                0.0.0.0:*
udp       0        0    0.0.0.0:111                0.0.0.0:*
```

```
udp        0        0  0.0.0.0:631              0.0.0.0:*
udp        0        0  0.0.0.0:56183            0.0.0.0:*
udp        0        0  0.0.0.0:639              0.0.0.0:*
udp        0        0  192.168.1.255:137        0.0.0.0:*
udp        0        0  192.168.1.112:137        0.0.0.0:*
udp        0        0  0.0.0.0:137              0.0.0.0:*
udp        0        0  192.168.1.255:138        0.0.0.0:*
udp        0        0  192.168.1.112:138        0.0.0.0:*
udp        0        0  0.0.0.0:138              0.0.0.0:*
udp        0        0  0.0.0.0:48653            0.0.0.0:*
udp        0        0  192.168.1.112:53         0.0.0.0:*
udp        0        0  127.0.0.1:53             0.0.0.0:*
udp        0        0  :::60387                 :::*
udp        0        0  :::620                   :::*
udp        0        0  :::111                   :::*
udp        0        0  ::1:53                   :::*
```

通过对比可以看出，在 Samba 服务开启前后，通过查看其端口的工作状态就可以体现该服务是否处于运行状态，后面要学习的服务也都强调了端口号，都要从这个角度查看、验证服务是否已启动，以加深对服务与端口的理解。因为很多时候，执行了启动命令并不代表服务真的启动了，只有其对应的工作端口处于监听状态时，才能真正说明该服务已处于工作状态。

3. 停止 Samba 服务

```
[root@ MASTER ~]# service smb stop
关闭 SMB 服务：                                          [确定]
[root@ MASTER ~]# service nmb stop
关闭 NMB 服务：                                          [确定]
```

4. 重启 Samba 服务

```
[root@ MASTER ~]# service smb restart
关闭 SMB 服务：                                          [确定]
启动 SMB 服务：                                          [确定]
[root@ MASTER ~]# service nmb restart
关闭 NMB 服务：                                          [确定]
启动 NMB 服务：                                          [确定]
```

这里要注意，有时在执行服务重启命令时第一行"关闭 ×× 服务"会提示失败，很多初学者会误认为是服务器配置出问题了，其实这种情况往往是因为该服务本来就没有启动，所以第一项"关闭 ×× 服务"提示失败就是正常的。

5. 设置 Samba 服务的开机自启动

这里先理解"开机自启动"这个概念，一个服务的安装与是否启动是两码事，那么要启动一个服务就得执行相应的操作命令。只是设置服务启动分两种方式，一种是每次开机后，有需要时再自行启动；另一种方式是设置成开机自启动，即只要服务器一开机或者重

项目九　Samba 服务器的配置与管理

243

启该服务就会自动启动，这在实际的生产服务器上是必须要设置好的，不可能服务器一重启所有的服务都得手动启动。设置服务自启动的方法主要有三种，下面以设置 samba 服务开机自启动为例详细介绍这三种方法：

1) 使用 chkconfig 自启动管理命令

（1）查看所有服务的开机自启动设置状态。命令如下

```
[root@ MASTER ~]# chkconfig --list
```

"chkconfig --list" 命令能够查看所有服务的开机自启动设置状态，即能够看到每项服务是否设置了开机自启动。如果要具体查看哪一个指定的服务，可以使用管道符过滤，例如，要查看 Samba 服务的开机自启动设置状态，可执行如下命令：

```
[root@ MASTER ~]# chkconfig --list |grep smb
smb             0:关闭  1:关闭  2:关闭  3:关闭  4:关闭  5:关闭  6:关闭
[root@ MASTER ~]# chkconfig --list |grep nmb
nmb             0:关闭  1:关闭  2:关闭  3:关闭  4:关闭  5:关闭  6:关闭
```

从查询结果可以看出，smb 和 nmb 服务都没有设置开机自启动。其中 0 到 6 属于 Linux 的七个运行级别，如果都显示"关闭"，代表该服务没有设置开机启动，如果在某个运行级别上显示"启用"，则代表从这个级别启动系统时，该服务会自动开启。

（2）设置服务开机自启动。命令格式如下：

```
[root@ MASTER ~]# chkconfig [--level 运行级别] 服务名 on/off
选项：
    --level:设置在 Linux 的哪些运行级别中设置开机自启动(on),或者关闭开机自启动(off)
```

例如，要设置 Samba 服务在 2、3、4、5 四个运行级别中开机自启动，可执行如下命令：

```
[root@ MASTER ~]# chkconfig --level 2345 smb on
[root@ MASTER ~]# chkconfig --list |grep smb
smb             0:关闭  1:关闭  2:启用  3:启用  4:启用  5:启用  6:关闭
```

需要问题，设置了开机自启动不代表该服务就立即启动了，它只代表下次系统重启时会自动启动。

2) 修改/etc/rc.d/rc.local 文件设置服务开机自启动

方法是在/etc/rc.d/rc.local 文件中加入一行服务自启动命令。首先了解一下/etc/rc.d/rc.local 文件，它是 Linux 启动后，在输入用户名和密码前，系统最后读取的一个文件，也就是说，这个文件中有什么命令，都会在系统启用时调用。还有一点需要注意，有些资料写的是修改/etc/rc. local 文件，这是一样的，因为这两个文件是软链接关系。例如，要设置 smb 服务开机自启动，具体命令如下：

```
[root@ MASTER ~]# vi /etc/rc.d/rc.local

#! /bin/sh
#
# This script will be executed * after* all the other init scripts.
# You can put your own initialization stuff in here if you don't
```

```
# want to do the full Sys V style init stuff.

touch /var/lock/subsys/local
/etc/init.d/mysqld start            //之前已经设置好的数据库服务自启动命令
/etc/rc.d/init.d/vsftpd start       //之前已经设置好的 FTP 服务自启动命令
/etc/rc.d/init.d/smb start
#新加入一行,设置 smb 服务开机自启动
```

这样一来,只要系统重启,smb 服务就会自动开启。

3)使用 ntsysv 命令管理自启动

一般来讲,掌握前两种方法已经足够,第三种方法实际上只是"红帽"系列的专用命令,它是通过调用窗口模式来管理服务自启动的,使用简单方便,命令格式如下:

```
[root@ MASTER ~]# ntsysv [--level 运行级别]
选项:
    --level 运行级别:指定设定服务自启动的运行级别,如不加该选项,则代表按默认的运行级别设置服务自启动
```

例如,要设置服务在 3、5 运行级别下开机自启动,执行命令如下:

```
[root@ MASTER ~]# ntsysv --level 35
```

执行命令后,会出现图 9-1 所示的图形窗口界面。

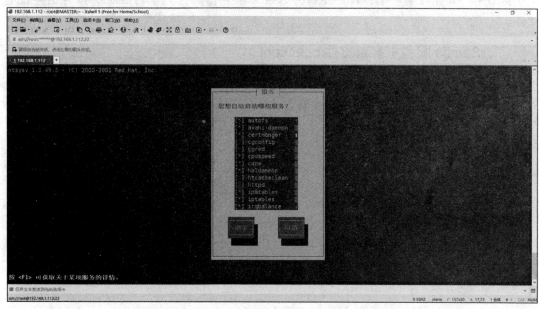

图 9-1　ntsysv 命令启用图形界面设置服务开机自启动

主要的操作命令如下:

> 上下键:在不同的服务之间移动。
> 空格键:选定或者取消服务自启动,有"＊"号代表服务设置成开机自启动。
> Tab 键:在不同的项目之间切换。

这三种设置服务开机自启动的方法各有千秋,推荐使用方法 2,因为它的局限性最小。一般熟练掌握一种最适合自己的方法即可。

任务二 配置 share 级别的 Samba 服务器

前面已经完成了 Samba 服务的安装，要完成相应功能的服务器部署，还需要进行服务器配置。所谓服务器配置，主要工作就是要对与该服务相关的配置文件进行编辑，尤其是对主配置文件的编辑。任何一个服务安装完成以后，与其相关的配置文件都会自动生成，而且配置文件里已经生成了大量的语句模板，一般只需看懂其中的主要语句，并进行简单修改即可完成相应配置任务。所以，服务器配置都有其固定的步骤，只是在对配置文件进行编辑操作时一定要细心，多一个符号，少一个符号都不行，很多时候就因为在某行语句末尾多了一个空格，导致服务重启失败，所以一定要重视。总之，服务器配置是一项技术活，也是一项经验活，更是一项细心活。作为初学者，只需按照固定步骤完成配置，最终能够验证成功，体验服务效果即可。随着操作的熟练，学习的深入，就会形成自己的经验和心得，对服务工作原理的理解也会越来越深。必须得承认：要想真正胜任服务器部署和运维工作，除了具备扎实的理论功底，耐心的操作训练以外，还必须通过真实的服务器运维岗位历练。

接下来，开始配置一台 share 级别的 Samba 服务器。首先学习 Samba 服务的主配置文件。

一、Samba 服务主配置文件 smb.conf

Samba 服务的主配置文件名为 smb.conf，位于/etc/samba 目录下，在 Samba 软件安装完成后会自动生成。接下来进入该文件，查看 Samba 服务的主配置文件。执行打开文件的命令，结果如下：

```
[root@ MASTER ~]# vi /etc/samba/smb.conf
#开头部分为配置简介
# This is the main Samba configuration file. You should read the
# smb.conf(5) manual page in order to understand the options listed
# here. Samba has a huge number of configurable options (perhaps too
# many!) most of which are not shown in this example
#...省略部分内容...
#========================Global Settings ========================================
#接下来进入全局变量部分[global]

# ---------------------- Network Related Options -------------------------

# workgroup = NT-Domain-Name or Workgroup-Name, eg: MIDEARTH

# server string is the equivalent of the NT Description field

# netbios name can be used to specify a server name not tied to the hostname

# Interfaces lets you configure Samba to use multiple interfaces
# If you have multiple network interfaces then you can list the ones
# you want to listen on (never omit localhost)
```

Linux 操作系统管理与应用

```
#...省略部分内容...
#==========================Share Definitions ==========================
#接下来为共享服务部分
[homes]
        comment = Home Directories
        browseable = no
        writable = yes
;       valid users = %S
;       valid users = MYDOMAINS

[printers]
        comment = All Printers
        path = /var/spool/Samba
        browseable = no
        guest ok = no
        writable = no
        printable = yes
#...省略部分内容...
```

这里只列出了该配置文件的部分内容，虽然该配置文件很长，但其实绝大多数行都是注释行（即以"#"号或者";"开头的行），因此，真正发挥作用的语句其实很少，而且大多数保持默认即可。仔细分析该配置文件，它主要包括三部分内容，第一部分是配置简介，第二部分是全局变量，第三部分是共享服务。下面重点介绍各部分中真正需要关注和理解的语句的功能。

1. 全局变量部分

全局变量部分以［global］作为开始标志，该部分的重点字段及含义如下：

```
workgroup = MYGROUP
```

workgroup 字段为工作组字段，通过它设置 Samba 服务器所在的工作组或者域名。

```
server string = Samba Server Version % v
```

server string 字段称为备注字段，主要用于设置 Samba 服务的备注信息。

这里的 % v 是一个变量，代表 Samba 的版本号。Samba 配置文件中类似的常见变量及含义如下：

- ➢ % s：任意用户可以登录。
- ➢ % m：客户端的 NetBIOS 主机名。
- ➢ % L：服务器端的 NetBIOS 主机名。
- ➢ % u：当前登录的用户名。
- ➢ % g：当前登录的用户组名。

```
log file = /var/log/Samba/log. % m
```

Samba 服务日志文件的存储路径。Samba 会为每个连接到 Samba 服务的客户机分别建立日志文件，网络管理员可以通过这些日志文件查看用户的访问情况和服务器运行情况。尤其是当服务器出现问题时，日志文件是查找问题和解决问题的关键突破口。

```
max log size = 50
```

设置每个日志文件的最大尺寸，单位是 KB。

```
security = user
```

security 字段称为安全模式字段。Samba 服务共有 5 种安全模式，分别是 share、user、server、domain 和 ads。下面详细解释这 5 种模式：

➢ share 模式：客户端不需要提交用户名和密码就可以访问 Samba 服务器上的共享资源，即允许匿名用户访问。

➢ user 模式：客户端需要提交用户名和密码，并经 Samba 服务器验证通过之后才能访问其共享资源。user 级别为 Samba 服务默认的安全级别。

➢ server 模式：这是代理验证模式，客户端需要将用户名和密码提交到另一台指定的 Samba 服务器上进行验证，如果验证出错，客户端就会改用 user 模式访问。

➢ domain 模式：如果 Samba 服务器加入 Windows 域环境，验证工作将由 Windows 域控制器负责。注意 domain 级别的 Samba 服务器只是成为域的成员客户端，并不具备服务器的特性。

➢ ads 模式：如果 Samba 服务器使用 ads 模式，就具备了 domain 模式的全部功能，并同时具备 Windows 域控制器的功能。

一般情况下只需掌握 share 模式和 user 模式，其他 3 种模式了解一下即可。

```
username map = /etc/samba/smbusers
```

在全局变量中加入该字段可以实现用户账号映射。对于 Samba 服务，要访问共享资源，需要使用 Samba 账号和密码登录，而 Samba 账号就是由同名的系统账号转换过来的，只是密码可以重新修改，因为 Samba 账号和系统账号是同名的，总是存在安全隐患，因为只要破解了该系统账号的密码就可以直接登录服务器。所谓账号映射，就是将与系统账号同名的 Samba 账号映射成一个虚拟账号来登录，这样一来，就算被恶意人员截获，得到的账号和密码都和系统账号和密码不一样，这样想破解就无从下手。那怎样理解和利用该字段呢？该字段等号右边指定了一个用于记录真实 Samba 账号和虚拟账号映射对的文件，这里的"/etc/samba/smbusers"表示该文件名称为 smbusers，位于/etc/samba/目录下。如果真的要实现账号映射功能，那除了在主配置文件中的全局部分添加这行语句以外，接下来还需要打开该文件，并写入映射对。

```
[root@ MASTER Samba]# vi smbusers

# Unix_name = SMB_name1 SMB_name2 ...
root = administrator admin
nobody = guest pcguest smbguest
#表示匿名用户访问 Samba 服务器时实际上都是映射成一个称为 nobody 的系统用户来访问的
#上面这两行是默认已经存在的,如果要设置新的映射对,需按如下格式加入语句
user1 = mapping1 mapping2
#将 Samba 用户 user1 映射成 mapping1 和 mapping2
```

同一个 Samba 账号可以映射成多个虚拟账号，中间用空格隔开。注意，虽然使用的是虚拟 Samba 账号登录 Samba 服务器，但实际上操作的仍然是真实的 Samba 账号。

2. 共享服务部分

该部分主要针对具体的共享目录和打印机，需要说明的是，现实中打印机几乎已经不再通过这种方式实现共享，完全有更实用简洁的方式实现，所以本项目中不再讨论打印机的共享。该部分位于"Share Definitions"下方，因为每个共享下的字段变量只对该共享本身有效，故相对于全局变量来讲又称局部变量。下面重点介绍共享服务部分中最常用的字段及功能。为了更好地说明，下面围绕一个具体的共享目录来解释：

```
[movie]
        comment = my share files
        path = /tmp/share
        public = yes
        browseable = yes
        writable = yes
```

这就是配置 share 级别的 Samba 服务器最主要的几个字段，具体含义如下：

➤ ［movie］：共享名。这是共享资源的名称。

➤ comment = my share files：设置共享资源的备注信息，可要可不要。

➤ path = /tmp/share：设置共享资源所处的位置，Samba 服务器所要共享的资源都放在该目录下。

➤ public = yes：设置是否允许匿名用户访问共享资源，yes 表示允许，no 表示不允许。有时也用 guest ok = yes 来代替。

➤ browseable = yes：在客户端显示共享目录，如果写作 no，相当于把它隐藏起来。

➤ writable = yes：具备读/写权限，即允许用户在共享目录中执行新建文件等操作，注意有时也用"read only = no"来表示，是一个意思。

二、设置 share 安全级别的 Samba 服务器

前面已经详细介绍了 Samba 服务的主配置文件，对配置 share 级别 Samba 服务器所需的关键语句进行了解释，下面通过一个具体实例，演示服务器的配置过程，以及配置成功后如何验证。

1. 任务描述

某学校要建立一个 Samba 服务器，Linux 服务器的 IP 地址为 192.168.1.112，工作组名为 WORKGROUP，发布共享目录/share，共享名为 notice，共享资源备注说明为 notice of school，这个目录允许全体师生访问。

2. 任务分析

因为是允许全体师生访问，所以需要配置一台 share 安全级别的 Samba 服务器。

3. 实现步骤

步骤一：建立共享路径的目录，并在该目录下建立测试文件。

```
[root@ MASTER ~]# mkdir /share
[root@ MASTER ~]# touch /share/test.txt
```

步骤二：打开主配置文件，主要修改的地方有两处，再添加一个共享服务段。

```
...省略部分内容...
#workgroup = MYGROUP                    //将原来的该行注释
workgroup = WORKGROUP                   //添加一行

...省略部分内容...
#security = user                        //将原来的该行注释
security = share                        //添加一行
...省略部分内容...

[notice]                                //共享名
        comment = notice of school      //共享资源备注说明
        path = /share                   //设置共享资源所在的路径
        public = yes                    //允许匿名用户访问
        browseable = yes                //在客户端显示共享的目录
        writable = yes                  //允许读写文件
...省略部分内容...
```

步骤三：重启 Samba 服务

```
[root@ MASTER ~]# service smb restart
关闭 SMB 服务：                                    [确定]
启动 SMB 服务：                                    [确定]
[root@ MASTER ~]# service nmb restart
关闭 NMB 服务：                                    [确定]
启动 NMB 服务：                                    [确定]
```

步骤四：关闭防火墙

关闭防火墙的命令如下：

```
[root@ MASTER ~]# iptables -F
#清除预设表 filter 中所有链中的规则,相当于防火墙不再起作用
```

步骤五：关闭 SELinux

方式一：可以执行如下命令：

```
[root@ MASTER ~]# setenforce 0
#将 SELinux 的运行模式设置为宽容模式,此时 SELinux 虽然仍是启动状态,但是只会显示警告信息,
而不会实际限制进程访问文件或者目录资源。这种方式只会临时生效
```

方式二：修改 SELinux 的配置文件。打开/etc/selinux/config 文件，把其中的语句 SELINUX = enforcing 注释掉，重新加入一行 SELINUX = disabled。

```
[root@ MASTER ~]# vi /etc/selinux/config

# This file controls the state of SELinux on the system.
# SELINUX = can take one of these three values:
#    enforcing - SELinux security policy is enforced.
#    permissive - SELinux prints warnings instead of enforcing.
#    disabled - No SELinux policy is loaded.
#SELINUX = enforcing      //将该行注释
SELINUX = disabled         //加入该行,完全禁止 SELinux 的功能
# SELINUXTYPE = can take one of these two values:
```

```
#     targeted - Targeted processes are protected,
#     mls - Multi Level Security protection.
SELINUXTYPE = targeted
```

保存退出后，一定要重启系统才能生效，相比方式一来讲，这种方式将永久生效。

这里再强调一点，在后续的所有服务器配置实验中，验证前都要关闭防火墙和 SELinux，而且服务器端和客户端都得关闭，很多时候验证不成功的问题就出在这里。

步骤六：验证。

以 Windows 宿主机作为客户机，打开资源管理器，在地址栏中输入服务器的 IP 地址，输入格式为 \\192.168.1.112，按【Enter】键。等待一会，不需要输入任何用户名和密码信息就会弹出图 9-2 所示的共享界面，将查看方式改成"详细信息"后，可以看到共享名和备注信息。

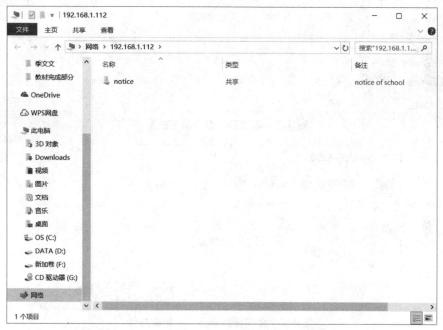

图 9-2　share 模式 samba 服务器共享成功界面

接下来双击文件夹 notice，进一步验证能否访问到共享资源，如图 9-3 所示。

在图 9-3 所示界面中，显示测试文件 test. txt，说明可以访问到共享资源。下面讲解权限控制。当在 notice 文件夹中新建文件时，将弹出图 9-4 所示对话框

从 9-4 所示结果可以看出，在共享目录中执行"新建文件"操作时，会弹出一个拒绝警告框，说明还没有写入权限。为什么会这样呢？在配置文件中明明已经赋予了共享目录的写权限，为何还是不能新建文件？答案就在于：对于 Samba 服务器，对共享目录的写权限由配置文件规定的权限和系统权限共同决定，只有两者都具备写权限才行。现在配置文件中设置了写权限，下面查看/share 目录本身的系统权限：

```
[root@ MASTER ~]# ll -d /share
drwxr-xr-x 2 root root 4096 1 月　 1 09:37 /share
```

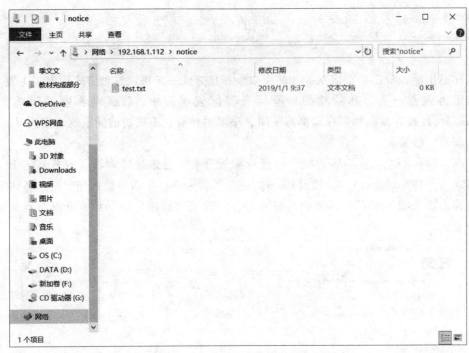

图 9-3　查看到共享目录下的资源

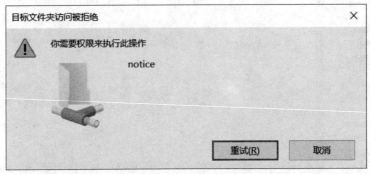

图 9-4　尝试在共享目录中新建文件

对于匿名用户访问，系统都会将其映射成 nobody 用户对待，相当于其身份就是其他人，从结果可以看出，其他人对该目录只有读和执行权限，是没有写权限的。要使匿名用户访问时能够具备写权限，最简单的方式是直接将该目录权限改成 777，命令如下：

```
[root@ MASTER ~]# chmod 777 /share
[root@ MASTER ~]# ll -d /share
drwxrwxrwx 2 root root 4096 1 月   1 09:37 /share
```

这样做肯定没问题，对于初学者来讲，这样做也是最容易实现和理解的。但是要注意，对于实际生产服务器，决不能轻易赋予一个目录 777 权限，这是极不负责任的做法，是非常不安全的。这里最好的方法是将该目录的所有者改成 nobody，因为对于 Samba 服务来讲，匿名用户实际上都是映射成 nobody 的系统用户来访问的，当然这需要有一定经验做支撑。平时对待服务器一定要树立最基本的安全意识。如果能理解，

Linux 操作系统管理与应用

实现起来很简单，命令如下：

```
[root@ MASTER ~]# chown nobody /share
[root@ MASTER ~]# ll -d /share
drwxr-xr-x 2 nobody root 4096 1月   1 09:37 /share
```

这样一来，所有者 nobody 对该目录是具备写权限的，相当于匿名用户对该目录都具备了系统写权限。接下来再新建文件，效果如图 9-5 所示。

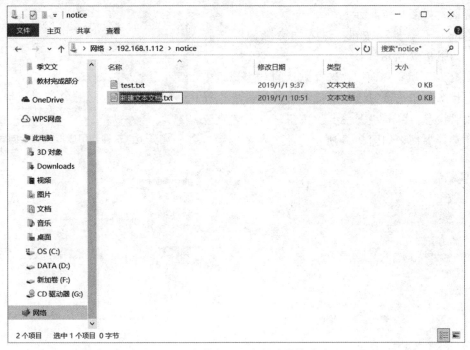

图 9-5　在共享目录中新建文件成功

结果表明：对共享目录的写权限是由配置文件规定的权限和系统权限共同决定的。通过这样一个问题的提出和解决，进一步理解了权限的含义。至此，配置 share 安全级别的 Samba 服务器工作就全部结束了，如果得不到最终的验证效果，请认真检查前面的步骤，尤其在操作配置文件时要倍加细心，不能胡乱改动，防火墙和 SELinux 一定要正确关闭。

➤➤➤ 任务三　制作 Linux 克隆机

大多数服务都是服务器/客户端模式，为了便于服务器配置的验证实验，需要一台 Linux 主机搭建服务器，还需要一台甚至多台 Linux 主机来做客户机。如果 Linux 客户机都用全新安装方式，一是安装时间长，二是会占用宿主机过多的资源，而通过制作克隆机，可以很好地弥补这两个缺陷。考虑到接下来的任务以及后续很多的服务都要用到 Linux 作为客户机来验证效果，这里详细介绍克隆机的制作方法。

本实验以主机名为 MASTER，IP 地址为 192.168.1.112 的 Linux 主机制作克隆机，网络连接采用桥接模式，制作一台 IP 地址为 192.168.1.113，主机名为 CLONE1 的链接克隆机。具体操作过程如下：

确保原 Linux 主机处于关机状态，在虚拟机软件中，选择虚拟机 MASTER，在菜单栏中执行"虚拟机→管理→克隆"命令，弹出"克隆虚拟机向导"界面，如图 9-6 所示。

单击"下一步"按钮，进入"克隆源"选择界面，如图 9-7 所示。

在图 9-7 所示界面中，选择默认的"虚拟机中的当前状态"单选按钮，也可按照自己的需求选择某个快照状态。单击"下一步"按钮，进入"克隆类型"选择界面，如图 9-8 所示。

图 9-6　欢迎使用虚拟机安装向导

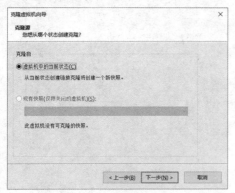

图 9-7　克隆源选择

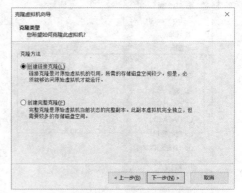

图 9-8　克隆方法选择

在图 9-8 所示界面中，作为学习用的实验机，一般选择默认的"创建链接克隆"单选按钮即可，具体按照实际需求设置，有些情况下需要创建完整克隆。下面简要介绍一下链接克隆与完整克隆的区别。

完整克隆是原始虚拟机全部状态的一个副本，除了 MAC 地址和 UUID，其余虚拟机的配置都是一样的，克隆出来的虚拟机和原始虚拟机是相互独立的，不共享任何资源，都有自己独立的 CPU、内存和存储空间，好处就是安全性更高，互不影响。而对于链接克隆，根据字面就可以知道是通过链接克隆出的一个虚拟机，和原始虚拟机是有密切关联的，虽然服务器会给克隆出的虚拟机分配新的 CPU 和内存，但是它们共享一个虚拟磁盘文件，克隆出来的虚拟机是不能脱离原始虚拟机独立运行的。制作链接克隆虚拟机的好处是更快更节省空间，缺点是不那么安全。简言之，对于链接克隆机，只占用宿主机很少的资源，但如果把原 Linux 删除，链接克隆机就不能再工作；对于完全克隆机，它是一台完全独立的 Linux，不管原 Linux 是否删除，它都可以独立正常工作，但会占用和原 Linux 一样多的空间资源。

这里选择默认的"创建链接克隆"单选按钮，单击"下一步"按钮，进入"新虚拟机名称"设置界面，如图 9-9 所示。

在图 9-9 所示界面中，给克隆出的新虚拟机起一个名称，选择一个大一点的硬盘作为存放位置，再单击"完成"按钮，进入"正在克隆虚拟机"界面，如图 9-10 所示。

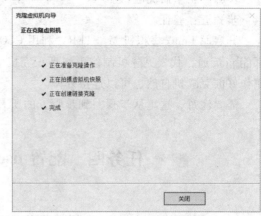

图 9-9　设置克隆虚拟机名称和保存位置　　　　　图 9-10　正在克隆虚拟机

在图 9-10 中，直至出现四个勾的界面代表克隆机制作完成，单击"关闭"按钮。在虚拟机软件中会出现刚才克隆出的新虚拟机 CLONE1，如图 9-11 所示。至此，一台链接克隆机制作完成。

图 9-11　链接克隆机制作完成

通过刚才对克隆机概念的讲解可知，这两台 Linux 的所有配置信息都是一模一样的，包括 MAC、UUID 和 IP 地址，这样会使得原 Linux 和克隆出的虚拟机 CLONE1 都不能连接网络，显然不符合实际需求，那么接下来还需要进行怎样的处理呢？步骤如下：

步骤一：开启 CLONE1 虚拟机，打开网络配置文件/etc/sysconfig/network-scripts/ifcfg-eth0，执行如下三个操作。

（1）更改 IP 地址为 192.168.1.113。

（2）删除 HADDR 行（即删除 MAC 地址）。

（3）删除 UUID 行。

步骤二：删除 MAC 与 UUID 的捆绑文件。执行命令如下：

```
[root@ CLONE1 ~]# rm - rf /etc/udev/rules.d/70-persistent-net.rules
```

步骤三：更改主机名。打开网络配置文件/etc/sysconfig/network，执行如下操作：

步骤四：重启克隆机。

步骤五：验证。

开启原 Linux 虚拟机 MASTER。利用 CLONE1 克隆机 ping 原 Linux 主机和宿主机，如果都能 ping 通，代表克隆机制作工作真正完成。此时，如果宿主机能够连接公网的话，那么制作好的克隆机自然也可以连接外网。

需要注意，这里从步骤一到步骤五的所有操作都是在克隆机中执行。

➤➤➤ 任务四　配置 user 级别的 Samba 服务器

一、常见的用户访问控制字段介绍

相比于 share 级别，user 级别的 Samba 服务器访问时必须输入用户名和密码，而且配置文件的共享服务部分也将增加用户的访问控制字段。下面介绍常见的用户访问控制字段及含义：

➤ Valid users：设置只有指定的用户或用户组才能访问共享资源。设置格式如下：

```
Valid users =用户名
Valid users =@ 组名
Valid users =用户名,@ 组名,用户名...
#组名前面要加"@",可同时设置多个用户或组,中间用","隔开
```

➤ write list：用于设置只有指定的用户或用户组才具备写权限。设置格式如下：

```
write list =用户名
write list =@ 组名
write list =用户名,@ 组名,用户名...
#组名前面要加"@",可同时设置多个用户或组,中间用","隔开
```

➤ host allow：用来设置允许访问的客户端。设置格式如下：

```
host allow =IP 地址
host allow =域名
#例如:host allow =192.168.5. 表示只允许 192.168.5 网络的客户端访问 Samba 服务器
```

➤ host deny：用来设置禁止访问的客户端。设置格式如下：

```
host deny =IP 地址
host deny =域名
#例如:host deny =172.16. 表示禁止 172.16.0.0/16 网段的客户端访问 Samba 服务器
```

二、samba 账号介绍

用于客户端访问 Samba 服务器输入的用户名称作 Samba 账号。Samba 账号是不能直接创建的，它必须得利用系统中已经存在的账号来创建，但是可以设置和登录系统不一样的

密码。所以其安全性还是有一定保障的，就算被截获，也只能获得你的系统账号名和Samba账号的密码，而不能直接登录服务器。具体创建方法如下：

步骤一：正常创建系统账号。

```
[root@ MASTER ~]# useradd zhangsan
[root@ MASTER ~]# passwd zhangsan
#设置系统用户 zhangsan,密码为 123
```

步骤二：建立同名的Samba账号并更改密码。

```
[root@ MASTER ~]# smbpasswd -a zhangsan
New SMB password: 456
Retype new SMB password: 456
Added user zhangsan.
#设置 Samba 账号 zhangsan 的密码为 456
```

经过这两步，就通过系统账户建立了一个Samba账号zhangsan。

三、配置 user 级别的 Samba 服务器

下面通过一个具体的例子来介绍user级别Samba服务器的配置方法。

1. 任务描述

某学校要搭建一台Samba服务器，服务器的IP地址为192.168.1.112，工作组名为zhdj，发布共享目录/SHAREproject，共享名为shareproject，备注说明为"notice of zhdjproject"，这个共享目录只允许项目组zhdjproject的成员才能访问，且要在该组中设定一个管理维护人员，为最大限度保证管理人员账号的安全，将管理人员建立账号映射机制。

2. 任务分析

该任务属于带访问控制的Samba服务器，可以利用搭建user级别的Samba服务器来实现。为了增加验证的对比性，建立三个Samba账户name1、name2和name3，其中name1和name2属于zhdjproject项目组成员，name3不属于zhdjproject项目组成员。同时规定name1为管理维护人员，即只有name1具备写入权限，name2虽然能访问，但不具备写入权限。按照要求，还要将name1用户映射为一个虚拟账号登录，如mapping1。

3. 实现步骤

步骤一：建立共享路径和测试文件。

```
[root@ MASTER ~]# mkdir /SHAREproject
[root@ MASTER ~]# touch /SHAREproject/mytest.txt
```

步骤二：修改主配置文件。

```
...省略部分内容...
#workgroup = MYGROUP              //将原来的该行注释
workgroup = zhdj                 //添加一行

...省略部分内容...
security = user                  //保持默认
username map = /etc/samba/smbusers   //启用账户映射功能
```

```
...省略部分内容...

[shareproject]                              //共享名
    comment = notice of zhdjproject         //共享资源备注说明
    path =/SHAREproject                     //设置共享资源所在的路径
    public =no                              //不允许匿名用户访问
    valid users = @ zhdjproject             //设置只允许 zhdjproject 组的成员能够访问
    browseable =yes                         //在客户端显示共享的目录
    write list = name1                      //只允许 name1 具备写入权限

...省略部分内容...
```

步骤三：打开/etc/samba/smbusers 文件，写入账号映射对。

```
[root@ MASTER Samba]# vi smbusers
...省略部分内容...
#加入一行如下语句
name1 =mapping1
```

步骤四：重启 Samba 服务。

```
[root@ MASTER  ~]# service smb restart
关闭 SMB 服务：                                         [确定]
启动 SMB 服务：                                         [确定]
[root@ MASTER  ~]# service nmb restart
关闭 NMB 服务：                                         [确定]
启动 NMB 服务：                                         [确定]
```

步骤五：关闭防火墙和 SELinux

```
[root@ MASTER  ~]# iptables -F
[root@ MASTER  ~]# setenforce 0
```

步骤六：建立三个系统账号，并将 name1 和 name2 加进 zhdjproject 组。

```
[root@ MASTER  ~]# groupadd zhdjproject
[root@ MASTER  ~]# useradd -G zhdjproject name1
[root@ MASTER  ~]# useradd -G zhdjproject name2
[root@ MASTER  ~]# useradd name3
[root@ MASTER  ~]# passwd name1      //设置 name1 的密码 123
[root@ MASTER  ~]# passwd name2      //设置 name2 的密码 123
[root@ MASTER  ~]# passwd name3      //设置 name3 的密码 123
```

步骤七：建立三个同名的 Samba 账号

```
[root@ MASTER  ~]# smbpasswd -a name1
New SMB password:                       //设置 Samba 账号 name1 的密码为 456
Retype new SMB password:
Added user name1.
[root@ MASTER  ~]# smbpasswd -a name2
New SMB password:                       //设置 Samba 账号 name2 的密码为 456
Retype new SMB password:
Added user name2.
```

```
[root@ MASTER ~]# smbpasswd -a name3
New SMB password:                       //设置 Samba 账号 name3 的密码为 456
Retype new SMB password:
Added user name3.
```

步骤八：修改共享目录的系统权限。

```
[root@ MASTER ~]# chmod 775 /SHAREproject/
[root@ MASTER ~]# chgrp zhdjproject /SHAREproject/
[root@ MASTER ~]# ll -d /SHAREproject/
drwxrwxr-x 2 root zhdjproject 4096 1 月   1 11:45 /SHAREproject/
```

步骤九：验证。

1）验证 Windows 客户端

以宿主机作为客户机，在资源管理器中输入 \\ 192.168.1.112，按【Enter】键，弹出图 9-12 所示界面。

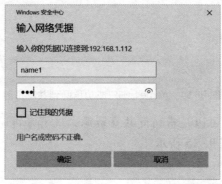

9-12 user 级别 Samba 服务器登录界面

在图 9-12 所示界面中，输入用户名 name1，密码 456，按【Enter】键，弹出图 9-13 所示界面。

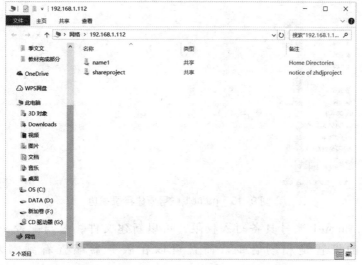

图 9-13 name1 账户登录 samba 服务器成功

在图 9-13 所示界面中，name1 文件夹为该访问账号的家目录，默认是可以访问到的。sharepoject 为共享目录，接下来双击 sharepoject 文件夹，看能否访问到共享资源。执行效果如图 9-14 所示。

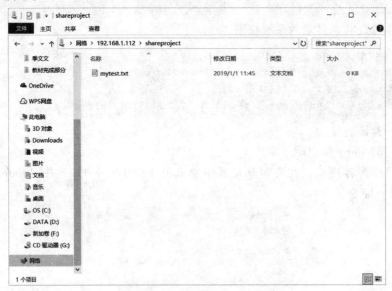

图 9-14　name1 账户成功访问到共享资源

结果表明，name1 账号可以正常访问共享资源，接下来再验证写入权限，在共享目录中尝试新建文件，效果如图 9-15 所示。

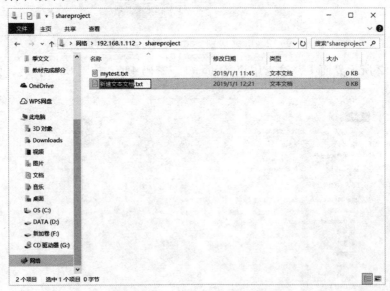

图 9-15　name1 账号新建目录成功

结果证明，name1 账号具备写入权限，可以新建文件，这与配置文件中的权限设置和系统权限的设置是相吻合的。而且可以在服务器端查看到刚才新建的文件 trzy.txt。

```
[root@ MASTER ~]# cd /SHAREproject/
[root@ MASTER SHAREproject]# ls
mytest.txt  trzy.txt
```

下面再验证用 name2 账号进行登录。先说明一点，对于 Windows 客户端，一旦用一个账号登录访问 Samba 服务器以后，要再换另一个账号登录，必须重启 Windows 客户端，否则默认还是用 name1 账号登录的。先重启一下宿主机，再用 name2 账号登录。注意重启后要再次确认 Samba 服务是启动的，防火墙和 SELinux 是关闭的。用 name2 账号登录后界面如图 9-16 所示。

图 9-16　name2 账号成功登录 Samba 服务器

从图 9-16 界面可以看出，name2 账号能够正常访问共享资源，接下来进入共享目录验证其写入权限，执行新建文件命令后，弹出图 9-17 所示警告界面。

图 9-17 所示结果说明，name2 账号是没有写权限的，这与配置文件中的预先设定也是吻合的，虽然系统权限赋予了 zhdjproject 组对共享目录具备写权限，但配置文件中的"write list = name1"字段，限定了只有 name1 用户才具有写入权限，而 name2 是不具备写权

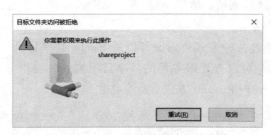

图 9-17　name2 账号新建文件失败

限的。下面再验证 name3 账号登录，登录后进入图 9-18 所示界面：

图 9-18　name3 账号登录 samba 服务器

在图 9-18 所示界面中，双击 shareproject 文件夹，弹出图 9-19 所示警告框。

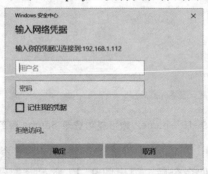

图 9-19　name3 账号访问共享资源

结果表明，name3 账号被拒绝访问该共享资源，这和配置文件中的配置要求也是吻合的。因为 "valid users = @ zhdjproject" 限定了只有 zhdjproject 组中的成员才能访问共享资源，而 name3 用户不是该组成员，所以不能访问。

2）验证 Linux 客户端

Linux 客户端可以通过两种方式查看服务器的 Samba 共享目录，smbclient 方式和 mount 方式。使用 smbclient 命令可以查看服务器的共享目录列表，使用 mount 命令可以挂载服务器的共享目录，这里重点介绍 mount 方式。命令格式如下：

```
[root@ MASTER ~]# mount //Samba 服务器 IP/共享目录名 挂载点 -o username = Samba 用户
名,password = Samba 用户密码
```

这里以 IP 地址为 192.168.1.113 的客户机做验证，注意关闭客户机的防火墙和

SELinux。先用 name1 账号登录，结果如下：

```
[root@ CLONE1 ~]# mkdir /mnt/smbshare
#创建挂载点
[root@ CLONE1 ~]# mount //192.168.1.112/SHAREproject /mnt/smbshare -o username
=name1,password=456
#将共享目录挂载到本地
[root@ CLONE1 ~]# ls /mnt/smbshare/
22.txt mytest.txt trzy.txt 新建文本文档.txt
#查看到共享目录中的资源
[root@ CLONE1 ~]# touch 66.txt
#在共享目录中新建文件
[root@ CLONE1 ~]# ls /mnt/smbshare/
23.txt 66.txt mytest.txt trzy.txt 新建文本文档.txt
#在共享目录中新建文件成功,说明 name 用户是既能访问共享资源,也具备写权限
```

接下来用 name2 账号登录，结果如下：

```
[root@ CLONE1 ~]# umount /mnt/smbshare/
#卸载,防止对接下来的实验产生干扰
[root@ CLONE1 ~]# mount //192.168.1.112/SHAREproject /mnt/smbshare -o username
=name2,password=456
#将共享目录挂载到本地
[root@ CLONE1 ~]# ls /mnt/smbshare/
22.txt 66.txt mytest.txt trzy.txt 新建文本文档.txt
#查看到共享目录中的资源
[root@ CLONE1 ~]# touch /mnt/smbshare/88.txt
touch: 无法创建"/mnt/smbshare/88.txt": 权限不够
#新建文件失败,说明 name2 用户只能访问共享目录中的资源,但没有写权限
```

下面再用 name3 账号登录，结果如下：

```
[root@ CLONE1 ~]# umount /mnt/smbshare/
#卸载
[root@ CLONE1 ~]# mount //192.168.1.112/SHAREproject /mnt/smbshare -o username
=name3,password=456
mount error(13): Permission denied
Refer to the mount.cifs(8) manual page (e.g. man mount.cifs)
#访问被阻止,说明 name3 用户不能访问该共享目录中的资源
```

3）验证账号映射功能

最后再验证账号映射功能，看能否用 name1 账号的虚拟映射用户 mapping1 用户访问共享资源。

```
[root@ CLONE1 ~]# mount //192.168.1.112/SHAREproject /mnt/smbshare -o username
=mapping1,password=456
#用 name1 账号的映射用户 mapping1 挂载共享目录
[root@ CLONE1 ~]# ls /mnt/smbshare/
23.txt 66.txt mytest.txt trzy.txt 新建文本文档.txt
#可以正常访问到共享资源
[root@ CLONE1 ~]# touch /mnt/smbshare/99.txt
```

```
[root@ CLONE1 ~]# ls /mnt/smbshare/
22.txt  66.txt  99.txt  mytest.txt  trzy.txt  新建文本文档.txt
#可以新建文件,说明 name1 用户映射成功,且实际操作的还是 name1 账号
```

这个综合案例，将 Samba 服务器配置中的访问权限控制、写权限控制和账号映射等功能整合在一起，还介绍了 Windows 客户端和 Linux 客户端两种访问方式。通过该案例，很好地考查了对 Samba 服务知识的理解、整合和运用能力。

▶▶▶ 小　结

本项目讲解 Samba 服务器的配置与管理。首先介绍了 Samba 服务的主要功能、工作原理及应用协议；然后详细介绍了 Samba 服务的安装方法；最后通过两个具体任务，配置 share 安全级别的 Samba 服务器和 user 安全级别的 Samba 服务器，从易到难，详细讲解了服务器配置的基本思路和操作步骤；中间还额外穿插了一块内容，克隆机的制作，这也是必须掌握的重点内容，因为后面的所有服务几乎都需要用到 Linux 客户机做验证。本项目是大家学习的第一个服务器配置，虽然比较简单，但是知识点的介绍是最全面的，认真学好本章知识是后续学习的关键。通过对本项目的学习，对服务器配置的整个过程就有了基本的概念，可以这样认为，不管要配置的服务有多难，都有较为固定的步骤。总而言之，要顺利完成一个服务器的配置，首先得知道该服务的功能，理解其工作原理，接下来的重点就是理解其主要配置文件中的关键语句及其含义，最后还要求对 Linux 常见命令、文件编辑、权限管理等内容有扎实的基本功。

▶▶▶ 习　题

一、判断题

1. 要使客户端用户访问 Samba 服务器以后对共享目录具备写权限，只需在配置文件中设置对共享目录的写权限，即加入字段 writable = yes 即可。　　　　　　（　　）

2. Samba 服务器配置完成后，要在客户端完成正常验证，需要同时关闭服务器端和客户端的防火墙和 SElinux。　　　　　　（　　）

3. Samba 账户必须由系统账户转换而来，但可以设置不一样的密码。　　（　　）

4. Samba 服务只能实现 Windows 系统和 Linux 系统之间文件的共享。　　（　　）

5. 配置 Share 级别的 Samba 服务器，客户端连接到该服务器后，不需要输入用户名和密码就可以访问共享资源。　　　　　　（　　）

二、填空题

1. Samba 运行主要有两个服务，一个是_____，另一个是_____。

2. SMB 是 Samba 的核心启动服务，主要负责 Samba 服务器和客户机之间的对话，完成身份验证并实现文件共享，监听 TCP 的_____端口和_____端口。

3. NMB 服务是一个类似与 DNS 的解析服务，它主要是将 Linux 系统共享的工作组名与其 IP 对应起来，监听的是 UDP 的_____端口和_____端口。

4. 启动 Samba 服务就是要启动 smb 和 nmb 两个服务，进程名称分别为_____和 nmbd。

5. Samba 服务的主配置文件位于_____目录下。

6. Samba 服务的主配置文件主要包括三部分内容，第一部分是_____；第二部分是_____，以［global］作为开始标志；第三部分是_____，位于 Share Definitions 下方。

7. Samba 服务配置文件的全局变量中有一个 security 字段，称为安全模式字段。Samba 服务共有 5 种安全模式，分别是_____、_____、server、domain 和 ads。

8. 在 Samba 服务配置中，要禁止匿名用户访问，需加入字段_____：要设置显示共享资源，需加入字段_____：要设置读/写权限，需加入字段_____：要设置只允许部分用户访问，需加入字段_____：要设置只允许部分用户具有写权限，需加入字段_____：要设置允许有或禁止某个域访问，需加入字段_____：要设置允许或禁止某个网段访问，需加入字段_____：

9. 将系统用户 zhangsan 转换为 Samba 账户的命令为_____。

10. 重启 Samba 服务的命令为_____。

三、选择题

1. Samba 服务器的五种安全级别中，（   ）是默认级别。

   A. share　　　　　B. user　　　　　C. server　　　　　D. domain

2. 在 smb.conf 中，（   ）字段可以隐藏某共享目录。

   A. read only　　　B. writable　　　C. browseable　　　D. write list

3. （   ）字段可以禁止某个 IP 地址访问。

   A. host allow　　　B. write list　　　C. host deny　　　D. valid users

4. Samba 服务器的主配置文件是（   ）。

   A. smb.conf　　　B. resolv.conf　　　C. named.conf　　　D. httpd.conf

5. 查看 Samba 服务器运行状态的命令是（   ）。

   A. service smb start　　　　　　　B. service smb stop

   C. service smb restart　　　　　　D. service smb status

6. Samba 服务器的配置过程中，指定共享路径的关键字是（   ）。

   A. comment　　　B. path　　　C. browseable　　　D. writable

7. Samba 服务器配置过程中，设置是否允许匿名用户访问的关键字是（   ）。

   A. guest ok　　　B. comment　　　C. browseable　　　D. writable

8. 将用户添加到 Samba 服务器账号的命令是（   ）。

   A. groupadd　　　B. mkdir　　　C. smbpasswd　　　D. useradd

四、简答题

1. 简述 Samba 服务的主要功能。

2. 什么是 Samba 服务的用户账号映射？主要目的是什么？如何实现用户账号映射？

3. 简述 Samba 的工作过程。

五、操作题

1. 设置 Samba 服务在 2、3、4、5 四个运行级别中设置开机自启动。

2. JQE 公司为共享内部信息，决定使用 Samba 搭建文件共享服务器。JQE 使用一个目录/JQE 用来存放公共信息，允许所有授权用户访问；再使用另一个目录/SUPERS 用来存放只允许领导们才可以访问的数据。请设置两个普通职工 jack1 和 jack2，再设置两个领导人 GM1 和 GM2，要求 jack1 能够映射为 mapping1 用户登录，两个领导人中只有 GM1 具有写权限，GM2 只有读权限。

按照题目要求完成 Samba 服务器配置，在共享目录下自建测试文件，并利用 Windows 客户端和 Linux 客户端完成验证。

DHCP服务器的配置与管理

情境描述

某学校申请购买了一个网段，现要构建学校内部局域网，需要搭建一台 DHCP 服务器，除了给服务器主机如 Samba 服务器、FTP 服务器、Web 服务器等分配固定的 IP 以外，师生使用的其他计算机都可随机分配 IP 地址。

项目导读

计算机要想与互联网中的其他计算机通信，必须拥有自己的 IP 地址。试想一下，当一个网络中存在几千甚至上万台计算机时，如果要逐一给每台计算机配置 IP 地址，那是一件难以想象的事情，关键是你还很难保证不重复，而且这个 IP 地址一旦手动分配给你，不管你是否在上网，你将一直占着，一定程度上浪费了有限的 IP 资源。因此，希望有这样一个服务，即可以为整个网络中的每台计算机自动分配 IP 地址，这就是本项目要学习的 DHCP 服务。

项目要点

➢ 安装与控制 DHCP 服务

➢ 配置简单的 DHCP 服务器

➢ 配置 IP 地址绑定的 DHCP 服务器

▶▶▶ 任务一 安装与控制 DHCP 服务

一、DHCP 服务相关知识

1. DHCP 服务简介

DHCP（Dynamic Host Configuration Protocol，动态主机配置协议）服务就是利用 DHCP 协议为每台连接网络的计算机自动分配 IP 地址并负责回收任务，以实现 IP 地址的动态管理。

DHCP 服务通常应用在大型局域网中，主要作用是集中管理、分配 IP 地址，使连接网络的主机自动获得 IP 地址、子网掩码、Gateway 地址，DNS 服务器地址等信息，并提升地址的使用率。

DHCP 服务同样采用客户端/服务器工作模式，服务器具有固定的 IP 地址，负责 IP 地址的分配，客户机通过与服务器通信，获得一个动态分配的 IP 地址。也就是说，只有当 DHCP 服务器接收到来自网络主机的申请时，才会向网络主机发送相关的地址配置信息。

1）DHCP 服务的主要功能

（1）保证任何一个 IP 地址在同一时刻只能由某一台客户机使用。

（2）可以给用户永久分配固定的 IP 地址。

（3）提升 IP 地址利用率。当某台计算机断开网络连接后，其分配的 IP 地址会被服务器自动回收，继续分配给其他客户机使用。

2）DHCP 服务器分配给客户机的 IP 类型

（1）固定 IP（static）。DHCP 服务器根据 MAC 地址分配固定 IP 地址。固定地址主要分配给需要 IP 固定的服务器使用，如 Web 服务器、DNS 服务器、Samba 服务器等。

（2）动态 IP（dynamic）。客户机每次请求时从 DHCP 服务器的 IP 地址池中随机获得一个尚未被使用的 IP 地址。动态地址主要用于分配给普通的客户端使用。采用固定 IP 和动态 IP 两种分配机制，既保证了服务器的正常使用，又能够提高 IP 地址的使用效率。

2．DHCP 服务的工作原理

DHCP 服务的工作过程大致可以分为如下五个步骤：

步骤一：DHCP 客户机向 DHCP 服务器的 UDP 67 号端口发送 DHCP Discover（DHCP 发现）请求，该请求以广播包的形式发送，向网络中的所有 DHCP 服务器请求获得 IP 地址。

步骤二：网络中所有收到 DHCP Discover 请求并有空闲 IP 地址的 DHCP 服务器会向网络中广播 DHCP offer（DHCP 提供）包。该包包含有效的 IP 地址、子网掩码、DHCP 服务器的 IP 地址、租用期限及其他有关 DHCP 的详细配置信息。

步骤三：客户机通过 UDP 68 号端口接收网络中 DHCP 服务器返回的 DHCP offer（DHCP 提供）包，但它只会对最先接收的回复包产生响应，并再一次以广播的形式发送一个 DHCP request（DHCP 请求）包，该包中主要包含收到的第一个回复包的 DHCP 服务器的 IP 地址和自己需要的 IP 地址信息，表示自己愿意接受该 DHCP 服务器分配的 IP 地址并且向服务器申请诸如 DNS 之类的其他配置信息。

步骤四：当网络中所有 DHCP 服务器接收到客户机的 DHCP request（DHCP 请求）包后，会比照包中的 DHCP 服务器 IP 信息，看是不是自己，如果确认是自己，服务器会向客户机响应一个 DHCP Acknowledge（DHCP ACK）包，并在包中包含 IP 地址的租期等信息。而对于确认不是自己的 DHCP 服务器，将不做任何响应并清除刚才的 IP 地址分配记录。

步骤五：DHCP 客户机接收到 DHCP ACK 响应包后，会检查 DHCP 服务器分配的 IP 地址是否能够正常使用。如果能够使用，代表 DHCP 客户机成功获得 IP 地址并开始使用，同时根据使用租期信息开启后续的租期延续工作，至此，整个 DHCP 服务工作过程完毕。

3．IP 地址的租约更新

在刚才介绍工作原理时，提到了启动租期延续工作，也就是 DHCP 客户机从服务器获得 IP 地址是有租约期限的，还需要做好续租工作。具体租约原则如下：

当使用租期超过 50% 时，DHCP 客户机会向 DHCP 服务器发送 DHCP Request 报文续租 IP 地址，如果 DHCP 服务器成功地接收到报文并返回 DHCP 确认，则按相应时间延长 IP 租期。如果没有收到 DHCP 服务器的 DHCP 确认报文，则 DHCP 客户机还是会继续使用该 IP 地址。

当继续使用到租期超过 87.5% 时，DHCP 客户机将再次向 DHCP 服务器发送 DHCP Request报文来续租 IP 地址，如果此时 DHCP 服务器成功接收到报文并返回 DHCP 确认，则还是会按相应时间延长 IP 地址的租期。假若此时 DHCP 服务器还是没有返回 DHCP 确认报文，则 DHCP 客户机将继续使用该 IP 至租期满，然后向 DHCP 服务器发送 DHCP Release 报文释放该 IP 地址，并重新进入初始化状态，重新开始 IP 地址的申请过程。

当然，DHCP 客户机从 DHCP 服务器获得 IP 地址的租约形式是有两种类型的，分别是限期租约和不限期租约，刚才讲的是限期租约这种形式，才存在这样的租期延续工作。如果是不限期租约，则服务器不会随意收回分配给客户机的 IP 地址，除非是没有足够的 IP 地址可供分配时才会这样做。现如今 IP 地址显然已属于紧缺资源，所以一般使用的都是限期租约。

二、DHCP 服务的安装

根据前面关于软件服务安装内容的学习，下面采用 yum 方法安装 DHCP 服务。根据自己的 Linux 主机能否连接公网，分两种情况配置好 yum 源。这里应用网络 yum 源，安装命令如下：

```
[root@ MASTER ~]# yum install -y dhcp

Installed:
  dhcp.i686 12:4.1.1-63.P1.el6.centos

...省略部分内容...
Dependency Updated:
  dhclient.i686   12:4.1.1-63.P1.el6.centos        dhcp-common.i686 12:4.1.1-63.P1.
el6.centos

Complete!
```

查询一下 DHCP 服务是否安装成功，命令如下：

```
[root@ MASTER ~]# rpm -q dhcp
dhcp-4.1.1-63.P1.el6.centos.i686
```

三、DHCP 服务的控制

1. 查询 DHCP 服务的运行状态

```
[root@ MASTER ~]# service dhcpd status
dhcpd 已停
```

2. DHCP 服务的启动

```
[root@ MASTER ~]# service dhcpd start
```

3. DHCP 服务的停止

```
[root@ MASTER ~]# service dhcpd stop
```

4．DHCP 服务的重启

```
[root@ MASTER ~]# service dhcpd restart
```

5．设置 DHCP 服务的开机自启动

```
[root@ MASTER ~]# chkconfig --level 2345 dhcpd on
[root@ MASTER ~]# chkconfig --list |grep dhcpd
dhcpd          0:关闭  1:关闭  2:启用  3:启用  4:启用  5:启用  6:关闭
```

▶▶▶ 任务二　配置简单的 DHCP 服务器

一、DHCP 服务相关配置文件介绍

1．DHCP 服务主配置文件 dhcpd.conf

DHCP 服务的主配置文件 dhcpd.conf 位于/etc/dhcp 目录下，打开该文件会看到如下内容：

```
[root@ MASTER ~]# vi /etc/dhcp/dhcpd.conf

# DHCP Server Configuration file.
#   see /usr/share/doc/dhcp* /dhcpd.conf.sample
#   see 'man 5 dhcpd.conf'
```

该文件中虽然没有更多的内容，却有一条关键语句"see /usr/share/doc/dhcp ∗/dhcpd.conf. sample"，该语句指明了主配置文件的样例文件，可以将该样本文件复制一份，作为主配置文件，执行命令如下：

```
[root@ MASTER ~]# cp /usr/share/doc/dhcp* /dhcpd.conf.sample /etc/dhcp/dhcpd.conf
cp:是否覆盖"/etc/dhcp/dhcpd.conf"? y
```

需要注意，执行复制操作时，会提示要不要覆盖原来的主配置文件，这里输入"y"。

接下来再打开 DHCP 服务主配置文件，就可以看到其完整内容，下面重点分析主配置文件中的关键语句及含义。

dhcpd. conf 主配置文件主要由三部分组成，即参数、声明和选项。包括全局配置和局部配置，具体结构大致如下：

```
#全局配置
参数或选项
#局部配置
声明 {
    参数或选项
}
```

其中全局配置内容对整个 DHCP 服务生效，主要包括参数和选项。局部配置内容只针对某个 IP 地址范围生效，主要由声明字段表示。

1）主要参数及选项的含义

```
option domain-name "example.org"
#定义客户端的 DNS,实验服务器可不做修改
option domain-name-servers ns1.example.org, ns2.example.org
#定义客户端 DNS 服务器的 IP 地址,实验服务器可不做修改
option routers 10.5.5.1
#为客户机设置默认网关
option broadcast-address 10.5.5.31
#为客户端设置广播地址
option host-name
#为客户端设定主机名称
default-lease-time 600
#指定默认的租约时间,单位是秒
max-lease-time 7200;
#指定最大租约时间,单位是秒
ddns-update-style none
#表示不支持动态更新
authoritative
```
#指定为权威服务器。当该局域网中有多台 DHCP 服务器时,强行指定一台权威服务器。注意,同一个局域网中只能有一台 DHCP 服务器。

2）常用声明及含义

（1）分配动态 IP 的声明字段格式如下：

```
subnet 10.5.5.0 netmask 255.255.255.0 {        //定义网络号和子网掩码
  range 10.5.5.26 10.5.5.30;                   //定义 IP 地址池的范围
  option domain-name-servers ns1.internal.example.org;  //指明客户端 DNS 服务器的 IP 地址
  option domain-name "internal.example.org";   //为客户端指明 DNS
  option routers 10.5.5.1;                      //为客户机设置默认网关
  option broadcast-address 10.5.5.254;          //为客户端设置广播地址
  default-lease-time 600;                       //默认租约时间
  max-lease-time 7200;                          //最大租约时间
}
```

（2）分配固定 IP 的声明字段格式如下：

```
host DHCPClient {                               //指定特定主机
  hardware ethernet 08:00:07:26:c0:a5;          //指定客户机的 MAC 地址
  fixed-address 192.168.1.50;                   //指定客户机分配的 IP 地址
}
```

（3）配置超级作用域的声明字段格式如下：

```
shared-network 超级作用域名称{
    subnet 子网一编号 network 子网掩码
    {
    }
    subnet 子网二编号 network 子网掩码
    {
    }
```

```
    ...
}

#例如：一台 DHCP 服务器用一块网卡需要配置两个作用域,可用超级作用域声明如下：
shared-network TRZYscope{
    subnet 192.168.1.0 netmask 255.255.255.0 {
      range 192.168.1.130 192.168.1.230;
      option routers 192.168.1.1;
      option broadcast-address 192.168.1.255;
    }

    subnet 192.168.5.0 netmask 255.255.255.0 {
      range 192.168.5.150 192.168.5.200;
      option routers 192.168.5.1;
      option broadcast-address 192.168.5.255;
    }
}
```

2. 租约数据库文件

服务器端的租约数据库文件 dhcpd. leases 位于/var/lib/dhcpd/目录下，主要记录着所有
被分配过的 IP 地址，典型的记录格式为：

```
lease 192.168.1.50{
    语句1;
    语句2;
    ...
}
```

"lease IP" 租约声明标志着每条租约记录的开始，期间的语句块用于描述租约基本
信息。

客户端的租约数据库文件 dhclient-eth0. leases 位于/var/lib/dhclient/目录下，同样记录
着该客户端所有租约过的 IP 地址信息，典型的记录格式为：

```
lease{
    语句1;
    语句2;
    ...
}
```

lease 租约声明标志着每条租约记录的开始，期间的语句块用于描述租约基本信息。

二、配置一台简单的 DHCP 服务器

前面已经对 DHCP 服务的概念、工作原理以及主配置文件进行了系统的学习，现在通
过一个具体实例加深对所学知识的理解。

1. 任务描述

某学校申请购买了一个网段 192. 168. 1. 0，现需搭建一台 DHCP 服务器，IP 地址为
192. 168. 1. 112，用于学校内部局域网计算机自动分配 IP 地址，地址池范围为

192.168.1.120 ~ 192.168.1.220。

2. 任务分析

该任务就是要求搭建一台简单的 DHCP 服务器，已知 DHCP 服务器的 IP 地址为 192.168.1.112，子 网 掩 码 为 255.255.255.0，网 关 为 192.168.1.1，广 播 地 址 为 192.168.1.255。另外，假定域名为 trzy.edu，DNS 服务器的 IP 地址为 192.168.1.112，对应域名为 dns.trzy.edu。配置好以后拿 IP 地址为 192.168.1.113 的 Linux 客户机验证。

3. 实现步骤

步骤一：用模板文件复制一份主配置文件，打开主配置文件，主要修改和配置内容如下：

```
vi /etc/dhcp/dhcpd.conf
...省略部分内容...
option domain-name "trzy.edu";              //指定 DNS
option domain-name-servers dns.trzy.edu;    //指定 DNS 服务器的域名
...省略部分内容...
default-lease-time 600;
max-lease-time 7200;
...省略部分内容...
log-facility local7;
...省略部分内容...
subnet 192.168.1.0 netmask 255.255.255.0 {
  range 192.168.1.120 192.168.1.220;
  option routers 192.168.1.1;
  option broadcast-address 192.168.1.255;
}
...省略部分内容...
```

其余保持默认，不要更改，保存退出。

步骤二：重启 DHCP 服务。

```
[root@ MASTER ~]# service dhcpd restart
正在启动 dhcpd:                                    [确定]
```

步骤三：关闭服务器和客户机中的防火墙和 SELinux。

步骤四：修改客户机网络配置文件。

开启客户机的 CLONE1，打开网络配置文件，配置如下：

```
[root@ CLONE1 ~]# vi /etc/sysconfig/network-scripts/ifcfg-eth0
#修改前:
DEVICE = "eth0"
BOOTPROTO = static
NM_CONTROLLED = "yes"
ONBOOT = yes
TYPE = "Ethernet"
IPADDR = 192.168.1.113
NETMASK = 255.255.255.0
```

```
GATEWAY =192.168.1.1

#修改后：
DEVICE = "eth0"
BOOTPROTO = dhcp
NM_CONTROLLED = "yes"
ONBOOT = yes
TYPE = "Ethernet"
```

要验证 DHCP 服务器是否配置成功，需将客户机中的引导协议类型设置为 BOOTPROTO = dhcp，并将之前静态设置的 IP、子网掩码和网关等信息删除。

步骤五：重启客户机网络服务。

```
[root@ CLONE1 ~]# service network restart
```

步骤六：验证。

执行 ifconfig 命令，查看是否获得了 DHCP 服务器中指定地址池中的 IP 地址。命令及结果如下：

```
[root@ CLONE1 ~]# ifconfig
eth0      Link encap:Ethernet  HWaddr 00:0C:29:C5:87:30
          inet addr:192.168.1.120  Bcast:192.168.1.255  Mask:255.255.255.0
          inet6 addr: fe80::20c:29ff:fec5:8730/64 Scope:Link
          UP BROADCAST RUNNING MULTICAST  MTU:1500  Metric:1
          RX packets:568 errors:0 dropped:0 overruns:0 frame:0
          TX packets:382 errors:0 dropped:0 overruns:0 carrier:0
          collisions:0 txqueuelen:1000
          RX bytes:68268 (66.6 KiB)  TX bytes:54558 (53.2 KiB)
          Interrupt:19 Base address:0x2000

lo        Link encap:Local Loopback
          inet addr:127.0.0.1  Mask:255.0.0.0
          inet6 addr: ::1/128 Scope:Host
          UP LOOPBACK RUNNING  MTU:16436  Metric:1
          RX packets:30 errors:0 dropped:0 overruns:0 frame:0
          TX packets:30 errors:0 dropped:0 overruns:0 carrier:0
          collisions:0 txqueuelen:0
          RX bytes:2172 (2.1 KiB)  TX bytes:2172 (2.1 KiB)
```

结果表明，客户机确实重新获得了一个 IP 地址 192.168.1.120，而且刚好是 DHCP 服务器 IP 地址池 192.168.1.120 ~ 192.168.1.220 中的第一个 IP，至此基本可以认为 DHCP 服务器配置成功，但是最有利的证明还是通过租约文件，先查看客户端的租约文件：

```
[root@ CLONE1 ~]# vi /var/lib/dhclient/dhclient-eth0.leases
lease {
  interface "eth0";
  fixed-address 192.168.1.120;
  option subnet-mask 255.255.255.0;
  option routers 192.168.1.1;
  option dhcp-lease-time 600;
```

```
    option dhcp-message-type 5;
    option domain-name-servers 222.221.5.253;
    option dhcp-server-identifier 192.168.1.112;
    option broadcast-address 192.168.1.255;
    option domain-name "trzy.edu";
    renew 4 2019/01/03 10:21:25;
    rebind 4 2019/01/03 10:25:42;
    expire 4 2019/01/03 10:26:57;
}
```

该租约文件中确实有一条 IP 租赁信息，获得的 IP 地址为 192.168.1.120，其中还有一条关键信息"option dhcp-server-identifier 192.168.1.112"指明该 IP 地址是从哪台 DHCP 服务器获得的。再查看一下服务器端的租约文件，执行如下命令：

```
[root@ MASTER ~]# vi /var/lib/dhcpd/dhcpd.leases

lease 192.168.1.120 {
    starts 3 2019/01/02 23:39:33;
    ends 3 2019/01/02 23:49:33;
    cltt 3 2019/01/02 23:39:33;
    binding state active;
    next binding state free;
    hardware ethernet 00:0c:29:c5:87:30;
}
```

结果表明，确实有一条 IP 租赁信息，出租的 IP 地址为 192.168.1.120，其中还有一条关键信息"hardware ethernet 00：0c：29：c5：87：30"，它表示该 IP 租给的客户机的 MAC 地址，这刚好就是客户机的 CLONE1 的 MAC 地址，到这里可以完全确认该 DHCP 服务器配置成功。

▶▶ 任务三　配置 IP 地址绑定的 DHCP 服务器

如果是普通的客户端，动态获得 IP 地址即可，但对于服务器，比如学校内部的 FTP 服务器、Web 服务器等，就需要绑定固定的 IP 地址。

1. 任务需求

以任务二为基础，现假如 CLONE1 客户机为校内 FTP 服务器，需要与 IP 地址192.168.1.166 绑定在一起。

2. 任务分析

该任务要求给指定的客户机绑定固定的 IP 地址。相比任务二，需要在配置文件中额外加一个绑定固定 IP 的声明。

3. 实现步骤

步骤一：修改主配置文件。

相比任务二，在主配置文件中加入一个 host 声明，该声明中包含 hardware 和 fixd-address参数，其中 host 用来声明待绑定主机的主机名，hardware 参数用来指明待绑定主机的 MAC 地址，fixd-address 参数用来指定绑定的 IP 地址。

```
vi /etc/dhcp/dhcpd.conf
...省略部分内容...
option domain-name "trzy.edu";                    //指定 DNS
option domain-name-servers dns.trzy.edu;        //指定 DNS 服务器的域名
...省略部分内容...
default-lease-time 600;
max-lease-time 7200;
...省略部分内容...
log-facility local7;
...省略部分内容...
subnet 192.168.1.0 netmask 255.255.255.0 {
  range 192.168.1.120 192.168.1.220;
  option routers 192.168.1.1;
  option broadcast-address 192.168.1.255;
}
...省略部分内容...
host CLONE1 {
  hardware ethernet 00:0c:29:c5:87:30;
  fixed-address 192.168.1.166;
}
...省略部分内容...
```

步骤二：重启 DHCP 服务。

```
[root@ MASTER ~]# service dhcpd restart
关闭 dhcpd：                                        [确定]
正在启动 dhcpd：                                    [确定]
```

步骤三：修改客户机网络文件。

和任务二一样，只需将客户机 CLONE1 的网络配置文件写成如下形式：

```
[root@ CLONE1 ~]# vi /etc/sysconfig/network-scripts/ifcfg-eth0

DEVICE = "eth0"
BOOTPROTO = dhcp
NM_CONTROLLED = "yes"
ONBOOT = yes
TYPE = "Ethernet"
```

步骤四：重启客户端的网络服务。

```
[root@ CLONE1 ~]# service network restart
```

步骤五：验证。

在客户机中执行 ifconfig 命令查看，结果如下：

```
[root@ CLONE1 ~]# ifconfig
eth0      Link encap:Ethernet   HWaddr 00:0C:29:C5:87:30
          inet addr:192.168.1.166  Bcast:192.168.1.255   Mask:255.255.255.0
          inet6 addr: fe80::20c:29ff:fec5:8730/64 Scope:Link
          UP BROADCAST RUNNING MULTICAST  MTU:1500  Metric:1
```

```
                RX packets:1180 errors:0 dropped:0 overruns:0 frame:0
                TX packets:680 errors:0 dropped:0 overruns:0 carrier:0
                collisions:0 txqueuelen:1000
                RX bytes:146406 (142.9 KiB)   TX bytes:88257 (86.1 KiB)
                Interrupt:19 Base address:0x2000
    ...省略部分内容...
```

进一步查看客户端租约文件，结果如下：

```
[root@ CLONE1  ~]# vi /var/lib/dhclient/dhclient-eth0.leases

lease {
  interface "eth0";
  fixed-address 192.168.1.166;
  option subnet-mask 255.255.255.0;
  option routers 192.168.1.1;
  option dhcp-lease-time 600;
  option dhcp-message-type 5;
  option domain-name-servers 222.221.5.253;
  option dhcp-server-identifier 192.168.1.112;
  option broadcast-address 192.168.1.255;
  option domain-name "trzy.edu";
  renew 4 2019/01/03 11:23:24;
  rebind 4 2019/01/03 11:28:00;
  expire 4 2019/01/03 11:29:15;
}
```

结果表明，IP 地址绑定的 DHCP 服务器配置成功。

➤➤➤ 小　　结

本项目学习 DHCP 服务器的配置与管理。首先介绍了 DHCP 服务的概念、主要功能、工作方式及工作原理，然后介绍了 DHCP 服务的安装和控制语句。最后以两个具体的 DHCP 服务器配置任务为牵引，详细讲解了 DHCP 服务的主配置文件和租约文件。两个配置实例体现了随机分配 IP 和固定分配 IP 这两种 IP 分配方式的区别，主要目的是加深对 DHCP 服务基本工作原理的理解。学习本项目内容需要对网络的基本配置信息如 IP 地址、子网掩码、网关和 DNS 等概念有基本的认识，如果确实理解有困难的话，可有针对性地补一下计算机网络技术方面的基础知识。

➤➤➤ 习　　题

一、判断题

1. DHCP 服务器不能为多网段提供 DHCP 服务。　　　　　　　　　　　　　　　（　　）

2. IP 作用域是一个 IP 子网中所有可分配的 IP 地址的连续范围。　　　　（　　）

3. DHCP 服务器可以为 DHCP 客户端分配固定 IP 地址。　　　　　　　（　　）

4. DHCP 客户机启动时或 IP 租约期限过了一半时，DHCP 客户端都会自动向 DHCP 服务器发送更新其 IP 地址的请求。　　　　　　　　　　　　　　　　（　　）

5. 当使用租期超过 50% 时，DHCP 客户机会向 DHCP 服务器发送 DHCP Request 报文续租 IP 地址，如果没有收到 DHCP 服务器的 DHCP 确认报文，则 DHCP 客户机还是会继续使用该 IP 地址。当使用租期超过 87.5% 时，DHCP 客户机将再次向 DHCP 服务器发送 DHCP Request 报文续租 IP 地址，如果此时 DHCP 服务器还是没有返回 DHCP 确认报文，则 DHCP 客户机将立即释放该 IP 地址，并重新进入初始化状态，重新开始 IP 地址的申请过程。

　　　　　　　　　　　　　　　　　　　　　　　　　　　　　　（　　）

二、填空题

1. DHCP 的英文全称为_____，中文解释为_____。

2. DHCP 服务器分配客户机的 IP 类型主要有_____ IP 和_____ IP 两种。

3. DHCP 服务的主配置文件位于_____目录中。

4. 服务器端的租约数据库文件名为_____，位于_____目录下。

5. 客户端的租约数据库文件名为_____，位于_____目录下。

6. 要以 Linux 客户机验证 DHCP 服务器是否配置成功，需在客户机网络配置文件中设置的关键字段为_____。

三、选择题

1. DHCP 服务的主配置文件是（　　　　）。

　　A. dhcp. conf　　　　B. dhcpd. conf　　　C. httpd. conf　　　　D. namd. conf

2. 在配置 DHCP 服务器时，声明参考特别主机的关键字是（　　　　）。

　　A. range　　　　　　B. group　　　　　　C. subnet　　　　　　D. host

3. 在配置 DHCP 服务器时，声明动态 IP 地址范围的关键字是（　　　　）。

　　A. range　　　　　　B. group　　　　　　C. subnet　　　　　　D. host

4. 在配置 DHCP 服务器时，声明子网段的关键字是（　　　　）。

　　A. range　　　　　　B. group　　　　　　C. subnet　　　　　　D. host

5. 在配置 DHCP 服务器时，声明一组参数的关键字是（　　　　）。

　　A. range　　　　　　B. group　　　　　　C. subnet　　　　　　D. host

6. 在配置 DHCP 服务器时，指明 DNS 名称的选项是（　　　　）。

　　A. subnet-mask　　　B. domain-name　　C. host-name　　　　D. routers

7. 在配置 DHCP 服务器时，设定子网掩码的选项是（　　　　）。

　　A. netmask　　　　　B. domain-name　　C. host-name　　　　D. routers

8. 在配置 DHCP 服务器时，设定网关的选项是（　　　　）。

　　A. subnet-mask　　　B. domain-name　　C. host-name　　　　D. routers

9. 在 TPC/IP 协议族中，（　　　　）协议用来进行 IP 地址的自动分配。

　　A. SMB　　　　　　　B. ARP　　　　　　C. RARP　　　　　　D. DHCP

10. 重启 DHCP 服务器的命令是（　　　　）。

A. service dhcpd start   B. service dhcpd restart

C. service dhcpd status   D. service dhcpd stop

四、简答题

1. 简述 DHCP 服务的主要功能。

2. 简述 DHCP 服务的工作过程。

五、操作题

1. 设置 DHCP 服务在 2、3、4、5 运行级别下开机自启动。

2. 安装一台 Linux，配置好网络，并制作两台链接克隆机，同样配置好网络，以主 Linux 配置一台 DHCP 服务器，自定义一个地址池，以两台克隆机做客户机验证。要求第一台克隆机能获取地址池中任意一个 IP 地址，第二台克隆机能获取一个指定的 IP 地址。

DNS服务器的配置与管理

情境描述

某学院申请购买了域名 trzy. edu，学院内部部署了主网站服务器 www. trzy. edu，IP 地址为 192.168.1.113，邮件服务器 mail. trzy. edu，IP 地址为 192.168.1.114，文件传输服务器 ftp. trzy. edu，IP 地址为 192.168.1.115，Samba 服务器 smb. trzy. edu，IP 地址为 192.168.1.116，现需搭建一台 DNS 域名解析服务器，IP 地址为 192.168.1.112，能够实现正向和反向解析。

项目导读

IP 地址是网络上标识站点的唯一标志，它由 32 位二进制数组成，为了便于表述和记忆，将它每 8 位作为一个段，并转换为十进制，即每一个段位于 0～255 之间。尽管如此，如果要记忆这么多的网站，还是太难。为了解决这个问题，就有了域名，即将每个网站 IP 对应一个法定注册的合法域名，而域名的组成是有其特定规则的，其最大的好处就是便于识别和记忆。就好比现实生活中，每个人都有唯一的身份证号码，也有一个名字，平时只记别人的名字而不记其身份证号码，道理是一样的。那么全球有那么多域名和 IP 的对应关系，到底由谁来负责记忆呢。显然，光靠人来完成是不可能的，这就是即将要学习的 DNS 服务。网络中有大量的 DNS 服务器在负责域名与 IP 地址之间的解析，根据域名解析出 IP 地址称为正向解析，由 IP 地址解析出域名称作反向解析。

项目要点

➢ 安装与控制 DNS 服务

➢ 配置主 DNS 服务器

➢ 配置辅助 DNS 服务器

▶▶▶ 任务一 安装与控制 DNS 服务

一、DNS 服务相关知识

在学习 DNS 服务器搭建之前，首先要掌握 DNS 服务的概念、DNS 的构成、DNS 服务的查询方式、DNS 服务资源记录的种类等基本知识。

1. DNS 服务的定义

DNS 是计算机域名系统（Domain Name System，或 Domain Name Service）的缩写，它的主要任务是负责 IP 地址和域名之间的相互翻译。DNS 服务器相当于一个笔记本，将它负责解析的域名和 IP 通过特定的格式记录下来，当客户机选择它作 DNS 服务器时，该服务器会利用自己记录的东西来解答客户的查询。

我们平常上网时，当输入一个网站的网址时，浏览器会将这个网站的网址（域名）传送到该主机设置的 DNS 服务器上去辨认，如果 DNS 服务器能查询出该域名对应的 IP，就会将这个 IP 对应的网站内容返回给这台主机，如果不能够查询到，就会出现警告信息，告诉你不识别这个域名，无法上网。所以，一旦计算机没有设置正确的 DNS 服务器，用户就不可能通过域名访问公网网站，那么，平常使用的计算机从来没有设置过 DNS 地址，怎么也能正常上网呢？那是因为笔记本计算机默认的网络配置方式为"自动获得 IP 地址"，网络中的 DHCP 服务器会自动获得正确的网络配置信息，其中就包括 DNS 服务器的地址。也就是说，如果选择手动配置，就需要考虑使用哪个 DNS 服务器地址。

2. DNS 的构成

DNS 是一个分层级的目录树结构。下面以最熟悉的"百度"网站来讲解。

www.baudu.com.

其中，最后一个"."称为根（root），即根域名，默认都是省略的，它是最高级别的 DNS 服务器，全球共有 13 台根服务器。

从"."往前一个是".com"，称为一级域名，常见的一级域及含义如表 11-1 所示，它是不能自己更改的。

表 11-1　常见的一级域及含义

组织一级域名		地区一级域名	
类别名称	代表意思	类别名称	代表意思
edu	教育机构	au	澳大利亚
com	商业机构	cn	中国
gov	非军事政府机构	in	印度
mil	军事机构	us	美国
org	其他组织	uk	英国
net	网络服务机构	jp	日本

需要注意，类似 www.sina.com.cn 网址中，".com.cn"共同构成一级域名。

"sina"称为二级域名，它是个人、组织或者企业申请的，命名的基本原则有两个：一是用意要明显，作为一个企业网站，要和企业相关，简单来说，别人一看到它就能联想到是哪家企业的网站；二是它和一级域名一起，共同构成全球独一无二的域名。也就是说，一个企业或者组织注册域名时，就是申请购买这样的全球独一无二的包含一级域和二级域的域名。

"www"称为三级域名，它是企业或者组织购买域名后自己定义的，比如情境描述中，某学校申请注册的域名是"trzy.edu"，至于它内部搭建的主网站、邮件、文件传输等内部服务器，三级域名都是自己分配定义的，如 www、ftp、mail 等。

综上所述，域名采用的是逆序结构，即越靠后，域名等级越高，越靠前，域名等级越低，属于典型的树状结构。

3．DNS 查询方式

DNS 查询方式分为递归查询和迭代查询。

1）递归查询

当客户机向 DNS 服务器发出 DNS 解析请求时，如果该 DNS 服务器在缓存或者区域数据库文件中无法解析该请求，这时该服务器会向另一个 DNS 服务器发送该请求，直至查询到最终结果返回给客户机，这种模式称为递归查询。

2）迭代查询

当客户机向 DNS 服务器发出 DNS 解析请求时，如果该 DNS 服务器在缓存或者区域数据库文件中无法解析该请求，该服务器会返回一个近似的结果给客户机，相当于它自己不知道结果，但会推荐一个 DNS 服务器给客户机，由客户机继续向其推荐的 DNS 服务器发送查询请求，直至查询到最终结果。

综上可知，递归查询和迭代查询的主要区别是当 DNS 服务器不知道答案时，是由该 DNS 服务器主动去问别的服务器还是返回一个推荐的 DNS 服务器由客户机自己去询问。例如，某学生问班主任一个关于学校的问题，而班主任自己解答不了，这时如果班主任自己去问学生科科长得到答案再反馈给学生称作递归查询，而如果班主任说我不知道，告诉学生学生科科长可能会知道答案，并把学生科科长的号码反馈给学生，请学生自己去问学生科科长，这就是迭代查询。

4．资源记录的类型

DNS 服务器主要负责 IP 地址与域名之间的解析，那么 IP 地址与域名之间的对应关系记录在哪里呢？记录该信息的文件称为区域数据库文件，其中包含着许多 DNS 资源信息的记录，主要的资源记录类型有：

1）SOA 记录

SOA（Start of Authority，起始授权）资源记录用于定义整个区域的全局设置，一个区域文件只允许存在一个 SOA 记录。

2）NS 资源记录

NS（Name Server，名称服务器）资源记录用来指定某一个区域的权威 DNS 服务器，每个区域至少要有一个 NS 记录。

3）A 资源记录

A（Address，地址）资源记录用于正向解析记录，即将 FQDN（Fully Qualified Domain Name，全称域名）映射为 IP 地址。

4）PTR 资源记录

PTR（Pointer，指针）资源记录用于反向解析记录，即将 IP 地址映射为 FQDN。

5）CNAME 记录

CNAME（Canonical Name，别名）资源记录用于为 FQDN 起别名。

6）MX 资源记录

MX（Mail Exchange，邮件交换）资源记录用于为邮件服务器提供 DNS 解析。

5. DNS 服务器的类型

DNS 服务器主要有以下几种类型：

1）主域名服务器（Master DNS）

主域名服务器为其所负责的区域提供 DNS 服务，是特定域所有信息的权威信息源，对于某个指定域，主域名服务器是唯一存在的，主域名服务器中保存了指定域的区域文件。

2）辅助 DNS 服务器（Slaver DNS）

辅助 DNS 服务器用于分担主 DNS 服务器查询工作，它还有加快查询速度和提供容错能力等优点。辅助 DNS 服务器不进行特定域（区域文件）的权威设置，而是从该域的主域名服务器中获取相应的文件并进行保存。当启动辅助域名服务器时，它会与建立联系的所有主域名服务器建立联系，并从中复制信息。它会定期更改原有信息，以尽可能地做到与主服务器的数据保持一致。

3）缓存 DNS 服务器

主要功能是提供域名解析的缓存，它使用缓存的 DNS 信息进行域名转换，速度比较快，因而又称高速缓存 DNS 服务器。

总之，辅助 DNS 服务器和缓存 DNS 服务器可以在一定程度上减轻主 DNS 服务器的负担，并且在主 DNS 服务器出现故障时，可以接替主服务器继续工作一段时间，提升服务器的可靠性。

二、BIND 软件的安装

1. BIND 软件介绍

常用的 DNS 服务器软件是 BIND。BIND 是一款开源的 DNS 服务器软件，是由美国加州大学伯克利分校开发和维护的，全名为 Berkeley Internet Name Domain。BIND 是目前世界上使用最广泛的 DNS 服务器软件，支持各种 Linux 平台和 Windows 平台。

2. BIND 软件安装

配置好 yum 源，执行如下安装命令：

```
[root@ MASTER ~]# yum -y install bind
...省略部分内容...
Installed:
  bind.i686 32:9.8.2-0.68.rc1.el6_10.1

Dependency Updated:
  bind-libs.i686 32:9.8.2-0.68.rc1.el6_10.1
  bind-utils.i686 32:9.8.2-0.68.rc1.el6_10.1
Complete!
```

安装完成后，执行指令 rpm -q bind，如反馈如下结果，代表 BIND 软件安装成功。

```
[root@ MASTER ~]# rpm -q bind
bind-9.8.2-0.68.rc1.el6_10.1.i686
```

三、DNS 服务的运行管理

DNS 服务安装的软件为 BIND，而其进程名称为 named，这是初学者容易产生困惑的地方。

1. 查询 DNS 服务的运行状态

```
[root@ MASTER ~]# service named status
rndc: neither /etc/rndc.conf nor /etc/rndc.key was found
named 已停
```

查询结果表明 DNS 服务没有启动。

2. DNS 服务的启动、重启、停止

```
[root@ MASTER ~]# service named start/restart/stop
```

3. 设置 DNS 服务开机自启动

首先查询 DNS 服务是否设置了开机自启动。

```
[root@ MASTER ~]# chkconfig --list |grep named
named            0:关闭  1:关闭  2:关闭  3:关闭  4:关闭  5:关闭  6:关闭
```

从查询结果来看，DNS 服务没有设置开机自启动。设置开机自启动的命令如下：

```
[root@ MASTER ~]# chkconfig --level 2345 named on
#再次查询结果如下
[root@ MASTER ~]# chkconfig --list |grep named
named            0:关闭  1:关闭  2:启用  3:启用  4:启用  5:启用  6:关闭
```

从查询结果可以看出，DNS 服务已经成功设置开机自启动。

➤➤➤ 任务二　配置主 DNS 服务

一、了解 DNS 服务相关的配置文件

要完成 DNS 服务器配置，首先需要了解与 DNS 服务器配置相关的几个主要配置文件及其功能。

1. 主配置文件/etc/named.conf

主配置文件又称全局配置文件，用于设置一般的 name 参数。该文件的主体内容及含义如下：

```
opticns {
        listen-on port 53 { 127.0.0.1; }; //表示 BIND 用 53 号端口监听本机的 IPv4 地址
        listen-on-v6 port 53 { ::1; };      //表示 BIND 用 53 号端口监听本机的 IPv6 地址
        directory       "/var/named";     //设置工作目录
        dump-file       "/var/named/data/cache_dump.db";     //设置缓存转储的目录
        statistics-file "/var/named/data/named_stats.txt"; //记录统计信息的文件
```

```
        memstatistics-file "/var/named/data/named_mem_stats.txt";  //记录内存使用情况
        allow-query { localhost; };           //允许哪些主机查询
        recursion yes;                        //允许递归查询

        dnssec-enable yes;                    //是否支持 dnssec 开关
        dnssec-validation yes;                //是否支持 dnssec 确认开关

        /*  Path to ISC DLV key * /
        bindkeys-file "/etc/named.iscdlv.key";            //ISC DL KEY 的路径

        managed-keys-directory "/var/named/dynamic";   //管理的密钥路径
};
logging {            //定义 bind 服务的日志
        channel default_debug {           //定义通道(消息输出方式)
                file "data/named.run";    //写入的文件
                severity dynamic;         //设置日志消息的等级
        };
};

zone "." IN {                             //定义根区域
        type hint;                        //根区域类型
        file "named.ca";                  //根区域的区域文件
};

include "/etc/named.rfc1912.zones";       //named.conf 的辅助区域配置文件,即建议除
根区域外,将其他区域放入该文件,以便于统一管理
        include "/etc/named.root.key";            //根区域的 DNSKEY 文件
```

该文件重点只需设置加粗的两处，其他保持默认即可。一般设置如下：

```
listen-on port 53 { any; };        //表示 BIND 用 53 号端口监听所有网卡的 IPv4 地址
allow-query {any ; };              //表示允许任何主机查询
```

2. 辅助区域配置文件/etc/named.rfc1912.zones

该文件作为 named.conf 的辅助区域配置文件，用于配置除根区域外的其他区域，配置区域的格式如下：

```
#配置一个正向解析区域
zone "localhost.localdomain" IN {  //指明正向解析区域的名称
        type master;               //指定 DNS 服务器的类型
        file "named.localhost";    //指明正向区域的解析记录文件名,位于/var/named 目录
        allow-update { none; };
};

#配置一个反向解析区域
zone "0.in-addr.arpa" IN {         //指明反向解析区域的名称
        type master;               //指定 DNS 服务器的类型
        file "named.empty";    //指明反向区域的解析记录文件名,位于/var/named 目录
        allow-update { none; };
};
```

3. 正向区域解析记录文件/var/named/named.localhost

正向区域解析记录文件主要包含 SOA 资源记录、NS 资源记录和 A 资源记录，用于记录从域名到 IP 地址的正向解析记录。其初始文件内容如下：

```
$TTL 1D      //生存时间
@          IN     SOA        @            rname.invalid. (
//当前区域名  Internet 类  SOA 标识  主 DNS 服务器 FQDN  管理员邮件地址
                         0        ; serial  序列号
                         1D       ; refresh  刷新时间
                         1H       ; retry   重试时间
                         1W       ; expire  过期时间
                         3H )     ; minimum  最小时间
        NS   @          //NS 记录
        A    127.0.0.1  //A 记录
        AAAA ::1        //该行可删掉
```

4. 反向区域解析记录文件/var/named/named. empty

反向区域解析记录文件主要包含 SOA 资源记录、NS 资源记录和 PTR 资源记录，用于记录从 IP 地址到域名的反向解析记录。其初始文件内容如下：

```
$TTL 3H     //生存时间
@          IN     SOA        @            rname.invalid. (
//当前区域名  Internet 类  SOA 标识  主 DNS 服务器 FQDN  管理员邮件地址
                         0        ; serial  序列号
                         1D       ; refresh  刷新时间
                         1H       ; retry   重试时间
                         1W       ; expire  过期时间
                         3H )     ; minimum  最小时间
        NS   @          //NS 记录
        A    127.0.0.1  //这里需要写成 PTR 记录
        AAAA ::1        //该行可删掉
```

二、配置主 DNS 服务器

1. 任务描述

搭建一台主 DNS 服务器，负责 trzy. edu 域的解析，能同时实现正向解析和反向解析，域名和 IP 地址解析的对应关系如表 11–2 所示。

表 11–2　域名和 IP 地址解析的对应关系

服务器	完全合格域名（FQDN）	IP 地址
主 DNS 服务器	dns. trzy. edu	192. 168. 1. 112
主网站服务器	www. trzy. edu	192. 168. 1. 113
邮件服务器	mail. trzy. edu	192. 168. 1. 114

服务器	完全合格域名（FQDN）	IP 地址
文件传输服务器	ftp. trzy. edu	192. 168. 1. 115
Samba 服务器	smb. trzy. edu	192. 168. 1. 116

2．任务分析

配置主 DNS 服务器基本思路为：首先修改主配置文件，修改两处"any"；然后修改辅助区域配置文件，定义正向区域名、正向区域解析记录文件、反向区域名和反向区域解析记录文件；接下来修改正向区域解析记录文件和反向区域解析记录文件，将 IP 地址和域名之间的对应关系写入这两个文件；最后重启服务、关闭服务器端和客户端的防火墙和 SELinux，即可开始验证。本实验在 IP 地址为 192. 168. 1. 112 的主机中搭建 DNS 服务器，以 IP 地址为 192. 168. 1. 113 的主机做客户机进行验证。

3．实现步骤

步骤一：打开主配置文件/etc/named. conf，修改如下两行，其余保持默认。

```
listen-on port 53 { any; };        //表示 BIND 用 53 号端口监听任何 IPv4 地址
allow-query       {any ; };        //表示允许任何主机查询
```

步骤二：修改辅助区域配置文件。

```
[root@ MASTER ~]# cd /etc/
[root@ MASTER etc]# cp -p named.rfc1912.zones named.rfc1912.zones.bak
#将辅助区域文件复制一份,在后续操作中就算丢失了文件还有备份文件可供使用
[root@ MASTER etc]# vi named.rfc1912.zones
#先定义一个正向解析区域"trzy.edu"并指定正向解析记录文件为 trzy.localhost
zone "trzy.edu" IN {              //指明正向解析区域为 trzy.edu
      type master;                //指定 DNS 服务器的类型为主 DNS 服务器
      file "trzy.localhost";      //指明正向解析记录文件名,它位于/var/named 目录下
      allow-update { none; };
};

#再定义一个反向解析区域"1.168.192.in-addr.arpa",并指定反向解析记录文件为 trzy.empty
zone "1.168.192.in-addr.arpa" IN {    //指明反向解析区域为 1.168.192.in-addr.arpa
      type master;                    //指定 DNS 服务器的类型
      file "trzy.empty";              //指明反向解析文件名,它位于/var/named 目录下
      allow-update { none; };
};
```

这里重点强调一下反向区域"1. 168. 192. in-addr. arpa"的命名规则，其中". in-addr. arpa"是固定的扩展名，"1. 168. 192"是 DNS 服务器的 IP 所在网段的网络号反过来写，因为 DNS 服务器的 IP 地址为 192. 168. 1. 112，所在网段的网络号为 192. 168. 1，所以这里的方向区域命名就是"1. 168. 192"。

步骤三：编写正向解析记录文件。

先进入/var/named 目录，将已经存在的正向解析记录模板文件 named. localhost 复制一份，并重命名为 trzy. localhost，将已经存在的反向解析记录模板文件 named. empty 复制一份，并重命名为 trzy. emtpy，注意一定要加 -p 选项，表示连同文件属性一起复制。

```
[root@ MASTER etc]# cd /var/named/
[root@ MASTER named]# cp -p named.localhost trzy.localhost
[root@ MASTER named]# cp -p named.empty trzy.empty
```

接下来打开正向解析记录文件 trzy.localhost 开始编辑，最终编辑效果如下：

```
[root@ MASTER named]# vi trzy.localhost

$ TTL 1D
@       IN SOA  trzy.edu. rname.invalid. (
                                        0       ; serial
                                        1D      ; refresh
                                        1H      ; retry
                                        1W      ; expire
                                        3H )    ; minimum
@   IN   NS     dns.trzy.edu.       //NS 资源记录
@   IN   MX  3  mail.trzy.edu.      //MX 资源记录,其中 3 为邮件服务器优先级
#以下 5 条为 A 资源记录,即正向解析记录
dns  IN  A      192.168.1.112       //将 dns.trzy.edu 解析为 192.168.1.112
www  IN  A      192.168.1.113       //将 www.trzy.edu 解析为 192.168.1.113
mail IN  A      192.168.1.114       //将 mail.trzy.edu 解析为 192.168.1.114
ftp  IN  A      192.168.1.115       //将 ftp.trzy.edu 解析为 192.168.1.115
smb  IN  A      192.168.1.116       //将 smb.trzy.edu 解析为 192.168.1.116
```

几点解释和值得注意的地方：

（1）"@ IN MX 3 mail. trzy. edu. "为 MX 资源记录，其中 3 代表邮件服务器的优先级，数值越小，优先级越高。即当同一个区域中如有两个或多个 MX 服务器，则低优先级作为高优先级的备份。

（2）正向解析文件中凡是域名，最后面那个"."必须加上，这是初学者特别容易忽略的。

（3）SOA 记录中域名"trzy. edu. "必须和辅助区域配置文件中指定的正向解析区域名一致。

步骤四：编写反向解析记录文件。

打开反向解析记录文件 trzy. empty，最终编辑效果如下：

```
[root@ MASTER named]# vi trzy.empty


$ TTL 3H
@       IN SOA  1.168.192.in-addr.arpa. rname.invalid. (
                                        0       ; serial
                                        1D      ; refresh
                                        1H      ; retry
                                        1W      ; expire
                                        3H )    ; minimum
@   IN   NS     dns.trzy.edu.    //NS 资源记录
@   IN   MX  3  mail.trzy.edu.   //MX 资源记录
#以下 5 条为 PTR 资源记录,即反向解析记录
```

```
112  IN  PTR  dns.trzy.edu.//将 192.168.1.112 解析成 dns.trzy.edu
113  IN  PTR  www.trzy.edu.//将 192.168.1.113 解析成 www.trzy.edu
114  IN  PTR  mail.trzy.edu.//将 192.168.1.114 解析成 mail.trzy.edu
115  IN  PTR  ftp.trzy.edu.//将 192.168.1.115 解析成 ftp.trzy.edu
116  IN  PTR  smb.trzy.edu.//将 192.168.1.116 解析成 smb.trzy.edu
```

几点解释和值得注意的地方：

（1）反向解析记录文件中凡是域名，最后面那个"."必须加上，这也是初学者最容易出错的地方。

（2）SOA记录中的区域名"1.168.192.in-addr.arpa."必须和辅助区域配置文件中指定的反向解析区域名一致。

步骤五：重启DNS服务。

```
[root@ MASTER named]# service named restart
停止 named:.                                    [确定]
启动 named:                                     [确定]
```

如果这里没有报错，那DNS服务器的配置基本上就成功了一半，这个配置过程特别容易出错，一定要非常细心。

步骤六：修改客户机的DNS。

将客户机的DNS修改成该主DNS服务器的IP地址。在CLONE1中打开网络配置文件/etc/resolv.conf，将nameserver的地址改为主DNS服务器的IP地址192.168.1.112：

```
[root@ CLONE1 ~]# vi /etc/resolv.conf
#修改如下
nameserver 192.168.1.112
```

步骤七：重启客户端的网络服务。

```
[root@ CLONE1 ~]# service network restart
```

步骤八：关闭主DNS服务器和客户端的防火墙及SELinux。

在MASTER和CLONE1中执行如下两条语句：

```
iptables -F        //关闭防火墙
setenforce 0       //关闭 SELinux
```

步骤九：验证。

在客户机CLONE1中执行nslookup指令，进入交互界面，输入域名进行正向解析验证，输入IP地址可进行反向解析验证。具体过程如下：

```
[root@ CLONE1 ~]# nslookup
> dns.trzy.edu                //正向解析,输入待解析的域名
Server:   192.168.1.112       //反馈负责解析的 DNS 服务器的 IP 地址
Address:  192.168.1.112#53    //反馈负责解析的 DNS 服务器的 IP 地址及工作端口
Name: dns.trzy.edu            //待解析的域名
Address: 192.168.1.112        //解析结果
> www.trzy.edu                //正向解析,输入待解析的域名
Server:   192.168.1.112
```

```
Address:  192.168.1.112#53

Name:  www.trzy.edu
Address:192.168.1.113                    //解析结果
> 192.168.1.114                          //反向解析,输入待解析的 IP 地址
Server:   192.168.1.112                  //反馈负责解析的 DNS 服务器的 IP 地址
Address:  192.168.1.112#53               //反馈负责解析的 DNS 服务器的 IP 地址及工作端口

114.1.168.192.in-addr.arpa  name=mail.trzy.edu.  //解析结果
> 192.168.1.115                          //反向解析,输入待解析的 IP 地址
Server:   192.168.1.112
Address:  192.168.1.112#53

115.1.168.192.in-addr.arpa  name=ftp.trzy.edu.   //解析结果
> smb.trzy.edu                           //正向解析,输入待解析的域名
Server:   192.168.1.112
Address:  192.168.1.112#53

Name:  smb.trzy.edu
Address:192.168.1.116                    //解析结果
> exit                                   //退出 nslookup 命令交互界面
```

从上述的验证过程可以看出，该主 DNS 服务器已经能够满足任务需求，即能够准确实现正向解析和反向解析，证明该 DNS 服务器配置成功。

通过上面具体的应用实例，讲解了 DNS 配置流程。下面将 DNS 服务的解析过程总结如下：

第一步：客户机向本地域名服务器发送解析请求。

第二步：本地域名服务器根据全局配置文件和辅助区域配置文件的设置在本地缓存和正向（反向）解析记录文件中查找，如果未找到，则向根域名服务器发送请求。

第三步：根域名服务器根据接收到请求的顶级域，如 edu，返回顶级域服务器的 IP 地址。

第四步：本地域名服务器接收到顶级域名服务器的 IP 地址后，向顶级域名服务器发送解析请求。

第五步：顶级域名服务器接收到请求后，返回二级域名服务器的 IP 地址。

第六步：二级域名服务器接收到请求后，返回解析信息。

第七步：本地域名服务器接收到解析信息后，将解析信息保存在本地缓存中，并向客户机发送解析结果。

第八步：客户机利用解析得到的 IP 地址访问对应的网站。

➤➤➤ 任务三　配置辅助 DNS 服务器

辅助 DNS 服务器的主要任务是协助主 DNS 服务器负责域名解析，或者当主 DNS 服务器出现故障时，代替其工作。

一、任务描述

以任务二为基础，部署和配置一台辅助 DNS 服务器。

二、任务分析

要完成本任务，需要在任务二的基础上再加入一台 Linux 主机部署辅助 DNS 服务器，这里再以一台 IP 地址为 192.168.1.116、主机名为 SLAVE 的 Linux 主机搭建辅助 DNS 服务器，主 DNS 服务器和客户机都不变。

三、实现步骤

步骤一：修改主 DNS 服务器的/etc/resolv. conf 文件，在其中加入如下两行语句。注意修改后要重启网络服务。

```
nameserver 192.168.1.112
nameserver 192.168.1.116
```

步骤二：在 IP 地址为 192.168.1.116 的 Linux 主机中配置 yum 源，安装 DNS 服务。修改主配置文件/etc/named. conf，方法和配置主 DNS 服务器一样，即修改两处 any。

步骤三：修改 SLAVE 主机中的辅助区域配置文件/etc/named. rfc1912. zones。效果如下：

```
[root@ SLAVE slaves]# vi /etc/named.rfc1912.zones

zone "trzy.edu" IN {
        type slave;                       //设置为辅助 DNS 服务器
        file "slaves/trzy.localhost";     //正向解析记录的特定格式
        masters{192.168.1.112;};          //主 DNS 服务器为 192.168.1.112
        allow-update { none; };
};
zone "1.168.192.in-addr.arpa" IN {
        type slave;                       //设置为辅助 DNS 服务器
        file "slaves/trzy.empty";         //反向解析记录的特定格式
        masters{192.168.1.112;};          //主 DNS 服务器为 192.168.1.112
        allow-update { none; };
};
```

步骤四：重启主 DNS 服务器和辅助 DNS 服务器中的 DNS 服务。注意，辅助 DNS 服务器不必再建立自己的区域数据库文件，因为主、辅服务器会通过区域传输完成区域数据的同步。

步骤五：修改辅助 DNS 服务器的/etc/resolv. conf 文件，写入如下两行语句。注意修改后要重启网络服务。

```
nameserver 192.168.1.112
nameserver 192.168.1.116
```

步骤六：关闭主 DNS 服务器、辅助 DNS 服务器和客户端的防火墙及 SElinux。

步骤七：验证。

首先修改客户端的/etc/resolv.conf 文件，写入如下两行语句，即同时利用主、辅 DNS 服务器。注意修改后要重启网络服务。

```
nameserver 192.168.1.112
nameserver 192.168.1.116
```

为了更好地说明是辅助服务器在执行解析工作，将主 DNS 服务器的 DNS 服务关闭。在客户机中执行 nslookup 命令验证结果如下：

```
[root@ CLONE1  ~]# nslookup
> dns.trzy.edu
Server:    192.168.1.116        //负责解析的服务器是辅助 DNS 服务器
Address:   192.168.1.116#53

Name: dns.trzy.edu
Address: 192.168.1.112          //解析结果
> mail.trzy.edu
Server:    192.168.1.116        //负责解析的服务器是辅助 DNS 服务器
Address:   192.168.1.116#53

Name: mail.trzy.edu
Address: 192.168.1.113          //解析结果
> 192.168.1.113
Server:    192.168.1.116        //负责解析的服务器是辅助 DNS 服务器
Address:   192.168.1.116#53

113.1.168.192.in-addr.arpa  name = mail.trzy.edu.        //解析结果
```

验证结果表明，辅助 DNS 服务器已经能够代替主 DNS 服务器完成解析工作。因为辅助 DNS 服务器中没有建立正向解析记录和反向解析记录数据库文件，结果却还是能够成功实现解析，说明辅助 DNS 服务器与主 DNS 服务器已经实现了数据库同步，能够在主 DNS 服务器关闭的情况下代替其完成域名解析任务，证明辅助 DNS 服务器配置成功。

➤➤➤ 小　结

本项目讲解 DNS 服务器的配置与管理。首先介绍了 DNS 服务的功能、DNS 结构、DNS 资源记录以及 DNS 服务的工作原理；然后介绍了 DNS 服务相关的主要配置文件；最后通过两个实例，配置主 DNS 服务器和辅助 DNS 服务器，将所学知识进行了很好的融合。DNS 是本书介绍的所有服务器配置中较为复杂的服务，涉及的配置文件比较多，且相互之间又是紧密关联的，要理清这些关系，不仅要求对命令掌握和 vi 编辑有扎实的基本功，还要求对域名结构，以及 DNS 服务的解析原理有较深刻的理解，只有这样，才能比较顺利地完成 DNS 服务器的配置任务。

➤➤ 习 题

一、判断题

1. DNS 是一个分布式系统。 （ ）
2. DNS 服务的主配置文件位于/var/named/目录下。 （ ）
3. DNS 只能用于将域名映射为 IP 地址。 （ ）
4. DNS 正向解析文件和反向解析文件即为区域 DNS 数据库，包含许多不同类型的资源记录。 （ ）
5. DNS 递归查询模式的压力主要落在客户端，迭代查询模式的压力主要落在服务器端。 （ ）

二、填空题

1. DNS 是英文_____的缩写，中文翻译为_____。
2. DNS 服务的主要功能是可以实现_____和_____之间的映射。
3. DNS 查询方式分为_____查询和_____查询。
4. DNS 服务器主要类型有_____、_____和缓存 DNS 服务器。
5. 本项目介绍的 DNS 服务器软件是_____，其进程名称为_____。
6. DNS 服务的启动命令是_____。
7. 在辅助区域配置文件中，指定主 DNS 服务器要用关键字_____。
8. FQDN 被称作_____。

三、选择题

1. DNS 服务的主配置文件是（ ）。
   A. dhcpd. conf   B. named. conf   C. resolv. conf   D. smb. conf
2. DNS 服务的区域解析记录文件通常存放在（ ）目录下。
   A. /etc/   B. /var   C. /etc/named   D. /var/named
3. DNS 资源记录（ ）标志表示将 FQDN 映射到 IP 地址。
   A. NS   B. PTR   C. A   D. SOA
4. DNS 资源记录（ ）标志表示将 IP 地址映射到 FQDN。
   A. NS   B. PTR   C. A   D. SOA
5. nslookup 命令的提示符是（ ）
   A. #   B. >   C. <   D. |
6. DNS 客户端配置文件是（ ）。
   A. passwd   B. resolv. conf   C. named. conf   D. httpd. conf

四、简答题

1. 以 www. baidu. com 为例，简述 DNS 的构成结构。
2. 什么是递归查询？什么是迭代查询？
3. 简述 DNS 主要资源记录的种类和作用。

五、操作题

1. 设置 DNS 服务在 2、3、4、5 运行级别下开机自启动。

2. 独立完成任务二要求的主 DNS 服务器配置，并用 Windows 和 Linux 系统做客户端完成验证。

3. 独立完成任务三要求的辅助 DNS 服务器配置，并用 Windows 和 Linux 系统做客户端完成验证。

Postfix服务器的配置与管理

情境描述

某学校申请购买了自己的域名和 IP 网段，已经部署了 DNS 服务器，现准备部署一台内部邮件服务器，邮件域为 trzy.edu，以方便师生之间收发内部邮件。

项目导读

1987 年 9 月 14 日，中国向海外发送了第一封电子邮件，邮件内容为"Across the Great Wall we can reach every corner in the world."，这标志着中国进入了互联网时代。电子邮件是我们日常工作生活中最主要的文件通信方式，尤其用于文件传输。Postfix 是一款开源的电子邮件服务软件，配置灵活简单，是初学者的首选服务器，本项目将学习 Postfix 邮件服务器的工作原理以及如何架设电子邮件服务器。

项目要点

➤ 安装与控制 Postfix 服务

➤ 配置简单的邮件服务器

▶▶▶ 任务一　安装与控制 Postfix 服务

一、电子邮件服务相关知识

电子邮件是使用频率相当高的互联网应用之一，在学习邮件服务器配置之前，有必要先学习其相关概念和工作原理。

1. 电子邮件概述

电子邮件简称 E-mail 或 Email，顾名思义，就是通过"电子"的形式传递信件的一种通信方式，相对于传统的纸质信件，电子邮件具有速度快，通信方便灵活等特点。

电子邮件的基本运作方式为：人们在互联网上注册一个电子邮件账号，然后通过电子邮件账号来收发各种电子邮件，当然，每一类邮件账号都有自己的邮件域，如@ qq. com、@ 163. com 等。

2. 电子邮件系统的主要角色

电子邮件系统主要由四部分组成，分别是邮件用户代理（Mail User Agent，MUA）、邮件转发代理（Mail Transfer Agent，MTA）、邮件投递代理（Mail Delivery Agent，MDA）和邮件检索代理（Mail Retrieval Agent，MRA）。

➤ MUA 是用户和电子邮件系统之间的接口，主要负责邮件的编写和发送、接收和阅读等工作，相当于客户端，常见的 MUA 软件有 Outlook、Foxmail 等。

➤ MTA 负责邮件的转发，相当于邮件服务器，常见的 MTA 软件有 Postfix、Sendmail、Exchange 和 Qmail 等。

➤ MDA 是邮件服务器 MTA 中的一个功能组件，负责将邮件存储到本地邮箱中。

➤ MRA 是供客户端用户去邮件服务器的邮箱中检索邮件的工具，现实中不可能直接让用户登录到邮件服务器的邮箱中读取邮件，所以必须提供一个这样的工具，帮助用户去邮件服务器的邮箱中检索，是否有自己的邮件，常用的软件是 dovecot。

电子邮件服务器四个主要角色的具体功能、使用协议和常用软件总结如表 12-1 所示。

表 12-1　邮件服务器四个主要角色介绍

名称	全名	基于协议	作用	常见软件
MUA	Mail User Agent，用户邮件代理		替用户编写、发送、接收和阅读邮件	Outlook、Foxmail、mutt Thunderbird
MTA	Mail Transfer Agent，邮件传输代理	SMTP	服务器中接收和发送邮件	Sendmail、qmail postfix（IBM）、exchange
MDA	Mail Deliver Agent，邮件投递代理		把 SMTP 收到的邮件投递到用户邮箱	Procmail、maildrop
MRA	Mail Retrival Agent，邮件检索代理	POP3/IMAP	帮用户去邮箱取邮件	dovecot、courier-imap cyrus-imap

3．邮件服务器的工作协议

1）SMTP 协议

SMTP（Simple Mail Transfer Protocol，简单邮件传输协议）协议工作于 TCP 的 25 端口，主要用来发送或者转发电子邮件，其只支持 ASCII 编码的文本文件，无法满足多媒体内容的要求。

2）MIME 协议

MIME（Multipurpose Internet Mail Extension，多用于互联网邮件扩展协议）协议作为 SMTP 协议的扩展协议，支持包括图像、视频、格式文本在内的多种内容，弥补了 SMTP 不能支持多媒体内容的不足。

3）POP3 协议

PoP3（Post Office Protocol 3，邮局协议第 3 版）协议工作于 TCP 的 110 端口，负责将邮件服务器邮箱中的邮件下载到本地计算机上。

4）IMAP4 协议

IMAP4（Internet Message Access Protocol 4，互联网消息访问协议第 4 版）协议工作于 TCP 的 143 端口，和 POP3 协议一样，也是负责收发邮件的协议。它相比于 POP3 协议能实现更多的功能，比如可以先在邮件服务器上查看邮件的发件人等信息，再决定是否下载该邮件，所以该协议要求保持在线状态，而 POP3 协议是直接将邮件推送到客户端的。一般情况下，功能越多，占用的计算机资源必然也会越多，所以，实际应用中用得更多的还是 POP3 协议。

4．SASL 认证机制

邮件服务器有时要承担邮件中继的功能，邮件中继是指用户自己所在的域服务器向其他域服务器转发邮件的行为。只有通过邮件中继，用户才能将邮件发送到域外，否则只能在域内发送邮件。为了防止垃圾邮件的产生，邮件服务器必须有自己的认证机制，即 SASL（Simple Authentication and Security Layer，简单认证安全层），它是一种用来扩充 C/S 模式验证能力的机制，在用户需要转发邮件时用来对用户进行验证，只有验证通过，才将邮件转发到其他邮件服务器上去，如果验证不通过，就拒绝该用户转发邮件的需求。

实际的生产服务器中，用户和密码都存储在数据库中，也就是说 SASL 要去数据库里调取用户数据来认证，而 SASL 是一个函数库，直接从数据库中调取用户数据是不方便的，得借助一个中间层 Courier-authlib，通过这个中间层来访问数据库，进而验证用户的身份。

5．邮件服务器的基本工作原理

下面将简单邮件服务器的基本工作过程概况为图 12-1 所示的示意图。

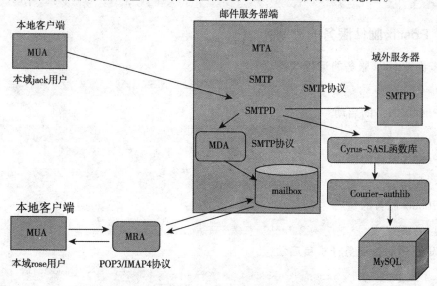

图 12-1　简单邮件服务器的基本工作过程

如图 12-1 所示，简单邮件服务器的基本工作过程可概况为：本地用户（如 jack）通过 MUA 访问邮件服务器 MTA，如果发送邮件给本邮件域用户（如 rose），则邮件服务器会利用 MDA 模块将邮件存放到邮箱 mailbox，用户 rose 通过 MRA 到邮件服务器的邮箱中进行检索，查看是否有自己的邮件，如果有，则从邮箱中将自己的邮件下载到本地并进行查阅。如果是发送到域外服务器，则邮件服务器会调用 SASL 认证机制，去访问数据验证该用户，如果认证通过，则邮件服务器会继续转发该邮件。

然而，这种简单的工作模式需要客户端安装一个 MUA 软件，如 Outlook、Foxmail 等，而且要求用户进行一定的配置才能使用，这对于普通用户操作起来较为复杂，因此，现在常见的邮件服务均通过网页访问邮件服务器，这时的邮件服务器不再是 Postfix，而是诸如

ExtMail、ExtMan 等软件，它的底层仍然是基于 Postfix 的，只是它的功能更强大，简单来讲就是将很多由客户端负责的操作和处理都放到了服务器端，客户端只需进行非常简单的操作即可发送和接收邮件。

二、Postfix 邮件服务的安装

安装 Postfix 服务同样使用 yum 方法，需要注意的是，在做实验服务器时，因为邮件服务器涉及邮件域的概念，也就是说得先用另外一台服务器（192.168.1.112）搭建一个 DNS 域名解析服务器，能够实现 mail.trzy.edu（本项目中邮件服务器的邮件域为 trzy.edu）和邮件服务器 IP 地址（192.168.1.113）之间的解析，因为邮件服务器的 DNS 地址要设置为192.1.168.112，不能连接外网，所以这里安装 Postfix 服务时只能应用光盘 yum 源。设置好光盘 yum 源后执行如下命令：

```
[root@ CLONE1 ~]# yum -y install postfix
```

安装完成后，使用如下命令查询 Postfix 服务是否安装成功：

```
[root@ CLONE1 ~]# rpm -q postfix
postfix-2.6.6-2.2.el6_1.i686
```

三、Postfix 邮件服务的控制

1. 查询 Postfix 服务的运行状态

```
[root@ CLONE1 ~]# service postfix status
```

2. Postfix 服务的启动

```
[root@ CLONE1 ~]# service postfix start
```

3. Postfix 服务的停止

```
[root@ CLONE1 ~]# service postfix stop
```

4. Postfix 服务的重启

```
[root@ CLONE1 ~]# service postfix restart
```

5. 设置 Postfix 服务开机自启动

```
[root@ CLONE1 ~]# chkconfig --level 2345 postfix on
[root@ CLONE1 ~]# chkconfig --list |grep postfix
postfix          0:关闭  1:关闭  2:启用  3:启用  4:启用  5:启用  6:关闭
```

➤➤➤ 任务二　配置简单的邮件服务器

一、邮件服务器的主配置文件 main.cf 介绍

Postfix 邮件服务器的主配置文件 main.cf 位于/etc/postfix/目录下，主要语句及功能如下：

```
queue_directory = /var/spool/postfix
#设置邮件服务器队列的目录
command_directory = /usr/sbin
#设置邮件服务器相关命令的存放路径
daemon_directory = /usr/libexec/postfix
#设置邮件服务器一些进程和脚本存放的位置
data_directory = /var/lib/postfix
#存放缓存数据的目录
mail_owner = postfix
#设置邮件服务器运行者的身份
myhostname = mail.trzy.edu
#设置邮件服务器的主机名
mydomain = trzy.edu
#设置邮件域,例如××× @ qq.com 中"qq.com"称为邮件域
myorigin = $myhostname
myorigin = $mydomain
#这是发送设置,用来设置哪些用户是我的发送用户,即自动补齐邮件域后缀。例如,只写了发送用户名
jack,系统会自动补齐为 jack@ mail.trzy.edu 或者 jack@ trzy.edu
inet_interfaces = all
#设置能够监听的地址
inet_protocols = all
#表示 IPv4 和 IPv6 都监听
mydestination = $myhostname,localhost.$mydomain,localhost,$mydomain
#设置接收哪类邮件,代表可以接收后缀为 @ mail.trzy.edu、@ localhost.trzy.edu、@ local-
host 和 @ trzy.edu 的用户发来的邮件,其他后缀用户发来的邮件一律不认
unknown_local_recipient_reject_code = 550
#对使用者不明的用户,都不接收其邮件,并返回一个 550
alias_maps = hash:/etc/aliases
#定义用户别名
alias_database = hash:/etc/aliases
#别名的数据库存放位置
home_mailbox = Maildir/
#设置本地存放邮件的邮箱的位置。对于每个具体用户,前面还要加入自己的宿主目录,比如 rose 用
户的本地邮箱目录为 /home/rose/Maildir/
debug_peer_level = 2
#设置日志级别。
```

二、任务要求

用 IP 地址为 192.168.1.113 的主机配置一台简单的 Postfix 邮件服务器,能够实现邮件的发送和接收功能。

三、任务分析

要实现基本的邮件收发,首先要利用另一台主机搭建 DNS 服务器,实现邮件域与邮件服务器 IP 地址之间的解析。其次,邮件发送服务 postfix 已经安装,还需要安装替用户检索邮件的服务 dovecot。此外,还要安装连接邮件服务器的工具 telnet 服务。另外还要添加两

个用于测试的系统用户 jack（发送邮件用户）和 rose（接收邮件用户）。

四、实现步骤

步骤一：在 IP 地址为 192.168.1.112 的主机中搭建 DNS 服务器，能够实现 mail.trzy.edu 和 192.168.1.113 之间的解析。配置过程略。

步骤二：将邮件服务器的 DNS 改成 192.168.1.112，验证邮件域名解析。命令如下：

```
[root@ CLONE1 ~]# nslookup
> mail.trzy.edu
Server:    192.168.1.112
Address:   192.168.1.112#53

Name: mail.trzy.edu
Address: 192.168.1.113
> exit
```

步骤三：修改 Postfix 服务主配置文件 main.cf，主要修改如下语句，其余保持默认。命令如下：

```
[root@ CLONE1 ~]# cd /etc/postfix/
[root@ CLONE1 postfix]# vi main.cf

myhostname = mail.trzy.edu       //设置邮件服务器主机名
mydomain = trzy.edu              //设置邮件域
myorigin = $myhostname           //设置发送用户的自动补齐后缀
myorigin = $mydomain             //设置发送用户的自动补齐后缀
inet_interfaces = all            //允许监听所有的主机
mydestination = $myhostname, localhost.$mydomain, localhost, $mydomain
              //设置允许接收哪类后缀的邮件
```

步骤四：重启 Postfix 服务。

```
[root@ CLONE1 ~]# service postfix restart
关闭 postfix:                                          [确定]
启动 postfix:                                          [确定]
```

步骤五：安装 telnet 服务。

```
[root@ CLONE1 postfix]# yum -y install telnet
[root@ CLONE1 postfix]# rpm -qa |grep telnet
telnet-0.17-47.el6.i686
```

步骤六：创建用户 jack 和 rose。

```
[root@ CLONE1 postfix]# useradd jack
[root@ CLONE1 postfix]# passwd jack      //设置密码123
[root@ CLONE1 postfix]# useradd rose
[root@ CLONE1 postfix]# passwd rose      //设置密码123
```

步骤七：用 telnet 发送邮件。

用 telnet 收发邮件的常见命令及功能如表 12-2 所示。

表 12-2　常用 telnet 命令

命　令	功　能
user	格式为"user 用户名",用于输入用户名
pass	格式为"pass 密码",用于输入用户密码
list	列出用户的邮件列表
helo	格式为"helo 域名",向服务器表明身份
mail from	格式为"mail from:主题 <发件人邮箱地址 >",设置邮件主题和发件人地址
rcpt to	格式为"rcpt to:收件人地址",设置收件人地址
data	格式为"data",输入邮件正文,并以"."结束
retr	格式为"retr n",n 为邮件编号,用于查看第几封邮件的内容
dele	格式为"dele n",用于删除编号为 n 的邮件
quit	格式为"quit",用于退出 telnet

用 telnet 发送邮件的命令及过程如下:

```
[root@ CLONE1 ~]# telnet mail.trzy.edu 25    //用 telnet 工具连接邮件服务器
Trying 192.168.1.113...
Connected to mail.trzy.edu.
Escape character is '^]'.
220 mail.trzy.edu ESMTP Postfix
helo mail.trzy.edu                //声明
250 mail.trzy.edu
mail from:jack@ mail.trzy.edu     //定义发件人
250 2.1.0 Ok
rcpt to:rose@ mail.trzy.edu       //定义接收人
250 2.1.5 Ok
Data                              //键入 date 命令表示要开始输入邮件内容
354 End data with <CR><LF>.<CR><LF>
hello rose. welcome to trzy.
best wishes for you.              //这两行为邮件的具体内容
.                                 //以"."作为邮件内容结束标志
250 2.0.0 Ok: queued as 99F2C402B6
quit                              //退出邮件服务器
221 2.0.0 Bye
Connection closed by foreign host.
```

步骤八:接收邮件。

(1)直接登录到邮件服务器查看邮件。

```
[root@ CLONE1 ~]# cd /home/rose/Maildir/new/   //进入邮件服务器 rose 用户的本地邮箱
[root@ CLONE1 new]# ls
1547659083.Vfd00Idf236M565895.CLONE1          //查看到有一封邮件
```

用 cat 命令查看邮件的内容,命令如下:

```
[root@ CLONE1 new]# cat 1547659083.Vfd00Idf236M565895.CLONE1

Return-Path: <jack@ mail.trzy.edu >
```

```
X-Original-To: rose@ mail.trzy.edu
Delivered-To: rose@ mail.trzy.edu
Received: from mail.trzy.edu (mail.trzy.edu [192.168.1.113])
    by mail.trzy.edu (Postfix) with SMTP id 99F2C402B6
    for <rose@ mail.trzy.edu>; Thu, 17 Jan 2019 01:14:52 +0800 (CST)
Message-Id: <20190116171625.99F2C402B6@ mail.trzy.edu>
Date: Thu, 17 Jan 2019 01:14:52 +0800 (CST)
From: jack@ mail.trzy.edu                //发件人
To: undisclosed-recipients:;

hello rose. welcome to trzy.
best wishes for you.                     //阅读到邮件的内容
```

　　结果表明邮件服务器已经可以正常工作。但是现实应用中不可能让用户直接登录到邮件服务器的邮箱中读取邮件，一般是通过在邮件服务器上安装一个支持 MRA 功能的软件，最常用的是 dovecot，相当于给用户提供一个访问邮件服务器的工具，使用户能够利用 dovecot 的 POP3 协议或者 IMAP 协议去邮件服务器的邮箱中检索邮件。

　　（2）在邮件服务器中利用 MRA 工具检索邮件。

　　① 安装 dovecot 服务。

```
[root@ CLONE1 ~]# yum -y install dovecot
[root@ CLONE1 ~]# rpm -q dovecot
dovecot-2.0.9-2.el6_1.1.i686
```

　　② 启动 dovecot 服务。

```
[root@ CLONE1 ~]# service dovecot start
正在启动 Dovecot Imap:                                      [确定]
```

　　dovecot 服务包含 POP3 和 IMAP 两项服务，POP3 服务工作于 110 端口，IMAP 工作于 143 端口，接下来查询工作端口 110 和 143 的开启状态，命令及结果如下：

```
[root@ CLONE1 ~]# netstat -utln
Active Internet connections (only servers)
Proto Recv-Q Send-Q Local Address        Foreign Address     State
tcp    0      0 0.0.0.0:993            0.0.0.0:*           LISTEN
tcp    0      0 0.0.0.0:995            0.0.0.0:*           LISTEN
tcp    0      0 0.0.0.0:36101          0.0.0.0:*           LISTEN
tcp    0      0 0.0.0.0:110            0.0.0.0:*           LISTEN
tcp    0      0 0.0.0.0:143            0.0.0.0:*           LISTEN
tcp    0      0 0.0.0.0:111            0.0.0.0:*           LISTEN
tcp    0      0 0.0.0.0:21             0.0.0.0:*           LISTEN
tcp    0      0 127.0.0.1:53           0.0.0.0:*           LISTEN
tcp    0      0 0.0.0.0:22             0.0.0.0:*           LISTEN
tcp    0      0 127.0.0.1:631          0.0.0.0:*           LISTEN
tcp    0      0 0.0.0.0:25             0.0.0.0:*           LISTEN
tcp    0      0 127.0.0.1:953          0.0.0.0:*           LISTEN
...省略部分内容...
```

　　结果表明，POP3 协议的 110 端口、IMAP 协议的 143 端口均已打开，说明 POP3 服务和

IMAP 服务都可以正常工作。

③ 验证利用 POP3 协议接收邮件。

```
[root@ CLONE1 new]# telnet mail.trzy.edu 110    //利用 POP3 协议访问邮件服务器
Trying 192.168.1.113...
Connected to mail.trzy.edu.
Escape character is '^]'.
+OK Dovecot ready.
user rose              //输入用户名
+OK
pass 123               //输入用户密码
+OK Logged in.
list                   //查看邮件列表
+OK 2 messages:
1 510
2 512                  //检索到共有 2 封邮件,510、512 为邮件代号,并将其下载到本地
.
retr 2                 //查看第二封邮件的内容
+OK 512 octets
Return-Path: <jack@ mail.trzy.edu >
X-Original-To: rose@ mail.trzy.edu
Delivered-To: rose@ mail.trzy.edu
Received: from mail.trzy.edu (mail.trzy.edu [192.168.1.113])
    by mail.trzy.edu (Postfix) with SMTP id 99F2C402B6
    for <rose@ mail.trzy.edu >; Thu, 17 Jan 2019 01:14:52 +0800 (CST)
Message-Id: <20190116171625.99F2C402B6@ mail.trzy.edu >
Date: Thu, 17 Jan 2019 01:14:52 +0800 (CST)
From: jack@ mail.trzy.edu
To: undisclosed-recipients:;

hello rose. welcome to trzy.
best wishes for you.            //查看到邮件的具体内容

quit                           //退出邮件服务器的访问
+OK Logging out.
Connection closed by foreign host.
```

结果表明,用户已经可以利用 POP3 协议去检索和收取邮件,说明简单的邮件服务器已经搭建成功,用户可以正常发送和接收邮件。

(3) 通过另一台 Linux 主机发送和接收邮件。

前面的实验是以邮件服务器做客户端的,如果要以另外一台 Linux 主机(例如 IP 为 192.168.1.114,主机名为 CLONE2)做客户机,完成邮件发送和接收工作,有什么不一样呢?

① 在邮件服务器端安装 telnet-server 软件,执行命令如下:

```
[root@ CLONE1 yum.repos.d]# yum -y install telnet-server
[root@ CLONE1 conf.d]# rpm -q telnet-server
telnet-server-0.17-47.el6.i686
```

② 在邮件服务器端启动 telnet 服务。

telnet 服务是用来进行系统远程管理的，端口是 23，分客户端和服务器端，服务器端安装的软件名称为 telnet-server，客户端安装的软件为 telnet。

这里包含一个隐含的难点知识，基于 xinetd 服务的启动方法。在 Linux 中，服务按照安装方法的不同可分为 rpm 包默认安装的服务和源码包安装的服务两大类。其中 rpm 包默认安装的服务又因为启动与自启动管理方法不同分为独立的服务和基于 xinetd 的服务。所谓独立服务，就是服务可以自行启动，而不依赖其他管理服务。而基于 xinetd 的服务，顾名思义就是不能独立启动，而要依靠管理服务来调用，这个负责管理的服务就是 xinetd 服务，xinetd 服务本身是一个独立的服务。平时接触到的绝大多数服务都是独立服务，但是这里要启动的 telnet 服务却是一个基于 xinetd 的服务。借此机会，下面以 telnet 服务为例，学习基于 xinetd 服务的启动方法。

所有基于 xinetd 的服务的配置文件都保存在/etc/xinetd.d/目录中，首先查看一下 Linux 中基于 xinetd 的服务到底有哪些，命令及结果如下：

```
[root@ CLONE1 yum.repos.d]# cd /etc/xinetd.d/
[root@ CLONE1 xinetd.d]# ls
chargen-dgram  chargen-stream  cvs  daytime-dgram  daytime-stream  discard-dgram
discard-stream  echo-dgram  echo-stream  rsync  tcpmux-server  telnet  time-dgram
time-stream
```

上面查看到的 14 个服务就是 Linux 中基于 xinetd 的服务。这 14 个文件可简单理解为各个服务的启动控制文件，下面打开 telnet 文件，查看具体内容：

```
[root@ CLONE1 xinetd.d]# vi telnet

# default: on
# description: The telnet server serves telnet sessions; it uses \
#       unencrypted username/password pairs for authentication.
service telnet
{
        flags = REUSE
        socket_type = stream
        wait = no
        user = root
        server = /usr/sbin/in.telnetd
        log_on_failure+ = USERID
        disable = yes
}
```

这个文件中最关键的语句是 "disable = yes"，这行语句代表 telnet 服务默认是不启用的，要想在启动 xinetd 服务时也启动 telnet 服务，需要将该行语句中的 "yes" 改成 "no"，否则，就算启动了 xinetd 服务，它负责管理的 telnet 服务也是不会启动的。

从以上分析可知，要启动 telnet 服务，先得进入/etc/xinetd.d/telnet 文件，将 "disable = yes" 语句中的 "yes" 修改为 "no"，再启动 xinetd 服务，如果能查看到 23 端口处于工作状态，才代表 telnet 服务已正常工作。

```
[root@ CLONE1 xinetd.d]# service xinetd restart
停止 xinetd:                                        [确定]
正在启动 xinetd:                                    [确定]
[root@ CLONE1 xinetd.d]# netstat -utln |grep 23
tcp        0      0 :::23              :::*                LISTEN
#查看到 23 端口已处于监听状态,说明 telnet 服务成功启动
```

需要注意:因为 telnet 服务的远程管理数据在网络上是明文传输的,非常不安全,所以在实际的生产服务器上是不建议启动 telnet 服务的。在上篇远程登录管理项目学习中讲到现今主流的远程管理使用的都是 ssh 协议,因为它是加密的,更加安全。这也是 Linux 将 telnet 服务退居二线,交于 xinetd 服务进行管理的主要原因。

③ 修改/etc/dovecot/conf.d/10-auth.conf 文件。

```
[root@ CLONE1 xinetd.d]# vi /etc/dovecot/conf.d/10-auth.conf
#去掉 disable_plaintext_auth 前面#,修改为: disable_plaintext_auth = no
```

④ 修改/etc/dovecot/conf.d/10-ssh.conf 文件。

```
[root@ CLONE1 xinetd.d]# vi /etc/dovecot/conf.d/10-ssh.conf
#将"ssl = yes"修改为: ssl = no
```

⑤ 在邮件服务器端重启 dovecot 服务。

⑥ 在客户端 CLONE2 主机中安装 telnet 服务。

⑦ 修改客户端 CLONE2 主机的 DNS 为 192.168.1.112。

⑧ 关闭服务器端和客户端的防火墙及 SELinux。

⑨ 在客户端 CLONE2 主机中使用 telnet 发送邮件。

```
[root@ CLONE2 ~]# telnet 192.168.1.113 25
Trying 192.168.1.113...
Connected to 192.168.1.113.
Escape character is '^]'.
220 mail.trzy.edu ESMTP Postfix
helo trzy.edu
250 mail.trzy.edu
mail from:"To rose" < jack@ trzy.edu >
250 2.1.0 Ok
rcpt to:rose@ trzy.edu
250 2.1.5 Ok
data
354 End data with <CR> <LF >.<CR> <LF >
Hello rose.
This letter is a test Email.
Best Wishes.
Your sincerely. Jack

.
250 2.0.0 Ok: queued as 2EF944051C
quit
221 2.0.0 Bye
Connection closed by foreign host.
```

⑩ 使用 telnet 接收邮件。

```
[root@ CLONE2  ~]# telnet 192.168.1.113 110
Trying 192.168.1.113...
Connected to 192.168.1.113.
Escape character is '^]'.
+ OK Dovecot ready.
user rose
+ OK
pass 123
+ OK Logged in.
list
+ OK 3 messages:
1 510
2 512
3 335
.
retr 3
+ OK 335 octets
Return-Path: < jack@ trzy.edu >
X-Original-To: rose@ trzy.edu
Delivered-To: rose@ trzy.edu
Received: from trzy.edu (unknown [192.168.1.114])
    by mail.trzy.edu (Postfix) with SMTP id 2EF944051C
    for < rose@ trzy.edu >; Wed,  1 May 2019 20:52:45  +0800 (CST)

Hello rose.
This letter is a test Email.
Best Wishes.
Your sincerely. Jack
.
quit
+ OK Logging out.
Connection closed by foreign host.
```

（4）使用 Foxmail 收发邮件。

接下来使用 Windows 系统做客户端，并介绍常见的 MUA 软件 Foxmail 的使用方法。本实验用宿主机做客户机，首先将 Windows 主机的 DNS 设置成 192.168.1.112，然后到网上下载 Foxmail 软件并安装，安装完成后双击桌面软件图标，打开 Foxmail 软件，进入"新建账号"初始界面，如图 12－2 所示。

在图 12-2 界面中，输入 jack 账号和密码，单击"创建"按钮，进入更详细的设置界面，如图 12-3 所示。

图 12-2 Foxmail "新建账号" 界面

如图 12-3 所示界面中，在"接收服务器类型"下拉列表框中选择"POP3"协议，其他保持默认即可，单击"创建"按钮，进入"设置成功"界面，如图 12-4 所示。

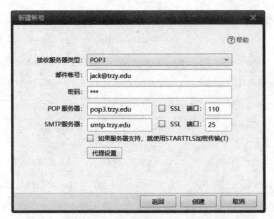

图 12-3　更详细设置界面

图 12-4　"账号设置成功"界面

在图 12-4 所示界面中，单击"完成"按钮，弹出"Foxmail"主界面窗口，在主界面窗口中，单击右上角的扩展图标，执行"账号管理 → 新建"命令，打开系统设置界面，显示账号管理功能，按照同样的方法添加 rose 账号，最终界面如图 12-5 所示，并可浏览到 jack 发送给 rose 的邮件。

图 12-5　Foxmail 主界面窗口

rose 用户可以给 jack 用户回信，为了更好地体现 Linux 客户端和 Windows 客户端软件的通用性，该回信选择在 Linux 客户端利用 telnet 书写发送，内容如下：

```
[root@ CLONE2 ~]# telnet 192.168.1.113 25
Trying 192.168.1.113...
Connected to 192.168.1.113.
Escape character is '^]'.
220 mail.trzy.edu ESMTP Postfix
helo trzy.edu
250 mail.trzy.edu
mail from:"To jack"< rose@ trzy.edu >
250 2.1.0 Ok
rcpt to:jack@ trzy.edu
250 2.1.5 Ok
data
354 End data with < CR > < LF > . < CR > < LF >
hello jack.
I'm wery happy to receive your letter.
.
250 2.0.0 Ok: queued as 6DF8740520
quit
221 2.0.0 Bye
Connection closed by foreign host.
```

同时在 Windows 客户端利用 Foxmail 软件接收邮件。图 12-6 所示为 jack 用户收到的邮件内容。

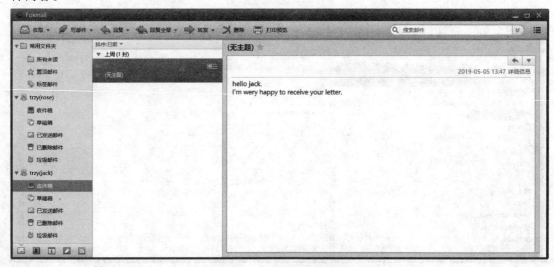

图 12-6　jack 用户收到邮件

当然，这封回信也可直接利用 Foxmail 撰写，那就更加简洁易懂了。图 12-7 所示为 jack 利用 Foxmail 给 rose 写的邮件，rose 用户浏览到该邮件的界面，注意在没有重启软件的情况下用户在收取邮件时要先单击一下左上角的"收取"按钮。

图 12-7 利用 Foxmail 收发邮件

►►► 小 结

本项目讲解 Postfix 邮件服务器的配置与管理。首先介绍了电子邮件服务的基本概念、主要角色、工作协议、认证机制以及基本工作原理；其次介绍了 postfix 服务的安装和控制方法；最后通过一台简单邮件服务器的配置实例，采用 Linux 客户端和 Windows 客户端进行邮件的收发验证，进一步帮助大家理解邮件服务器的工作原理，掌握邮件服务器的基本工作过程。本项目只讲解了简单邮件服务器的配置，对于企业级的邮件服务器，还要配合数据库认证机制，比较复杂，这里不作阐述。

►►► 习 题

一、判断题

1. 电子邮件简称 E-mail 或 Email，顾名思义，就是通过"电子"的形式传递信件的一种通信方式。 （ ）

2. SMTP 协议工作于 TCP 的 22 端口，主要用来发送或者转发电子邮件。 （ ）

3. POP3 协议工作于 TCP 的 110 端口，负责将邮件服务器邮箱中的邮件下载到本地计算机上。 （ ）

4. IMAP4 协议工作于 TCP 的 143 端口，和 POP3 协议一样，也是负责收发邮件的协议。 （ ）

二、填空题

1. 电子邮件系统主要由四部分组成，分别是 _____、_____、_____

和_____。

2. SMTP 协议，英文全称为_____，中文翻译为_____。

3. Postfix 服务的重启命令为_____。

4. Postfix 邮件服务器的主配置文件 main.cf 位于_____目录下。

三、选择题

1. 下列（　　）是用户和电子邮件系统之间的接口，主要负责邮件的编写和发送、接收和阅读等工作。

    A. MUA   B. MTA   C. MDA   D. MRA

2. 下列（　　）负责邮件的转发，相当于邮件服务器。

    A. MUA   B. MTA   C. MDA   D. MRA

3. 下列（　　）是邮件服务器 MTA 中的一个功能组件，负责将邮件存储到本地邮箱中。

    A. MUA   B. MTA   C. MDA   D. MRA

4. 下列（　　）是提供给客户端去邮件服务器的邮箱中检索邮件的工具。

    A. MUA   B. MTA   C. MDA   D. MRA

5. 查询 Postfix 服务的运行状态的命令为（　　）

    A. service postfix status   B. service postfix start

    C. service postfix stop   D. service postfix restart

6. 下列为 Postfix 邮件服务器主配置文件的是（　　）

    A. mail. conf   B. mail. cf   C. main. conf   D. main. cf

四、简答题

1. 简述 SASL 认证机制。

2. 简述简单邮件服务器的基本工作过程。

五、操作题

1. 设置 Postfix 服务在 2、3、4、5 运行级别下开机自启动。

2. 独立完成任务二中简单邮件服务器的配置和验证任务。

FTP服务器的配置与管理

情境描述

情境一：某学校需要搭建一台 FTP 服务器，允许匿名用户访问。情境二：某学校需要搭建一台 FTP 服务器，只允许本地用户访问，并启用限制用户访问目录机制。情境三：某学校需要搭建一台 FTP 服务器，考虑到服务器的安全性，不允许匿名用户和本地用户登录，所有用户登录一律采用虚拟用户验证机制，且要求为特例用户单独设置访问权限。

项目导读

FTP（File Transfer Protocol，文件传输协议）的主要功能是实现互联网上文件的双向传输。不同的操作系统使用不同的 FTP 应用程序，分服务器端和客户端。服务器端常见的 FTP 程序有：IIS、vsftpd（Very Secure FTP Daemon）等。客户端常见的 FTP 程序有：ftp 命令、CuteFTP、gftp 等，且不同的应用程序都遵守同一种文件传输协议，它从属于 TPC/IP 协议族，因此只要支持 TPC/IP 协议族的终端均可以利用该协议相互传输文件。

项目要点

➢ 安装与控制 vsftpd 服务

➢ 掌握 vsftpd 服务相关配置文件

➢ 部署匿名用户访问的 vsftpd 服务器

➢ 部署本地用户访问的 vsftpd 服务器

➢ 部署虚拟用户访问的 vsftpd 服务器

▶▶▶ 任务一　安装与控制 vsftpd 服务

一、FTP 服务相关知识

在学习 FPT 服务器部署之前，先来学习与其相关的基本概念和工作原理。

1. 基本概念和常识

1）上传和下载

上传和下载是 FTP 服务器部署中两个非常重要的概念。上传（Upload）文件指将本地计算机中的文件上传到远程 FTP 服务器上；下载（Download）文件指将远程 FTP 服务器上的文件下载到本地计算机中。

2）FTP 服务的工作端口

FTP 服务工作在 TCP 的 21 端口。

2．FTP 服务的工作原理

步骤一：客户端向服务器端发起连接请求，并打开一个端口号大于 1024 的端口 A 等待与服务器建立连接。

步骤二：FTP 服务器的 21 端口侦听到客户端的连接请求后，将在服务器的 21 号端口和客户机的 A 端口之间建立一个 FTP 连接会话。

步骤三：当出现数据传输请求时，客户端会再次随机打开一个端口号大于 1024 的端口 B 与服务器的 20 号端口之间进行数据传输。数据传输完毕后，服务器端将关闭 20 号端口，客户端将关闭 B 端口。

步骤四：客户端与服务器端断开连接，客户端释放端口 A。

3．FTP 连接模式

FTP 有两种工作模式：主动传输模式和被动传输模式，两种传输模式的具体工作过程如下：

1）主动传输模式

步骤一：客户机随机打开端口号大于 1024 的端口 A，与服务器的 21 号端口建立连接。

步骤二：客户端会再次随机开启一个端口号大于 1024 的端口 B 进行连接监听。

步骤三：客户端向服务器端发送 PORT B 指令。

步骤四：服务器端接听到 PORT B 指令后，通过其 20 号端口与客户端的 B 端口建立数据连接。

步骤五：数据传输完毕后，断开数据连接，客户机释放 B 端口。

步骤六：客户端与服务器端 21 端口断开连接，客户机释放 A 端口。

2）被动传输模式

步骤一：客户机随机打开端口号大于 1024 的端口 A，与服务器的 21 号端口建立连接。

步骤二：客户端会再次随机开启一个端口号大于 1024 的端口 B 进行连接监听。

步骤三：客户端向服务器端发送 PASV 指令，表明其处于被动传输模式。

步骤四：服务器端接听到 PASV 指令后，开启一个端口号大于 1024 的端口 N 进行连接监听。

步骤五：服务器端向客户端发送 PORT N 指令。

步骤六：客户端接收到指令后，通过其端口 B 与服务器的 N 端口建立数据连接。

步骤七：数据传输完毕后，断开数据连接，客户机释放 B 端口，服务器端释放 N 端口。

步骤八：客户端与服务器端 21 端口断开连接，客户机释放 A 端口。

综上所述，两种传输模式都是先通过服务器的控制端口 21 建立会话。区别是：主动传输时，客户端随机开启一个端口号大于 1024 的端口与服务器的 20 号端口间建立数据传输；被动传输时，客户端与服务器端都随机开启一个端口号大于 1024 的端口建立数据传输。

4．FTP 用户分类

FTP 用户通常分为三类：匿名用户、实体用户和虚拟用户。三种用户的区别如下：

1）匿名用户

用户名为 anonymous 或 ftp，默认密码为空，即任何人都可以利用用户名 anonymous 或 ftp 在没有密码的情况下访问 FTP 服务器的共享资源。

2）本地用户

这种类型的用户为 FTP 服务器的本地账户，账号、密码等信息保存在/etc/passwd 和/etc/shadow 中。这种用户不仅可以访问 FTP 共享资源，还可以访问系统下该用户的资源，一旦数据被截获，利用其用户名和密码可以直接登录服务器，存在安全隐患。

3）虚拟用户

FTP 建立的非系统用户的 FTP 用户，相比于本地实体用户，虚拟用户更加安全。因为虚拟用户只能访问 FTP 共享资源，而没有操作系统其他资源的权利，且就算被截获，其用户名和密码是不能直接登录服务器主机的。

二、vsftpd 服务的安装

本书服务器端选用的 FTP 应用程序是 vsftpd，还是分两种情况利用 yum 源安装。

1. Linux 能连接外网的情况

直接利用网络 yum 源安装，执行指令如下：

```
[root@ MASTER ~]# yum -y install vsftpd
```

2. Linux 不能连接外网的情况

步骤一：配置好网络，实现 Linux 和宿主机能够 ping 通。

步骤二：配置好光盘 yum 源。

步骤三：挂载光盘。

步骤四：执行指令如下：

```
[root@ MASTER ~]# yum -y install vsftpd
```

三、vsftpd 服务的控制

（1）查询 vsftpd 服务是否安装，执行指令如下：

```
[root@ MASTER ~]# rpm -q vsftpd
```

（2）查询 vsftpd 服务的运行状态，执行指令如下：

```
[root@ MASTER ~]# service vsftpd status
```

（3）vsftpd 服务的启动、重启和停止，执行指令如下：

```
[root@ MASTER ~]# service vsftpd start/restart/stop
```

（4）设置 vsftpd 服务开机自启动。

首先查询 vsftpd 服务是否设置了开机自启动，执行指令如下：

```
[root@ MASTER ~]# chkconfig --list |grep vsftpd
vsftpd          0:关闭  1:关闭  2:关闭  3:关闭  4:关闭  5:关闭  6:关闭
```

从查询结果可以看出，vsftpd 服务没有设置开机自启动，设置开机自启动常用以下两种方式。

方式一：用 chkconfig 命令实现。指令如下：

```
[root@ MASTER ~]# chkconfig --level 2345 vsftpd on
[root@ MASTER ~]# chkconfig --list |grep vsftpd
vsftpd          0:关闭  1:关闭  2:启用  3:启用  4:启用  5:启用  6:关闭
```

方式二：编辑/etc/rc.local 文件。操作如下：

```
[root@ MASTER ~]# vi /etc/rc.local
#添加一条如下语句
/etc/rc.d/init.d/vsftpd start
```

保存退出，这样以后每次系统启动都会自动开启 vsftpd 服务。

➤➤➤ 任务二　掌握 vsftpd 服务相关配置文件

一、认识 vsftpd 的配置文件

为了更好地掌握 vsftpd 服务器的配置，首先了解一下与 vsftpd 服务器配置相关的主要文件及功能，下述文件及目录都是 vsftpd 服务安装时自动生成的。

（1）/etc/vsftpd/vsftpd. conf：主配置文件。

（2）/etc/vsftpd/user_list：禁止或允许使用 vsfptd 的用户列表文件。进一步详解如下：

该文件生效的前提条件是 Userlist_enable = YES，那么它里面写的到底是白名单（允许使用）还是黑名单（不允许使用），还要由语句 user_delay = yes/no 来决定。如果 user_delay = yes，则 user_list 作为黑名单使用，即写入其中的用户禁止访问 vsftpd 服务；而如果 user_delay = no，则 user_list 作为白名单使用，即只有写入其中的用户才允许访问 vsftpd 服务。

（3）/etc/pam.d/vsftpd：PAM 认证文件。

（4）/var/ftp：匿名用户访问主目录。

（5）/var/ftp/pub：匿名用户的默认下载目录。

（6）/etc/logrotate.d/vsftpd.log：vsftpd 的日志文件。

二、主配置文件/etc/vsftpd/vsftpd.conf

vsftpd 服务器的配置关键在于编辑其主配置文件，它位于/etc/vsftpd/目录下，文件名为 vsftpd.conf，其功能是设置用户登录控制、用户权限控制、超时设置、服务器功能选项、服务器性能选项、服务器响应消息等，实验服务器重点是设置用户登录控制和用户权限控制，其余的保持默认即可。下面具体讲解主配置文件中主要语句的作用。

```
anonymous_enable = yes/no
#是否允许匿名用户登录 FTP 服务器，默认值为 yes，如不允许访问，一定要设置成 no
anon_upload_enable = yes/no
#是否允许匿名用户上传文件，默认值为 no
anon_mkdir_write_enable = yes/no
```

#是否允许匿名用户创建目录并对创建的目录拥有写权限，默认值为 no

Anon_other_write_enable = yes/no

#是否允许匿名用户具有其他写入权限，如对文件进行重命名、覆盖及删除等操作。默认值为 no

local_enable = yes/no

#是否允许本地用户登录，默认值为 yes

write_enable = yes/no

#允许用户访问时，是否允许其具有写入权限，默认值为 yes

local_umask = 022

#本地用户上传文件的默认权限掩码值

chroot_local_user = yes/no

是否启用限制本地用户访问目录，即是否允许用户在服务器中切换位置

local_root = /var/ftp

#设定本地用户的锁定目录，由自己灵活设置

chroot_list_enable = yes/no

#是否启用 chroot_list_file 配置项指定的用户列表文件，即启用限制用户访问目录机制以后，是否允许有特例用户可以切换位置

chroot_list_file = /etc/vsftpd/chroot_list

#当 chroot_local_user = yes，local_root = /home 和 chroot_list_enable = yes 都启用时，表明本地用户都会锁定在固定位置，这里是 /home，而且允许有特例用户可以切换到其他路径。通过 chroot_list_file 指定一个文件来存储这些特例用户，在该指定文件中，一个用户写一行，这里指定的文件是 /etc/vsftpd/chroot_list，此文件需要自己命名，手动建立

listen = yes

#设置 vsftpd 服务是否以独立模式运行，默认值为 yes，不要更改

pam_service_name = vsftpd

#设置 PAM 认证服务的配置文件名，该文件位于 /etc/pam.d 目录下，安装时已自动建立

guest_enable = yes

#开启虚拟用户访问

guest_username = vuser

#设置虚拟用户映射成本地模拟用户的名称，自己定义

user_config_dir = /etc/vsftpd/vusers_dir

#当希望不同的虚拟用户有不同的配置要求时，需要给各个虚拟用户单独建立配置文件，其配置文件需要放置在 User_config_dir 字段指定的路径下，比如这里指定的是 /etc/vsftpd/vusers_dir 目录，每个用户的单独配置文件名必须与用户名相同。

data_connection-timeout = 300

#设置数据传输过程中被阻塞的最长时间，默认值为 300 s

idle_session_timeout = 300

#设置客户机最长闲置时间，默认值为 300 s

connect_timeout = 60

#设置客户机连接服务器 vsftpd 指令通道的超时时间，即连接超时时间为 60 s

annon_max_rate = 100000

#设置匿名用户的最大传输速率为 100 KB/s

local_max_rate = 200000

#设置本地用户的最大传输速率为 200 KB/s

max_client = 0

#设置同一时刻 FTP 服务器的最大连接数。默认值为 0，表示不限制最大连接数量

max_per_ip = 0

#设置每个 IP 允许的最大连接数量。默认值为 0，表示不限制每个 IP 的最大连接数量

任务三　部署匿名用户访问的 vsftpd 服务器

前面已经详细介绍了与 vsftpd 相关的配置文件，重点介绍了主配置文件中的主要语句的功能，下面通过几个具体的服务器部署任务讲解其具体应用，从易到难，先部署匿名访问的 vsftpd 服务器。

一、任务需求

允许匿名用户下载文件和上传文件，不能切换目录。

二、任务分析

要部署允许匿名用户访问的 vsftpd 服务器，关键语句是 "anonymous_enable = yes"；要允许匿名用户上传文件，关键语句是 "anon_upload_enable = yes"；FTP 服务器默认是允许下载文件的，也是不能切换位置的。

三、实现步骤

步骤一：打开主配置文件/etc/vsftpd/vsftpd. conf，主要配置如下语句。

```
[root@ MASTER ~]# vi /etc/vsftpd/vsftpd.conf
#主要修改如下三个语句,其余保持默认即可
anonymous_enable = yes          //允许匿名用户访问
anon_upload_enable = yes        //允许匿名用户上传文件
anon_mkdir_write_enable = yes   //允许匿名用户创建目录
```

步骤二：更改匿名用户默认上传、下载目录的所有者为 ftp，因为所有的匿名用户登录时，对于 ftp 服务来说，都会映射成 ftp 伪用户。

```
[root@ MASTER ~]# ll -d /var/ftp/pub
drwxr-xr-x 2 root root 4096 12 月 18 00:11 /var/ftp/pub
[root@ MASTER ~]# chown ftp /var/ftp/pub
[root@ MASTER ~]# ll -d /var/ftp/pub
drwxr-xr-x 2 ftp root 4096 12 月 18 00:11 /var/ftp/pub
```

通过该步骤设置，可以看出/var/ftp/pub/的所有者变为 ftp，也就是说所有匿名用户登录后对/var/ftp/pub/目录都是具有 7 权限的。

步骤三：关闭服务器端防火墙和 SELinux。

```
[root@ MASTER ~]# iptables -F
#清除防火墙规则
[root@ MASTER ~]# setenforce 0
#关闭 SELinux
```

步骤四：重启 vsftpd 服务。

```
[root@ MASTER ~]# service vsftpd restart
```

步骤五：验证。

在 Windows 宿主机中，单击"开始→运行"命令，输入 cmd，按【Enter】键，进入命令提示符界面，执行"ftp FTP 服务器 IP 地址"命令，按【Enter】键，提示输入用户名 ftp 或者 anonymous，密码为空，即直接按【Enter】键，就可以登录 FTP 服务器。在验证之前，先介绍一下常见的 FTP 命令，如表 13-1 所示。

表 13-1　常见的 FTP 命令及功能

命　　令	功　　能
ftp ip 地址	登录 FTP 服务器
ls	查询 FTP 站点的文件（目录）
cd	改变当前工作目录
pwd	显示远程主机当前工作目录
mkdir	在远程主机上建立目录
get 远程文件名	从远程 FTP 服务器上下载文件到本地
put 本地文件名	把本地文件上传到远程服务器上
quit	退出 FTP 会话

验证条件：FTP 服务器的 IP 地址为 192.168.1.112，在/var/ftp/pub/下建立测试文件 down.txt，在本地 C:\Users 目录下建立测试文件 up.txt。登录 FTP 服务器并查看当前登录位置，结果如图 13-1 所示。

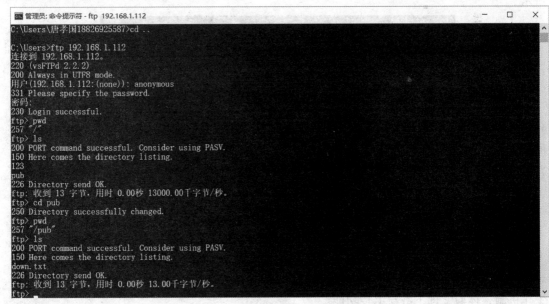

图 13-1　匿名用户登录 FTP 服务器

从图 13-1 所示结果可以看出，匿名用户登录后默认的位置是/var/ftp，进入/var/ftp/pub 后，ls 可以查看到文件 down. txt。下面验证上传文件，在 C:\Users 目录下新建待上传的测试文件 up. txt。上传文件的结果如图 13-2 所示。

```
管理员: 命令提示符 - ftp 192.168.1.112                                    —  □  ×
ftp> quit

C:\Users>ftp 192.168.1.112
连接到 192.168.1.112。
220 (vsFTPd 2.2.2)
200 Always in UTF8 mode.
用户(192.168.1.112:(none)): anonymous
331 Please specify the password.
密码:
230 Login successful.
ftp> cd pub
250 Directory successfully changed.
ftp> ls
200 PORT command successful. Consider using PASV.
150 Here comes the directory listing.
down. txt
226 Directory send OK.
ftp: 收到 13 字节, 用时 0.00秒 6.50千字节/秒。
ftp> put up. txt
200 PORT command successful. Consider using PASV.
150 Ok to send data.
226 Transfer complete.
ftp> ls
200 PORT command successful. Consider using PASV.
150 Here comes the directory listing.
down. txt
up. txt
226 Directory send OK.
ftp: 收到 21 字节, 用时 0.00秒 21.00千字节/秒。
ftp>
```

图 13-2　验证匿名用户上传文件

从图 13-2 所示结果可以看出，匿名用户可以成功上传文件。接下来验证能否下载文件，即能否把服务器上的 down. txt 文件下载到本地 C:\ Users 目录下，结果如图 13-3 所示。

```
ftp> get down. txt
200 PORT command successful. Consider using PASV.
150 Opening BINARY mode data connection for down. txt (0 bytes).
226 Transfer complete.
ftp>
```

图 13-3　验证匿名用户下载文件

从图 13-3 所示结果可以看出，匿名用户下载文件成功，并可以在 C:\Users 目录下查看到文件 down. txt，说明匿名用户可以实现文件下载。接下来验证匿名用户能否切换到服务器的其他目录，结果如图 13-4 所示。

```
ftp> cd /tmp
550 Failed to change directory.
ftp>
```

图 13-4　验证匿名用户能否切换位置

从图 13-4 所示结果可以看出，匿名用户登录默认是锁定在/var/ftp 目录下的，不能进入到服务器的其他位置，这也是出于最起码的安全考虑。尽管如此，这种任何人都可以登录的 FTP 服务器在现如今是不多见的，这个实验的目的是帮助大家初步了解 FTP 服务器的工作机制，体验文件下载与上传功能。

➤➤➤ 任务四 部署本地用户访问的 vsftpd 服务器

一、任务需求

部署一台 FTP 服务器，只允许本地用户访问，匿名用户不能访问，本地用户默认被锁定在/home 目录下，但准许有特例用户可以切换到服务器的其他位置。

二、任务分析

只允许本地用户访问，匿名用户不能访问，关键语句是"anonymous_enable = no"和"local_enable = yes"；本地用户默认被锁定在/home 目录下，将本地用户锁定在/home 目录下，关键语句是"chroot_local_user = yes"和"local_root = /home"；准许有特例用户可以切换到服务器的其他位置，关键语句是"chroot_list_enable = yes"和"chroot_list_file = /etc/vsftpd/chroot_list"。实验环境为：建立本地用户 user1 和 user2，密码都为 123，user1 用户锁定在默认位置/home 下，user2 用户设置为特例用户，允许切换到服务器的其他位置；在/home 下新建测试文件/home/test1.txt，在/tmp 下新建测试文件/tmp/test2.txt。

三、实现步骤

步骤一：打开主配置文件/etc/vsftpd/vsftpd.conf，主要配置如下语句。

```
[root@ MASTER ~]# vi /etc/vsftpd/vsftpd.conf
anonymous_enable = no              //禁止匿名用户访问
#anon_upload_enable = yes          //允许匿名用户上传文件,先注释该行
#anon_mkdir_write_enable = yes     //允许匿名用户创建目录,先注释该行
local_enable = yes                 //允许本地访问
chroot_local_user = yes            //启用本地用户锁定位置功能
local_root = /home                 //将本地用户登录后锁定在/home 目录中
chroot_list_enable = yes           //允许有例外用户可以切换目录
chroot_list_file = /etc/vsftpd/chroot_list    //指定用于放置特例用户的文件
```

步骤二：重启 vsftpd 服务。

```
[root@ MASTER ~]# service vsftpd restart
```

步骤三：新建本地用户 user1 和 user2，密码都设置为 123。

步骤四：建立用于放置特例用户的文件，写入特例用户。

```
[root@ MASTER ~]# vi /etc/vsftpd/chroot_list
#加入一行如下语句,一个特例用户占一行
user2
```

步骤五：关闭服务器端的防火墙和 SELinux。

步骤六：验证。

（1）用 user1 用户登录 FTP 服务器。结果如果 13-5 所示。

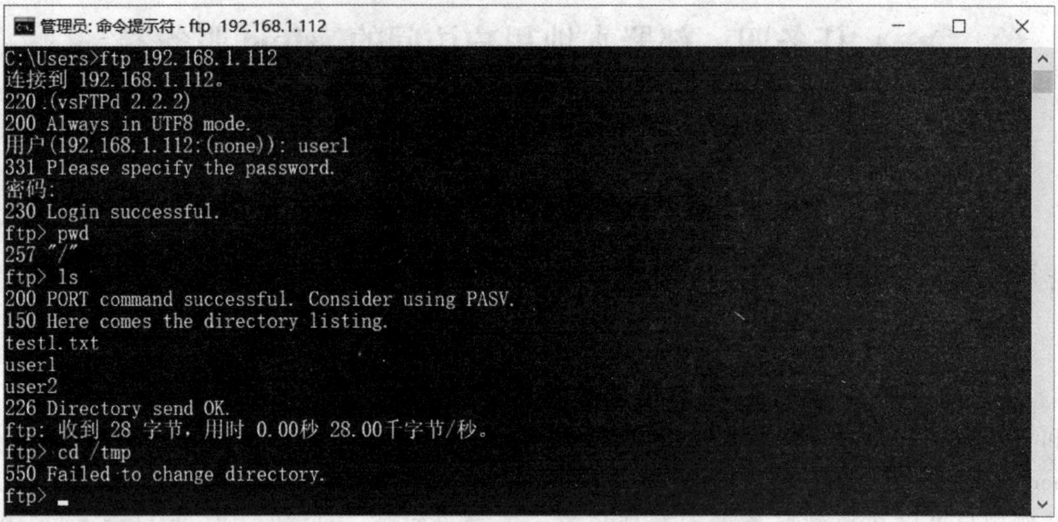

```
管理员: 命令提示符 - ftp 192.168.1.112
C:\Users>ftp 192.168.1.112
连接到 192.168.1.112。
220 (vsFTPd 2.2.2)
200 Always in UTF8 mode.
用户(192.168.1.112:(none)): user1
331 Please specify the password.
密码:
230 Login successful.
ftp> pwd
257 "/"
ftp> ls
200 PORT command successful. Consider using PASV.
150 Here comes the directory listing.
test1.txt
user1
user2
226 Directory send OK.
ftp: 收到 28 字节，用时 0.00秒 28.00千字节/秒。
ftp> cd /tmp
550 Failed to change directory.
ftp>
```

图 13-5　user1 用户登录 FTP 服务器

从图 13-5 可以看出，本地用户 user1 登录，默认位置为/home 目录，可以进行上传和下载，但不能进入到其他目录。

（2）用 user2 用户登录服务器。结果如图 13-6 所示。

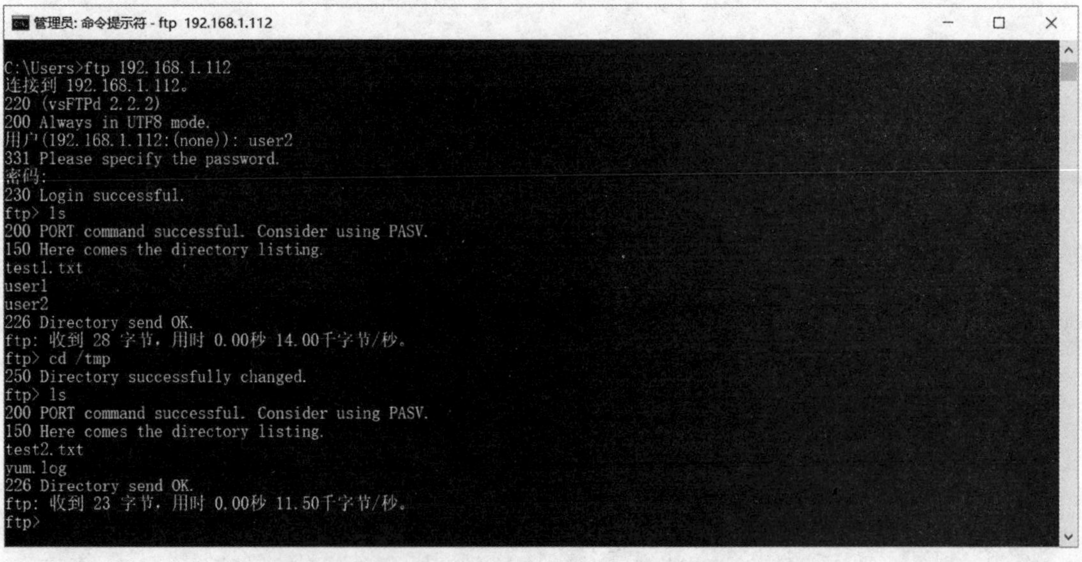

```
管理员: 命令提示符 - ftp 192.168.1.112
C:\Users>ftp 192.168.1.112
连接到 192.168.1.112。
220 (vsFTPd 2.2.2)
200 Always in UTF8 mode.
用户(192.168.1.112:(none)): user2
331 Please specify the password.
密码:
230 Login successful.
ftp> ls
200 PORT command successful. Consider using PASV.
150 Here comes the directory listing.
test1.txt
user1
user2
226 Directory send OK.
ftp: 收到 28 字节，用时 0.00秒 14.00千字节/秒。
ftp> cd /tmp
250 Directory successfully changed.
ftp> ls
200 PORT command successful. Consider using PASV.
150 Here comes the directory listing.
test2.txt
yum.log
226 Directory send OK.
ftp: 收到 23 字节，用时 0.00秒 11.50千字节/秒。
ftp>
```

图 13-6　user2 用户登录 FTP 服务器

从图 13-6 可以看出，特例用户 user2 登录后，可以实现上传和下载，而且可以切换到服务器的其他位置。

需要注意，本地用户登录后默认具备下载、上传和创建目录等权限，即它与匿名用户的权限控制语句无关，因为该实验已事先将主配置文件中 anon_upload_enable = yes 和 anon_mkdir_write_enable = yes 两条语句注释。

任务五　部署虚拟用户访问的 vsftpd 服务器

下面介绍虚拟用户访问的 FTP 服务器部署，采用虚拟用户访问，最大的好处就是它用的不是本地用户和本地登录密码，所以就算截获，也只能访问到 FTP 服务器的共享资源，而不能用于登录服务器本身，大大增加了服务器的安全性。还有一个好处就是，除了可以为所有虚拟用户统一设定访问权和目录控制以外，还可以给每个虚拟用户单独创建配置文件，即可单独设置资源上传和下载位置，还可以单独设置写入权限，非常灵活。

一、任务需求

部署一台只允许虚拟用户访问的 FTP 服务器，不允许匿名用户和本地用户访问；将所有虚拟用户映射成本地用户 vuser 登录，默认登录位置为/home/vftp，只有下载权限，没有上传和创建目录等其他权限；同时设置特例用户，设定不同的默认访问位置，既有下载权限，又有上传和创建目录等权限。

二、任务分析

要部署只允许虚拟用户访问的 FTP 服务器，需要启动虚拟用户访问，禁止匿名用户和本地用户访问；要设置特例虚拟用户，需要为该特例用户建立单独的配置文件。实验环境：创建三个虚拟用户 u1、u2 和 u3，密码都为 123，u1、u2 的默认登录位置为/home/vftp，只有下载权限，没有上传和创建目录等其他权限；u3 的默认登录位置为/tmp/u3 目录，既有下载权限，又有上传和创建目录等权限。

步骤一：打开主配置文件/etc/vsftpd/vsftpd.conf，主要配置如下语句。

```
[root@ MASTER ~]# vi /etc/vsftpd/vsftpd.conf

anonymous_enable = no              //禁止匿名用户访问
#anon_upload_enable = yes          //注释该行,禁止匿名用户上传文件
#anon_mkdir_write_enable = yes     //注释该行,禁止匿名用户创建目录
local_enable = yes                 //允许本地访问,必须有,也不能改为no,因为虚拟用户登录
//时实际上还是映射成一个虚拟的本地用户登录的
chroot_local_user = yes            //启用本地用户锁定位置功能
local_root = /home/vftp            //将本地用户登录后锁定在/home/vftp 目录中
guest_enable = yes                 //开启虚拟用户访问
guest_username = vuser             //将所有虚拟用户映射成特定的本地用户
user_config_dir = /etc/vsftpd/vusers_dir    //指定虚拟用户单独配置文件的存放目录
```

步骤二：建立添加虚拟用户及口令的文件，位置和文件名称都由自己定义。

```
[root@ MASTER ~]# vi /etc/vsftpd/vuser.txt
#加入如下六行语句:
u1       //用户名一行
123      //密码一行
```

```
u2          //用户名一行
123         //密码一行
u3          //用户名一行
123         //密码一行
```

步骤三：用 db_load 命令将 vuser.txt 文件生成 pam_userdb 认证文件。

该步骤需要用到一个服务 db4-utils 提供的工具，该服务默认是已安装的，如果没安装，可以执行"yum -y install db4-utils"命令安装。

```
[root@ MASTER ~]# rpm -q db4-utils
db4-utils-4.7.25-17.el6.i686
```

在确认该软件已经安装好的基础上，执行如下命令：

```
[root@ MASTER ~]# db_load -T -t hash -f /etc/vsftpd/vuser.txt /etc/vsftpd/vuser.db
#把上面的明码文件/etc/vsftpd/vuser.txt 转换为数据库文件(二进制文件),相当于加密
```

步骤四：修改 PAM 认证文件。执行如下命令：

```
[root@ MASTER ~]# vi /etc/pam.d/vsftpd
```

先将里面原先存在的内容全部注释掉，相当于禁止本地用户登录，因为本地用户登录时都要依赖这个文件来验证。再在最后添加如下两行：

```
auth required /lib/security/pam_userdb.so db = /etc/vsftpd/vuser
account required /lib/security/pam_userdb.so db = /etc/vsftpd/vuser
```

步骤五：建立特定的本地映射用户 vuser，并设置宿主目录权限。

```
[root@ MASTER ~]# useradd -d /home/vftp -s /sbin/nologin vuser
#home/vftp 为虚拟用户默认登录的位置
[root@ MASTER ~]# chmod 755 /home/vftp
#更改/home/vftp 的权限,因为家目录下的文件默认权限是 700
```

步骤六：手工建立用于单独放置虚拟用户配置文件的目录，并在该目录下为用户 u3 建立名称为 u3 的配置文件。

```
[root@ MASTER ~]# mkdir /etc/vsftpd/vusers_dir
#建立用于单独放置虚拟用户配置文件的目录
[root@ MASTER ~]# vi /etc/vsftpd/vusers_dir/u3
#为 u3 用户单独建立配置文件,并输入如下内容:
anon_upload_enable = yes          //能够上传文件
anon_mkdir_write_enable = yes     //能够新建目录
anon_other_write_enable = yes     //具备删除、重命名等其他权限
local_root = /tmp/u3              //u3 用户的默认登录位置
```

这一步相当于为 u3 用户单独设定更灵活的权限，其他没有单独建立配置文件的虚拟用户都受主配置文件的访问权限和目录锁定控制。

步骤七：建立 u3 用户的默认登录位置并更改所有者。

```
[root@ MASTER ~]# mkdir /tmp/u3
[root@ MASTER ~]# chown vuser /tmp/u3
```

步骤八：重启 vsftpd 服务。

```
[root@ MASTER ~]# service vsftpd restart
```

步骤九：关闭防火墙和 SELinux。

步骤十：验证。

先建立测试文件。在/home/vftp/目录下新建测试文件 u1.txt、u2.txt，在/tmp/u3/目录下新建测试文件 u3.txt，在宿主机的 C:\Users \目录下建立测试文件 up.txt。

（1）用户 u1 和 u2 登录。测试结果如图 13-7 所示。

```
管理员: 命令提示符 - ftp 192.168.1.112                                    —  □  ×
C:\Users>ftp 192.168.1.112
连接到 192.168.1.112。
220 (vsFTPd 2.2.2)
200 Always in UTF8 mode.
用户(192.168.1.112:(none)): u1
331 Please specify the password.
密码：
230 Login successful.
ftp> ls
200 PORT command successful. Consider using PASV.
150 Here comes the directory listing.
u1.txt
u2.txt
226 Directory send OK.
ftp: 收到 19 字节，用时 0.00秒 19000.00千字节/秒。
ftp> get u1.txt
200 PORT command successful. Consider using PASV.
150 Opening BINARY mode data connection for u1.txt (0 bytes).
226 Transfer complete.
ftp> put up.txt
200 PORT command successful. Consider using PASV.
550 Permission denied.
ftp> mkdir u1
550 Permission denied.
ftp> cd /tmp
550 Failed to change directory.
ftp>
```

图 13-7　u1 和 u2 用户登录验证

从图 13-7 所示结果可以看出，u1 和 u2 用户登录 FTP 服务器后，登录位置为/home/vftp 目录，事实上，如果配置文件中不指定锁定位置，默认的登录位置为映射到的特定本地用户的家目录。可以正常下载文件，但不能上传文件，不能创建目录，也不能切换到其他位置。

（2）用户 u3 登录。测试结果如图 13-8 所示。

从图 13-8 所示测试结果可以看出，u3 用户登录到 FTP 服务器后，默认登录位置为/tmp/u3 目录，能正常下载文件，也能上传文件夹和新建目录，但同样不能切换位置，这刚好和用户 u3 的单独配置文件的设置是相吻合的。

综上测试结果进一步得出如下重要结论：

① 虚拟用户登录的默认位置是映射到的特定本地用户的家目录，也可以指定位置，如本实验，如果不指定/home/vftp，则默认登录位置为/home/vuser。

② 虚拟用户登录以后的操作权限是参照匿名用户的权限进行管理的。实验中，主配置文件中匿名用户的上传文件和新建目录的权限是被注释的，用户 u1 和用户 u2 就没了该项权限，而 u3 用户之所以具备这些权限，原因就在于其单独的配置文件中开启了匿名用户的上传文件、新建目录以及其他权限。

③ 虚拟用户登录只能访问到指定目录或者默认目录的共享资源，不能切换到服务器的其他位置。

项目十三　FTP 服务器的配置与管理

图 13-8 u3 用户登录验证

小 结

本项目讲解 FTP 服务器的配置和管理。首先介绍了 FTP 服务的主要功能、工作原理和工作模式；然后介绍了与 vsftpd 服务器配置相关的主要文件及其功能，对主配置文件中的重要语句的作用进行了详细介绍；最后通过匿名用户访问的 vsftpd 服务器部署、本地用户访问的 vsftpd 服务器部署和虚拟用户访问的 vsftpd 服务器部署三个具体任务，从简单到复杂，系统地介绍了 FTP 服务器配置与部署知识，进一步加深了对 FTP 服务功能的理解。学习 FTP 服务器配置，关键是要理解和掌握用户的访问目录控制和权限控制，并明白这一系列考虑与服务器安全之间的内在关系，对于服务器部署，时刻要考虑的一个重要问题就是如何最大限度地确保服务器本身的安全。

一、判断题

1. 被动传输时，客户端随机开启一个端口号大于 1024 的端口与服务器的 20 号端口间建立数据连接；主动传输时，客户端与服务器端都随机开启一个端口号大于 1024 的端口建立数据连接。　　　　　　　　　　　　　　　　　　　　　　　　　　　　　　（　　　）

2. FTP 服务器的控制端口是 TCP 的 21 号端口。　　　　　　　　　　　　　　（　　　）

3. 在被动传输模式下，FTP 的客户端向服务器发送 PASV 指令。　　　　　　（　　　）

二、填空题

1. 主动传输模式下，FTP 服务器端的工作端口是＿＿＿＿＿，数据传输端口是＿＿＿＿＿。

2. FTP 有两种工作模式，分别是＿＿＿＿＿模式和＿＿＿＿＿模式。

3. FTP 用户通常分为三类：＿＿＿＿＿、＿＿＿＿＿和＿＿＿＿＿。

4. 匿名用户访问的主目录是＿＿＿＿＿。

5. 匿名用户的默认下载目录是＿＿＿＿＿。

6. vsftpd 服务的主配置文件位于＿＿＿＿＿目录下。

三、选择题

1. CentOS 6.3 内置的 FTP 服务器端软件是（　　　　）

 A. PureFTP   B. Wu-FTP   C. vsftpd   D. ProFTP

2. vsftpd 服务器的主配置文件名为（　　　　）。

 A. ftpd. conf B. vsftpd. conf C. vsftp. conf D. httpd. conf

3. FTP 建立连接的随机端口通常会大于（　　　　）。

 A. 1022   B. 1000   C. 500   D. 1024

4. 启动 FTP 服务器的命令是（　　　　）。

 A. service vsftpd status   B. service vsftpd start

 C. service vsftpd restart   D. service vsftpd stop

5. 下列指令可以使虚拟用户生效的是（　　　　）。

 A. anonymous_enable   B. local_enable

 C. chroot_list_enable   D. guest_enable

6. 在配置 FTP 时，anonymous_enable 配置项用于设置（　　　　）.

 A. 匿名用户下载权限   B. 所有用户登录权限

 C. 匿名用户登录权限   D. 匿名用户上传权限

7. 在配置 FTP 时，anon_upload_enable 配置项用于设置（　　　　）。

 A. 所有用户下载权限   B. 所有用户上传权限

 B. 匿名用户下载权限   D. 匿名用户上传权限

8. 在配置 FTP 时，write_enable 配置项用于设置（　　　　）。

A. 用户读权限   B. 本地用户写权限

C. 写权限目录   D. 读权限目录

9. 在配置 FTP 时，idle_session_timeout 配置项用于设置（   ）。

A. 传输超时时间   B. 连接请求超时时间

C. 无操作超时时间   D. 数据传输时间

四、简答题

1. 在文件传输服务器工作中，什么是上传？什么是下载？

2. 简述 FTP 的工作原理。

3. 简述 FTP 的三类用户。

五、操作题

1. 设置 vsftpd 服务在 2、3、4、5 运行级别下开机自启动。

2. 独立完成任务三，配置匿名用户访问的 vsftpd 服务器。

3. 独立完成任务四，配置本地用户访问的 vsftpd 服务器。

4. 独立完成任务五，配置虚拟用户访问的 vsftpd 服务器。

MySQL服务器的配置与管理

情境描述

　　某学校要部署网站，现要求安装 MySQL 数据库，用来存储相关数据，要求5.7以上版本，安装完成后设置好密码，能够进行数据库、表格的创建和删除，能够进行数据的增加、删除、查询、修改等操作。

项目导读

　　数据库服务是由后台的数据库管理系统和一些必要的前台程序共同完成的服务，广泛应用于网络搜索、图书查询、车票预订等数据管理领域。MySQL 属于最流行的关系型数据库管理系统，是 Web 各方面应用中最好的关系型 DBMS（DataBases Management System，数据库管理系统），在 Linux 系统中使用 MySQL 搭配 PHP 和 Apache 可组成著名的 LAMP 开发环境。

项目要点

➢　安装与控制 MySQL 服务

➢　操作和管理数据库

▶▶▶ 任务一　安装与控制 MySQL 服务

一、数据库服务相关知识

1. 数据库服务的基本概念

1）数据库

　　数据库（DataBase）是按照数据结构来组织、存储和管理数据的仓库。注意这里所指的数据独立于使用它的应用程序，对数据的增加、删除、查询、修改由统一的软件进行管理和控制。

2）数据库管理系统

　　数据库管理系统（DataBase Managemt System，DBMS）是一种操作和管理数据库的大型软件，用于建立、使用和维护数据库，它可以使用户或者应用程序随时去建立、修改和查询数据库。

3）数据库服务器

数据库服务器（DataBase Server）一般是指安装了数据库软件的服务器，数据库软件有微软的 SQL、甲骨文的 Orcal、开源的 MySQL 等，服务器上安装了其中一种数据库软件，就可以称为数据库服务器。

4）数据库并行运行

由于不同的用户或者应用程序可能在同一时刻访问数据库，所以数据库必须支持同时处理多个事件，即支持并行运行机制。

5）数据库操作

用户平时对数据库的操作，无外乎对其进行增加、删除、查询、修改等操作。

2. 常见数据库的类型

数据库主要分为两大类：

1）关系型数据库

当前主流的数据库均采用关系型数据库形式，关系型数据库以行和列的形式存储数据，这一系列的行和列被称为表，而表与表之间又存在相互依赖关系来减少冗余，一组表最终又组成了数据库。常见的大型关系型数据库有 Oracle、DB2、SQL Server 等。常见的中小型关系数据库有 MySQL、PostgreSQL 等。

2）非关系型数据库

非关系型数据库通常分为层次式数据库、网络式数据库。按照网状数据结构建立的数据库系统称为网状数据库系统，用数学方法可将网状数据结构转化为层次数据结构。

3. MySQL 简介

MySQL 是一种开放源代码的关系型数据库管理系统（RDBMS），MySQL 数据库系统使用最常用的数据库管理语言——结构化查询语言（SQL）进行数据库管理。由于 MySQL 体积小、速度快、拥有成本低，且开放源代码，这使得一般中小型网站的开发都选择 MySQL 作为数据库。MySQL 的主要优点如下：

➢ 代码开源，使用免费。

➢ 使用简单、方便。

➢ 性能不比其他大型数据库差，且占用空间小。

➢ 可以运行在不同的平台上，且支持多用户、多线程和多 CPU。

需要注意，MySQL 数据库的主要应用领域是中小型网站，对于大型网站还是得用付费的 Oracle 等大型数据库，因为，Oracle 最主要的优势在于处理海量数据时的稳定性好，这也是 Oracle 能够在市场上占 30%～40% 的原因，而 MySQL 的占有率只有 20% 左右。

二、MySQL 数据库服务的安装

对于数据库服务，安装是一个难点，尤其是安装高版本的数据库服务。安装 MySQL 数据库服务同样可以使用光盘 yum 源、网络 yum 源或者从网上下载好所需的 rpm 安装包，还可以通过下载 repo 源来安装，区别只是安装版本的不同。下面分别演示这四种方法：

1. 使用光盘 yum 源

步骤一：配置好光盘 yum 源，前面已有详细讲解，这里不再赘述。

步骤二：先查询是否有安装的 MySQL 包，如果有一律先卸载掉，使用命令"yum remove 包全名"即可卸载，这里不做演示。

步骤三：执行如下安装命令：

```
[root@ MASTER ~]# yum -y install mysql mysql-server mysql-devel
#注意,这里的 mysql、mysql-server 和 mysql-devel 三个服务一定要同时安装
```

步骤四：看到安装完成标志后，查看一下是否安装成功。

```
[root@ MASTER ~]# rpm -qa |grep mysql
mysql-libs-5.1.61-4.el6.i686
mysql-server-5.1.61-4.el6.i686
mysql-5.1.61-4.el6.i686
mysql-devel-5.1.61-4.el6.i686
```

结果表明，用光盘 yum 源安装的 MySQL 的版本为 5.1.61。

2. 使用网络 yum 源

步骤一：查看该系统是否已安装与 MySQL 相关的软件包，如果有，一律要先卸载。

```
[root@ MASTER ~]# rpm -qa |grep mysql
mysql-community-release-el7-5.noarch
```

步骤二：卸载已安装的 mysql 包。中间会提示一次，输入"y"后按【Enter】键即可。

```
[root@ MASTER ~]# yum remove mysql-community-release-el7-5.noarch
```

步骤三：再次查询，如删除干净再执行如下安装命令。

```
[root@ MASTER ~]# rpm -qa |grep mysql
[root@ MASTER ~]# yum -y install mysql MySQL-server mysql-devel
#注意:一定要同时安装服务端、客户端和与 MySQL 相关的其他服务
```

步骤四：看到安装完成标志以后，再查询一下 MySQL 是否安装成功。

```
[root@ MASTER ~]# rpm -qa |grep mysql
mysql-5.1.73-8.el6_8.i686
mysql-libs-5.1.73-8.el6_8.i686
mysql-server-5.1.73-8.el6_8.i686
mysql-devel-5.1.73-8.el6_8.i686
```

查询结果表明，使用网络 yum 源安装的 MySQL 版本是 5.1.73。事实证明，采用光盘 yum 源和默认的网络 yum 源都只能按照 5.1 版本的 MySQL。也就是说，如果要安装高版本的 MySQL，得手动下载相应的软件包才行。

3. 安装 5.7 版本的 MySQL

下面以安装 5.7.24 版本为例详细介绍安装过程。

步骤一：下载需要的软件包并上传到/var/mysql/目录下，该目录是自己定义的。这里下载的网址是 https://dev.mysql.com/downloads/mysql/，其中有适合 Linux 各种版本的 MySQL 软件压缩包，注意要根据自己的 Linux 版本和系统位数下载。版本号是 6.3 时系统位数是多少？在项目七中已经介绍过一个查询命令：

```
[root@ MASTER ~]# getconf LONG_BIT
32                      //返回值为 32,说明系统是 32 位,只能下载 32 位的软件包
```

步骤二：将下载的软件包解压缩后利用 Xftp 软件上传到 Linux 的/var/mysql/目录下：

```
[root@ MASTER ~]# cd /var/mysql
[root@ MASTER mysql]# ls
mysql-community-client-5.7.24-1.el6.i686.rpm
mysql-community-embedded-5.7.24-1.el6.i686.rpm
mysql-community-libs-compat-5.7.24-1.el6.i686.rpm
mysql-community-common-5.7.24-1.el6.i686.rpm
mysql-community-embedded-devel-5.7.24-1.el6.i686.rpm
mysql-community-server-5.7.24-1.el6.i686.rpm
mysql-community-devel-5.7.24-1.el6.i686.rpm
mysql-community-libs-5.7.24-1.el6.i686.rpm
mysql-community-test-5.7.24-1.el6.i686.rpm
#其中 el6 代表适合 6.x 版本的系统，i686 代表适合 32 位的系统
```

步骤三：在确保 Linux 能连接外网的情况下，依次执行如下安装命令：

```
[root@ MASTER mysql]# rpm -ivh mysql-community-common-5.7.24-1.el6.i686.rpm
[root@ MASTER mysql]# rpm -ivh mysql-community-libs-5.7.24-1.el6.i686.rpm
[root@ MASTER mysql]# rpm -ivh mysql-community-libs-compat-5.7.24-1.el6.i686.rpm
[root@ MASTER mysql]# rpm -ivh mysql-community-client-5.7.24-1.el6.i686.rpm
[root@ MASTER mysql]# rpm -ivh mysql-community-embedded-5.7.24-1.el6.i686.rpm
[root@ MASTER mysql]# rpm -ivh mysql-community-embedded-devel-5.7.24-1.el6.i686.rpm
[root@ MASTER mysql]# rpm -ivh mysql-community-devel-5.7.24-1.el6.i686.rpm
[root@ MASTER mysql]# yum install perl              //安装该包时要求 Linux 能连接外网
[root@ MASTER mysql]# yum install perl-JSON.noarch  //安装该包时要求 Linux 能连接外网
[root@ MASTER mysql]# rpm -ivh mysql-community-server-5.7.24-1.el6.i686.rpm
[root@ MASTER mysql]# rpm -ivh mysql-community-test-5.7.24-1.el6.i686.rpm
```

注意： 安装 rpm 包需要满足一定的顺序，同时该顺序不一定是固定顺序。

步骤四：查询一下数据库服务是否安装成功。

```
[root@ MASTER mysql]# rpm -qa |grep mysql
mysql-community-libs-5.7.24-1.el6.i686
mysql-community-embedded-5.7.24-1.el6.i686
mysql-community-test-5.7.24-1.el6.i686
mysql-community-common-5.7.24-1.el6.i686
mysql-community-libs-compat-5.7.24-1.el6.i686
mysql-community-devel-5.7.24-1.el6.i686
mysql-community-embedded-devel-5.7.24-1.el6.i686
mysql-community-client-5.7.24-1.el6.i686
mysql-community-server-5.7.24-1.el6.i686
```

结果说明 5.7.24 版本的 MySQL 数据库已经安装成功。这种方法很好理解，但是操作起来比较麻烦，非常需要经验，而且在安装过程中不同的系统版本可能会遇到不同的问题，还要求有一定的解决问题的能力，比如安装步骤中的"yum install perl-JSON.noarch"就是在安装过程中报错，根据错误提示补充安装的软件包。下面再介绍一种更好的方法，即直接下载一个高版本的 MySQL 服务的 yum 仓库。

4．下载 repo 源安装 mysql 服务

步骤一：下载 repo 源。

在浏览器中打开网站，常见的网站有"repo.mysql.com"等，找到与自己 Linux 系统版本对应的 mysql 服务的 repo 源，再将其导入到 Linux 操作系统中，或者直接使用 wget 命令下载文件到 Linux 中。wget 是 Linux 最常用的下载命令，使用格式如下：

```
[root@ MASTER ~]# wget 要下载文件 url 路径
```

这里以下载文件"mysql-community-release-el6-5．noarch．rpm"为例进行讲解。

步骤二：安装 mysql 服务的 repo 源。

```
[root@ MASTER ~]# rpm -ivh mysql-community-release-el6-5.noarch.rpm
```

安装这个软件包以后，在/etc/yum.repos.d 目录下会多出两个 mysql 的 yum 源，分别是"mysql-community.repo"和"mysql-community-source.repo"。

步骤三：安装 mysql 服务。

```
[root@ MASTER ~]# yum -y install mysql-server
#或者执行"yum -y install mysql-community-server"命令也行
```

执行此命令后，会自动安装多个软件包，直至出现安装成功的提示。

三、MySQL 数据库服务的控制与管理

1．查看 MySQL 数据库服务运行状态

```
[root@ MASTER ~]# service mysqld status
```

2．启动 MySQL 数据库服务

```
[root@ MASTER ~]# service mysqld start
```

需要注意，数据库的启动容易出现各种问题，如果碰到启动失败的情况，网上有大量的帖子，可根据自己的情况尝试解决。下面例举常见的两种情况：

（1）报错提示"MySQL Daemon failed to start."

```
正在启动 mysqld：                           [失败]
```

【解决办法】依次输入如下命令：

```
[root@ MASTER ~]# rm -rf /var/lib/mysql/*
[root@ MASTER ~]# rm /var/lock/subsys/mysqld    //执行该命令可能报错，但不影响后面
操作
[root@ MASTER ~]# killall mysqld
[root@ MASTER ~]# service mysqld start
初始化 MySQL 数据库：                         [确定]
正在启动 mysqld：                            [确定]
```

（2）报错提示："Starting mysqld（via systemctl）：Job for mysqld. service failed because the control process exited with error code. See "systemctl status mysqld. service" and "journalctl -xe" for details."

【解决办法】依次执行如下命令：

```
[root@ MASTER ~]# mkdir -p /var/run/mysqld
[root@ MASTER ~]# chown mysql.mysql /var/run/mysqld/
```

举这两个例子，主要是想说明在数据库服务的启动上（包括在安装上）经常会出现一些问题，学习时一定要有"百度思维"，即要有利用网络解决问题的能力和习惯。

3. 关闭 MySQL 数据库服务

```
[root@ MASTER ~]# service mysqld stop
```

4. 重启 MySQL 数据库服务

```
[root@ MASTER ~]# service mysqld restart
```

5. 设置 MySQL 数据库服务开机自启动

```
[root@ MASTER ~]# chkconfig --list |grep mysqld
mysqld          0:关闭  1:关闭  2:关闭  3:关闭  4:关闭  5:关闭  6:关闭
[root@ MASTER ~]# chkconfig --level 2345 mysqld on
[root@ MASTER ~]# chkconfig --list |grep mysqld
mysqld          0:关闭  1:关闭  2:启用  3:启用  4:启用  5:启用  6:关闭
```

6. 登录密码设置

在 MySQL 5.7 版本以前，MySQL 安装之后默认是没有密码的，可以直接用 root 用户登录，即执行如下指令后按【Enter】键即可：

```
[root@ MASTER ~]# mysql -u root
```

自 MySQL 5.7 版本以后，MySQL 在安装过程中，会为数据库管理员生成一个默认的密码，该密码保存在/var/log/mysqld.log 文件中，初次登录数据库时，首先得查看该临时密码。

步骤一：获取临时密码。执行如下命令：

```
[root@ MASTER ~]# grep 'temporary password' /var/log/mysqld.log
2019-01-17T11:55:19.045119Z 1 [Note] A temporary password is generated for root@
localhost: (dt6w? adFatr
#获得的临时密码为:(dt6w? adFatr
```

步骤二：利用临时密码登录。执行如下命令：

```
[root@ MASTER ~]# mysql -u root -p
Enter password: (dt6w? adFatr                    //输入查询到的临时密码
Welcome to the MySQL monitor.  Commands end with ; or \g.
Your MySQL connection id is 5
Server version: 5.7.24
Copyright (c) 2000, 2018, Oracle and/or its affiliates. All rights reserved.
Oracle is a registered trademark of Oracle Corporation and/or its
affiliates. Other names may be trademarks of their respective owners.
Type 'help;' or '\h' for help. Type '\c' to clear the current input statement.
mysql >          //出现此标志代表 MySQL 数据库登录成功
```

步骤三：修改密码。在数据库登录状态下执行如下命令：

```
mysql > alter user 'root'@ 'localhost' identified by 'Admin@ 123';
Query OK, 0 rows affected (0.00 sec)
#将密码修改为:Admin@ 123
```

注意不同的版本有多种修改密码的命令，对于 5.7 以下版本，数据库安装完成以后 root

用户是没有密码的，可以使用如下命令设置一个密码：

```
[root@ MASTER ~]# /usr/bin/mysqladmin -u root -passwd '123456'
#设置 root 用户密码为 123456
```

如果要修改密码，可以执行如下命令：

```
[root@ MASTER ~]# mysql_secure_installation
#按【Enter】键后先输入当前密码,再输入两次要修改的新密码
```

7. 权限设置

授权 root 允许远程访问，具备所有权限，在数据库登录状态下执行如下命令：

```
mysql > grant all privileges on * .*  to'root'@ '% ' identified by 'Admin@ 123'
with grant options;
Query OK, 0 rows affected, 1 warning (0.00 sec)
mysql > flush privileges;
Query OK, 0 rows affected (0.20 sec)
```

解释一下这两条命令的含义：

➤ grant：授予用户权限的命令。

➤ all privileges：所有权限，也可以使用 select、update 等具体权限。

➤ on：用来指定权限针对的数据库和表。

➤ * . *：前面的 * 表示指定的数据库名，后面的 * 表示指定的表名，如果使用 *，表示所有。

➤ to：表示将权限赋予某个用户。

➤ 'root'@ '% '：表示 root 用户，@ 后面接限制的主机，可以是 IP、IP 段、域名以及 % , % 表示任何地方。

➤ identified by：指定用户的登录密码。

➤ with grant options：表示该用户可以将自己拥有的权限授权给别人。

➤ flush privileges：刷新权限。

▶▶▶ 任务二　操作和管理数据库

在使用数据库存储数据之前要先完成数据库的创建，然后在数据库中创建数据表，再通过对数据的增加、删除、查询、修改完成对数据库信息的使用。作为数据库管理员还要完成对数据库权限和备份的管理。这些操作都是通过结构化查询语言（Structured Query Language，SQL）完成的。

一、数据库管理

常见的数据库管理命令和功能如表 14-1 所示。

表 14-1 常见的数据库管理命令

MySQL 命令（SQL 语句）	功　能
show databases;	查看服务器中当前有哪些数据库
use 数据库名;	选择所使用的数据库
create database 数据库名;	创建数据库
drop database 数据库名;	删除指定的数据库

1. 在 MySQL 环境下查询存在哪些数据库

```
mysql > show databases;
+--------------------+
| Database           |
+--------------------+
| information_schema |
| mysql              |
| performance_schema |
| sys                |
+--------------------+
4 rows in set (0.01 sec)
```

从查询结果看默认存在四个数据库：分别是 information_schema、mysql、performance_schema 和 sys。

2. 在 MySQL 环境下新建数据库

```
mysql > create database mydb;        //新建数据库:mydb
Query OK, 1 row affected (0.00 sec)


mysql > show databases;              //再查询一下
+--------------------+
| Database           |
+--------------------+
| information_schema |
| mydb               |
| mysql              |
| performance_schema |
| sys                |
+--------------------+
5 rows in set (0.00 sec)
```

从查询结果看出，数据库 mydb 创建成功。

3. 退出数据库

```
mysql > quit
Bye
```

二、数据表管理

创建数据库后，需要进一步创建和管理数据表。每个表由行和列组成，每一行是一条记录，每个记录包含多个列（字段）。常见的数据表管理命令如表14-2所示。

表14-2　常见的数据表管理命令

MySQL 命令（SQL语句）	功　　能
show tables;	显示当前使用的数据库中有哪些数据表
create table 表名（字段设定列表）;	在当前使用的数据库中创建一个新的数据表
desc 表名;	显示指定数据表的结构（字段）信息
alter table 表名 操作1, 操作2...;	对表的结构进行修改
create table 新表名 like 原表名;	复制表
drop table 表名;	删除指定的数据表

1. 在 MySQL 环境下新建数据表

```
mysql > use mydb;    //在操作表格之前,要先使用一个数据库,因为表格是在数据库下面的
Database changed
mysql > create table student(ID char(20),GENDER char(2),AGE int(10));
#创建一个表格 student,存在三列:ID,GENDER,AGE
Query OK, 0 rows affected (0.14 sec)
```

2. 在 MySQL 环境下查询所使用的数据库中存在哪些数据表

```
mysql > show tables;
+ ------------------------ +
| Tables_in_mydb |
+ ------------------------ +
| student            |
+ ------------------------ +
1 row in set (0.00 sec)
```

查询结果表明，数据库 mydb 下存在一个刚刚创建的表格 student。

3. 在 mysql 环境下查询指定数据表的结构

```
mysql > desc student;
+ --------- + ------------ + ------- + ----- + ------------ + --------- +
| Field  | Type        | Null | Key | Default | Extra |
+ --------- + ------------ + ------- + ----- + ------------ + --------- +
| ID      | char(20) | YES |     | NULL    |       |
| GENDER | char(2)  | YES |     | NULL    |       |
| AGE     | int(10)  | YES |     | NULL    |       |
+ --------- + ------------ + ------- + ----- + ------------ + --------- +
3 rows in set (0.25 sec)
```

4．对表的结构进行修改

对表的结构进行修改，包括添加、删除或修改字段，更改表名或类型等。操作包括 add、change、modify、drop 和 rename 等，修改表的 SQL 语句格式为：

```
mysql > alter table 表名 操作1,操作2...;
```

（1）在 student 表中增加一个字段 addr。

```
mysql > alter table student add addr char(20);
Query OK, 0 rows affected (0.48 sec)
Records: 0  Duplicates: 0  Warnings: 0

mysql > desc student;
+ --------- + ------------ + ------- + ----- + ------------ + --------- +
| Field    | Type         | Null | Key | Default | Extra |
+ --------- + ------------ + ------- + ----- + ------------ + --------- +
| ID       | char(20)     | YES |       | NULL    |       |
| GENDER   | char(2)      | YES |       | NULL    |       |
| AGE      | int(10)      | YES |       | NULL    |       |
| addr     | char(20)     | YES |       | NULL    |       |
+ --------- + ------------ + ------- + ----- + ------------ + --------- +
4 rows in set (0.00 sec)
```

（2）把 student 表中的 addr 字段改为 email。

```
mysql > alter table student change addr email char(20);
Query OK, 0 rows affected (0.00 sec)
Records: 0  Duplicates: 0  Warnings: 0

mysql > desc student;
+ --------- + ------------ + ------- + ----- + ------------ + --------- +
| Field    | Type         | Null | Key | Default | Extra |
+ --------- + ------------ + ------- + ----- + ------------ + --------- +
| ID       | char(20)     | YES |       | NULL    |       |
| GENDER   | char(2)      | YES |       | NULL    |       |
| AGE      | int(10)      | YES |       | NULL    |       |
| email    | char(20)     | YES |       | NULL    |       |
+ --------- + ------------ + ------- + ----- + ------------ + --------- +
4 rows in set (0.00 sec)
```

（3）把 student 表中的 email 的类型改为 char(30)。

```
mysql > alter table student modify email char(30);
Query OK, 3 rows affected (0.46 sec)
Records: 3  Duplicates: 0  Warnings: 0

mysql > desc student;
+ --------- + ------------ + ------- + ----- + ------------ + --------- +
| Field    | Type         | Null | Key | Default | Extra |
+ --------- + ------------ + ------- + ----- + ------------ + --------- +
| ID       | char(20)     | YES |       | NULL    |       |
| GENDER   | char(2)      | YES |       | NULL    |       |
| AGE      | int(10)      | YES |       | NULL    |       |
```

```
|email  |char(30)|YES |    |NULL    |        |
+--------- +------------ +------- +----- +----------- +--------- +
4 rows in set (0.00 sec)
```

（4）把 student 表中的 email 字段删除。

```
mysql > alter table student drop email;
Query OK, 0 rows affected (0.26 sec)
Records: 0  Duplicates: 0  Warnings: 0

mysql > desc student;
+--------- +------------ +------- +----- +----------- +--------- +
|Field  |Type    |Null |Key|Default |Extra |
+--------- +------------ +------- +----- +----------- +--------- +
|ID     |char(20)|YES |    |NULL    |        |
|GENDER|char(2) |YES |    |NULL    |        |
|AGE    |int(10) |YES |    |NULL    |        |
+--------- +------------ +------- +----- +----------- +--------- +
3 rows in set (0.00 sec)
```

5. 复制表

复制表的内容包括表结构、表中的数据和约束，复制表的 SQL 语句格式为：

```
mysql > create table 新表名 like 原表名
```

例如，将表 student 复制一份，命名为 student_bak，命令及效果如下：

```
mysql > create table student_bak like student;
Query OK, 0 rows affected (0.39 sec)

mysql > show tables;
+ ---------------------- +
|Tables_in_mydb |
+ ---------------------- +
|student        |
|student_bak    |
+ ---------------------- +
2 rows in set (0.00 sec)
```

6. 删除指定数据表

```
mysql > drop table student;
Query OK, 0 rows affected (0.14 sec)
#drop 为删除数据表的命令
mysql > show tables;
Empty set (0.00 sec)
#查询验证一下,没有查询到表格,说明删除成功
```

三、处理表数据

创建数据库和表后，接下来就是处理数据，主要工作是使用 SQL 语句插入、更新、查询和删除数据表中的记录。常用的相关命令及功能如表 14-3 所示。

表 14-3　对数据表记录操作的常见命令

MySQL 命令（SQL 语句）	功　能
insert into 表名 values（字段 1 值，字段 2 值，…）；	向指定数据表中添加一条记录
select ＊ from 表名；	显示指定数据表中的全部记录
update 表名 set 字段名 1 = 值，…字段名 n = 值 where 匹配条件；	更新记录
delete from 表名 where 匹配条件；	删除记录

1. 在 MySQL 环境下向数据表中添加数据

插入记录的 SQL 语句的格式为：

```
mysql > insert into 表名 values(字段 1 的值,字段 2 的值,...,字段 n 的值);
```

例如，要向 studet 表中插入记录，命令如下：

```
mysql > insert into student values('20180001','0',18);
Query OK, 1 row affected (0.34 sec)
#向数据表 student 中添加第一条记录:学号 20180001,0(代表男),18 岁
mysql > insert into student values('20180002','1',21);
Query OK, 1 row affected (0.01 sec)
#向数据表 student 中添加第二条记录:学号 20180002,1(代表女),21 岁
mysql > insert into student values('20180003','1',20);
Query OK, 1 row affected (0.00 sec)
#向数据表 student 中添加第三条记录:学号 20180003,1(代表女),20 岁
```

2. 在 MySQL 环境下查看数据表的全部记录

```
mysql > select * from student;
+ ------------- + ----------- + -------- +
| ID        | GENDER | AGE   |
+ ------------- + ----------- + -------- +
|20180001|   0   |  18  |
|20180002|   1   |  21  |
|20180003|   1   |  20  |
+ ------------- + ----------- + -------- +
3 rows in set (0.00 sec)
```

3. 更新记录

更新记录的 SQL 语句格式为：

```
mysql > update 表名 set 字段名 1 = 值,…,字段名 n = 值 where 匹配条件;
```

例如，要修改 student 表中 20180003 字段的值为 1803，年龄改为 19，命令如下：

```
mysql > update student set ID = '1803',AGE =19 where ID = '20180003';
Query OK, 1 row affected (0.01 sec)
Rows matched: 1  Changed: 1  Warnings: 0

mysql > select * from student;
+ --------- + ----------- + -------- +
| ID     | GENDER | AGE   |
```

```
+ ------------- + --------- + ------- +
|20180001 |   0   |   18   |
|20180002 |   1   |   21   |
|1803        |   1   |   19   |
+ ------------- + --------- + ------- +
3 rows in set (0.00 sec)
```

4. 删除记录

删除记录的 SQL 语句格式为：

```
mysql > delete from 表名 where 匹配条件;
```

例如，要删除 student 表中 20180002 号学生的所有信息，命令及效果如下：

```
mysql > delete from student where ID = '20180002';
Query OK, 1 row affected (0.01 sec)

mysql > select *  from student;
+ ------------- + --------- + --------- +
|ID          | GENDER |  AGE   |
+ ------------- + --------- + --------- +
|20180001 |   0   |   18   |
|1803        |   1   |   19   |
+ ------------- + --------- + --------- +
2 rows in set (0.00 sec)
```

四、数据库的备份与恢复

在实际数据库管理工作中，数据库定期备份是一件至关重要的事情。一旦数据库发生故障或者操作失误时，可以用备份的数据库进行恢复。

MySQL 自身提供了许多命令行工具，例如前面学习的 mysql 命令可以实现 MySQL 数据库、数据表以及数据的处理操作，mysqladmin 命令可以实现各种管理任务，接下来即将要学习的 mysqldump 命令可用于数据库的备份。mysqldump 命令不仅可以对服务器上的所有数据库进行备份，还可有选择性地对某个数据库，或者某个数据表进行备份。

1. mysqldump 命令进行数据库备份

命令格式如下：

```
[root@ MASTER ~]# /usr/bin/mysqldump 备份数据库的名字 --user = 用户名 --password = 密码 > 备份的文件名
```

例如，要备份数据库 mydb，备份文件为 db01.sql，命令如下：

```
[root@ MASTER ~]# /usr/bin/mysqldump mydb --user = root --password = Admin@ 123 > db01.sql
```

2. mysqldump 命令进行数据表备份

命令格式如下：

```
[root@ MASTER ~]# /usr/bin/mysqldump 备份数据库的名字 表明 1 表名 2... --user = 用户名 --password = 密码 > 备份的文件名
```

例如，要备份数据库 mydb 中的数据表 student，备份文件名为 table01，命令如下：

```
[root@ MASTER ~]# /usr/bin/mysqldump mydb student
--user = root --password = Admin@ 123 > table01
```

3. 从备份文件中恢复数据库和表

命令格式如下：

```
[root@ MASTER ~]# mysql -u 用户名 -p 数据库名 < 备份文件
```

例如，要将 db01. sql 恢复为 school 数据库，执行命令如下：

```
[root@ MASTER ~]# mysql -u root -p school < db01.sql
Enter password: Admin@ 123
```

需要注意，在恢复数据库前要先创建数据库 school，否则会报错，提示 "ERROR 1049 (42000)：Unknown database 'school'"。接下来，登录数据库服务器，查看数据库 school 中的内容是否和 mydb 一样。操作结果如下：

```
mysql > use school;
Reading table information for completion of table and column names
You can turn off this feature to get a quicker startup with -A

Database changed
mysql > show tables;
+ -------------------------- +
| Tables_in_school |
+ -------------------------- +
| student          |
| student_bak      |
+ -------------------------- +
2 rows in set (0.00 sec)
```

结果表明，数据库备份与恢复成功。

➤➤➤ 小　结

本项目学习 MySQL 数据库服务的配置与管理。首先介绍了数据库的基本概念和类型；然后详细介绍了 MySQL 数据库的安装、登录和密码设置方法；最后介绍了数据库、数据表和表数据的管理操作；此外还介绍了数据库的备份与恢复。MySQL 数据库的安装是一个难点，尤其是对于高版本的安装，此时用默认的网络 yum 源和光盘 yum 源都不能满足要求，需要到网上下载符合要求的软件包，或者直接下载 yum 仓库，且安装时可能还会遇到各种问题，需要通过网络解决实际问题。数据库的基本操作，主要是熟悉 SQL 语法结构，掌握常见的 mysql 命令。

习 题

一、判断题

1. MySQL 既可以运行于 Windows 平台，又可以运行于 Linux 平台。　　　（　　）
2. MySQL 属于大型关系数据库。　　　（　　）
3. 在创建数据表之前必须先指定要使用的数据库。　　　（　　）
4. 在 5.6 版本以前，MySQL 服务安装好以后，root 用户登录默认是没有密码的。

　　　（　　）

5. 数据库是按照数据结构来组织、存储和管理数据的仓库。对数据的增加、删除、查询、修改由统一的软件进行管理和控制。　　　（　　）

二、填空题

1. 数据库分为_____和_____两种类型。
2. MySQL 中创建数据库的语句是_____。
3. MySQL 数据库系统使用_____语言进行数据库管理。
4. 启动数据库服务器的命令为_____。
5. 查看服务器中当前有哪些数据库的命令为_____。
6. 删除指定数据库的命令为_____。

三、选择题

1. 下列 SQL 语句用来创建新表格的是（　　　）。
   A. create table
   B. desc
   C. drop table
   D. create database
2. 下列用于修改 MySQL 服务器登录密码的命令是（　　　）。
   A. passwd
   B. mysql
   C. mysqladmin
   D. chmod
3. 登录 MySQL 服务器使用的命令是（　　　）。
   A. passwd
   B. mysql
   C. mysqladmin
   D. chmod
4. 重启 MySQL 服务器使用的命令是（　　　）。
   A. service mysql restart
   B. service mysqld restart
   C. service mysql start
   D. service mysqld start
5. 下列能够实现"显示指定数据表的结构（字段）信息"功能的命令是（　　　）。
   A. show tables
   B. create table 表名
   C. drop table 表名
   D. desc 表名

四、简答题

1. 什么是关系型数据库？常见的关系型数据库有哪些？
2. 简述 MySQL 的主要优点。

五、操作题

1. 设置 MySQL 数据库服务开机自启动。

2. 利用下载 repo 源的方法安装适合自己系统的高版本的 mysql 服务。

3. 安装好数据库服务后，登录数据库，修改 root 用户的登录密码为"admin123"，创建一个数据库，在创建的数据库中添加一个数据表，再执行修改表、插入记录、更新记录、查询和删除等操作，表格结构自由设计，最后再执行数据库的备份与恢复操作。

Web服务器的配置与管理

情境描述

某学校需要部署校内网站，允许用户定制个人主页空间。由于IP资源不够，考虑部署域名型虚拟主机，并用虚拟目录为多部门建立子网站，并要求为保密部门网站建立用户身份验证机制。

项目导读

当今时代，"上网"已如同衣食住行，成为很多人每天必不可少的生活细节。要实现上网，就得依托WWW（World Wide Web）服务，简称Web服务。Web服务是客户端/服务器模式，人们平时通过浏览器输入网址来上网其实就是在客户端利用浏览器访问Web服务器上的信息资源。Apache是最流行的Web服务器软件之一，速度快，可靠性高，几乎可以运行于所有计算机平台上，是当今世界使用排名第一的Web服务器软件。

项目要点

➢ 安装与控制 Web 服务

➢ 掌握 Web 服务相关配置文件

➢ 配置一台简单的 Web 服务器

➢ 为系统用户建立个人主页空间

➢ 创建虚拟目录

➢ 掌握 Apache 服务器的存储控制

➢ 部署需要用户身份认证的网站

➢ 配置域名型虚拟主机

➤➤➤ 任务一 安装与控制 Web 服务

一、Web 服务相关知识

1. Web 服务概述

Web 服务起源于 1989 年欧洲的一个国际核能研究院中，用于管理文件，随着使用人员的增多和变更，他们发现要找到最新的相关文件越来越困难，于是开始尝试在服务器上建立一个目录，目录的链接指向每个人的文件，每个文件都由专人维护，这样就保证了能够快速找到最新的文件。后面又经过不断发展，最终形成了今天 Internet 上最常见的 Web 服务，它是在因特网上以超文本为基础形成的信息网，用户只需利用浏览器，输入一个网址，就可以查阅 Internet 上的信息资源，享受 Web 服务带来的便利。

2．HTTP 协议简介

HTTP（Hypertext Tranfer Protocol，超文本传输协议）是用来发布和接收 HTML 页面的网络协议。HTML（Hypertext Markup Language，超文本标记语言）是目前使用最为广泛的超文本格式，用它编写的 Web 页面，除了具备文本信息以外，还可以嵌入声音、图像、视频等多媒体信息。

HTTP 协议是基于浏览器/服务器（Browser/Server，B/S）模式的。其工作过程如下：

步骤一：Web 浏览器使用 Get 命令或 Post 命令向服务器发出请求。

步骤二：Web 服务器接收到请求后发送应答信息并与客户端建立连接。

步骤三：Web 服务器查找客户端所需文档，如果查找到该文档，则将其传给 Web 浏览器，如果没有该文档则返回一个错误提示文档给 Web 浏览器。

步骤四：Web 浏览器接收到返回文档并显示。

步骤五：浏览结束，断开与 Web 服务器的连接。

3．Web 服务工作原理

Web 服务就是遵循 HTTP 协议工作的，默认端口为 80，Web 客户端与 Web 服务器的通信过程可概括为如下三步：

步骤一：Web 客户端通过浏览器输入自己需要查阅的 URL 网址，以便连接相应的 Web 服务器。

步骤二：Web 服务器返回相应的界面。

步骤三：Web 客户端断开与远程 Web 服务器的连接。

需要注意，用户每次浏览网址都需要重复上述过程。

4．Apache 软件简介

Apache 由伊利诺伊大学 Urbana-Champaign 的国家高级计算程序中心开发，其名称取自"a patchy server"的读音，即充满补丁的服务。相比于微软公司的 IIS（Internet Information Server），Apache 是一款开源的 Web 服务器软件，可以在当今主流的所有计算机平台（Windows、Linux 和 UNIX）上运行，再加上其良好的安全性，是目前最流行的 Web 服务器软件。而且，它与 Linux 系统、PHP 动态网页实现技术，以及 MySQL 数据库结合，构成了著名的 LAMP 组合，成为各行各业构建低成本 Web 服务器的首选平台。

二、Web 服务的安装

对于实际的生产服务器，一般会安装 Apache 的源码包，因为它可以提升服务器的访问性能，虽然只有很少的百分比，但对于访问量很大的网站，哪怕只提升 5% 左右，那也是非常可观的访问量，尤其对于高峰期的承受能力将大大提升。

作为实验服务器，还是采用 yum 方法安装。配置好 yum 源，执行如下命令：

```
[root@ MASTER ~]# yum -y install httpd
```

安装完成后，执行查询命令如下：

```
[root@ MASTER ~]# rpm -q httpd
httpd-2.2.15-69.el6.centos.i686
```

查询结果显示，系统已成功安装了 Apache 服务。

三、Web 服务的控制

1．查询 Web 服务运行状态

```
[root@ MASTER ~]# service httpd status
httpd 已停
```

2．启动 Web 服务

```
[root@ MASTER ~]# service httpd start
```

3．关闭 Web 服务

```
[root@ MASTER ~]# service httpd stop
```

4．重启 Web 服务

```
[root@ MASTER ~]# service httpd restart
```

5．设置 Web 服务开机自启动

```
[root@ MASTER ~]# chkconfig --list |grep httpd
httpd          0:关闭  1:关闭  2:关闭  3:关闭  4:关闭  5:关闭  6:关闭
[root@ MASTER ~]# chkconfig --level 2345 httpd on
[root@ MASTER ~]# chkconfig --list |grep httpd
httpd          0:关闭  1:关闭  2:启用  3:启用  4:启用  5:启用  6:关闭
```

➤➤➤ 任务二　掌握 Web 服务相关配置文件

一、Apache 的主要目录和文件

Apache 的主要目录和文件如表 15-1 所示。

表 15-1　Apache 服务的主要目录和文件

目录和文件	作　用
/etc/httpd	服务目录
/etc/httpd/conf/httpd.conf	主配置文件
/var/www/html/	网页目录，用于存放网页文件
/var/log/httpd/access_log	访问日志
/var/log/httpd/error_log	错误日志
/etc/httpd/conf.d/welcome.conf	默认欢迎界面

二、主配置文件 httpd.conf

Apache 服务的主配置文件 httpd.conf 位于/etc/httpd/conf/目录下，它主要由三部分组成，即全局环境配置、主服务配置和虚拟主机配置。

1. 全局环境配置部分

该部分以 "#Section 1：Global Environment" 作为开始标志，主要用于配置 Apache 的全局环境。主要的全局配置项及功能如下：

```
ServerRoot "/etc/httpd"
#设置服务器的根目录,主要用来存放 Apache 的配置文件、日志文件和错误文件
PidFile run/httpd.pid
#设置保存 httpd 进程号(PID)的文件
Timeout 60
#设置 Web 服务器与浏览器之间网络连接的超时秒数,即如果超过这个时间还没连接上,服务器将断开
与客户端的连接
KeepAlive Off
#是否允许客户端的连线有多个请求,设为 Off 表示不允许,On 表示允许
MaxKeepAliveRequests 100
#定义一次连续连接期间可以进行的 HTTP 请求的最大请求次数,数字愈大,效能愈好。0 表示不限制
KeepAliveTimeout 15
#保持连接状态时的超时秒数,即如果服务器已经完成了一次请求,但一直没有接收到客户程序的下一
次请求,则超过 15 s 后服务器将断开与客户端的连接
StartServers          8
#用于设置 httpd 启动时启动的子进程副本数量。该参数的值应位于 MinSpareServers 和 MaxSpa-
reServers 之间
MinSpareServers       5
#设置最少的空余子进程数量
MaxSpareServers      20
设置最多的空闲子进程数量,多余的服务器进程副本会退出
```

在 Web 服务器中，StartServers、MinSpareServers 和 MaxSpareServers 参数都用于启动空闲子进程以提高服务器的反应速度。对于性能较高且频繁被访问的 Web 服务器，一般会预先生成多个空余的子进程驻留在系统中，一旦请求过多，这些空余的子进程（又称服务器副本）就可以帮助处理。然而，这些服务器副本处理完一次 HTTP 请求之后并不会立即退出，而是停留在计算机中等待下次请求，如果有太多的空余子进程没有处理任务，也会占用服务器的处理能力，所以需要 MaxSpareServers 参数限制空余副本的数量。通过这三个参数的合理设置，使空余子进程数保持一个合适的数量，既能协助 Web 服务器及时回应客户请求，又能控制不必要的进程数量。

```
MaxClients    256
#设置服务器支持的最多并发访问的客户数。该值要根据 Web 服务的性能和访问量来合理设置,设置
过小容易拒绝客户,而设置过大又容易造成系统反应缓慢或者超出硬件本身的资源承载能力
Listen 80
#设置服务器监听的 IP 地址和端口号,如不指定 IP 地址,则表示监听所有地址,若指定了 IP 地址＋端
口,则服务器只监听来自此地址和端口的请求
```

```
Include conf.d/*.conf
#需要包含进来的其他配置文件,这些配置文件位于/etc/httpd/conf/conf.d目录下,以".conf"
为后缀
User apache
#运行服务器的用户身份
Group apache
#运行服务器的组身份
```

2. 主服务器配置部分

该部分以"# Section 2: 'Main' server configuration"作为开始标志,主要用于配置 Apache 的主服务器。主要语句及功能如下:

```
ServerAdmin root@ localhost
#设置管理员的邮箱,如果 Apache 有问题,会发邮件通知管理员
ServerName www.example.com:80
#设置网站服务器的域名(FQDN),如果服务器的名字解析有问题,可以使用 IP 地址
DocumentRoot "/var/www/html"
#设置网页文档的根目录,即网站的所有网页都必须放在该目录下
DirectoryIndex index.html index.html.var
#设置默认主页,如果有多个页面,各页面间用空格隔开,排在前面的页面优先级更高
ErrorLog logs/error_log
#设置服务器存放错误日志文件的位置及文件名
LogLevel warn
#设置记录错误日志的等级
```

关于错误日志的等级划分及含义,具体如表 15-2 所示。

表 15-2　错误日志的等级划分及含义

级别名称	含　义	级别名称	含　义
emerg	紧急,系统将无法启动	warn	警告情况
alert	必须立即采取措施	notice	一般重要情况
crit	致命情况	info	普通情况
error	错误情况	debug	出错级别信息

设置哪个级别,代表只有错误信息比这个严重时才记录。也就是说,严重等级越高,日志文件记录的东西越少;严重等级越低,日志文件记录的东西越多。

```
LogFormat "% h% l% u% t "% r"% >s % b "% {Referer}i" "% {User-Agent}i"" combined
LogFormat"% h % l% u % t "% r"% >s% b"common
LogFormat "% {Referer}i -> % U" referer
LogFormat"% {User-agent}i" agent
#用于设置日志文件的记录格式,共有四种格式
CustomLog logs/access_log common
#指定 access_log 日志文件的位置和日志记录格式,access_log 日志文件用于记录服务器处理的
所有请求
AddDefaultCharset UTF-8
```

```
#为发送出的所有页指定默认的字符集。简体中文使用的字符集为 GB2312
< xxx >...</ xxx >
#容器指令，主要用于设置访问控制，常见的容器有 < Directory >...</Directory >、
<Files >...</Files >、< Location >...</Location >、< VitrualHost >...</Virtual-
Host >等
```

3. 虚拟主机配置部分

该部分以"# Section 3: Virtual Hosts"作为开始标志，位于 < VirtualHost *:80 > 和 </VirtualHost >之间。用于配置基于不同的 IP 地址、基于不同域名和基于不同端口号的多个站点。

▶▶▶ 任务三 配置一台简单的 Web 服务器

一、任务需求

某学校内部需搭建一台 Web 服务器，服务器的 IP 地址为 192.168.1.112，端口号为 80，主页为 index. html，主页内容为"welcome to trzy Guizhou."，管理员 E-mail 地址为 root @ trzy. edu，网页的编码采用 UTF-8，所有网站资源都放在/var/www/html 目录下，并将 Apache的根目录设置为/etc/httpd。

二、任务分析

该任务要求部署一个网站的主网页，只需搭建一台简单的 Web 服务器即可，主配置文件中只需设置好 Web 服务器的 IP 地址和邮箱地址，其余的都保持默认即可。

三、实现步骤

步骤一：修改主配置文件。
只需设置如下两处，其余保持默认即可。

```
[root@ MASTER ~]# vi /etc/httpd/conf/httpd.conf

ServerAdmin root@ trzy.edu        //设置管理员邮箱
ServerName 192.168.1.112:80       //设置 Web 服务器的 IP 地址
```

步骤二：重启 Web 服务。

```
[root@ MASTER ~]# service httpd restart
停止 httpd：                                          [确定]
正在启动 httpd：                                      [确定]
```

步骤三：创建主网页。

```
[root@ MASTER ~]# echo "welcome to trzy Guizhou." > /var/www/html/index.html
#相当于在/var/www/html/目录下建立一个主网页文件 index.html,并往文件中写入如下一行语句
#welcome to trzy Guizhou.
```

步骤四：关闭 Web 服务器端防火墙和 SELinux。

```
[root@ MASTER ~]# iptables -F
[root@ MASTER ~]# setenforce 0
```

步骤五：验证。

以 Windows 宿主机作为客户机，在浏览器中输入"http://192.168.1.112"，按【Enter】键，显示内容如图 15-1 所示。

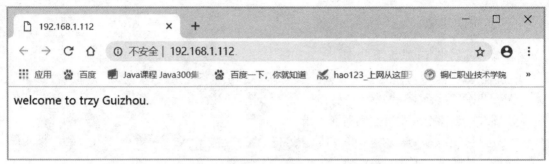

图 15-1   访问网页 http://192.168.1.112

图 15-1 所示结果正常显示出网站主网页的内容，说明 Web 服务器配置成功。事实上，只要是与 Web 服务器同属一个局域网的所有计算机都可以访问到该主网页。下面以 IP 地址为 192.168.1.117 的 Linux 克隆机 CLONE2 来做客户机，访问结果如下：

```
[root@ CLONE2 ~]# ping -c 4 192.168.1.112
PING 192.168.1.112 (192.168.1.112) 56(84) bytes of data.
64 bytes from 192.168.1.112: icmp_seq=1 ttl=64 time=0.431 ms
64 bytes from 192.168.1.112: icmp_seq=2 ttl=64 time=0.755 ms
64 bytes from 192.168.1.112: icmp_seq=3 ttl=64 time=1.33 ms
64 bytes from 192.168.1.112: icmp_seq=4 ttl=64 time=0.316 ms

--- 192.168.1.112 ping statistics ---
4 packets transmitted, 4 received, 0% packet loss, time 3005ms
rtt min/avg/max/mdev = 0.316/0.710/1.338/0.396 ms
[root@ CLONE2 ~]# curl http://192.168.1.112
welcome to trzy Guizhou.
```

其中，curl 命令为在 Linux 命令行界面中访问网页内容的命令。

➤➤➤ 任务四   为系统用户建立个人主页空间

目前，很多网站都推出了允许用户定制的个人主页空间。Apache 服务器拥有此项功能。

一、任务要求

在 IP 地址为 192.168.1.112 的 Web 服务器中，为系统用户 lisi 设置个人主页空间，该用户的家目录为/home/lisi，个人主页所在根目录为/home/lisi/public_html/，主页空间的内容为"this is the web of lisi."。

二、任务分析

为了实现用户定制的个人主页空间，需要用到 < IfModule mod_userdir. c > 容器和 < Directory /home/ * /public_html >容器。< IfModule mod_userdir. c >容器用于设置系统用户个人主页的根目录，< Directory /home/ * /public_html > 容器用于设置个人主页根目录的访问控制权限。

三、实现步骤

步骤一：创建 lisi 系统用户。

```
[root@ MASTER ~]# useradd lisi
[root@ MASTER ~]# passwd lisi
```

步骤二：创建个人主页空间所在目录。

```
[root@ MASTER ~]# mkdir /home/lisi/public_html/
```

步骤三：建立个人空间主网页。

```
[root@ MASTER ~]# echo "this is the web of lisi." > /home/lisi/public_html/index.html
```

步骤四：修改个人空间主网页文件的所有者、所属组和权限。

```
[root@ MASTER ~]# chown lisi:lisi /home/lisi/public_html/index.html
[root@ MASTER ~]# chmod 755 -R /home/lisi/
```

步骤五：修改主配置文件 httpd. conf，启用个人主页空间。

```
[root@ MASTER ~]# vi /etc/httpd/conf/httpd.conf

#<IfModule mod_userdir.c>容器用于设置系统用户个人主页的目录
<IfModule mod_userdir.c>
#    UserDir disabled          //把该行注释掉,即开启个人主页功能
    UserDir public_html        //把该行注释去掉,设置用户的个人主页存放目录,该句还表示
用户可以通过"http://服务器地址/ ~用户名"访问其中内容
</IfModule>

#<Directory /home/* /public_html > 容器用来设置个人主页目录的访问控制权限
<Directory /home/* /public_html >
    AllowOverride none         //不处理.htaccess文件
    Options none
    Order allow,deny           //设置allow,deny,顺序为先allow后deny
    Allow from all             //允许所有客户机访问
</Directory>
```

步骤六：重启 Web 服务。

```
[root@ MASTER ~]# service httpd restart
停止 httpd:                                    [确定]
正在启动 httpd:                                [确定]
```

步骤七：确保 Web 服务器端防火墙和 SELinux 都已关闭。

步骤八：验证。

以 Windows 宿主机做客户机，在浏览器中输入"http://192.168.1.112/~lisi/"，按【Enter】键，显示内容如图 15-2 所示。

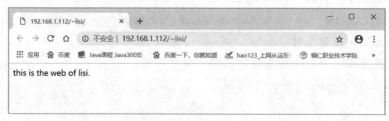

图 15-2　访问网页 http://192.168.1.112/~lisi/

图 15-2 所示结果显示的就是 lisi 用户的个人主页空间，证明已成功为系统用户建立了个人主页空间。再用 IP 地址为 192.168.1.117 的 Linux 客户机进行验证：

```
[root@ CLONE2 ~]# curl http://192.168.1.112/ ~lisi/
this is the web of lisi.
```

事实证明与 Web 服务器同处一个局域网的所有计算机都能访问系统用户个人主页空间的内容。

▶▶▶ 任务五　创建虚拟目录

随着网站内容越来越多，可是磁盘空间却有限时，就需要使用虚拟目录。虚拟目录可以在不影响现有网站的情况下，实现服务器磁盘空间的扩展，也就是说，虚拟目录可以与原有网站不在同一个文件夹，不在同一个磁盘驱动器，甚至不在同一台计算机上，但用户在访问网站时，却感觉不到任何区别。概括起来，使用虚拟目录主要有如下四个优点：

➢　可以隐藏真实目录结构，提高系统安全性。

➢　可以方便磁盘空间的分配，提高磁盘空间管理的灵活性。

➢　可以缩短访问路径的长度，便于目录访问和资源管理。

➢　方便日后的扩容，比方将各类文件用虚拟目录来管理，一旦文件的数量达到一定程度，服务器需要扩容时，只需给每个目录再搭建一台服务器即可。

一、任务要求

在任务三配置的 Web 服务器的基础上，现要求通过虚拟目录为"信息工程学院"建立子站点，配置参数为：虚拟目录别名为/xxgcx，物理路径为/var/xxgc，主网页内容为"This is virtual content html."。

二、任务分析

该任务要求通过虚拟目录建立子网站，服务器的 IP 地址不变。

三、实现步骤

步骤一：建立子网站的物理路径，即建立子网站用于保存网页的位置。

```
[root@ MASTER ~]#mkdir /var/xxgc
```

步骤二：建立虚拟目录子网站的主网页文件。

```
[root@ MASTER ~]# echo "this is vitual content html." > /var/xxgc/index.html
```

步骤三：编辑主配置文件。

在任务三的基础上，只需在末尾添加如下内容即可：

```
[root@ MASTER ~]# vi /etc/httpd/conf/httpd.conf

Alias  /xxgcx  /var/xxgc
#指定网站真实物理路径和虚拟目录别名之间的对应关系

<Directory "/var/xxgc">
        Options  Indexes            MultiViews
        #允许显示文件列表        允许不同的显示方式,例如语言和图形
        allowOverride None
        #不处理.htaccess文件
        Order allow,deny
        #设置allow,deny,顺序为先allow后deny
        Allow from all
        #允许所有客户机访问
</Directory>
```

步骤四：重启Web服务。

```
[root@ MASTER ~]# service httpd restart
停止httpd:                                          [确定]
正在启动httpd:                                       [确定]
```

步骤五：确保Web服务器端防火墙和SELinux都已关闭。

步骤六：验证。

以Windows宿主机做客户机，在浏览器中输入"http://192.168.1.112/xxgcx/"，按【Enter】键，显示内容如图15-3所示。

图15-3　访问网页http://192.168.1.112/xxgcx/

图15-3所示结果为虚拟目录网站主网页的内容，说明虚拟目录创建部署成功。再用IP地址为192.168.1.117的Linux客户机进行验证：

```
[root@ CLONE2 ~]# curl http://192.168.1.112/xxgcx/
this is vitual content html.
```

事实证明，与Web服务器同处一个局域网的所有计算机都能访问到其虚拟目录子网站的内容。

▶▶▶ 任务六　掌握 Apache 服务器的存取控制

在 Apache 服务器的配置过程中，有时需要使用到各种标签，不同的标签有其特定的存取控制功能，如 < Directory > 标签用来定义文件夹设置，< Files > 标签用来定义文件设置，< Location > 标签用来定义 URL 设置，< Limit > 标签用来定义对某个动作的限制，等等。下面重点介绍 < Directory > 标签。

一、Options

< Directory > 标签中的 Options 语句，主要用来定义针对文件夹的一些动作选项。常见的选项如下所示：

➤ All 选项：允许除了 MultiViews、IncludesNOEXEC、SymLinksifOwnerMatch 之外的所有动作。

➤ ExecCGI 选项：允许执行 CGI。

➤ FollowSymLinks 选项：允许符号链接到其他目录和文件。

➤ IncludesNOEXEC 选项：允许 SSI，但 CGI 的#exec 和#include 除外。

➤ Indexes 选项：允许显示文件列表。

➤ MultiViews 选项：允许不同的显示方式，如语言和图形。

➤ SymLinksifOwnerMatch 选项：允许符号链接到其他目录，但必须是拥有者。

如果多个选项组合在一起，必须写在一行，而不能分成几行写。例如：

```
Options  Indexes  FollowSymLinks
```

二、浏览器权限设置

Apache 对于访问权限的限制有两种方式。一种是整体存取控制，即通过主配置文件 httpd. conf 设置 < Directory > 标签完成；另一种是分布式存取控制，即通过 . htaccess 文件对特定目录进行控制。

1. 整体存取控制

整体存取控制即通过设置主配置文件 httpd. conf 限制某些目录的访问权限。例如：

```
<DirectoryMatch  /x >      //标签<DirectoryMatch >用以匹配目录名
    Order deny,allow       //顺序为:先 deny,后 allow
    Deny from all          //禁止全部匹配的客户访问
</DirectoryMatch >
```

以上语句禁止了访问所有开头为"x"的目录网站，如配置虚拟目录子网站时，由于虚拟目录别名为/xxgcx，如果在主配置文件末尾加入该标签段内容，效果如下：

```
Alias /xxgcx /var/xxgc

<Directory "/var/xxgc">
    Options Indexes MultiViews
    allowOverride AuthConfig
    Order deny,allow
    Allow from all
</Directory>

<DirectoryMatch /x>
    Order deny,allow
    Deny from all
</DirectoryMatch>
```

还是以宿主机做客户机，在浏览器中输入"http://192.168.1.112/xxgcx/"，按【Enter】键，显示内容如图 15-4 所示。

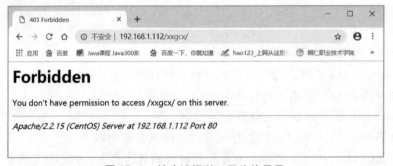

图 15-4　禁止访问以 x 开头的目录

图 15-4 所示结果表明，用整体存储控制方式禁止访问以 x 开头的目录部署成功。

2．分布式存取控制

使用分布式存取控制前需要更改 httpd.conf 中 < Directory > 模块中 AllowOverride 语句的参数。AllowOverride 主要用于控制 .htaccess 文件中允许进行的设置，即设置如何使用访问控制文件 .htaccess。AllowOverride 语句的主要参数及功能如下：

➢ AuthConfig：用于认证、授权以及安全。

➢ FileInfo：用于控制文件处理方式的相关指令。

➢ Limit：用于目录访问控制的相关指令。

➢ Options：启用不能在主配置中使用的各种选项。

➢ Indexes：控制目录列表方式的相关指令。

➢ All：允许以上所有的功能。

➢ None：不允许以上所有的功能，即不处理 .htaccess 文件。

每个参数在配置文件 .htaccess 中都对应一个指令组。每个指令组包含若干条指令，并通过这些指令控制目录的访问权限。

例如，如果要禁止 IP 地址为 192.168.1.103 的宿主机访问/var/xxgc 目录，但可以正常访问其他目录，设置步骤如下：

步骤一：修改主配置文件 httpd.conf。

```
#主要是修改＜Directory "/var/xxgc"＞...＜/Directory＞标签对中allowOverride的
参数。
＜Directory "/var/xxgc"＞
        Options Indexes MultiViews
        allowOverride Limit        //此处用Limit参数表示启用.htaccess文件控制目录访问
        Order allow,deny
        Allow from all
＜/Directory＞
```

步骤二：在目录/var/xxgc/中新建 .htaccess 控制文件。

```
[root@ MASTER ~]# cd /var/xxgc
[root@ MASTER xxgc]# touch .htaccess
```

步骤三：编辑新建的 .htaccess 控制文件。

```
[root@ MASTER xxgc]# vi .htaccess
#添加一行如下语句：
deny from 192.168.1.103      //禁止 IP 地址为 192.168.1.103 的主机访问/var/xxgc/目录
```

步骤四：重启 Web 服务。

```
[root@ MASTER xxgc]# service httpd restart
```

步骤五：验证。

用 IP 地址为 192.168.1.103 的宿主机做客户机，在浏览器中输入 "http：//192.168.1.112/xxgcx/"，按【Enter】键，显示结果如图 15-5 所示。

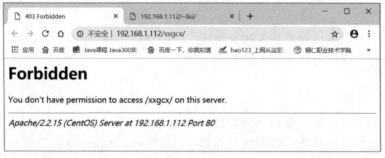

图 15-5　客户机 192.168.1.103 访问 xxgcx 文件夹被禁止

再用 IP 地址为 192.168.1.103 的宿主机访问其他网页，比如前面已经部署好的 lisi 用户的个人主页空间，显示结果如图 15-6 所示。

图 15-6　客户机 192.168.1.103 可以正常访问其他目录

结果证明，IP 地址为 192.168.1.103 的主机不可以访问/var/xxgc 目录，但可以正常访问其他目录，说明分布式存储控制部署成功。

任务七 部署需要用户身份认证的网站

除了浏览权限控制以外，Apache 的用户身份认证也采用"整体控制"或"分布式控制"，其中分布式控制是主流做法，下面介绍利用"分布式控制"部署需要用户身份认证的网站。

在/usr/bin 目录中有一个 htpasswd 可执行文件，它的作用是用来创建 .htaccess 文件的身份认证所使用的密码文件，也就是创建一个文件，用于保存允许访问某网站的用户名及访问密码。htpasswd 命令的语法格式如下：

```
[root@ MASTER ~]# htpasswd [-bcD] [-mdps] 密码文件名 用户名
选项：
    -b:用批处理方式创建用户。htpasswd 不输入用户密码,但是采用明文输入密码,故不安全,不推
荐使用
    -c:创建一个密码文件,推荐做法
    -D:删除一个用户
    -m:采用 MD5 编码加密
    -d:采用 CRYPT 编码加密,这是预设的方式
    -p:采用明文格式密码。不安全,不推荐使用
    -s:采用 SHA 编码加密
```

一、任务要求

针对任务五中用虚拟目录部署的子网站"http://192.168.1.112/xxgcx/"，现要求该网站只有授权的用户使用配套密码才能访问。

二、任务分析

该任务要求部署的网站在访问时需使用用户身份认证，关键点有三处，一是利用 htpasswd 命令生成授权账号及密码并将其存储在/usr/local/.htpasswd 密码文件中；二是修改 < Directory /var/xxgc >... </Directory > 标签对中 AllowOverride 选项的参数为 AuthConfig，启用用户认证机制；三是在配置文件 .htaccess 中写入 AuthConfig 参数对应的指令组，实现用户身份认证功能。实验环境：授权两个用户 xiaoli 和 xiaowang，设置密码分别为 456 和 789。

三、实现步骤

1. 先考虑只授权一个用户 xiaoli

步骤一：进入/var/xxgc 目录，利用 htpasswd 命令新建授权用户 xiaoli，并将其密码 456 信息存入/usr/local/.htpasswd 密码文件中。操作命令如下：

```
[root@ MASTER xxgc]# /usr/bin/htpasswd -c /usr/local/.htpasswd xiaoli
New password: 456
Re-type new password: 456
Adding password for user xiaoli
```

步骤二：修改主配置文件 httpd. conf。

```
[root@ MASTER ~]# vi /etc/httpd/conf/httpd.conf
#修改<Directory "/var/xxgc">...</Directory>标签中 allowOverride 的参数为 AuthConfig

Alias /xxgcx /var/xxgc
<Directory "/var/xxgc">
      Options Indexes MultiViews
      allowOverride AuthConfig
      Order deny,allow
      Allow from all
</Directory>
```

步骤三：编辑/var/xxgc/.htaccess 文件。

```
[root@ MASTER xxgc]# vi .htaccess
#写入如下内容

AuthName "Test Zone"                    //设置使用认证的领域
AuthType Basic                          //指明采用 mod_auth 提供的 Basic 加密方式
AuthUserFile /usr/local/.htpasswd       //指明存放授权访问的密码文件
Require user xiaoli                      //指明只有用户 xiaoli 才是有效用户
```

步骤四：重启 httpd 服务。

```
[root@ MASTER ~]# service httpd restart
停止 httpd:                                        [确定]
正在启动 httpd:                                     [确定]
```

步骤五：关闭服务器端防火墙和 SELinux。

步骤六：测试。

在宿主机浏览器中输入"http：//192.168.1.112/xxgcx/"，按【Enter】键，显示内容如图 15-7（a）所示，在图 15-7（a）中输入用户名 xiaoli，密码456，单击"登录"按钮，打开图 15-7（b）所示界面。

结果表明，网站访问已成功启用身份认证机制。刚才，已经实现了一个有效用户的验证访问，如果要授权多个有效用户呢，操作方法基本相同，不同点有两处：

一是继续用 htpasswd 命令创建授权用户 xiaowang 并设置密码789，命令如下：

```
[root@ MASTER xxgc]# /usr/bin/htpasswd -c /usr/local/.htpasswd xiaowang
New password: 789
Re-type new password: 789
Adding password for user xiaowang
```

二是将 .htaccess 文件中的最后一行修改如下：

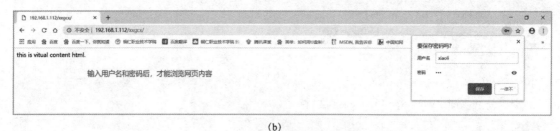

(a)

(b)

图 15-7　使用用户名和密码访问网页

```
[root@ MASTER xxgc]# vi .htaccess

AuthName "Test Zone"
AuthType Basic
AuthUserFile /usr/local/.htpasswd
#Require user xiaoli
Require valid-user        //指明只要是密码文件的用户就是有效用户
```

　　下面验证 xiaowang 用户登录，清空浏览器缓存，输入网址"http：//192.168.1.112/xxgcx/"，按【Enter】键，弹出用户认证界面，如图 15-8（a）所示，输入用户名 xiaow-agn，密码 789，显示内容如图 15-8(b)所示。

(a)

(b)

图 15-8　授权多个用户访问网页

➤➤➤ 任务八　配置域名型虚拟主机

一、虚拟主机的概念和分类

所谓虚拟主机，就是在同一台服务器上运行多个 Web 站点。Apache 支持的虚拟主机分成三种类型：IP 型、域名型和端口型。

1. IP 型（基于不同 IP 的虚拟主机）

IP 型虚拟主机需要在服务器上绑定多个 IP 地址，然后配置 Apache，将多个网站绑定在不同的 IP 地址上，访问服务器上不同的 IP 地址，就可以浏览到不同的网站。

2. 域名型（基于不同域名的虚拟主机）

域名型虚拟主机只需服务器有一个 IP 地址即可，所有的虚拟机共享同一个 IP，各虚拟机之间通过域名进行区分。这是部署虚拟主机最标准也是最主流的方式。

3. 端口型（基于不同端口号的虚拟主机）

端口型虚拟主机只需服务器有一个 IP 地址即可，所有的虚拟机共享同一个 IP 地址，各虚拟机之间通过不同的端口号进行区分。

现实应用中最主流的是第二种方式。第一种方式要购买 IP，而现在 IP 属于稀缺资源，购买 IP 费用昂贵。第三种方式改变端口号也不可取，Apache 服务配置的网站默认使用 80 号端口进行监听，若改变了端口号，别人不知道，相当于把自己的网站隐藏起来了，那就失去了网站部署的意义。而第二种方式能够克服其他两种方式的缺点，理论上只要服务器的性能足够强，一台服务器可以部署和运行很多个 Web 网站。所以本任务只讲解域名型虚拟主机的配置。

二、任务要求

用 IP 地址为 192.168.1.112 的 Linux 主机搭建 Apache 服务器，创建域名型虚拟主机，部署两个网站，网站一的域名为 www.trzy.edu，站点根目录为/var/www/trzy，主网页内容为 "welcome to www.trzy.edu of virtualhost."。网站二的域名为 www.xxgc.edu，站点根目录为/var/www/xxgc，主网页内容为 "welcome to www.xxgc.edu of virtualhost."。

三、任务分析

该任务要求创建域名型虚拟主机，搭建两个网站，关键的一步是要实现域名和 IP 地址之间的解析，有两种实现方式，第一种方法为通过配置 DNS 服务器来实现，第二种方法是通过修改/etc/hosts 文件来实现，操作非常简单。本任务中采用第二种方法来实现。主配置文件中的修改主要是在末尾添加两台虚拟主机的配置。

四、实现步骤

步骤一：域名注册。

在 Windows 宿主机上修改 C:\Windows\System32\drivers\etc\hosts 文件，在文件末尾加入如下两行解析语句。

```
192.168.1.112   www.trzy.edu
192.168.1.112   www.xxgc.edu
```

步骤二：创建两个网站的网页文件根目录。

```
[root@ MASTER ~]# mkdir /var/www/trzy
[root@ MASTER ~]# mkdir /var/www/xxgc
```

步骤三：创建两个站点的主网页文件。

```
[root@ MASTER ~]# echo "welcome to www.trzy.edu of vitruahost." > /var/www/
trzy/index.html
[root@ MASTER ~]# echo "welcome to www.xxgc.edu of vitruahost." > /var/www/
xxgc/index.html
```

步骤四：修改主配置文件。

```
[root@ MASTER ~]# vi /etc/httpd/conf/httpd.conf
#在文件末尾添加虚拟主机的定义
NameVirtualHost 192.168.1.112

#定义域名为 www.trzy.edu 的虚拟主机
<VirtualHost 192.168.1.112 >
        ServerAdmin root@ trzy.edu
        DocumentRoot /var/www/trzy
        ServerName www.trzy.edu
        DirectoryIndex index.html
        ErrorLog logs/www.trzy.edu-error_log
        CustomLog logs/www.trzy.edu-access_log common
</VirtualHost >

#定义域名为 www.xxgc.edu 的虚拟主机
<VirtualHost 192.168.1.112 >
        ServerAdmin root@ xxgc.edu
        DocumentRoot /var/www/xxgc
        ServerName www.xxgc.edu
        DirectoryIndex index.html
        ErrorLog logs/www.xxgc.edu-error_log
        CustomLog logs/www.xxgc.edu-access_log common
</VirtualHost >
```

步骤五：重启 Web 服务。

```
[root@ MASTER ~]# service httpd restart
停止 httpd:                                        [确定]
正在启动 httpd:                                    [确定]
```

步骤六：关闭 Web 服务器端的防火墙和 SELinux。

```
[root@ MASTER ~]# iptables -F
[root@ MASTER ~]# setenforce 0
```

步骤七：验证。

以 Windows 宿主机做客户机，在浏览器中输入"www. trzy. edu"，按【Enter】键，显示内容如图 15-9 所示。

图 15-9　访问虚拟主机"http：//www. trzy. edu"

从图 15-9 所示结果来看，可以浏览到网站一的主网页内容。再输入"www. xxgc. edu"，按【Enter】键，显示内容如图 15-10 所示。

图 15-10　访问虚拟主机"http：//www. xxgc. edu"

从图 15-10 所示结果来看，也可以浏览到网站二对应的主网页内容，说明域名型虚拟主机配置成功。

▶▶▶ 小　　结

本项目学习 Web 服务器的配置与管理。首先介绍了 Web 服务的概念、使用协议和工作原理，介绍了最流行的 Web 服务软件 Apache。然后介绍了 Web 服务相关配置文件及功能，尤其是对主配置文件进行了详细分析，对其中的关键语句的含义进行了逐条讲解。最后通过几个实际的 Web 服务器部署任务对相关知识进行了整合和深化。学习该项目的难点是掌握虚拟目录和虚拟主机两个概念，以及对各种容器的理解和使用、对目录权限的访问控制。Web 服务器是现实生活中最为常见的服务器，各个企业、院校和政府机构甚至下级部门都有自己的网站，建议大家一定要下功夫学好并理解该项目中的知识内容。

一、判断题

1. HTTP 请求默认使用 80 号端口。　　　　　　　　　　　　（　　）

2. Apache 只能运行于 Linux 系统。　　　　　　　　　　　　（　　）

3. Web 站点的主目录可以任意设置。　　　　　　　　　　　　（　　）

4. IP 型虚拟主机必须使用两块不同 IP 的网卡。　　　　　　　（　　）

二、填空题

1. 虚拟主机分为_____、_____和_____三类。

2. HTTP 协议的英文全称是_____，翻译为中文是_____。

3. HTML 的英文全称是_____，翻译为中文是_____。

4. httpd. conf 分为_____、_____和_____三个设置区域。

5. LAMP 组合指_____、_____、_____和_____的合称。

6. Apache 服务器的主配置文件名为_____，在_____目录下。

7. Apache 服务器默认用于存放网页的目录是_____。

8. 为了实现用户定制的个人主页空间，需要用到_____容器和_____容器。

9. 使用分布式存取控制前需要更改 httpd. conf 的 < Directory > 模块的_____语句的参数。

三、选择题

1. AllowOverride 语句（　　）参数用来配置用户身份认证的。

　　A. FileInfo　　　　　B. Indexes　　　　　C. AuthConfig　　　　D. Limit

2. 下面语句用来设置虚拟目录的是（　　）。

　　A. Alias　　　　　　B. Order　　　　　　C. Directory　　　　　D. ServerRoot

3. 配置 Apache 服务器时，若要设置 Web 站点的首页，应在配置文件中通过（　　）配置语句来实现。

　　A. ServerRoot　　　B. DocumentRoot　　C. Listen　　　　　　D. DirectoryIndex

4. 配置 Apache 服务器时，若要设置 Web 站点的监听端口号，应在配置文件中通过（　　）配置语句来实现。

　　A. ServerRoot　　　B. DocumentRoot　　C. Listen　　　　　　D. DirectoryIndex

5. 配置 Apache 服务器时，配置文件中的 DocumentRoot 配置项用来设置（　　）。

　　A. Web 站点根目录的位置　　　　　B. Web 站点的监听端口号

　　C. Web 站点的首页　　　　　　　　D. Web 站点的域名

6. 启动 Apache 服务的命令是（　　）。

　　A. service httpd restart　　　　　　B. service httpd start

　　C. service http restart　　　　　　　D. service http start

7. 下列参数用于设置服务器支持的最多并发访问的客户数的是（　　）

A. MaxKeepAliveRequests   B. MinSpareServers

C. MaxSpareServers   D. MaxClients

四、简答题

1. 简述 Web 服务的工作原理。

2. 简述使用虚拟目录的优点。

3. Apache 对于访问权限的限制主要有哪两种方式?

4. 什么是域名型虚拟主机?

五、操作题

1. 设置 Web 服务在 2、3、4、5 运行级别下开机自启动。

2. 配置一台简单的 Web 服务器。

3. 为系统用户 zhangsan 建立个人主页空间。

4. 用虚拟目录/yxy 为医学院建立子网站,真实物理路径为/var/www/trzyyxy。

5. 将虚拟目录/yxy 部署成需要用户身份认证的网站。

6. 配置域名型的虚拟主机,部署 www.trzy.edu 和 mail.trzy.edu 两个网站。

NFS服务器的配置与管理

项目十六

情境描述

随着 Linux 的普及，某学校的 Linux 主机越来越多，现需搭建一台 NFS 服务器，为所有的 Linux 客户端提供资源共享，要求共享目录实现开机自动挂载。

项目导读

前面学习了 Samba 服务，它主要用于 Windows 系统与 Linux 系统之间的资源共享，本项目学习 NFS 服务，主要用于 Linux 主机之间的文件共享。

项目要点

➤ 安装与控制 NFS 服务

➤ 配置 NFS 服务器

➤➤➤ 任务一　安装与控制 NFS 服务

一、NFS 相关知识

1. NFS 概述

在 Linux 中，NFS（Network File System，网络文件系统）服务相当于"网上邻居"，可以让 Linux 主机间像操作本地设备那样共享资源。它与 Samba 服务的功能非常类似，只是 NFS 服务只能用于 Linux 主机间共享资源，而 Samba 服务不仅可以实现 Linux 主机间的资源共享，还可以实现 Linux 系统与 Windows 系统之间的文件共享。

2. NFS 工作原理

NFS 服务的守护进程主要有 6 个，分别是 rpc. nfsd、rpc. mounted、rpcbind、rpclocked、rpc. statd 和 rpc. quotad，其中前三个是必须有的进程，后三个是可选进程。各个进程的功能如表 16-1 所示。

表 16-1　NFS 服务主要守护进程及功能

进程名	功　　　能
rpc. nfsd	负责客户端的登录检验，负责处理 NFS 请求
rpc. mounted	负责管理 NFS 的文件系统
rpcbind	负责端口映射，即将 NFS 服务的端口号提供给 NFS 客户端
rpclocked	允许 NFS 客户端在服务器上对文件加锁
rpc. statd	实现了网络状态监控 RPC 协议
rpc. quotad	提供了 NFS 与配额管理程序的接口

这些进程由相应的功能组件提供，每一项功能都会对应一个端口。为了不占用过多的固定端口，NFS 服务采用动态端口分配方式，该功能由 RPC（Remote Procedure Call，远程过程调用）组件提供，需要安装的软件为 rpcbind，体现的进程为 rpcbind，工作于固定端口111，主要负责记录 NFS 各种功能所分配的端口号，供客户机查询。NFS 的具体工作过程概况如下：

步骤一：NFS 服务启动，各功能自动分配一个端口，这些端口信息被 RPC 服务记录。

步骤二：客户端访问服务器，首先向 RPC 服务查询 NFS 的端口号。

步骤三：RPC 服务告知客户端 NFS 服务工作的端口号。

步骤四：客户端访问对应的端口请求 NFS 提供服务。

步骤五：NFS 服务认证访问权限后，提供服务。

这里的 NFS 和 RPC 可以形象地理解为图书馆与登记簿的关系，NFS 只负责藏书，即完成资源存储和共享的功能，而书到底藏在哪里由 RPC 完成，这样处理的好处是大大简化了NFS 程序的复杂度。

二、NFS 服务的安装

从 NFS 工作原理的介绍可知，rpc. nfsd、rpc. mounted 和 rpcbind 是 NFS 服务必须有的守护进程，为满足此要求，至少需要安装两个组件：nfs-utils 和 rpcbind。其中 nfs-utils 组件负责提供 rpc. nfsd 和 rpc. mounted 两个守护进程，rpcbind 组件负责提供 rpcbind 守护进程。

采用 yum 方法安装，配置好 yum 源以后，执行如下安装指令即可：

```
[root@ MASTER ~]# yum -y install nfs-utils
[root@ MASTER ~]# yum -y install rpcbind
```

三、NFS 服务的控制

1. 查询 NFS 服务的运行状态

```
[root@ MASTER ~]# service nfs status
```

2. 查询 NFS 服务中各个守护进程是否在运行

```
[root@ MASTER ~]# rpcinfo -p
```

3. 启动 NFS 服务

```
[root@ MASTER ~]# service nfs start
```

4. 停止 NFS 服务

```
[root@ MASTER ~]# service nfs stop
```

5. 重启 NFS 服务

```
[root@ MASTER ~]# service nfs restart
```

6. 设置 NFS 服务开机自启动

```
[root@ MASTER ~]# chkconfig --level 35 nfs on
[root@ MASTER ~]# chkconfig --list |grep nfs
nfs              0:关闭  1:关闭  2:关闭  3:启用  4:关闭  5:启用  6:关闭
nfslock          0:关闭  1:关闭  2:关闭  3:启用  4:启用  5:启用  6:关闭
```

▶▶▶ 任务二 配置 NFS 服务器

一、NFS 网络文件系统结构

NFS 网络文件的主要目录结构及功能如表 16-2 所示。

表 16-2 NFS 网络文件的主要目录结构及功能

文件目录	功　能
/etc/exports	NFS 服务的主配置文件
/user/sbin/exports	NFS 服务的管理命令
/usr/sbin/showmount	客户端用来查看 NFS 共享资源目录的命令
/var/lib/nfs/etab	记录 NFS 分享出来的目录的完整设置权限
/var/lib/nfs/xtab	记录曾经登录过的客户端信息

二、NFS 主配置文件介绍

NFS 服务的主配置文件是/etc/exports，用于记录共享目录，指定共享主机和共享权限。该配置文件中典型的语法格式如下：

```
/nfsfiles/major      192.168.1.113(rw)
#共享目录            主机名或者 IP 地址(权限)
```

对于共享主机和共享权限的指定，再补充说明如下几点：

（1）如果有多个主机名或者 IP 地址，中间用空格隔开。

（2）IP 地址可写成：192.168.1.113、192.168.1.113/24 或 192.168.1.113/255.255.255.0。

（3）如果用主机名，NFS 服务器必须能够解析该主机名对应的 IP 地址。

（4）可以有多个权限，权限之间用 "," 隔开。

（5）常见的权限及含义如表 16-3 所示。

表 16-3　常见的共享权限及含义

权　限	含　　义
rw	读写
ro	只读
sync	数据同步写入内存和硬盘
async	数据先写入内存，再写入硬盘
no_root_squash	如果使用共享目录的是 root，那么对该共享目录来讲就具有 root 权限
root_squash	如果使用共享目录的是 root，那么这个用户的权限将被压缩为 nobody
all_squash	无论谁使用共享目录，权限均被压缩为 nobody
anonuid	用户可自行设置 uid
anongid	用户可自行设置 gid

三、配置 NFS 服务器共享目录

1．任务需求

某学校需要搭建一台 NFS 服务器，IP 地址为 192.168.1.112，共享目录、允许共享的主机及共享权限如表 16-4 所示。

表 16-4　共享目录及允许的共享主机和共享权限

共享目录	允许共享的主机	共享权限
/nfsfiles/share	所有客户端	读写；所有用户访问时映射成匿名用户；匿名用户的 UID 和 GID 都为 12345
/nfsfiles/public	192.168.1.0/24 192.168.2.0/24	只读
/nfsfiles/tech	trzy.edu 域成员	读写；将 root 用户映射成匿名用户
/nfsfiles/major	192.168.1.113	读写

2．任务分析

要完成该配置任务，服务器端主要工作：一是建立共享目录、测试文件、修改共享目录的系统权限；二是编辑 NFS 主配置文件，按照语法格式和共享要求写入对应语句；因为有目录只允许主机名访问，三是要编辑/etc/hosts 文件；四是要关闭防火墙和 SELinux；最后就是启动 rpcbind 服务和 nfs 服务。客户端主要工作：一是要确保安装了 nfs-utils 组件；二是要建立挂载目录，实施共享目录挂载；三是建立共享目录开机自动挂载。实验环境：NFS 服务器 IP 地址为 192.168.1.112，客户端 IP 地址为 192.168.1.113。

3．实现步骤

1) 服务器端

步骤一：创建共享目录及测试文件。

```
#新建共享目录
[root@ MASTER ~]# mkdir -p /nfsfiles/share
[root@ MASTER ~]# mkdir -p /nfsfiles/public
[root@ MASTER ~]# mkdir -p /nfsfiles/tech
[root@ MASTER ~]# mkdir -p /nfsfiles/major
```

```
#新建测试文件
[root@ MASTER ~]# touch /nfsfiles/share/share.txt
[root@ MASTER ~]# touch /nfsfiles/public/public.txt
[root@ MASTER ~]# touch /nfsfiles/tech/tech.txt
[root@ MASTER ~]# touch /nfsfiles/major/major.txt
```

步骤二：修改共享目录的系统权限。

```
[root@ MASTER ~]# chmod 777 /nfsfiles/share/ -R
[root@ MASTER ~]# chmod 777 /nfsfiles/public/ -R
[root@ MASTER ~]# chmod 777 /nfsfiles/tech/ -R
[root@ MASTER ~]# chmod 777 /nfsfiles/major/ -R
#这里都设置为777,目的是保证文件共享后的权限完全由NFS主配置文件来指定
```

步骤三：编辑 NFS 主配置文件。

```
[root@ MASTER ~]# vi /etc/exports
#共享目录    允许访问的客户端(权限分配)
/nfsfiles/share * (rw,all_squash,anonuid=12345,anongid=12345)
/nfsfiles/public 192.168.1.0/24(ro) 192.168.2.0/24(ro)
/nfsfiles/tech * .trzy.edu(rw,root_squash)
/nfsfiles/major 192.168.1.113(rw)
```

步骤四：重启 rpcbind 服务。

```
[root@ MASTER ~]# service rpcbind start
```

步骤五：重启 nfs 服务。

```
[root@ MASTER ~]# service nfs start
启动 NFS 服务：                                    [确定]
关掉 NFS 配额：                                    [确定]
启动 NFS mountd：                                 [确定]
启动 NFS 守护进程：                                [确定]
```

这里可以使用"rpcinfo -p"命令查看 NFS 服务启动了哪些守护进程以及使用的端口。

```
[root@ MASTER ~]# rpcinfo -p
 program    vers   proto   port    service
 100000     4      tcp     111     portmapper
 100000     3      tcp     111     portmapper
 100000     2      tcp     111     portmapper
 100000     4      udp     111     portmapper
 100000     3      udp     111     portmapper
 100000     2      udp     111     portmapper
 100024     1      udp     51169   status
 100024     1      tcp     58137   status
 100011     1      udp     875     rquotad
 100011     2      udp     875     rquotad
 100011     1      tcp     875     rquotad
 100011     2      tcp     875     rquotad
```

```
100005    1    udp   34854   mountd
100005    1    tcp   36567   mountd
100005    2    udp   45596   mountd
100005    2    tcp   53880   mountd
100005    3    udp   44588   mountd
100005    3    tcp   46865   mountd
100003    2    tcp   2049    nfs
100003    3    tcp   2049    nfs
100003    4    tcp   2049    nfs
100227    2    tcp   2049    nfs_acl
100227    3    tcp   2049    nfs_acl
100003    2    udp   2049    nfs
100003    3    udp   2049    nfs
100003    4    udp   2049    nfs
100227    2    udp   2049    nfs_acl
100227    3    udp   2049    nfs_acl
100021    1    udp   45077   nlockmgr
100021    3    udp   45077   nlockmgr
100021    4    udp   45077   nlockmgr
100021    1    tcp   52236   nlockmgr
100021    3    tcp   52236   nlockmgr
100021    4    tcp   52236   nlockmgr
```

此外，还可查看 NFS 分享出来的目录的完整设置权限，执行命令如下：

```
[root@ MASTER ~]# cat /var/lib/nfs/etab
/nfsfiles/major
192.168.1.113 (rw, sync, wdelay, hide, nocrossmnt, secure, root_squash, no_all_
squash, no_subtree_check, secure_locks, acl, anonuid = 65534, anongid = 65534, sec = sys,
rw, root_squash, no_all_squash)
    /nfsfiles/public
192.168.1.0/24 (ro, sync, wdelay, hide, nocrossmnt, secure, root_squash, no_all_
squash, no_subtree_check, secure_locks, acl, anonuid = 65534, anongid = 65534, sec = sys,
ro, root_squash, no_all_squash)
    /nfsfiles/public
192.168.2.0/24 (ro, sync, wdelay, hide, nocrossmnt, secure, root_squash, no_all_
squash, no_subtree_check, secure_locks, acl, anonuid = 65534, anongid = 65534, sec = sys,
ro, root_squash, no_all_squash)
    /nfsfiles/tech
    * trzy.edu (rw, sync, wdelay, hide, nocrossmnt, secure, root_squash, no_all_squash,
no_subtree_check, secure_locks, acl, anonuid = 65534, anongid = 65534, sec = sys, rw, root
_squash, no_all_squash)
    /nfsfiles/share
    * (rw, sync, wdelay, hide, nocrossmnt, secure, root_squash, all_squash, no_subtree_
check, secure_locks, acl, anonuid = 12345, anongid = 12345, sec = sys, rw, root_squash, all
_squash)
```

步骤六：编辑/etc/hosts 文件。

```
[root@ MASTER ~]# vi /etc/hosts
#在最后添加一行如下语句
192.168.1.113 client.trzy.edu
```

步骤七：关闭防火墙及 SELinux。

```
[root@ MASTER ~]# iptables -F
[root@ MASTER ~]# setenforce 0
```

2）客户端

步骤一：确保已安装了 nfs-utils 组件。

```
[root@ CLONE1 ~]# rpm -q nfs-utils
nfs-utils-1.2.3-26.el6.i686
```

步骤二：关闭防火墙和 SELinux。

步骤三：查看 NFS 服务器全部共享目录。

```
[root@ CLONE1 ~]# showmount -e 192.168.1.112
Export list for 192.168.1.112：
/nfsfiles/share   *
/nfsfiles/tech   * trzy.edu
/nfsfiles/public 192.168.2.0/24,192.168.1.0/24
/nfsfiles/major   192.168.1.113
```

这里请注意一个常见的错误提示 "clnt_ create：RPC：Port mapper failure - Unable to receive：errno 113（No route to host）"，代表服务器端的防火墙没有关闭。

步骤四：建立挂载目录。

```
[root@ CLONE1 ~]# mkdir /mnt/nfs
```

步骤五：挂载共享目录，执行如下命令：

```
#挂载 192.168.1.112:/nfsfiles/share
[root@ CLONE1 ~]# mount -t nfs 192.168.1.112:/nfsfiles/share /mnt/nfs
[root@ CLONE1 ~]# ll /mnt/nfs/
总用量 0
-rwxrwxrwx 1 root root 0 5 月   5 12:19 share.txt
#成功实现资源共享
```

用同样的方法挂载其他共享目录，注意在挂载其他目录资源时，如果是要挂载到同一个目录，注意要先卸载，再实施挂载。

```
#挂载 192.168.1.112:/nfsfiles/public
[root@ CLONE1 ~]# umount /mnt/nfs/
[root@ CLONE1 ~]# mount -t nfs 192.168.1.112:/nfsfiles/public /mnt/nfs
[root@ CLONE1 ~]# ll /mnt/nfs/
总用量 0
-rwxrwxrwx 1 root root 0 5 月   5 12:42 public.txt

#挂载 192.168.1.112:/nfsfiles/tech
[root@ CLONE1 ~]# umount /mnt/nfs/
```

```
[root@ CLONE1 ~]# mount -t nfs 192.168.1.112:/nfsfiles/tech /mnt/nfs
[root@ CLONE1 ~]# ll /mnt/nfs/
总用量 0
-rwxrwxrwx 1 root root 0 5 月   5 12:42 tech.txt

#挂载 192.168.1.112:/nfsfiles/major
[root@ CLONE1 ~]# umount /mnt/nfs/
[root@ CLONE1 ~]# mount -t nfs 192.168.1.112:/nfsfiles/major /mnt/nfs
[root@ CLONE1 ~]# ll /mnt/nfs/
总用量 0
-rwxrwxrwx 1 root root 0 5 月   5 12:43 major.txt
```

结果表明，客户端成功实现了资源共享，说明 NFS 服务器配置部署成功。接下来还要验证共享目录的读/写权限。

步骤六：验证 NFS 服务器共享目录的读/写权限。

按照任务要求，只有/nfsfiles/public 目录为只读权限，其他目录为读/写权限。先尝试编辑/mnt/nfs/public. txt 文件，结果如图 16-1 所示。

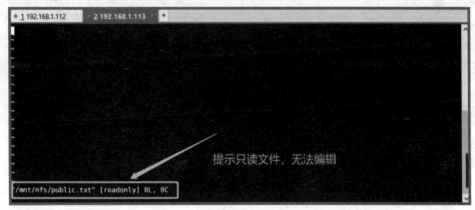

图 16-1 编辑/mnt/nfs/public. txt 文件

图 16-1 所示结果表明，/mnt/nfs/public. txt 为只读文件，无法编辑，与配置相符。其他三个共享目录都是读/写权限，下面以编辑/mnt/nfs/major. txt 文件为例来说明，结果如图 16-2 所示。

图 16-2 所示结果表明，/mnt/nfs/public. txt 文件可以正常编辑，与配置相符。

步骤七：设置共享目录开机自启动。

用 mount 命令执行的挂载只是临时生效的，要想永久实现挂载，需要编辑配置文件/etc/fstab，这里以自动挂载/nfsfiles/major 为例来说明，操作如下：

```
[root@ CLONE1 ~]# vi /etc/fstab
...省略部分内容...
#在末尾添加一行如下语句
192.168.1.112:/nfsfiles/major   /mnt/nfs      nfs       defaults      0      0
#需要挂载的文件系统              挂载点   文件系统类型    挂载选项     不备份  不检查
```

验证开机自动挂载是否成功，将系统重启，输入 mount 命令查询挂载的文件系统，

图16-2　编辑/mnt/nfs/major. txt文件

结果如下：

```
Last login: Mon May   6 02:52:23 2019 from 192.168.1.105
[root@ CLONE1  ~]# mount
...省略部分内容...
192.168.1.112:/nfsfiles/major on /mnt/nfs type nfs
(rw,vers=4,addr=192.168.1.112,clientaddr=192.168.1.113)
[root@ CLONE1  ~]# ll /mnt/nfs
总用量 4
-rwxrwxrwx 1 root root 23 5 月    5 12:50 major.txt
#成功查看到共享资源
```

➤➤➤ 小　　结

本项目讲解 NFS 服务器的配置与管理。首先介绍了 NFS 服务的主要功能和工作原理；然后介绍了 NFS 服务的安装和控制方法；最后通过一个实例详细介绍了 NFS 服务器共享目录的配置过程。学习本项目的重点是 NFS 主配置文件的编辑，难点是对共享权限的理解。

➤➤➤ 习　　题

一、判断题

1. NFS 服务既可用于 Linux 之间共享文件，也能实现 Windows 系统和 Linux 系统之间共享文件。　　　　　　　　　　　　　　　　　　　　　　　　　　　　（　　）

2. FNS 服务各个功能没有固定的端口，而是采用动态端口分配方式。　（　　）

二、填空题

1. NFS 服务，英文全称为_____，中文翻译为_____。

2. RPC 服务工作的端口是_____，主要功能是_____。

3．安装 NFS 服务至少要安装的两个组件是_____和_____。

4．NFS 服务的主配置文件是_____。

5．如果使用共享目录的是 root 用户，那么这个用户的权限将被压缩为 nobody，需要在 NFS 主配置文件中使用权限_____。

6．如果使用共享目录的是 root，那么对该共享目录来讲就具有 root 权限，需要在 NFS 主配置文件中使用权限_____。

7．无论谁使用共享目录，权限均被压缩为 nobody，需要在 NFS 主配置文件中使用权限_____。

8．重启 NFS 服务的命令是_____。

9．客户端查看 NFS 服务器（IP 为 192. 168. 1. 112）共享目录列表的命令是_____。

10．查询 NFS 服务中开启了哪些守护进程及对应端口号的命令是_____。

三、简答题

1．简述 NFS 服务的工作原理。

2．NFS 服务主要的守护进程有哪些？其中必需的守护进程是哪几个？

四、操作题

1．设置 NFS 服务在 3、5 运行级别开机自启动。

2．搭建一台 NFS 服务器，新建一个分区，实现该分区共享，在客户机中实现开机自动挂载。

防火墙的配置与管理

项 目 十七

情境描述

某学校部署了自己的网站服务器，为了满足各种数据包的传递要求，经常需要为防火墙配置各种规则。例如，为增强服务器安全性能，要求为其设定防火墙规则，仅允许指定IP的主机能够远程连接到该服务器进行远程操作和管理。

项目导读

防火墙是隔离在本地网络与外界网络之间的一道防御系统，它可以使企业内部局域网（LAN）网络与 Internet 之间或者与其他外部网络之间相互隔离，以达到保护内部网络的作用。作为系统安全的重要屏障，防火墙的重要性不言而喻，在服务器配置过程中，经常要涉及防火墙的配置，本项目将详细介绍防火墙的相关知识。

项目要点

➢ iptables 服务的安装与控制
➢ 利用 iptables 服务配置防火墙规则

▶▶▶ 任务一　安装与控制 iptables 服务

一、防火墙的相关知识

1. 防火墙的概念

防火墙是一种将本地与网络或者将局域网络与广域网络隔离开的装置，通过隔离可以保护本地网络或局域网免受外部的攻击。防火墙是一个分离器、限制器和分析器，能有效监控内部网络和 Internet 之间的任何活动，保证内部网络安全。常见防火墙大致可以分为三类：包过滤防火墙、代理防火墙和状态检测防火墙。包过滤防火墙是通过预先设置好的规则对每个通过的数据包进行处理（通过、拒绝或者丢弃）。代理防火墙，就是在网络中专门设置一台机器作为代理服务器，履行防火墙的功能，即本地网络或者局域网与外部网络之间的通信都要通过它作中转。状态检测防火墙实际上是由包过滤防火墙发展而来的，包过滤服务器只检测头部信息，状态检测防火墙同时还检测数据部分，由于状态检测防火墙和代理防火墙都有一个缺点，就是会造成一定的延时，所以目前最主流的防火墙还是采用包过滤技术，即根据数据包源地址、目的地址和端口号等对数据包进行拦截或者放行，以达到针对性地过滤数据包的目的。

2．Linux 防火墙的架构

Linux 自 2.4 以后的内核中，防火墙由两部分组成，netfilter 和 iptables，其中 netfilter 是包过滤的机制，iptables 是防火墙的命令工具，即用来编写各种过滤规则。

1）netfilter

netfilter 是集成在内核中的一部分，它提供了一系列的表，每个表又包含若干条链，每条链又由一条或若干条规则组成。具体来说，主要有四个表，具体功能及包含的链如下：

（1）filter 表：包过滤。含 INPUT、FORWARD、OUTPUT 三个链。

（2）nat 表：网络地址转换。用于修改数据包的 IP 地址和端口号，即进行网络地址转换。含 PREROUTING、POSTROUTING、OUTPUT 三个链。

（3）mangle 表：包重构。用于修改包的服务类型、生存周期以及为数据包设置 Mark 标记，以实现 QOS（服务质量）、策略路由和网络流量整形等特殊应用。含 PREROUTING、POSTROUTING、INPUT、OUTPUT 和 FORWARD 五个链。

（4）raw 表：数据跟踪。用于数据包是否被状态跟踪机制处理。含 PREROUTING、OUTPUT 两个链。

2）iptables

iptables 是 Linux 系统为用户提供的管理 netfilter 的工具，是编辑、修改防火墙（过滤）规则的编辑器，这些规则会保存在内核空间中，通过这些规则，告诉内核的 netfilter 对来自某些源、前往某些目的地或具有某些协议类型的数据包如何处理。

3．常见链的介绍

1）INPUT 链

当数据包源自外界并前往防火墙所在的本机，即目的地是本机时，则应用此链中的规则。

2）OUTPUT 链

当数据包源自防火墙所在的主机并向外发送，即数据包源地址是本机时，则应用此链中的规则。

3）FORWARD 链

当数据包源自外部，并经过防火墙所在的主机前往另一个外部系统，即转发数据包时，则应用此链中的规则。

4）POSTROUTING 链

当数据包到达防火墙所在的主机在作路由选择前，且其源地址要被修改，即源地址转换时，则应用此链中的规则。

5）PREROUTING 链

当数据包在路由选择之后即离开防火墙所在的主机，且其目的地址要被修改，即目的地址转换时，则应用此链中的规则。

二、iptables 服务的安装

对于防火墙，因为 netfilter 组件是与内存集成在一起的，所以只需要安装 iptables 服务即可，默认情况下该服务是已经安装好的，查询命令如下：

```
[root@ MASTER ~]# rpm -q iptables
iptables-1.4.7-5.1.el6_2.i686
```

若是没有安装，可以利用光盘 yum 源或者网络 yum 源安装即可。

三、iptables 服务的控制

1. 查询 iptables 的运行状态

```
[root@ MASTER ~]# service iptables status
表格:filter
Chain INPUT (policy ACCEPT)
num   target   prot   opt   source        destination
1     ACCEPT   all    --    0.0.0.0/0     0.0.0.0/0        state RELATED,ESTABLISHED
2     ACCEPT   icmp   --    0.0.0.0/0     0.0.0.0/0
3     ACCEPT   all    --    0.0.0.0/0     0.0.0.0/0
4     ACCEPT   tcp    --    0.0.0.0/0     0.0.0.0/0                 state NEW tcp dpt:22
5     REJECT   all    --    0.0.0.0/0     0.0.0.0/0        reject-with icmp-host-prohibited

Chain FORWARD (policy ACCEPT)
num   target   prot   opt   source        destination
1     REJECT   al     --    0.0.0.0/0     0.0.0.0/0        reject-with icmp-host-prohibited

Chain OUTPUT (policy ACCEPT)
num   target      prot opt source                destination
```

2. iptables 服务的启动、停止和重新启动

```
[root@ MASTER ~]# service iptables start/stop/restart
```

3. 设置 iptables 开机自启动

```
[root@ MASTER ~]# chkconfig --level 2345 iptables on
[root@ MASTER ~]# chkconfig --list |grep iptables
iptables          0:关闭  1:关闭  2:启用  3:启用  4:启用  5:启用  6:关闭
```

➤➤➤ 任务二　利用 iptables 服务配置防火墙规则

一、iptables 命令格式

iptables 是防火墙配置管理的核心命令，命令格式如下：

```
[root@ MASTER ~]# iptables [-t 表名] 命令选项 [链名] -[匹配条件] [-j 目标动作/跳转]
选项:
    表名、链名:用于指定所操作的表和链,默认值为 filter 表
    命令选项:用于指定管理规则的方式
    匹配条件:用于指定对符合什么样的条件的包进行处理
    目标动作/跳转:用来指定内核对数据包的处理方式,如允许通过、拒绝、丢弃或跳转给其他链进行
处理等
```

1．iptables 命令的常用命令选项及功能

➢ -A 或--append：在指定链的末尾添加一条新规则。

➢ -D 或--delete：删除指定链中的某条规则，按规则序号或内容确定要删除的规则。

➢ -I 或--insert：在指定链中插入一条新规则，若未指定插入位置则默认在链的开头。

➢ -L 或--list：列出指定链中的所有规则以供查看，若未指定链名，则列出表中所有链的内容。若要同时显示规则在链中的序号，再加--line-numbers 选项，若要以数字形式显示输出结果，则再加-n 选项。

➢ -n 或-numeric：使用数字形式显示输出结果，如显示主机 IP 地址而不是主机名。

➢ --line-numbers：查看规则列表时，同时显示规则在链中的序号。

➢ -v 或--verbose：查看规则列表时，显示数据包的个数、字节数等详细信息。

➢ -R 或--replace：替换指定链中的某一条规则，按规则序号或内容确定要替换的规则。

➢ -F 或--flush：清空指定链中的所有规则，若没有指定链名，则清空表中所有链的内容。

➢ -N 或--new-chain：新建一个用户自定义的链（要保证没有同名的链存在）。

➢ -X 或--delete-chain：删除指定表中的用户自定义链。该链必须没有被引用，如果被引用，在删除之前必须删除或者替换与之有关的规则。如果没有给出参数，这条命令将删除每个用户自定义的链。

➢ -P 或--policy：设置指定链的默认策略。

➢ -h 或--help：查看 iptables 命令的帮助信息。

2．iptables 命令的常用匹配条件

➢ -i 或--in-interface［!］＜网络接口名＞：指定数据包从哪个网络接口进入，如 eth0、eth1，也可以使用通配符，如 eth＋，表示所有以太网口。! 表示除去该接口以外的其他接口。

➢ -o 或--out-interface［!］＜网络接口名＞：指定数据包从哪个网络接口输出。

➢ -p 或--protocol［!］＜协议类型＞：指定数据包匹配的协议，可以是/etc/protocols 中定义的协议，如 tcp、udp 和 icmp 等。

➢ -s 或--source［!］＜源地址或子网＞：指定数据包匹配的源 IP 地址或子网。

➢ -d 或--destination［!］＜目的地址或子网＞：指定数据包匹配的目的 IP 地址或子网。

➢ --sport［!］＜源端口号＞［：＜源端口号＞］：指定数据包匹配的源端口号或端口范围。

➢ --dport［!］＜目的端口号＞［：＜目的端口号＞］：指定数据包匹配的目的端口号或端口范围。

3．iptables 命令的目标动作/跳转

➢ ACCETP：接收数据包。

➢ DROP：丢弃数据包，不给出任何回应信息。

➢ REJECT：丢弃数据包，并给数据发送端返回一个回应信息。

➢ REDIRECT：将数据包重定向到本机或另一台主机的某个端口，通常用于实现透明代理或向外网开放内网的某些服务。

➢ SNAT：源地址转换，即改变数据包的源 IP 地址，只能用于 nat 表的 POSTROUTING 链。

➢ DNAT：目的地址转换，即改变数据包的目的 IP 地址，只能用于 nat 表的 PRE-ROUTING 链和 OUTPUT 链。

➢ MASQUERADE：IP 地址，即 NAT 技术，MASQUERADE 只能用于 ADSL 等拨号上网的 IP 伪装，也就是 IP 地址是由 ISP 动态分配的，如果是静态固定的，则使用 SNAT。

➢ LOG：将符合规则的数据包的相关信息记录在/var/log/messages 目录的日志文件中，方便管理员进行分析和查错，然后继续匹配下一条规则。

4．设置 iptables 规则

1）添加、插入规则

```
[root@ MASTER ~]# iptables -t filter -A INPUT -p tcp -j ACCEPT
[root@ MASTER ~]# iptables -I INPUT -p udp -j ACCEPT
[root@ MASTER ~]# iptables -I INPUT 2 -p icmp -j ACCEPT
```

2）查看规则

```
[root@ MASTER ~]# iptables -t filter -L INPUT --line-numbers
Chain INPUT (policy ACCEPT)
num  target    prot  opt  source      destination
1    ACCEPT    all   --   anywhere    anywher     state RELATED,ESTABLISHED
2    ACCEPT    icmp  --   anywhere    anywhere
3    ACCEPT    all   --   anywhere    anywhere
4    ACCEPT    tcp   --   anywhere    anywhere          state NEW tcp dpt:ssh
5    REJECT    all   --   anywhere    anywhere  reject-with icmp-host-prohibited
```

3）创建、删除用户自定义链

```
[root@ MASTER ~]# iptables -t filter -N trzy
#在 filter 表中创建一条用户自定义的链,名称为 trzy
[root@ MASTER ~]# iptables -t filter -X
#清除 filter 表中所有用户自定义的链
```

4）删除、清空规则

```
[root@ MASTER ~]# iptables -D INPUT 3
#删除 filter 表中 INPUT 链中的第三条规则
[root@ MASTER ~]# iptables -F
#清空 filter 表中所有链的规则
[root@ MASTER ~]# iptables -t nat -F
#清空 nat 表中所有链的规则
```

5）设置内置链的默认策略

当数据包与链中所有规则都不匹配时，将根据链的默认策略处理数据包。

```
[root@ MASTER ~]# iptables -P OUTPUT ACCEPT
```
#默认允许的策略。即默认允许接受所有的输入、输出、转发包,拒绝某些危险包,没有拒绝的都被允许。这种方式灵活方便,但不安全,不建议设置

```
[root@ MASTER ~]# iptables -P FORWARD DROP
```
#默认禁止的策略。即默认拒绝接受所有的输入、输出、转发包,根据需要打开要开放的各项服务,没有明确允许的都被拒绝。这种方式安全性高,但不灵活,默认策略通常都采用这种

6)规则的保存与恢复

```
[root@ MASTER ~]# service iptables save
```
#将当前正在运行的防火墙规则,保存到/etc/sysconfig/iptables文件中,文件原有的内容将被覆盖。iptables每次启动或重启时都使用/etc/sysconfig/iptables文件中所提供的规则进行规则恢复,也就是说,要使当前设置的防火墙规则在下次重启后依然生效,必须执行该命令

```
[root@ MASTER ~]# iptables-save >路径/文件名
```
#将当前正在运行的防火墙规则重定向保存到指定目录的指定文件中

```
[root@ MASTER ~]# iptables-restore <路径/文件名
```
#将使用iptables-save保存的规则恢复到当前系统中

二、iptables 配置举例

1. 管理 icmp

禁止某物理机 ping 防火墙所在的主机,命令如下:

```
[root@ MASTER ~]# iptables -A INPUT -p icmp -s 192.168.1.x -j DROP
```
#禁止IP地址为192.168.1.x的物理机ping本机

禁止某网段以外的主机 ping 本机,命令如下:

```
[root@ MASTER ~]# iptables -A INPUT -p icmp -s ! 192.168.1.0/24 -j DROP
```
#禁止192.168.1.0/24网段以外的物理机ping本机

禁止所有人 ping 本机,命令如下:

```
[root@ MASTER ~]# iptables -A INPUT -p icmp -j DROP
```

2. 设置远程登录限制

仅允许 IP 地址为 192.168.1.114 的主机使用 ssh 连接防火墙,命令如下:

```
[root@ MASTER ~]# iptables -A INPUT -p tcp -s 192.168.1.114 --dport 22 -j ACCEPT
```

三、使用 iptables 实现 NAT 服务

1. NAT 技术

众所周知,IP 地址有专门的分配和管理机构,全球的公网 IP 必须经申请后才能合法使用。然而,随着互连终端的快速增多,现在 IP 数量已经严重不足,为了解决这一问题,IP 管理机构将一部分 IP 地址划分出来,作为私网 IP 地址使用,这部分地址只能在局域网内使用,不同的局域网可重复使用。私网 IP 地址网段如下:

➢ A 类地址:10.0.0.0/8。

➢ B 类地址:172.16.0.0/16 ~ 172.31.0.0/16。

> ➢ C 类地址：192.168.0.0/16。

然而，这些私网地址是不能够直接连接互联网的，为了解决这个问题，就诞生了网络地址转换（NAT）技术。

NAT（Network Address Translation，网络地址转换）是一种利用另一个 IP 地址来替换 IP 数据包头部中的源地址或目的地址的技术，起到内外网间地址相互转换的作用。根据 NAT 替换数据包头部中地址的不同，NAT 分为 SNAT 和 DNAT 两类，SNAT 是修改源 IP 地址的 NAT 技术，SNAT 在发送前执行 POSTROUTING 动作。DNAT 是修改目的 IP 地址的 NAT 技术，DNAT 在接收到数据包时执行 PREROUTING 操作。NTA 的工作过程如图 17-1 所示。

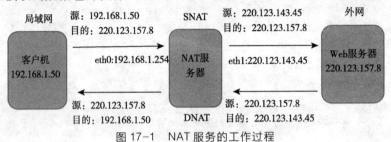

图 17-1　NAT 服务的工作过程

如图 17-1 所示，假设内网客户机的 IP 地址为 192.168.1.50，大致步骤如下：

步骤一：客户机发送请求数据包给 NAT 服务器。

步骤二：NAT 服务器将请求数据包记录的源 IP 地址和端口号替换为其外网接口 IP 地址和端口号，并转发此数据包给外网目的主机，同时记录跟踪信息于映射表以便作为应答客户机之用。

步骤三：外网主机发送应答信息给 NAT 服务器。

步骤四：NAT 将应答数据包中记录的目的 IP 地址和端口号替换为客户机的 IP 地址和端口号，并转发此数据包给客户机。

简单来说，局域网用户的访问请求报文中的源地址是私网地址，在报文离开局域网的边界路由器进入因特网之前，SNAT 技术会对报文中的源地址进行替换，将其替换为某个合法的公网地址，这样报文就能在因特网中正常被路由和转发。报文进入因特网后，源私有地址将被因特网中的路由器丢弃。同理，因特网响应客户端请求的回应报文也只能正常转发到局域网边界路由器的第一个有效公网地址，然后会利用 DNAT 技术将目标地址（第一个有效的公网地址）转换为局域网中客户机的私网地址，从而实现局域网私网地址和因特网之间的正常访问。

2．使用 iptables 实现 NAT

目前几乎所有防火墙的软硬件产品都集成了 NAT 功能，iptables 也不例外。iptables 防火墙通过 nat 表实现网络地址转换功能，nat 表支持以下三种操作：

SNAT：改变数据包的源地址。例如：

```
[root@ MASTER ~]# iptables -t nat -A POSTROUTING -O eth0 -s 192.168.1.50/24 -j SNAT
--to-source 220.123.143.45
```

DNAT：改变数据包的目的地址。例如：

```
[root@ MASTER ~]# iptables -t nat -A PREROUTING -d 220.123.143.45 -p tcp --dprot 80 -
j DNAT --to-destination 192.168.1.50
```

MASQUERADE：作用同 SNAT，即改变数据包的源地址。但 MASQUERADE 需要自动查找可用的 IP 地址，而 SNAT 使用固定的 IP 地址。因此，MASQUERADE 适用于外网 IP 地址为动态分配的情形。

➤➤➤ 小　结

本项目讲解防火墙的配置与管理。首先介绍了防火墙的概念、功能以及 Linux 防火墙的结构；然后介绍了 iptables 服务的安装与控制；最后介绍了 iptables 服务配置防火墙规则的命令格式及举例。通过对本项目的学习，要求大家对防火墙的表-链-规则结构有一个基本的认识，在服务器配置与验证过程中，能够熟练使用和理解防火墙规则清除命令。

➤➤➤ 习　题

一、判断题

1. 防火墙是一个分离器、限制器和分析器，能有效监控内部网络和 Internet 之间的任何活动，保证外部网络安全。

2. 当数据包源自防火墙所在的主机并向外发送，即数据包源地址是本机时，则应用 OUTPUT 链中的规则。

二、填空题

1. 常见防火墙大致可以分为＿＿＿＿＿、＿＿＿＿＿和＿＿＿＿＿三类。

2. Linux 自 2.4 以后的内核中，防火墙由＿＿＿＿＿和＿＿＿＿＿两部分组成。

3. netfilter 是集成在内核中的一部分，它提供了一系列的表，主要有＿＿＿＿＿、＿＿＿＿＿、＿＿＿＿＿和＿＿＿＿＿四个表。

4. filter 表中包含＿＿＿＿＿、＿＿＿＿＿和＿＿＿＿＿三个链。

5. nat 表中包含＿＿＿＿＿、＿＿＿＿＿和＿＿＿＿＿三个链。

6. 执行命令＿＿＿＿＿可将当前正在运行的防火墙规则，保存到/etc/sysconfig/iptables 文件中。

7. NAT 的英文全称是＿＿＿＿＿，翻译为中文是＿＿＿＿＿。

8. "iptables -L INPUT" 命令的作用是＿＿＿＿＿。

9. NAT 服务器分为＿＿＿＿＿和＿＿＿＿＿两类。

10. 禁止所有人 ping 本机的 iptables 命令是＿＿＿＿＿。

三、选择题

1. iptables 命令的常用命令选项中，用于清空指定链中的所有规则的选项是（　　　）

　　A. -D　　　　　　B. -F　　　　　　C. -I　　　　　　D. -L

2. iptables 命令的目标动作中表示丢弃数据包，并给数据发送端返回一个回应信息功能的是（ ）。

    A. ACCETP   B. DROP   C. REJECT   D. REDIRECT

3. 重启 iptables 服务的命令是（ ）。

    A. service iptables start   B. service iptables restart

    C. service netfilter start   D. service netfilter restart

4. iptables 命令的常用匹配条件中指定数据包匹配的协议是（ ）。

    A. -i   B. -o   C. -s   D. -p

四、简答题

1. 什么是 iptables？

2. iptables 对防火墙配置管理的核心命令的格式是怎样的？

五、操作题

1. 设置 iptables 开机自启动。

2. 尝试清空指定链的防火墙规则，并查看验证。

习题参考答案

项目一

一、判断题
1. √　2. √　3. ×　4. ×　5. ×

二、填空题
1. UNIX；Windows；Linux
2. 内核层；Shell 层；应用层
3. VMware
4. 用户名；主机名；root 用户家目录；root 用户的输入提示符
5. www. netcraft. com
6. logout
7. runlevel
8. 根；/
9. /home
10. /root

三、选择题
1. C　2. C　3. D　4. C　5. C　6. D

四、简答题
1. UNIX 是从 Linux 的基础上发展而来的，Linux 是一个类 UNIX，简单来说 Linux 是 UNIX 最优秀的子孙，它几乎继承了 UNIX 所有的功能和优点，还完善了 UNIX 的不足之处。

2. 具有大量的可用软件；具有良好的可移植性；具有优良的稳定性和安全性；支持几乎所有的网络协议和开发语言；支持多用户同时操作、多任务同时运行；完全兼容 POSIX 1. 0 标准。

3. Red Hat Linux；CentOS Linux；Debian Linux；Ubuntu Linux；SuSE Linux；Gentoo Linux。

4. CentOS 是 RHEL 的社区版本，是可以自由使用的，而且它由 RHEL 的源代码编译而成，与 RHEL 完全兼容。

5. 网站服务器；电影工业；嵌入式应用；云计算和大数据领域。

6. 常见关机命令：shutdown -h now；init 0；poweroff；halt。

常见重启命令：shutdown -r now；init 6；reboot。

五、操作题
略。

项目二

一、判断题
1. √　2. ×　3. ×　4. ×　5. √
6. ×　7. √　8. ×　9. ×　10. √
11. ×　12. ×

二、填空题
1. ". "
2. 读写；只读；只读
3. 本级；上级
4. 访问时间；状态修改时间
5. -rf
6. 644；755
7. 执行权限；写权限
8. -p
9. 644
10. -zcvf；-jcvf

三、选择题
1. D　2. B　3. B　4. B　5. B
6. A　7. C　8. D　9. A　10. D

四、简答题
1. Shell 的本意是"壳"，它是紧紧包裹在 Linux 内核外面的一个壳程序，是 Linux 的命令解释器，用户让操作系统做的所有任务，都是通过 Shell 与系统内核的交互来完成的。简单来理解，平时我们所说的 Shell 就是 Linux 系统提供给用户的使用界面，登录 Linux 操作系统的命令行界面就是 Linux 的 Shell，它为用户提供了输入命令和参数并可以得到命令执行结果的环境。

2. Shell 的版本有很多，如 Bourne Shell、C Shell、Bash、ksh、tcsh 等；CentOS 6.3 默认使用的版本是 Bash。

3. 基本格式为：命令［选项］［参数］

其中：参数是命令执行的对象，中括号［］代表可选项，即可有可无，也就是说有些命令是不需要选项和参数也能执行的，选项的作用是为了进一步丰富命令的功能。

4. 在 Linux 的路径中，从根目录出发，一级套一级指定到文件本身，这就是绝对路径；所谓相对路径，其实就是要有一个参照物，而参照物就是当前所在的目录位置。

5. 权限对文件的作用：

r（读）：对文件有读权限，代表可以读取文件中的数据。w（写）：对文件有写权限，代表可以修改文件中的数据。x（执行）：对文件有执行权限，代表文件拥有了执行权限，可以运行。

权限对目录的作用：

r（读）：对目录有读权限，代表可以查看目录下的内容。w（写）：对目录有写权限，代表可以修改目录下的数据。x（执行）：目录是不能执行的，对目录有执行权限，代表可以进入目录。

6. umusk 权限与文件、目录的最大权限一起，共同决定了新建文件和新建目录的默认权限。

7. 当所有者、所属组和其他人三种用户配合读（r）、写（w）和执行（x）三种基本权限不够用时，可以用 ACL 设定特定用户对特定文件的权限。

8. sudo 的操作对象是系统命令，使用 sudo 命令可以把本来只能由超级用户执行的命令赋予普通用户来执行。

五、操作题

略。

项目三

一、判断题

1. × 2. √ 3. √ 4. × 5. ×

二、填空题

1. 命令模式；输入模式；编辑模式

2. dd；dG

3. p

4. nyy

5. u

三、选择题

1. C 2. D 3. A 4. B 5. C

6. B

四、简答题

1. vim 编辑器的三种工作模式分别为：命令模式、输入模式和编辑模式。转换关系为：使用 vim 命令打开一个文件默认处于命令模式；在命令模式下输入"："号进入编辑模式；在命令模式下输入 i、I、a、A、o、O 命令中的任意一个进入输入模式；在输入模式下按 esc 命令返回命令模式。

2. 快捷键为【Ctrl + P】，实现的功能是注释光标所在行。

3. 该操作定义了一个 ab 键，实现的功能是当输入"mymail"，按【Enter】键，实际会显示为"567834582@ qq. com"。

4. 在 vim 编辑中，要想让设置行号、设置快捷键和"ab"键等设置永久生效，必须将其写入一个规定配置文件，否则在 vim 中进行的设置只是临时生效，这就是 vim 配置文件实现的功能。vim 配置文件本身是不存在的，需要用户自己去宿主目录中创建，名称必须为". vimrc"。

5. 该操作实现的功能是将"date"命令的执行结果插入到光标所在的下一行。

6. unix2dos 就是把 UNIX 系统中的文件格式转换为 DOS 系统中能够使用的格式，dos2unix 就是把 DOS 系统中的文件格式转换为 UNIX 系统中能够使用的格式。

五、操作题
略。

项目四

一、判断题
1. √ 2. × 3. √ 4. √ 5. ×
二、填空题
1. -g；-G
2. -r
3. 500
4. 551；519
5. 复杂性；易记忆性；失效性
三、选择题
1. C 2. D 3. D
四、简答题

1. /etc/passwd 文件专门用于保存系统中所有用户的主要信息；/etc/shadow 文件保存着用户的实际加密密码和密码有效期等信息；/etc/group 文件保存着所有组的组名和组 ID 等信息；/etc/gshadow 文件保存着所有用户组的密码信息。

2. 执行该命令表示下次用 testuser 用户登录时必须修改用户密码。

3. 当一个用户隶属于多个组时，使用 newgrp 命令可用来修改用户的有效组。

4. 先打开/etc/passwd 文件查看到用户的 GID，再打开/etc/group 文件，通过 GID 反过来查找组名。

5. 执行该命令表示建立用户 testuser，指定其 UID 为 550，初始组为 testuser，附加组为 root，家目录为/home/testuser，用户说明为"test user"，用户登录 shell 为/bin/bash。

五、操作题
略。

项目五

一、填空题
1. ping
2. Ctrl + C；-c 次数
3. netstat
4. traceroute
5. 真实的有线网卡或无线网卡
6. VMnet8
7. VMnet1
8. /etc/sysconfig/network-scripts/
9. /etc/resolv. conf
10. /etc/sysconfig/network
二、简答题

1. "桥接模式"要占用宿主机网段中的一个 IP 地址，好处是 Linux 可以和宿主机所在局域网中的其他计算机通信；对于"NAT 模式"，Linux 主机是利用宿主机的 IP 连接外网的，好处是不需要占用宿主机所在网段中的 IP 地址，即可以节省一个 IP，缺点是它不能与宿主机所在的局域网中的其他计算机通信。

2. 方法一：采用 ifconfig 命令。特点：这种用命令实现的方法可以快速设定 Linux 主机的 IP 地址，但是这种方法只是临时生效的，也就是说重启后将失效，而且这种配置方式只有 IP 地址和子网掩码信息，没有设置网卡和 DNS 等信息，所以只能实现 Linux 主机与宿主机之间的网络连接，而不能正常连接外网。

方法二：利用 setup 命令。特点：setup 命令是 Red Hat 系列的专属命令，其他版本的 Linux 不一定拥有此命令。执行该命令将会开启一个图形化的界面，操作简便，可视化强。

方法三：修改网络配置文件。特点：

Linux 一切皆文件，要想永久生效，得将网络信息写入相应的配置文件才行。

三、操作题

略。

项目六

一、填空题

1. SSH；22

2. scp

3. sftp；目录传输

4. 公钥；私钥

二、简答题

1. 命令格式为"ssh 用户名@IP"。其中：用户名是指目标主机上的用户，IP 指的是要登录的目标 Linux 的 IP 地址。

2. 下载文件的命令格式为"scp 用户名@IP：文件路径/文件名 本地地址"。其中用户名指要以什么身份登录目标主机；IP 指目标主机的 IP 地址；文件路径/文件名：指要从目标主机下载的文件和位置；本地地址：指要将目标主机中的文件下载到当前主机中的哪个位置。

上传文件的命令格式为"scp -r 本地文件路径/文件名 用户名@IP：目标文件路径"。其中"-r"选项表示上传目录时需要；本地文件路径/文件名：指本地要上传的文件；用户名指要以什么身份登录目标主机；IP 指目标主机的 IP 地址；目标文件路径：指要将本地主机中的文件上传到目标主机中的哪个位置。

3. 要实现密钥对远程登录，首先要在客户机中生成自己的密钥对（包括公钥和私钥），然后将公钥上传到服务器中并写入指定位置的指定文件中（通过配置文件指定），自己保留私钥，这样该客户机远程登录该服务器时就可以用手上的私钥登录该服务器，而不需要输入密码。

三、操作题

略。

项目七

一、判断题

1. ×　2. ×　3. √　4. ×　5. √

二、填空题

1. top

2. PID；程序的进程名

3. 终端号

4. 越高

5. uname

6. 内存使用状态；KB

7. 本地终端；远程终端

8. 机械硬盘；固态硬盘

9. 主分区；扩展分区；逻辑分区

10. hd；sd

11. 83；8e

12. 物理卷

13. 逻辑卷

14. PE（物理扩展）；4MB

15. /etc/fstab

16. 具备数据冗余功能

三、选择题

1. B　2. C　3. B　4. A　5. D

6. A　7. B　8. D　9. C　10. B

四、简答题

1. 进程是正在执行的程序或命令，在操作系统中，所有可以执行的程序和命令都会产生进程，只是程序和命令不同，进程运行的时间长短不一样。进程管理的主要作用：一是查看系统中的所有进程；二是用来杀死进程；三是判断服务器的健康状态。

2. "ps aux"：查看系统中所有进程。"ps -le"：查看系统中所有进程，还能看到进程的父进程的 PID 和进程的优先级。"ps -l"：只能看到当前 Shell 产生的进程。

3. 主分区：最多可分为 4 个，且扩展分区与主分区是平级的，相当于，如果有一个扩展分区的话，那最多还能分 3 个主分区。扩展分区：最多只能有一个。注意扩展分区是不能存储数据也不能进行格式化的，必须把它划分成 1 个或多个逻辑分区才能使用，这是扩展分区最大的特点。逻辑分区：逻辑分区是从扩展分区划分出来的。如果是 SCSI 硬盘，Linux 最多可支持 11 个逻辑分区，如果是 IDE 硬盘，Linux 最多可支持 59 个逻辑分区。

4. LVM 最大的好处就是可以在不丢失数据的情况下随时调整分区的大小，而且不需要先卸载分区和停止服务。

5. swap 分区是 Linux 的交换分区（又称虚拟内存），会在安装系统时建立，主要作用是当系统处理一些复杂的任务造成真实物理内存不够用时，可以借用 swap 分区存放内存中暂时不用的数据，相当于腾出部分内存供系统处理该复杂的任务，处理完毕后再把借来的 swap 分区还回去。

五、操作题

略。

项目八

一、判断题

1. × 2. √ 3. √ 4. × 5. √

二、填空题

1. 源码包；rpm 包

2. 包名；包全名

3. 包依赖

4. yum 源

5. 当前 yum 源上所有可用的软件包列表

三、选择题

1. C 2. B 3. D

四、简答题

1. 源码包是指软件工程师使用特定格式编写的文本代码，是一系列计算机语言指令。rpm 包就是源码包经过编译以后生成的二进制包。

2. 所谓包依赖性就是当你要安装一个软件包时，要求你先安装好它依赖的包。比方说你要安装软件包 a，结果会提示你需要先安装好软件包 b，然后当你安装软件包 b 的时候，又要求你要先安装好软件包 c，也就是说，要想成功安装软件包 a，得先安装好软件包 c，再安装好软件包 b，最后才能安装好软件包 a，也就是说要根据依赖性从后往前安装。

五、操作题

略。

项目九

一、判断题

1. × 2. √ 3. √ 4. × 5. √

二、填空题

1. SMB；NMB

2. 139；445

3. 137；138

4. smbd

5. /etc/samba

6. 配置简介；全局变量；共享服务

7. share；user

8. public = no；browseable = yes；writable = yes；valid users = 用户名，@ 组名；write list = 用户名，@ 组名；host allow/deny = 域名；host allow/deny = 网段；

9. smbpasswd -a zhangsan

10. service smb restart

三、选择题

1. B 2. C 3. C 4. A 5. D

6. B 7. A 8. C

四、简答题

1. 用于 Linux 系统与 Windows 系统之间共享文件；解析 NetBIOS 名称；可以作

为网络中的 WINS 服务器，还可以实现 Windows Server 2008 中域控制器的某些功能。

2. 所谓账号映射就是将与系统账号同名的 samba 账号映射成一个虚拟账号来登录。对于 Samba 服务，要访问共享资源，需要使用 samba 账号和密码登录，而 samba 账号就是由同名的系统账号转换过来的，只是密码可以重新修改，因为 samba 账号和系统账号是同名的，总是存在安全隐患，因为只要破解了该系统账号的密码就可以直接登录服务器了。采用用户账号映射后，就算被恶意用户子截获，得到的账号和密码都和系统账号和密码不一样，这样想破解就无从下手。要实现用户账号映射，需在全局变量中加入字段 username map = /etc/samba/smbusers，该字段等号右边指示的是一个用于记录真实 samba 账号和虚拟账号映射对的文件的路径，这里的 smbusers 表示文件名，位于 /etc/samba/ 目录下。

3. Samba 服务的具体工程如下：

步骤一：客户端访问 Samba 服务器时，首先发送一个 SMB negprot 请求数据包，并列出它所支持的 SMB 协议版本。服务器接收到请求后开始响应请求，反馈希望使用的协议版本，如果没有可使用的协议版本，则返回 oXFFFFH 信息，结束通信。

步骤二：当 SMB 版本确定后，客户端进程向服务器发送 Session setup & X 请求数据包，发起用户或共享认证。然后服务器返回一个 Session setup & X 应答数据包来允许或者拒绝本次连接。

步骤三：客户端和服务器端完成了协商和认证后，客户端会发送一个 Tree connect 或 SMB Tree connect & X 数据包并列出它想访问的网络资源，然后服务器会返回一个 SMB Tree connect & X 应答数据包以表示接受或者拒绝本次连接。

步骤四：如果连接建立，则客户端连接到相应资源，通过 open SMB 打开文件，通过 read SMB 读取文件，通过 write SMB 写入文件，通过 close SMB 关闭文件。

五、操作题

略。

项目十

一、判断题

1. × 2. √ 3. √ 4. √ 5. ×

二、填空题

1. Dynamic Host Configuration Protocol；动态主机配置协议

2. 固定；动态

3. /etc/dhcp

4. dhcpd. leases；/var/lib/dhcpd/

5. dhclient-eth0. leases；/var/lib/dhclient/

6. BOOTPROTO = dhcp

三、选择题

1. B 2. D 3. A 4. C 5. B

6. B 7. A 8. D 9. D 10. B

四、简答题

1. DHCP 服务的主要功能是利用 DHCP 协议为每台连接网络的计算机自动分配 IP 地址并负责回收任务，以实现 IP 地址的动态管理。

2. DHCP 服务的工作过程大致可以分为五个步骤：

步骤一：DHCP 客户机向 DHCP 服务器的 UDP 67 号端口发送 DHCP Discover（DHCP 发现）请求，该请求以广播包的形式发送，向网络中的所有 DHCP 服务器请求获得 IP 地址。

步骤二：网络所有收到 DHCP Discover 请求并有空闲 IP 地址的 DHCP 服务器会向网络中广播 DHCP offer（DHCP 提供）包。该包包含有效的 IP 地址、子网掩码、DHCP

服务器的 IP 地址、租用期限及其他有关 DHCP 的详细配置信息。

步骤三：客户机通过 UDP 68 号端口接收网络中 DHCP 服务器返回的 DHCP offer（DHCP 提供）包，但它只会对最先接收的回复包产生响应，并又以广播的形式发送一个 DHCP request（DHCP 请求）包，该包中主要包含收到的第一个回复包的 DHCP 服务器的 IP 地址和自己需要的 IP 地址信息，表示自己愿意接受该 DHCP 服务器分配的 IP 地址并且向服务器申请诸如 DNS 之类的其他配置信息。

步骤四：当网络中所有 DHCP 服务器接收到客户机的 DHCP request（DHCP 请求）包后，会比照包中的 DHCP 服务器 IP 信息，如果确认是自己，则服务器会向客户机响应一个 DHCP Acknowledge（DHCP ACK）包，并在包中包含 IP 地址的租期等信息。而对于确认不是自己的 DHCP 服务器，将不做任何响应并清除刚才的 IP 地址分配记录。

步骤五：DHCP 客户机接收到 DHCP ACK 响应包后，会检查 DHCP 服务器分配的 IP 地址是否能够正常使用。如果能够使用，代表 DHCP 客户机成功获得 IP 地址并开始使用，同时根据使用租期信息开启后续的租期延续工作，至此，整个 DHCP 服务工作过程完毕。

五、操作题

略。

项目十一

一、判断题

1. √ 2. × 3. × 4. √ 5. ×

二、填空题

1. Domain Name System 或 Domain Name Service；域名系统

2. 域名；IP 地址

3. 递归；迭代

4. 主 DNS 服务器；辅助 DNS 服务器

5. BIND；named

6. service named start

7. master

8. 完全域名

三、选择题

1. B 2. D 3. C 4. B 5. B

6. B

四、简答题

1. DNS 是一个分层级的目录树结构，采用逆序结构，即越靠后，域名等级越高，越靠前，域名等级越低。以 www.baidu.com 为例，最后一个 "." 称为根（root），即根域名，默认都是省略的，它是最高级别的 DNS 服务器，全球共有 13 台根服务器。从 "." 往前一个是 "com"，称为一级域名。再往前是 "baidu"，称为二级域名。二级域和一级域共同构成全球独一无二的域名。再往前就是 "www"，它称为三级域名，它是企业或者组织买回域名后自己定义的。

2. 当客户机向 DNS 服务器发出 DNS 解析请求时，如果该 DNS 服务器在缓存或者区域数据库文件中无法解析该请求，这时该服务器会向另一个 DNS 服务器发送该请求，直至查询到最终结果返回给客户机，这种模式称为递归查询。当客户机向 DNS 服务器发出 DNS 解析请求时，如果该 DNS 服务器在缓存或者区域数据库文件中无法解析该请求，该服务器会返回一个近似的结果给客户机，相当于它自己不知道结果，但会推荐一个 DNS 服务器给客户机，由客户机继续向其推荐的 DNS 服务器往下查询，直至查询到最终结果。

3. 主要的资源记录类型即作用如下：

SOA 记录。SOA（Start of Authority，起始授权）资源记录用于定义整个区域的全局设置，一个区域文件只允许存在一个

SOA 记录。NS 资源记录。NS（Name Server，名称服务器）资源记录用来指定某一个区域的权威 DNS 服务器，每个区域至少要有一个 NS 记录。A 资源记录。A（Address，地址）资源记录用于正向解析记录，即将 FQDN（Fully Qualified Domain Name，全称域名）映射为 IP 地址。PTR 资源记录。PTR（Pointer，指针）资源记录用于反向解析记录，即将 IP 地址映射为 FQDN。CNAME 记录。CNAME（Canonical Name，别名）资源记录用于为 FQDN 起别名。MX 资源记录。MX（Mail Exchange，邮件交换）资源记录用于为邮件服务器提供 DNS 解析。

五、操作题

略。

项目十二

一、判断题

1. √　2. ×　3. √　4. √

二、填空题

1. 邮件用户代理（MUA）；邮件转发代理（MTA）；邮件投递代理（MDA）；邮件检索代理（MRA）

2. Simple Mail Transfer Protocol；简单邮件传输协议

3. service postfix restart

4. /etc/postfix/

三、选择题

1. A　2. B　3. C　4. D　5. A

6. D

四、简答题

1. 邮件服务器有时要承担邮件中继的功能，邮件中继是指用户自己所在的域服务器向其他域服务器转发邮件的行为。只有通过邮件中继，用户才能将邮件发送到域外，否则只能在域内发送邮件。为了防止垃圾邮件的产生，邮件服务器必须有自

己的认证机制，即 SASL（Simple Authentication and Security Layer，简单认证安全层），它是一种用来扩充 C/S 模式验证能力的机制，在用户需要转发邮件的时候用来对用户进行验证，只有验证通过，才将邮件转发到其他邮件服务器上去，如果验证不通过，就拒绝该用户转发邮件的需求。

2. 本地用户（如 jack）通过 MUA 访问邮件服务器 MTA，如果是发送邮件给本邮件域用户（如 rose），则邮件服务器会利用 MDA 模块将邮件存放到邮箱 mailbox，用户 rose 通过 MRA 去邮箱进行检索，看是否有自己的邮件，如果有，则从邮箱中下载自己的邮件到本地并进行查阅。如果是发送到域外服务器，则邮件服务器会调用 SASL 认证机制，去访问数据验证该用户，如果认证通过，则邮件服务器会继续转发该邮件。

五、操作题

略。

项目十三

一、判断题

1. ×　2. √　3. √

二、填空题

1. 21；20

2. 主动传输；被动传输

3. 匿名用户；实体用户；虚拟用户

4. /var/ftp

5. /var/ftp/pub

6. /etc/vsftpd

三、选择题

1. C　2. B　3. D　4. B　5. D

6. C　7. D　8. C　9. C

四、简答题

1. 上传（Upload）文件指将本地计算机中的文件上传到远程 FTP 服务器上；下载（Download）文件指将远程 FTP 服务器

上的文件下载到本地计算机。

2. 步骤一：客户端向服务器端发起连接请求，并打开一个端口号大于 1024 的端口 A 等待与服务器建立连接。步骤二：FTP 服务器的 21 端口侦听到客户端的连接请求后，将在服务器的 21 号端口和客户机的 A 端口之间建立一个 FTP 连接会话。步骤三：当出现数据传输请求时，客户端会再次随机打开一个端口号大于 1024 的端口 B 与服务器的 20 号端口之间进行数据传输。数据传输完毕后，服务器端将关闭 20 号端口，客户端将关闭 B 端口。步骤四：客户端与服务器端断开连接，客户端释放端口 A。

3. FTP 用户通常分为三类：匿名用户、实体用户和虚拟用户。三种用户的区别如下：

匿名用户：用户名为 anonymous 或 ftp，默认密码为空，即任何人可以利用用户名 anonymous 或 ftp 在没有密码的情况下访问 FTP 服务器的共享资源。本地用户：这种类型的用户为 FTP 服务器的本地账户，账号、密码等信息保存在/etc/passwd 和/etc/shadow 中。这种用户不仅可以访问 FTP 共享资源，还可以访问系统下该用户的资源，一旦数据被截获，利用其用户名和密码是可以直接登录服务器的，存在安全隐患。虚拟用户：FTP 建立的非系统用户的 FTP 用户，相比于本地实体用户，虚拟用户更加安全。因为虚拟用户只能访问 FTP 共享资源，而没有操作系统其他资源的权利，且就算被截获，其用户名和密码是不能登录服务器本身的。

五、操作题
略。

项目十四

一、判断题

1. √　2. ×　3. √　4. ×　5. √

二、填空题

1. 关系型数据库；非关系型数据库

2. create database 数据库名

3. SQL

4. service mysqld start

5. show databases

6. drop database 数据库名

三、选择题

1. A　2. C　3. B　4. B　5. D

四、简答题

1. 关系型数据库以行和列的形式存储数据，这一系列的行和列称为表，而表与表之间又存在相互依赖关系来减少冗余，一组表最终又组成了数据库。常见的大型关系型数据库有：Oracle、DB2、SQL server 等。常见的中小型关系数据库有：MySQL，PostgreSQL 等。

2. 一是代码开源，使用免费。二是使用简单、方便。三是性能不比其他大型数据库差，且占用空间小。四是可以运行在不同的平台上，且支持多用户、多线程和多 CPU。

五、操作题
略。

项目十五

一、判断题

1. √　2. ×　3. √　4. ×

二、填空题

1. IP 型；域名型；端口型

2. Hypertext Tranfer Protocol；超文本传输协议

3. Hypertext Markup Language；超文本标记语言

4. 全局环境配置；主服务配置；虚拟主机配置

5. Linux；Apache；PHP；MySQL

6. httpd. conf；/etc/httpd/conf/

7. /var/www/html/

8. ＜ IfModule mod_userdir. c ＞；＜ Directory /home/ ＊ /public_html ＞

9. AllowOverride

三、选择题

1. C　2. A　3. D　4. C　5. A

6. B　7. D

四、简答题

1. Web 服务遵循 HTTP 协议工作，默认端口为 80，Web 客户端与 Web 服务器的通信过程可概括为三步。步骤一：Web 客户端通过浏览器输入自己需要查阅的 URL 网址，以便连接相应的 Web 服务器。步骤二：Web 服务器返回相应的界面。步骤三：Web 客户端断开与远程 Web 服务器的连接。

2. 一是可以隐藏真实目录结构，提高系统安全性。二是可以方便磁盘空间的分配，提高磁盘空间管理的灵活性。三是可以缩短访问路径的长度，便于目录访问和资源管理。四是方便日后的扩容，比方将各类文件用虚拟目录来管理，一旦文件的数量达到一定程度，服务器需要扩容时，只需给每个目录再搭建一台服务器即可。

3. 一种是整体存取控制，即通过主配置文件 httpd. conf 中设置 ＜ Directory ＞标签来完成；另一种是分布式存取控制，即通过 . htaccess 文件对特定目录进行控制。

4. 域名型虚拟主机只需服务器有一个 IP 地址即可，所有的虚拟机共享同一个 IP，各虚拟机之间通过域名进行区分。这是建成虚拟主机最标准也是最主流的方式。

五、操作题

略。

项目十六

一、判断题

1. ×　2. √

二、填空题

1. Network Files System；网络文件系统

2. 111；记录 NFS 各种功能所分配的端口号

3. nfs-utils；rpcbind

4. /etc/exports

5. root_squash

6. no_root_squash

7. all_squash

8. service nfs restart

9. showmount -e 192. 168. 1. 112

10. rpcinfo -p

三、简答题

1. NFS 的具体工作过程概况如下。步骤一：NFS 服务启动，各功能自动分配一个端口，这些端口信息被 RPC 服务记录。步骤二：客户端访问服务器，首先向 RPC 服务查询 NFS 的端口号。步骤三：RPC 服务告知客户端 NFS 服务工作的端口号。步骤四：客户端访问对应的端口请求 NFS 提供服务。步骤五：NFS 服务认证访问权限后，提供服务。

2. NFS 服务的守护进程主要有 6 个，分别是 rpc.nfsd、rpc.mounted、rpcbind、rpclocked、rpc.statd 和 rpc.quotad，其中前三个是必须有的进程，后三个是可选进程。

四、操作题

略。

项目十七

一、判断题

1. ×　2. √

二、填空题

1. 包过滤防火墙；代理防火墙；状态检测防火墙

2. netfilter；iptables

3. filter 表；nat 表；mangle 表；raw 表

4. INPUT；FORWARD；OUTPUT

Linux 操作系统管理与应用

5. PREROUTING；POSTROUTING；OUTPUT

6. service iptables save

7. Network Address Translation；网络地址转换

8. 列出 INPUT 链中的所有规则

9. SNAT；DNAT

10. iptables -A INPUT -p icmp -j DROP

三、选择题

1. B 2. C 3. B 4. D

四、简答题

1. iptables 是 Linux 系统为用户提供的管理 netfilter 的工具，是编辑、修改防火墙（过滤）规则的编辑器，这些规则会保存在内核空间中，通过这些规则，告诉内核的 netfilter 对来自某些源、前往某些目的地或具有某些协议类型的数据包如何处理。

2. 命令格式是：iptables［-t 表名］命令选项［链名］-［匹配条件］［-j 目标动作 /跳转］。其中，表名、链名：用于指定所操作的表和链，默认值为 filter 表；命令选项：用于指定管理规则的方式；匹配条件：用于指定对符合什么样的条件的包进行处理；目标动作/跳转：用来指定内核对数据包的处理方式，如允许通过、拒绝、丢弃或跳转给其他链进行处理等。

五、操作题

略。

参 考 文 献

［1］ 沈超，李明. 细说 Linux 基础知识 ［M］. 北京：电子工业出版社，2018.

［2］ 沈超，李明. 细说 Linux 系统管理 ［M］. 北京：电子工业出版社，2018.

［3］ 刘振宇，夏凤龙，王浩. Linux 服务器搭建与管理案例教程 ［M］. 上海：上海交通大学出版社，2016.

［4］ 高志君. Linux 系统管理与服务器配置 ［M］. 北京：电子工业出版社，2018.

［5］ 顾润龙，刘智涛，侯玉香. Linux 操作系统及应用技术 ［M］. 北京：航空工业出版社，2016.

［6］ 梁如军，王宇昕，车亚军. Linux 基础及应用教程：基于 CentOS 7 ［M］. 北京：机械工业出版社，2016.